Winifred G. Nayler

Calciumantagonisten der zweiten Generation

Übersetzt von Erich Greiner

Mit 80 Abbildungen und 62 Tabellen

Springer-Verlag Berlin Heidelberg GmbH

Prof. Dr. Winifred Nayler
The University of Melbourne
Department of Medicine
Austin and Repatriation Hospital
Heidelberg, Victoria, 3084
Australien

Übersetzer:

Erich Greiner
Grafenwerderstraße 16
8059 Wörth

ISBN 978-3-540-55471-4   ISBN 978-3-662-06200-5 (eBook)
DOI 10.1007/978-3-662-06200-5

Satz: K. Triltsch, Würzburg
27/3145-5 4 3 2 1 0 – Gedruckt auf säurefreiem Papier

*Meinem verehrten Freund Justice Crockett,
nicht wegen seiner gelehrten rechtswissenschaftlichen
Abhandlungen, die ich sehr zu schätzen weiß,
sondern weil er mir beigebracht hat, daß man Tokajer
mit Eis trinkt.*

Vorwort

> „Schon wieder so ein verdammtes, dickes,
> spießiges Buch! Immer kritzeln, kritzeln,
> kritzeln, nicht wahr, Mr. Gibbon!"
>
> Aus den Literarischen Memoiren von
> Herzog Wilhelm von Gloucester, 1743–1805

Bei jedem Buch ist das Vorwort wahrscheinlich das Schwierigste. Nicht nur weil es am Beginn einer Übung im Schreiben und im folgerichtigen Denken steht, sondern weil der Leser an dieser Stelle eine eindeutige Erklärung dafür erwarten kann, warum das Buch überhaupt geschrieben wurde und warum manche Themen besprochen, andere hingegen weggelassen wurden.

Mancher Leser wird sich vielleicht keine Gedanken darüber machen, warum der eine oder andere Punkt nicht erwähnt wurde; er wird sich vielmehr fragen, warum schon wieder ein Buch über Calciumantagonisten erscheint. Ich glaube aber, es kann mit Fug und Recht behauptet werden, daß auf diesem Gebiet in der letzten Zeit zumindest drei Entwicklungen zu verzeichnen waren, welche die Veröffentlichung eines neuen Buches zu diesem Thema unbedingt gerechtfertigt erscheinen lassen:

I.   Wir wissen heute mehr über die chemische Struktur, die Wirkungsweise und den Aufbau der spannungsempfindlichen, auf Calciumantagonisten ansprechenden Calcium-Kanäle und ihre für Calciumantagonisten spezifischen Bindungsstellen.

II.   Die Anwendungsmöglichkeiten von Calciumantagonisten zur Behandlung einer Vielfalt von Erkrankungen wie zerebrale Ischämie, Atherosklerose, „leichte" ischämische Herzkrankheit, Linksherzhypertrophie, beeinträchtigte ventrikuläre Relaxation und Hypertonie, um nur einige zu nennen, können heute besser beurteilt werden.

III.   Eine *zweite Generation* von Calciumantagonisten ist jetzt verfügbar.

Diese Calciumantagonisten der *zweiten Generation* unterscheiden sich von Verapamil, Diltiazem und Nifedipin, ihren Prototypen, nicht nur durch ihre chemische Struktur, sondern auch durch ihre Gewebeselektivität, Bioverfügbarkeit und Wirkungsdauer. Heute werden Retardformen der Prototypen und Vertreter der zweiten Generation mit langer Wirkungsdauer und zum Teil auch mit gewebeselektiver Wirkung bei täglich einmaliger Verabreichung für die Behandlung zahlreicher klinischer Zustände empfohlen. Damit ist es aber auch an der Zeit, die Eigenschaften dieser neuen Substanzen näher zu betrachten und festzustellen, inwiefern sie sich voneinander unterscheiden und welche Bedeutung ihnen in der Therapie zukommt. Es geht also darum, ob die Calciumantagonisten der zweiten Generation wohl in der Lage sind, die von ihren Fürsprechern in sie gesetzten Erwartungen zu erfüllen oder ob sie nur eine Neuauflage ihrer Prototypen darstellen. Im Augenblick gibt es für die meisten Herz-Kreislauf-Erkrankungen noch zu wenig Angaben über die Vorteile, welche die Verwendung eines Calciumantagonisten der zweiten Generation anstelle eines Vertreters der ersten Generation mit sich bringt. Andererseits spricht jedoch manches dafür, daß zwei der Eigenschaften, durch welche sich die zweite von der ersten Generation unterscheidet, in der Therapie von größtem Nutzen sind. Dabei handelt es sich um ihre *Gewebeselektivität* und um eine *verlängerte Wirkungsdauer*. In diesem Buch soll der Frage nachgegangen werden, warum diese Eigenschaften unter bestimmten Bedingungen so besonders vorteilhaft sind, zum Beispiel bei Apoplexie, Hypertonie, Atherosklerose und koronarer Herzkrankheit.

Dieses Buch erhebt nicht etwa den Anspruch, einen Überblick über das gesamte Gebiet des Calciumantagonismus zu geben. Dazu wären heute schon mehrere Bände erforderlich. Ich bin vielmehr davon ausgegangen, daß der Leser bereits mit der grundlegenden Wirkungsweise dieser Substanzen im Zellbereich (Nayler 1988) wie auch mit ihrem klinischen Wert und den Grenzen ihrer Möglichkeiten (Opie 1990) vertraut ist. Es soll also ein Überblick über die auf diesem Gebiet vorherrschenden Strömungen gegeben werden. Gleichzeitig besteht die Absicht, dem Leser eine gewisse Begeisterung für die zunehmende Verbreitung der Calciumantagonisten zu vermitteln.

An dieser Stelle möchte ich darauf verweisen, daß wissenschaftliche Texte meistens mit großer Begeisterung geschrieben werden und dem Verfasser wirklich eine große Freude bereiten. Ihm zur Seite stehen die Illustratoren, Sekretärinnen und Bibliothekare und nicht zuletzt seine Angehörigen, die, ohne zu klagen, die Hoffnung nie aufgeben, daß eines Tages die Vernunft Oberhand gewinnt und wieder ein normales, ordentliches Leben möglich ist. Ihnen allen bin ich zu tiefstem Dank verpflichtet, insbesondere meinem Kollegen Michael Daly sowie Reneé Janssen und Wendy Vanags, die das Manuskript geschrieben haben und Sianna Panagiotopoulos, die wieder für die Illustrationen verantwortlich war.

Also doch, „wieder so ein verdammtes, dickes, spießiges Buch".

WINIFRIED NAYLER

Inhaltsverzeichnis

1 Was sind Calciumantagonisten der zweiten Generation?

> Gott könnte uns in arge Verlegenheit bringen,
> wenn er uns alle Geheimnisse der Natur preisgäbe.
> Vor lauter Apathie und Langeweile wüßten wir
> nicht mehr, was wir tun sollen.
>
> Nach J. W. v. GOETHE (1749–1832)

Bei den Prototypen oder der *ersten Generation* von Calciumantagonisten handelt es sich um Verapamil, Nifedipin und Diltiazem (Abb. 1.1). Diese Pharmaka bergen keine Geheimnisse mehr. Ihre Wirkungsweise wurde bereits entschlüsselt (Fleckenstein 1983), die Grenzen ihrer Möglichkeiten sind abgesteckt, Wirksamkeit und Verwendung bei der Behandlung einer Vielzahl von Herz-Kreislauf-Erkrankungen und sonstiger Störungen sind eindeutig definiert (Nayler 1988, Opie 1990). Diese Calciumantagonisten werden auch weiterhin Verwendung finden. Die Annahme, daß die Entwicklung damit bereits ihren Höhepunkt erreicht hat, käme aber der Aussage gleich, daß in diesem Bereich der Arzneitherapie Apathie und Langeweile herrschen. Das ist aber nicht der Fall. Vielmehr sind wesentliche Neuerungen eingetreten, die zum Teil noch im Gange sind und zur Entstehung einer zweiten Generation von Calciumantagonisten geführt haben. Im vorliegenden Kapitel werden die Gründe für die Entwicklung neuer Calciumantagonisten und einige ihrer Vorzüge aufgezeigt. Das nächste Kapitel ist der Chemie dieser Substanzen gewidmet.

Begrenzte Möglichkeiten der ersten Generation von Calciumantagonisten als Grund für die Entwicklung einer zweiten Generation

Um zu verstehen, warum die Entwicklung einer zweiten Generation von Calciumantagonisten überhaupt in Betracht gezogen wurde, hält man sich vielleicht am besten die Grenzen vor Augen, die den Möglichkeiten der ersten Generation dieser Arzneistoffklasse (Verapamil, Nifedipin und Diltiazem) gesetzt waren. Heute sind diese Grenzen wohlbekannt:

I. Relativ kurze Wirkungsdauer.
II. Inhärente und zumeist unerwünschte negative Inotropie.
III. Zuweilen so starke Hemmung der AV-Überleitung, daß ihre Verwendung unter bestimmten Bedingungen nicht in Frage kommt.
IV. Keine oder nur unzureichende Gewebespezifität. So bewirkt Nifedipin eine stark ausgeprägte Gefäßerweiterung im gesamten arteriellen System. Ein spezifischer Effekt auf einen bestimmten Gefäßbereich, zum Beispiel

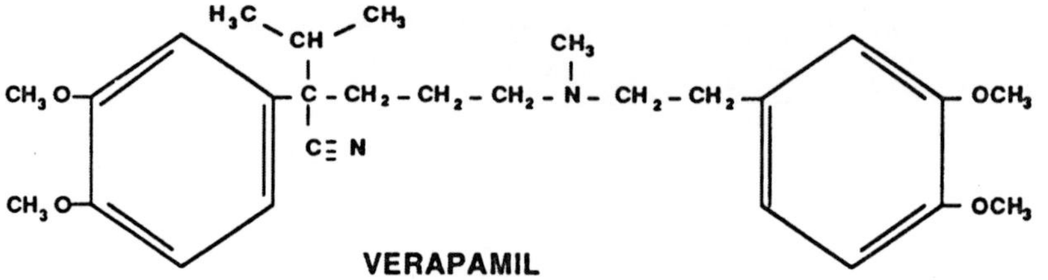

VERAPAMIL

Mol. Gew. 454,59

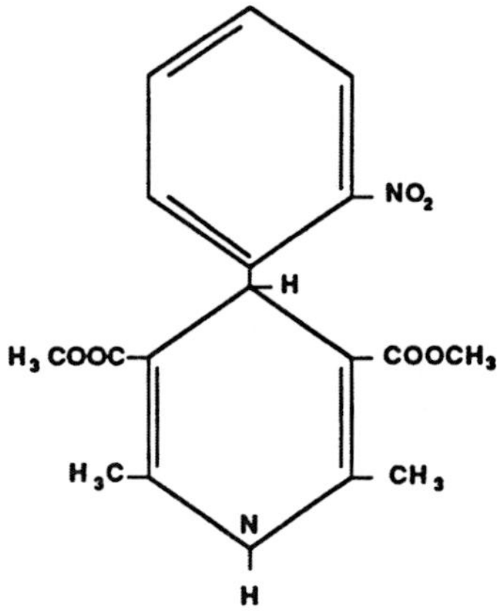

NIFEDIPIN

Mol. Gew. 346,34

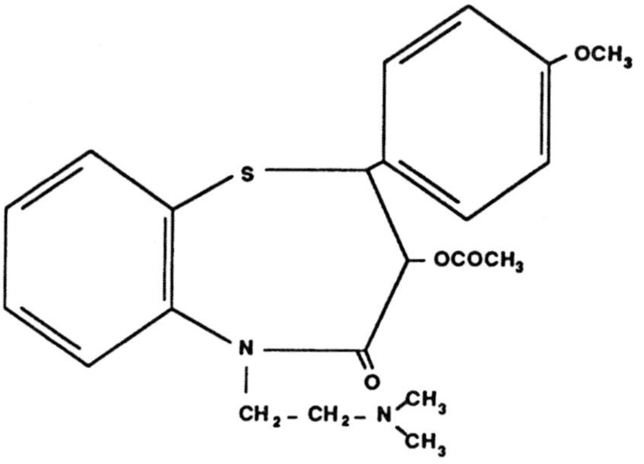

DILTIAZEM

Mol. Gew. 414,52

Abb. 1.1. Strukturformeln der Prototypen der Calciumantagonisten (Verapamil, Nifedipin und Diltiazem)

auf die Durchblutung der Koronar- oder der Zerebralarterien kommt daher nicht in Betracht. Auch Verapamil macht keinen Unterschied zwischen Myokard, Gefäßapparat und Gewebe des Reizleitungssystems. Die von Diltiazem herbeigeführte arterielle Gefäßerweiterung umfaßt ebenfalls Myokard *und* Erregungsleitungssystem.

V. Dazu kommt noch, daß diese Substanzen unerwünschte und manchmal sehr störende Nebenwirkungen verursachen. Obgleich die Calciumantagonisten der ersten Generation unterschiedliche Begleiteffekte hervorrufen, lassen sich diese Nebenwirkungen prinzipiell in zwei Gruppen unterteilen:

a) sekundäre reflektorische Veränderungen, zum Beispiel unter Nifedipin eine durch die primäre Gefäßerweiterung ausgelöste Reflextachykardie;

b) unerhebliche, aber dennoch störende Nebenwirkungen wie Flushsymptome, Knöchelödem, Kopfschmerzen, Schwindel und Obstipation.

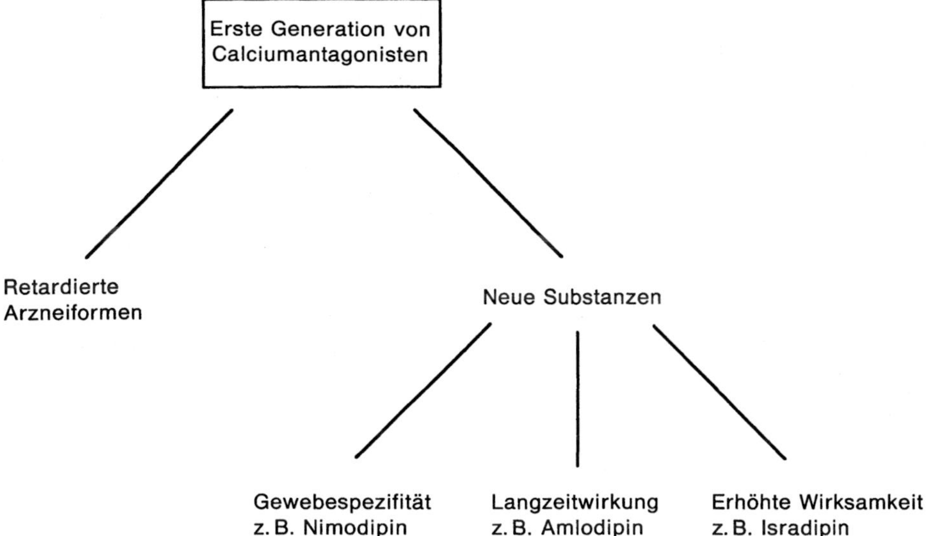

Abb. 1.2. Schematische Darstellung der Entwicklung einer zweiten Generation von Calciumantagonisten

Die Entwicklung einer *zweiten Generation von Calciumantagonisten* wurde dadurch ausgelöst, daß die den Prototypen gesetzten Grenzen erkannt und für inhärente Eigenschaften dieser Substanzen gehalten wurden. Darüber hinaus wurden auch wirksamere Pharmaka angestrebt, die zum Beispiel die Blut-liquorschranke überwinden können. Um diese Ziele zu erreichen, wurden verschiedene Wege eingeschlagen (Abb. 1.2):

I.   Entwicklung hochwirksamer, gewebespezifischer Pharmaka, zum Beispiel Nisoldipin (Tabelle 1.1).
  In dieser Tabelle sind für die verschiedenen Kategorien von Calciumantagonisten nur einige Beispiele aufgeführt. Weitere Beispiele sind dem zweiten Kapitel zu entnehmen.
II. Entwicklung von Langzeitpräparaten, zum Beispiel Amlodipin, Isradipin und Nisoldipin (Tabelle 1.1 und 1.2).
III. Entwicklung retardierter Formen der Prototypen, unter anderem von GITS-Formen von Nifedipin (GITS = Gastrointestinal Therapeutic System) sowie von Verapamil- und Felodipin-Retardpräparaten.
IV. Entwicklung neuartiger Substanzen, die zwar mit den Prototypen nicht strukturell verwandt sind, aber dennoch die Voraussetzungen für eine Einstufung als Calciumantagonisten erfüllen. Beispiele dafür sind HOE 166 und Fluspirilen (Glossmann und Striessnig 1990 und zweites Kapitel). Einige dieser Substanzen wie das Verapamil-Derivat (S)-Emopamil üben noch andere Wirkungen aus, zum Beispiel eine Blockade der 5-Hydroxy-tryptamin (5-HT$_2$)-Rezeptoren. Dieser Effekt kommt bei den Konzen-

Tabelle 1.1. Erste Generation von Calciumantagonisten

Klassifizierung	Substanz
Erste Generation	Verapamil, Nifedipin, Diltiazem
Zweite Generation	
a) Neue Substanzen*	
I. Gewebespizifität	Nisoldipin, Nimodipin, Nitrendipin, Isradipin, Felodipin, Amlodipin, Nilvadipin, Nicardipin
II. Langzeitwirkung	Amlodipin, Nisoldipin, Felodipin, Anipamil
b) Neue galenische Formen der Prototypen	Nifedipin: GITS-Form Verapamil: Retardform
c) Neuartige Substanzen*	HOE 166 Fluspirilen (S)-Emopamil

* Zur chemischen Struktur dieser und anderer neuer Substanzen siehe zweites Kapitel.

Tabelle 1.2. Halbwertszeit einiger Calciumantagonisten der zweiten Generation

Substanz	$T_{1/2}$ (Stunden)
Amlodipin	35–40
Felodipin	10
Isradipin	8
Nisoldipin	8–11
Nitrendipin	12

trationen zustande, die für eine Blockade der Ca^{2+}-Kanäle erforderlich sind. (S)-Emopamil ist darüber hinaus noch in der Lage, die Blutliquorschranke zu überwinden. Damit eignet sich diese Substanz auch für die Behandlung von Gefäßkrämpfen, zum Beispiel von Spasmen der Zerebralgefäße (Defeudis 1989). Zusätzliche Wirkungen in therapeutisch relevanten Dosisbereichen finden sich aber nicht nur bei den Verapamil-Abkömmlingen. Einige neue Dihydropyridin-Derivate hemmen zum Beispiel die Thrombozytenaggregation (Triggle 1990 a).

Die Überlegungen, die schließlich zur Entwicklung einer zweiten Generation von Calciumantagonisten führten, waren demnach von Anfang an komplexer Natur und *eher an bestimmte Konzepte gebunden als zeitabhängig*. Die Entwicklung der verschiedenen Retardformen der Prototypen führte damit zur Entstehung von Präparaten, die bereits der zweiten Generation zuzuordnen sind.

Besteht überhaupt ein Bedarf an einer zweiten Generation von Calciumantagonisten?

Für den Bedarf an diesen neuen Substanzen oder Präparaten lassen sich verschiedene Gründe anführen.

A. Verlängerte Wirkungsdauer als Voraussetzung für eine wirksame Prophylaxe

Als sich herausstellte, daß Calciumantagonisten am besten prophylaktisch eingesetzt werden und in der Regel über einen längeren Zeitraum verabreicht werden müssen, erkannte man, daß neue Substanzen mit Langzeitwirkung oder in Form von Retardpräparaten benötigt werden.

Bei der Entwicklung von Calciumantagonisten mit Langzeitwirkung wurden zwei Wege eingeschlagen:

I. Entwicklung neuer Substanzen mit Langzeiteffekt
II. Entwicklung von Retardformen der Prototypen

Amlodipin (zweites Kapitel), das seine lange Wirkungsdauer seiner langsamen Freisetzung aus seinem Rezeptor verdankt (Nayler und Gu 1991), gehört zu den unter I aufgeführten Substanzen. Die neueren Nifedipin-Präparate (GITS-Formen) und die retardierten Verapamil-Formen sind der Gruppe II zuzuordnen.

B. Abschwächung der Nebenwirkungen

Bei der Entwicklung der Calciumantagonisten der zweiten Generation wurde ein weiterer positiver Effekt erzielt, an den wahrscheinlich zunächst gar nicht gedacht worden war. Diese neuen Substanzen sind nämlich durch konstante Plasmaspiegel gekennzeichnet (Opie 1990), im Gegensatz zu den stark ausgeprägten Schwankungen der Plasmakonzentrationen ihrer Vorgänger. Dies ist vermutlich der Grund dafür, daß die Häufigkeit von Nebenwirkungen spektakulär zurückging. Da viele Begleiteffekte dadurch ausgelöst wurden, daß es bei den Standardpräparaten der Prototypen kurz nach Verabreichung vorübergehend zu relativ hohen Plasmakonzentrationen kam, ist der Rückgang der Häufigkeit von Nebenwirkungen leicht verständlich. Mit den Calciumantagonisten der zweiten Generation wurde damit eine gewebeselektive Prophylaxe bei Verabreichung der Tagesdosis als einmalige Gabe möglich. Gleichzeitig konnte das Problem der Nebenwirkungen weitgehend gelöst werden.

C. Gewebespezifität

Die Vorzüge der zweiten Generation von Calciumantagonisten beschränken sich nicht auf eine verlängerte Wirkungsdauer oder auf die Beseitigung bzw. Abschwächung von Nebenwirkungen. Auch die Entwicklung gewebespezifischer Pharmaka stellt einen erheblichen Fortschritt dar. Damit wird eine Therapie möglich, die auf ein bestimmtes Gefäßbett oder ein Organ gerichtet ist. Ein typisches Beispiel für diese Entwicklung ist das Dihydropyridin-Derivat Nimodipin (Towart 1981). Dieser Calciumantagonist besitzt eine relative Selektivität für die zerebralen Blutgefäße und ist ohne weiteres in der Lage, die Blutliquorschranke zu überwinden (vierzehntes Kapitel). Damit eignet sich Nimodipin auch für die Behandlung der zerebralen Ischämie (Gelmers und Hennerici 1990), wobei es weder zu einer ausgeprägten Herabsetzung des peripheren Gefäßwiderstands noch zu einer Reflextachykardie (Gelmers et al. 1988) oder einer negativen Inotropie kommt.

Bei den Bemühungen um die Entwicklung gewebespezifischer Calciumantagonisten sind drei Punkte hervorzuheben:
I.   In der Regel war Nifedipin, der Prototyp der Calciumantagonisten mit Dihydropyridin-Struktur, Ausgangspunkt für die Entwicklung von Substanzen der zweiten Generation.
II.   Die Gewebespezifität bezieht sich in immer höherem Maße auf ein Zielgewebe. Damit wird eine größere Vasoselektivität angestrebt, was die Wahrscheinlichkeit einer unerwünschten negativen Inotropie, einer verlangsamten AV-Überleitung oder einer Reflextachykardie verringert.
III. Ein weiterer und offenbar wertvoller Fortschritt ist der Umstand, daß die spezifische Beeinflussung eines bestimmten Gefäßbetts nun zu einem erreichbaren Ziel geworden ist. Wie bereits erwähnt, gehört Nimodipin zu dieser Gruppe, weil es eine relative Selektivität für die zerebralen Blutgefäße aufweist (Triggle 1990a, 1990b). Das gleiche gilt für Nisoldipin, das verhältnismäßig selektiv auf die Koronargefäße einwirkt. Daneben gibt es natürlich noch andere Beispiele dieser Art.

In verschiedener Hinsicht waren Gewebespezifität und verlängerte Wirkungsdauer der Calciumantagonisten Voraussetzungen für die volle Ausnutzung des Potentials dieser Substanzen. Bei der Behandlung von Patienten mit hypertrophischer Kardiomyopathie beruht die günstige Wirkung von Nifedipin, einer der ersten Generation der Calciumkanalblocker angehörenden Substanz, auf einer Vasodilatation im Bereich des arteriellen Gefäßsystems. Um die Gefäßerweiterung im erforderlichen Umfang aufrechterhalten zu können, sind mehrere Gaben im Tagesverlauf erforderlich. Ein solches Dosierungsschema bringt jedoch die Gefahr erheblicher Schwankungen der Blutspiegel mit sich. Dabei kann es zu Peaks kommen, die eine negative Inotropie auslösen, was zu einer unerwünschten Herabsetzung der Auswurffraktion führt (Betocchi et al. 1988). Diese Schwierigkeiten lassen sich offenbar durch gefäßspezifische und langwirksame Calciumantagonisten der zweiten Generation überwinden.

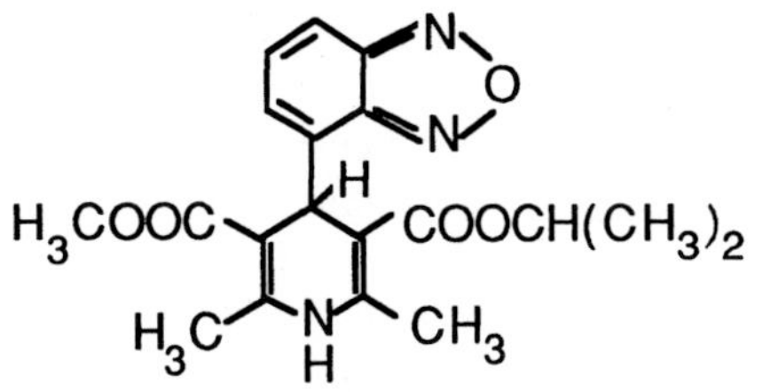

ISRADIPIN

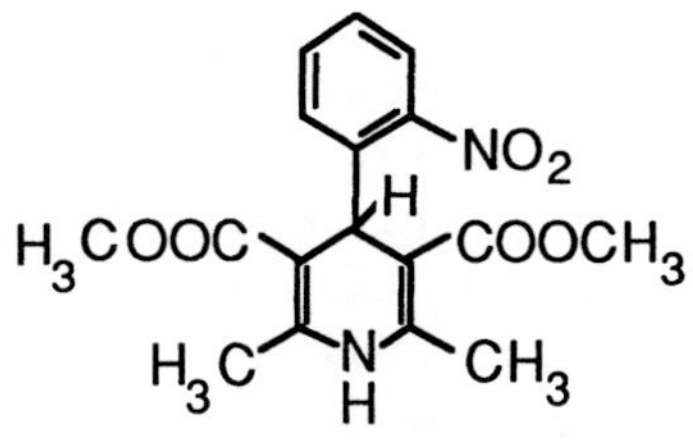

NIFEDIPIN

Abb. 1.3. Strukturformel von Isradipin, einem Calciumantagonisten der zweiten Generation aus der Gruppe der DihydropyridinDerivate. Man beachte die chemische Verwandtschaft mit Nifedipin, das zu den Calciumkanalblockern der ersten Generation gehört

Verapamil

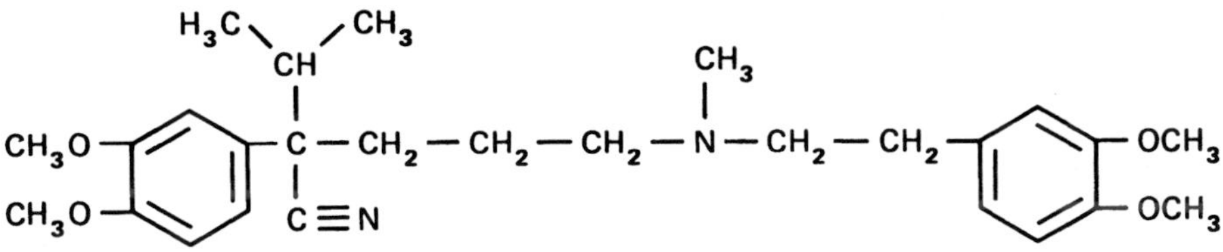

Anipamil

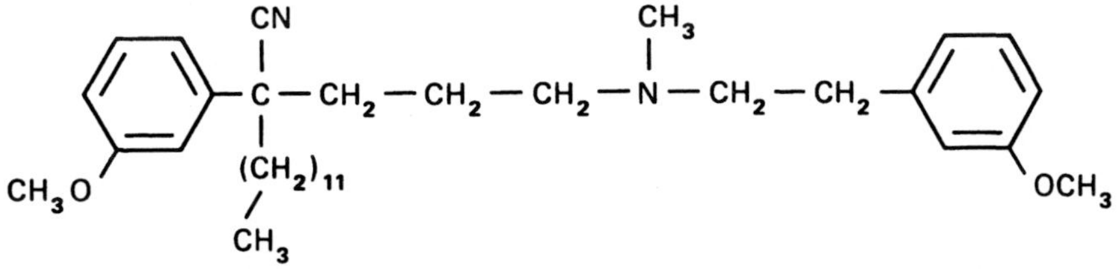

Abb. 1.4. Strukturformel von Anipamil, einem Calciumantagonisten der zweiten Generation aus der Gruppe der Phenylalkylamin-Derivate. Man beachte die chemische Verwandtschaft mit dem entsprechenden Prototyp (Verapamil)

D. *Wirkungsstärke*

Verbesserte Gewebeselektivität, verlängerte Wirkungsdauer und Abschwächung von Begleiteffekten sind drei der vier Merkmale, durch die sich die Calciumantagonisten der zweiten Generation von den Prototypen unterscheiden. Die stärker ausgeprägte Wirkung vieler dieser Substanzen stellt das vierte Merkmal dar. Das Dihydropyridin-Derivat Isradipin (Abb. 1.3) ist zum Beispiel wesentlich wirksamer als Nifedipin (Parker et al. 1988). Ebenso besitzt Anipamil eine höhere Wirksamkeit als Verapamil, der entsprechende Prototyp (Abb. 1.4) (Raschack 1984).

In den folgenden Kapiteln gehen wir kurz auf die Chemie und die Eigenschaften dieser zweiten Generation von Calciumantagonisten ein (zweites Kapitel). Ferner wird der neueste Kenntnisstand über die molekulare Biologie der Calciumkanäle dargelegt, auf die diese Substanzen einwirken. Schließlich folgt eine Diskussion der klinischen Wirksamkeit der Calciumkanalblocker. Wir gehen davon aus, daß der Leser mit der Schlüsselstellung von Ca^{2+} bei der Erregung und Kontraktion des Muskelgewebes (elektromechanische Kopplung) und auch mit der allgemeinen Wirkung der Calciumantagonisten einschließlich ihrer relativen Selektivität für die Ca^{2+}-Kanäle vom L-Typ bereits vertraut ist (Nayler 1988). Es ist ja kaum möglich, daß ein Kliniker in den neunziger Jahren mit diesen Substanzen noch nicht in Berührung gekommen ist, wenn auch nur insofern, als er anderen empfohlen hat, sie zu verwenden.

Zusammenfassung

1. Die zweite Generation von Calciumantagonisten wurde in dem Bemühen um Präparate mit

   I.   verlängerter Wirkungsdauer,
   II. erhöhter Gewebeselektivität und
   III. stärkerer Wirkung
   als die Prototypen der ersten Generation eingeführt.

2. Vorzüge der neuen Calciumkanalblocker:

   I.   spezifische Beeinflussung bestimmter Organe und Gefäßbereiche,
   II. Durchführbarkeit einer prophylaktischen Anwendung,
   III. Abschwächung zahlreicher Nebenwirkungen der Calciumantagonisten der ersten Generation und
   IV. Einführung neuer, therapeutisch wertvoller Calciumantagonisten, mit zusätzlichen, klinisch relevanten Eigenschaften (in manchen Fällen Thrombozytenaggregation und Blockade der 5-Hydroxytryptamin-Rezeptoren).

3. Derzeit stehen folgende Calciumantagonisten der zweiten Generation zur Verfügung:

   I.   Abkömmlinge der Prototypen,
   I.   neue Langzeitformen der Prototypen,
   III. neuartige Substanzen, die mit den Prototypen nicht strukturverwandt sind.

2 Chemie der Calciumantagonisten der zweiten Generation

> „Auf vergangene Gefahren blickt man mit einem Lächeln zurück"
>
> (Sir WALTER SCOTT in der Einleitung zu „The Bridal of Triermain")

Wie im ersten Kapitel bereits besprochen, begann die Suche nach einer *zweiten Generation* von Calciumantagonisten schon bald nach der klinischen Einführung der Prototypen, als man sich darüber im klaren war, daß dem therapeutischen Wert dieser Substanzen durch ihre kurze Wirkungsdauer, ihre beschränkte Gewebespezifität und ihre unerwünschten Begleiteffekte Grenzen gesetzt sind. Von Anfang an wurden bei dieser Suche zwei verschiedene Wege eingeschlagen: Einerseits war man um verbesserte galenische Formen der Prototypen bemüht (zum Beispiel die Retardform von Verapamil (Harder et al. 1991) und die GITS-Form von Nifedipin), andererseits wurde die Entwicklung neuartiger Substanzen mit stark ausgeprägter Calciumkanalblocker-Wirkung angestrebt. Manche Substanzen sind lediglich Abkömmlinge der Prototypen, andere Calciumantagonisten der zweiten Generation weisen eine völlig andere chemische Struktur auf. Unabhängig von dem eingeschlagenen Weg war das Ziel immer das gleiche, nämlich die Entwicklung hochwirksamer Präparate mit geringeren Begleiteffekten, einer länger anhaltenden Wirkung und einer verbesserten Gewebespezifität.

Eine ins einzelne gehende Aufzählung aller seit Entdeckung der Prototypen entwickelten oder identifizierten Calciumkanalblocker würde den Rahmen dieses Kapitels sprengen. Es soll daher nur der Versuch gemacht werden, die chemische Struktur und die allgemeinen Eigenschaften einiger erst vor kurzem entdeckten Calciumantagonisten zu erörtern. Dabei befassen wir uns in erster Linie mit Substanzen, die entweder eine stärker ausgeprägte Wirkung entfalten oder eine längere Wirkungsdauer, eine verbesserte Gewebespezifität oder eine völlig neuartige chemische Struktur aufweisen. Diese Substanzen werden in folgender Reihenfolge besprochen:

I. Abkömmlinge der Prototypen,
II. neuartige Substanzen,
III. Calciumantagonisten, die zusätzlich noch eine Blockade weiterer Rezeptoren bewirken, und zwar in dem für die calciumantagonistische Wirkung erforderlichen Dosisbereich.

Bevor wir auf diese Substanzen näher eingehen, sollten wir uns darüber Gedanken machen, wozu wir Calciumantagonisten überhaupt brauchen. Zu dieser anscheinend banalen Frage gibt es zwei Antworten. Zum einen werden solche Präparate, auch einige der zweiten Generation, heute zur Behandlung einer Vielfalt von Krankheiten verwendet. Dazu gehören die belastungsinduzierte, durch Koronarspasmen oder durch andere Ursachen ausgelöste Angina pectoris, die paroxysmalen supraventrikulären Tachyarrhythmien, Vorhofflattern und Vorhofflimmern, Hypertonie, Morbus Raynaud, zerebrale Gefäßspasmen, Myokardinfarkt, Kardiomyopathien, die von Adriamycin ausgehende Toxizität und die Atherosklerose, um nur einige zu nennen. Weitere Indikationen sind Tabelle 2.1 zu entnehmen.

Darüber hinaus sind die Calciumantagonisten für Forschungszwecke von großer Bedeutung, insbesondere im Hinblick auf Versuche, die zur Klärung der physiologischen Rolle der spannungsempfindlichen Calciumkanäle dienen.

Die Ca^{2+}-Kanäle lassen sich in zwei Hauptgruppen unterteilen:

I.   durch Veränderungen des transmembranären Potentials gesteuerte, spannungsempfindliche Kanäle,
II. rezeptorgesteuerte Kanäle, die unter der Kontrolle von Liganden stehen.

Die hier besprochenen Calciumantagonisten wirken lediglich auf eine Art von spannungsempfindlichen Calciumkanälen, nämlich auf die Kanäle vom L-Typ. Es gibt zumindest noch zwei weitere Arten spannungsempfindlicher Ca^{2+}-Kanäle: die T-Kanäle und die N-Kanäle (Bean 1989). Wie aus Tabelle 2.2 zu ersehen ist, handelt es sich bei den Ca^{2+}-Kanälen vom L-Typ um

Tabelle 2.1. Klinische Verwendung von Calciumantagonisten derersten und zweiten Generation (nach Triggle 1990)

Herz-Kreislauf-Apparat	Atherosklerose
	Zerebrale Ischämie
	Dekompensierte Herzinsuffizienz
	Hypertrophische Kardiomyopathie
	Myokardinfarkt
	Periphere Gefäßerkrankungen
	Hypertonie
	Supraventrikuläre Tachyarrhythmien
Nicht vaskuläre, glatte Muskulatur	Achalasie
	Dysmenorrhoe
	Eklampsie
	Ösophagusspasmen
	Hypermotilität des Darmtrakts
	Obstruktive Lungenerkrankung
	Vorzeitige Wehen
	Harninkontinenz
Andere Indikationen	Chemotherapie bei Krebsleiden
	Reisekrankheit
	Epilepsie
	Manisches Syndrom
	Schwindel
	Tourette-Syndrom

langsame Kanäle mit großer Leitfähigkeit. Diese Eigenschaften entsprechen auch ihrer Bedeutung für die elektromechanische Kopplung von Erregung und Kontraktion des Muskelgewebes (Triggle 1990b). Die schnellen T-Kanäle mit geringer Leitfähigkeit leisten wahrscheinlich einen Beitrag zur Schrittmachertätigkeit, während die N-Kanäle in erster Linie den Neuronen vorbehalten sind.

Mit den spannungsempfindlichen L-Kanälen stehen Strukturen in Verbindung, an denen die Wirkung der drei Prototypen der Calciumantagonisten zur Geltung kommt. Wie im dritten Kapitel im einzelnen beschrieben, finden sich diese Angriffspunkte an der α_1-Untereinheit, einer größeren Untereinheit des Kanals (Triggle et al. 1989 und drittes Kapitel), an der offenbar die wichtigsten Merkmale des Kanals kodiert sind, auch die elektrophysiologischen und pharmakologischen Eigenschaften (Perez-Reyes et al. 1989).

Aufgabe der Ca^{2+}-Kanäle vom L-Typ ist es, das Einströmen von Ca^{2+} in die Herzmuskelzelle und in die glatte Muskelzelle fürdie elektromechanische Kopplung von Muskelerregung und Muskelkontraktion zu regulieren. Bei den Zellen einiger endokriner Organe handelt es sich um die Kopplung von Erregung und Sekretion.

In den meisten Abbildungen wird diese Untereinheit mit drei Bindungsstellen dargestellt (Abb. 2.1). Im Zuge der Entwicklung von Substanzen mit neu-

Tabelle 2.2. Merkmale der spannungsempfindlichen Calciumkanäle

Merkmal	Kanal-Typ		
	L	T	H
Leitfähigkeit (p5)	25	8	12–20
Aktivierungsschwelle	Hoch	Niedrig	Hoch
Inaktivierungsrate	Langsam	Schnell	Mittel
Empfindlich gegenüber	Empfindlich	Unempfindlich	Unempfindlich
Phenylalkylaminen			
Benzothiazepinen			
Dihydropyridinen			

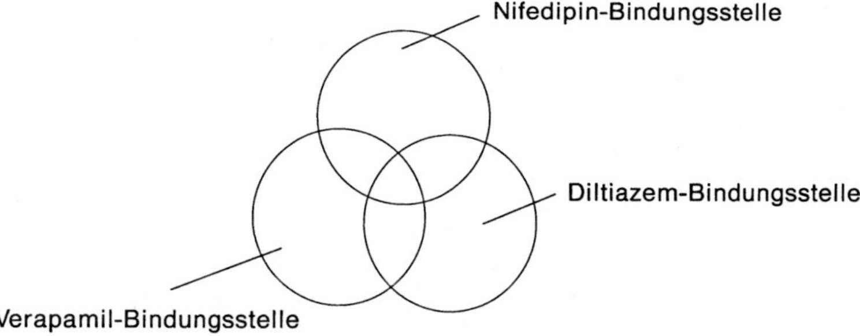

Abb. 2.1. Schematische Darstellung der Bindungsstellen für die drei Prototypen von Calciumantagonisten mit Phenylalkylamin-, Benzothiazepin- bzw. Dihydropyridin-Struktur. Nach dem derzeitigen Kenntnisstand kann man davon ausgehen, daß am Eingang der Ca^{2+}-Kanäle vom L-Typ noch andere Bindungsstellen vorliegen

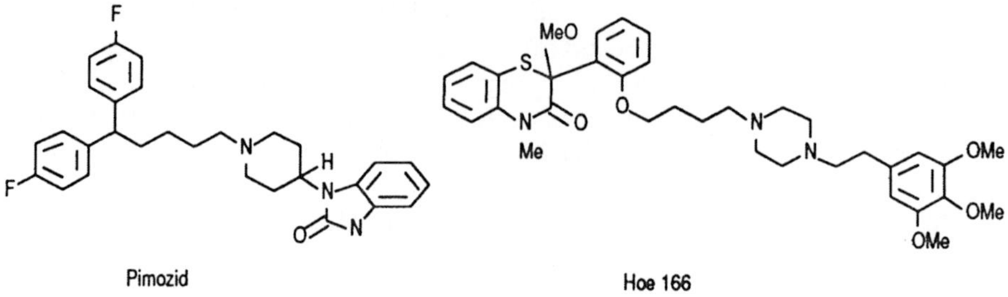

Pimozid

Hoe 166

Abb. 2.2. Strukturformeln von Pimozid und HOE 166. Hier handelt es sich um Calciumantagonisten, die mit den klassischen Prototypen nicht strukturverwandt sind. Me = CH_3

artiger Struktur stellte sich jedoch heraus, daß es sich hier um eine unzulässige Vereinfachung handelt. Wahrscheinlich gibt es noch weitere Angriffspunkte dieser Substanzen. Möglicherweise liegen einige davon nicht einmal auf der α_1-Untereinheit des Kanal-Komplexes. So hat zum Beispiel Pimozid (Abb. 2.2) keinerlei strukturelle Ähnlichkeit mit den Prototypen der Calciumantagonisten, interagiert aber im gleichen stöchiometrischen Verhältnis mit den 1,4-Dihydropyridin-, Benzothiazepin- und Phenylalkylamin-Bindungsstellen, wenn auch schwächer. Triggle (1990 a, 1990 b) postulierte eine vierte, noch nicht nachgewiesene Bindungsstelle, mit der Pimozid wahrscheinlich ebenfalls interagiert. Eine Vielzahl anderer Pharmaka weist ebenfalls die Merkmale von L-Kanal-Antagonisten auf, ohne daß ihre Wirkung an den „klassischen" Bindungsstellen der α_1-Untereinheit des Kanals in Erscheinung tritt. HOE 166 (Grassegger et al. 1989) (Abb. 2.2) kann hier als weiteres Beispiel angeführt werden. Offenbar sind im Zusammenhang mit den Bindungsstellen für die Hemmstoffe der spannungsempfindlichen Ca^{2+}-Kanäle vom L-Typ noch viele Fragen ungeklärt. Im allgemeinen kann man jedoch davon ausgehen, daß die zur Zeit klinisch verwendeten Calciumantagonisten eine Bindung mit spezifischen Bereichen dieser Kanäle eingehen.

Abkömmlinge von Calciumantagonisten der ersten Generation mit Angriffspunkt an der α_1-Untereinheit der Ca^{2+}-Kanäle vom L-Typ

Phenylalkylamine

Prototyp: Verapamil oder 7-Cyano-1,7-bis(3,4-dimethoxyphenyl)-3,8-dimethyl-3-azanonan.

Zur zweiten Generation dieser Gruppe (Tabelle 2.3) gehören Gallopamil (D600), Anipamil (Abb. 2.3), Falipamil (Abb. 2.4), RO-5967 (Abb. 2.5) und Tiapamil. Tiapamil besitzt keine Gewebeselektivität und hat eine zehnmal *schwächere* Wirkung als Verapamil. Auf diese Substanz gehen wir daher im folgenden nicht mehr näher ein. Die anderen Substanzen, Gallopamil, Anipa-

Tabelle 2.3. Zweite Generation der Calciumantagonisten mitPhenylalkylamin-Struktur

Prototyp	Chemie
dl-Verapamil	f-Cyano-1,7-bis(3,4-dimethoxyphenyl)-3,8-dimethyl-3-azanonan

Zweite Generation

Gallopamil (D600)	f-Cyano-1-(3,4-dimethoxyphenyl)-7-(3,4,5-trimethoxyphenyl)-3-8-dimethyl-3-azanonan
Anipamil	f-Cyano-1–7-bis(m-methoxyphenyl)-3-methyl-3-azanonadecan
Falipamil (AQ-A39)	5,6-Dimethoxy-2-(3-[3,4-dimethoxy]phenylethyl-methyl-amino-propyl)phthalimidin
RO-5967	(1S,2S)-2-[2-[[3-(2-Benzimidazolyl)propyl]methylamino]ethyl]-6-fluoro-1,2,3,4-tetrahydro-1-isopropyl-2-naphthyl-methoxyacetat
Tiapamil (RO11–1781)	2-(3,4-Dimethoxyphenyl)-2-[6-(3,4-dimethoxyphenyl)-4-methyl-4-azahexyl~-1,3,dithian-1,1,3,3,tetraoxid

Alle diese Substanzen interagieren mit der Bindungsstelle fürVerapamil am Ca^{2+}-Kanal-Komplex. Sie sind durchwegs als Calciumantagonisten zu bezeichnen, da sie den mit der Aktivierung der L-Kanäle zusammenhängenden langsamen Einstrom von Ca^{2+} in die Zelle zu inhibieren vermögen.

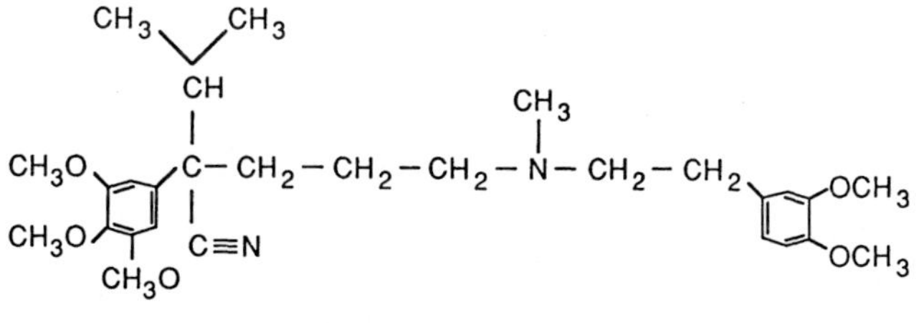

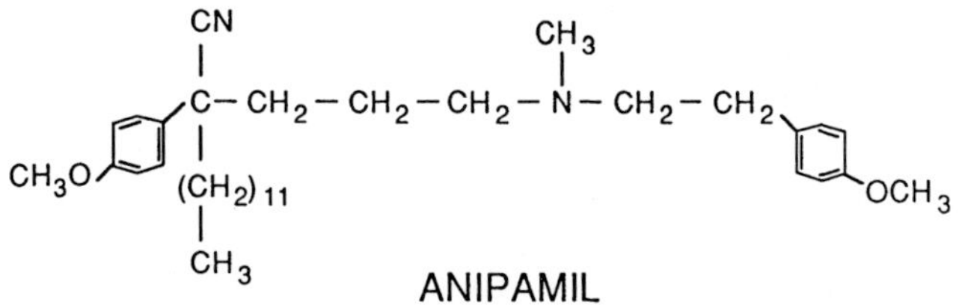

Abb. 2.3. Strukturformeln von Calciumantagonisten der zweiten Generation mit Phenyl-alkylamin-Struktur (Gallopamil und Anipamil). Gallopamil (D600) wird bereits klinisch eingesetzt

mil, Falipamil und RO-5967 interagieren durchwegs mit der Bindungsstelle für Verapamil (Phenylalkylamine) an der α_1-Untereinheit der Ca^{2+}-Kanal-Komplexe (vgl. drittes Kapitel). Allerdings gibt es zwischen diesen Substanzen bemerkenswerte Unterschiede, die möglicherweise von Nutzen sein könnten. So hat Anipamil zum Beispiel eine länger anhaltende und stärker ausgeprägte Wirkung als Verapamil, zeigt aber wie dieses Pharmakon die gleiche Selektivität für den Herzmuskel und die Blutgefäße (Tabelle 2.4). Falipamil hat demge-

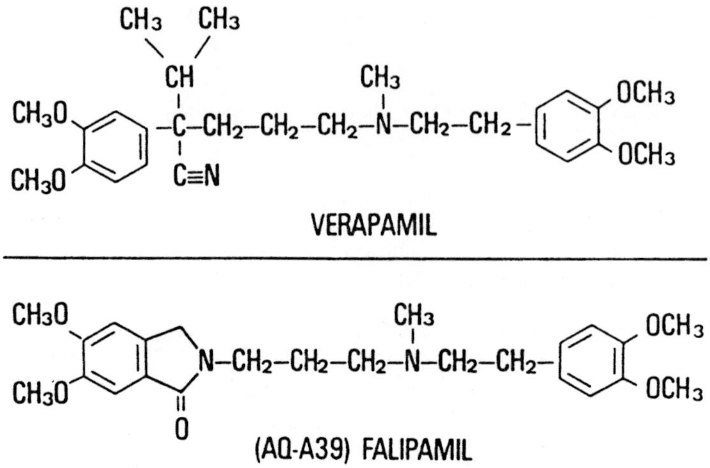

VERAPAMIL

Abb. 2.4. Strukturformel von Falipamil, einem zur Phenylalkylamin-Gruppe gehörenden Calciumantagonisten der zweiten Generation

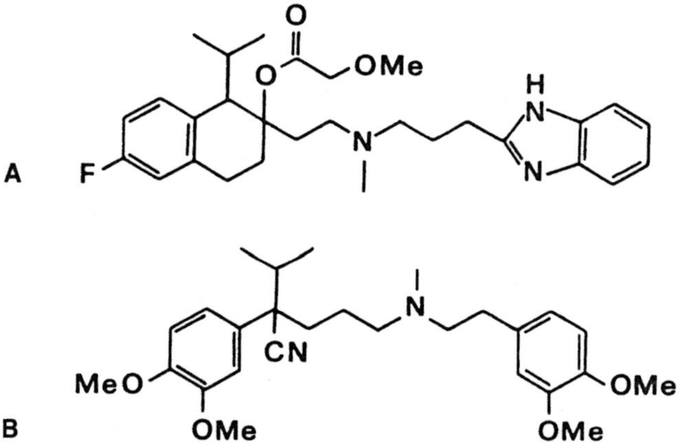

Abb. 2.5. Struktur von RO-5967 (**A**) und Verapamil (**B**)

Tabelle 2.4. Relative Selektivität der Wirkung von Calciumantagonisten der zweiten Generation, die mit den Bindungsstellen für Verapamil interagieren

Calcium-antagonist	Gewebe			
	Myokard	Periphere Gefäße	Koronargefäße	Sinusknoten-Gewebe/ AV-Überleitung
Verapamil	+ + +	+ +	+ +	+ + +
Gallopamil	+ + +	+ +	+ +	+ + +
Anipamil	+ + +	+ +	+ +	−
Falipamil	+ +	+ +	+ +	+ + + + + (Sinusknoten)
RO-5967	+	+ +	+ + + + + +	?

Gallopamil und Anipamil sind stärker wirksam als Verapamil.
+ bedeutet Intensität der Wirkung auf die Gewebefunktion.

Tabelle 2.5. Relative Selektivität des Calciumantagonisten RO-5967 für die Koronargefäße

Parameter	nM
Steigerung der Koronardurchblutung (50 %)	$IC_{50} = 54$
Abschwächung der myokardialen Kontraktilität (50 %)	$IC_{50} = 14\,000$
Hemmung der Konstriktion der Aorta (50 %)	$IC_{50} = 275$

Selektivität der Wirkung von RO-5967: Koronararterien > periphere Gefäße > Myokard. Die Substanz interagiert mit der Bindungsstelle für Verapamil (aus Osterrieder und Holck 1989).

genüber ein völlig anderes pharmakologisches Profil. Die Wirkung dieser Substanz ist auf den Sinusknoten gerichtet. Falipamil verlangsamt die Depolarisationsrate und verlängert damit das Aktionspotential in diesem Bereich (Naudascher et al. 1989). Auf diese Weise kommt es zu einer Herabsetzung der I_f-Komponente des Schrittmacherstroms. Durch diese Eigenschaft ist die Substanz in der Lage, eine belastungsinduzierte Tachykardie ohne Veränderung des Blutdrucks abzuschwächen. Hier haben wir es also mit einer Gewebeselektivität innerhalb einer Gruppe von Pharmaka zu tun, die mit den Bindungsstellen für die Phenylalkylamine (Verapamil) interagieren.

Falipamil ist aber nicht das einzige Mitglied dieser Gruppe, das eine Gewebespezifität aufweist. RO-5967 (Clozel et al. 1989) interagiert ebenfalls mit der Bindungsstelle für Verapamil, verursacht aber im Gegensatz zu dieser Substanz nur eine geringfügige negative Inotropie (Osterrieder und Holck 1989). Seine Wirkung ist auf die Koronargefäße gerichtet (Clozel et al. 1989). Die zu einer 50 %igen Steigerung der Koronardurchblutung (EC_{50}), einer 50 %igen Herabsetzung der Kontraktilität (IC_{50}) und einer 50 %igen Verringerung des Gefäßwiderstands (IC_{50}) erforderlichen Konzentrationen lassen auf die Spezifität dieser Wirkung schließen. Die entsprechenden Werte sind der Tabelle 2.5 zu entnehmen und lassen die relative Selektivität dieses Calciumkanalblockers für die Koronargefäße deutlich erkennen. Zwischen dem Prototyp Verapamil und RO-5967 liegt noch ein wichtiger Unterschied vor, nämlich die Hemmwirkung auf die glatte Muskulatur des Magen-Darm-Trakts. Dieser Effekt ist bei Verapamil stärker ausgeprägt als bei RO-5967 (Osterrieder und Holck 1989). Dies könnte insofern von Bedeutung sein, als Verstopfung eine der störendsten und häufigsten Nebenwirkungen von Verapamil ist.

Falipamil und RO-5967 sind Beispiele für *Gewebeselektivität* in der zweiten Generation von Calciumantagonisten, die mit der Verapamil-Phenylalkylamin-Erkennungsstelle an der α_1-Untereinheit des Kanalkomplexes eine Bindung eingehen. Gallopamil und Anipamil lassen andererseits eine erhöhte Wirksamkeit (Anipamil > Gallopamil > Verapamil) und eine längere Wirkungsdauer (Anipamily > Verapamil) erkennen (Dillon und Nayler 1988). Anipamil hat relativ wenig Einfluß auf die AV-Überleitung. Dies läßt darauf schließen, daß es zwischen Anipamil und Verapamil möglicherweise noch andere wichtige Unterschiede gibt.

Ganz allgemein kann also festgestellt werden, daß die zweite Generation von Calciumantagonisten, die mit der Bindungsstelle für Verapamil an Ca^{2+}-

Kanälen vom L-Typ interagiert, im Vergleich zu Verapamil als Prototyp eine Gewebespezifität (Tabelle 2.5), eine erhöhte Wirksamkeit und, was Anipamil betrifft, einen länger anhaltenden Effekt aufweist. Ob diese Untergruppe von Calciumkanalblockern aufgrund solcher „Verbesserungen" tatsächlich einen höheren klinischen Wert besitzt als die Retardform des Prototyps, läßt sich heute noch nicht sagen. Die relative Spezifität von RO-5967 für die Koronargefäße und der spezifische Effekt von Falipamil auf das Gewebe des Sinusknotens dürften allerdings interessante Alternativen bieten.

Benzothiazepine

Der Prototyp dieser Gruppe ist Diltiazem (3-Acetoxy-2,3-dihydro-5-(2-dimethylaminoethyl)-2-(p-methoxyphenyl)benzo[b]-(5H)-1,5-thiazepin-4-on). Wie Verapamil, besitzt auch Diltiazem keine Vasoselektivität, bewirkt aber eine stark ausgeprägte Dilatation der Koronargefäße.

Einer der Calciumantagonisten der zweiten Generation ist in dieser Gruppe KT-362 (Farber und Gross 1989). KT-362 ist chemisch (5-[3-[[2-3,4-Dimethoxyphenyl)-ethyl]amino]-1-oxopropyl]-2,3,4,5-tetrahydro-1,5-benzothiazepinfumarat). Trotz der strukturellen Ähnlichkeit zwischen dem Prototyp Diltiazem und KT-362 unterscheiden sich die beiden Substanzen in ihrer Wirkungsweise. Diltiazem ist ein klassischer Blocker der Ca^{2+}-Kanäle vom L-Typ, während KT-362 seine Wirkung *im Zellinnern* entfaltet und die intrazelluläre Ca^{2+}-Freisetzung in der glatten Gefäßmuskulatur inhibiert (Eskinder et al. 1989). Im Gegensatz zu Diltiazem übt KT-362 auf die Koronardurchblutung nur eine minimale Wirkung aus. Trotzdem könnte diese Substanz in der Klinik von Nutzen sein, da sie Herzfrequenz und arteriellen Blutdruck herabsetzt und dennoch im Anschluß an eine akute ischämische Störung den *Kollateralkreislauf verbessert* (Farber und Gross 1989). Demnach ist KT-362 ein Beispiel für einen Calciumantagonisten der zweiten Generation, der mit dem Prototyp seiner Gruppe strukturell eng verwandt ist und trotzdem ein völlig anderes pharmakologisches Profil besitzt.

Clentiazem (TA-3090) oder (+)-(2S-3S)-3-Acetoxy-8-chloro-5-(2-dimethylamino)-ethyl-2,3-dihydro-2-(4-methoxyphenyl)-1,5-benzothiazepin-4-(5H)-on-maleat (Abb. 2.6) ist ein weiterer Calciumantagonist der zweiten Generation aus der Reihe der Benzothiazepin-Derivate (Suzuki et al. 1991). Die

	R	Salz
Clentiazem	Cl	Maleat
Diltiazem	H	HCl

Abb. 2.6. Struktur des „neuen" Calciumantagonisten Clentiazem

Substanz weist eine höhere Affinität zur klassischen Erkennungsstelle an der α_1-Untereinheit auf als Diltiazem (Suzuki et al. 1991). Diese Eigenschaft ist vielleicht eine Erklärung dafür, daß der Effekt von Clentiazem um das Vierfache stärker ausgeprägt ist als die Wirkung von Diltiazem (Murata et al. 1988).

Die Calciumantagonisten der zweiten Generation, deren Prototyp Diltiazem ist, sind demnach durch eine veränderte Gewebespezifität und eine erhöhte Wirksamkeit gekennzeichnet.

Dihydropyridine

Der Prototyp dieser Gruppe ist Nifedipin (1,4-Dihydro-2,6-dimethyl-4-(δ-nitrophenyl)pyridin-3,5-dicarbonsäure-dimethylester). Von Nifedipin gibt es

Tabelle 2.6. Zweite Generation der Calciumantagonisten mit Dihydropyridin-Struktur

Prototyp	Chemie
Nifedipin	1,4-Dihydro-2,6-dimethyl-4(0-nitrophenyl)pyridin-3,5-dicarbonsäure-dimethylester
Zweite Generation	
Amlodipin*	2-(2-Aminoethoxymethyl)-4-(0-chlorophenyl)-1,4-dihydro-6-methyl-pyridin-3,5-dicarbonsäure-3-ethyl,5-methylestermaleat
Felodipin*	4-(2,3-Dichlorophenyl)-1,4-dihydro-2,6-dimethylpyridin-3,5-dicarbonsäure-3-ethyl, 5-methylester
Isradipin*	4-Benzo-z-oxa-1,3-diazol-4-dihydro-2,6-dimethylpyridin-3,5-dicarbonsäure-3-isopropyl,5,methylester
Nisoldipin*	1,4-Dihydro-2,6-dimethyl-4-(2-nitrophenylpyridin)-3,5-dicarbonsäure-diester
Nitrendipin*	1,4-Dihydro-2,6-dimethyl-4-(3-nitrophenylpyridin)-3,5-dicarbonsäure-3-ethyl,5-methylester
Nimodipin*	1,4-Dihydro-2,6-dimethyl-4-(m-nitrophenyl)pyridin-3,5-dicarbonsäure-3-isopropyl,5-(2-methoxyethylester)
Nigludipin	1,4-Dihydro-2,6-dimethyl-4-(m-nitrophenyl)pyridin-3,5-dicarbonsäure-3-methyl-5-[3-4,4-diphenyl-1-piperidinyl-propyl]ester
Niludipin	1,4-Dihydro-2,6-dimethyl-4-(m-nitrophenyl)pyridin-3,5-dicarbonsäure-bis(2-propoxyethylester)
CD 349	2-Nitratopropyl-3-nitratopropyl-2,6-dimethyl-4-(3-nitrophenyl)-1,4-dihydropyridin-3,5-dicarbonsäure
Mepirodipin	3(S)-1-Benzyl-3-pyrrolidinylmethyl(4S)-2,6-dimethyl-4-(m-nitrophenyl)-1,4-dihydropyridin-3,5-dicarboxilat
MDL 72567	5-(2-Furol)-1,4,dihydro-2,6-dimethyl-4-(O-nitrophenyl)pyridin-3-carbonsäuremethylester
8663S	3-Cyclopentyl-4,7-dihydro-1,6-dimethyl-4-(m-nitrophenyl)pyrazolol(3,4-b)pyridin-5-carbonsäure-methylester
Manidipin (CV-4093)	2-[4-(Diphenylmethyl)-1-piperazinyl]ethylmethyl($\pm$)-1,4-dihydro-2,6-dimethyl-4-(m-nitrophenyl)-3,5-pyridin-dicarboxilatdichlorhydrat

Diese Aufstellung umfaßt nicht alle Nifedipin-Derivate, vermittelt aber einen Eindruck von den zahlreichen Substanzmodifikationen in dieser Gruppe.
Die mit * gekennzeichneten Pharmaka kommen bereits in der Klinik zur Anwendung.

mehr Derivate als von allen anderen Prototypen zusammen. Bei den Nifedipin-Abkömmlingen handelt es sich um Nisoldipin, Nimodipin, Nitrendipin, Nicardipin, Amlodipin, Felodipin, Isradipin, Nilvadipin, Nigludipin, Niludipin, Mepirodin, Mandipin, CD-349 und viele andere Substanzen (Tabelle 2.6). In der Regel sind diese Pharmaka vasoselektiv. Allerdings gibt es zwischen ihnen bemerkenswerte
Unterschiede. Das gilt auch für die bereits in der Klinik verwendeten (und in Tabelle 2.6 mit * gekennzeichneten) Substanzen. So ist Amlodipin zum Beispiel ein Calciumantagonist mit langer Wirkungsdauer.

Dies ist darauf zurückzuführen, daß

I.   die Substanz eine lange Halbwertzeit im Plasma aufweist (36 Stunden) (Elliot et al. 1988) und
II. nur langsam aus dem Rezeptor freigesetzt wird (Nayler und Gu 1991).

Amlodipin (Abb. 2.7) wird auch nur langsam an den Rezeptor gebunden. Es dauert mehrere Stunden, bis die Asymptote erreicht ist (Nayler und Gu 1991). So erklärt sich wohl auch, warum die Substanz relativ selten Nebenwirkungen hervorruft: Für eine entsprechende Einstellung der Barorezeptoren bleibt genügend Zeit.

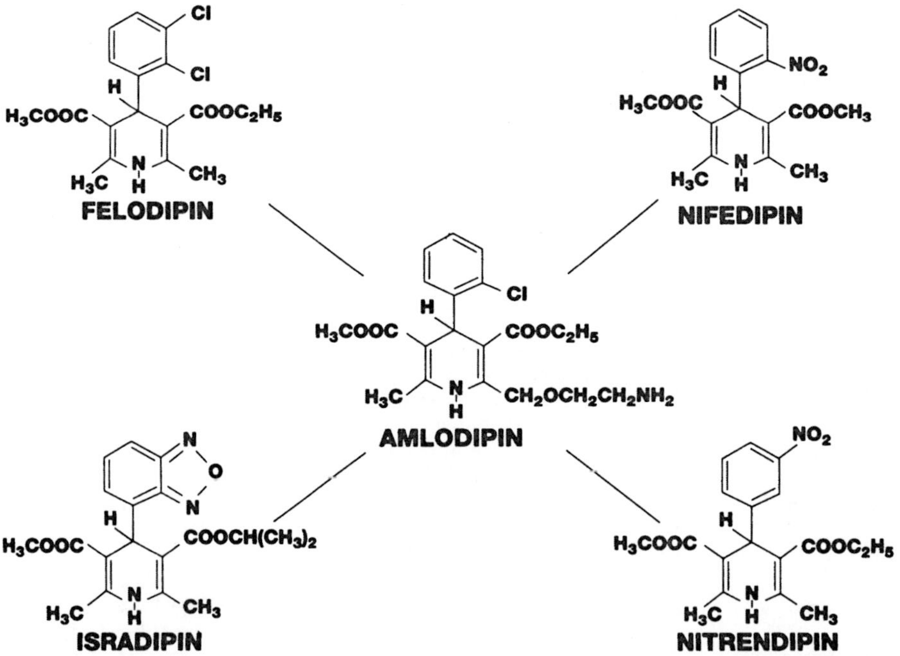

Abb. 2.7. Struktur einiger Calciumantagonisten der zweiten Generation und ihres Prototyps Nifedipin. Amlodipin ist durch eine besonders lange Wirkungsdauer gekennzeichnet. Isradipin ist hochwirksam und vasoselektiv. Felodipin besitzt eine ausgeprägte Vasoselektivität

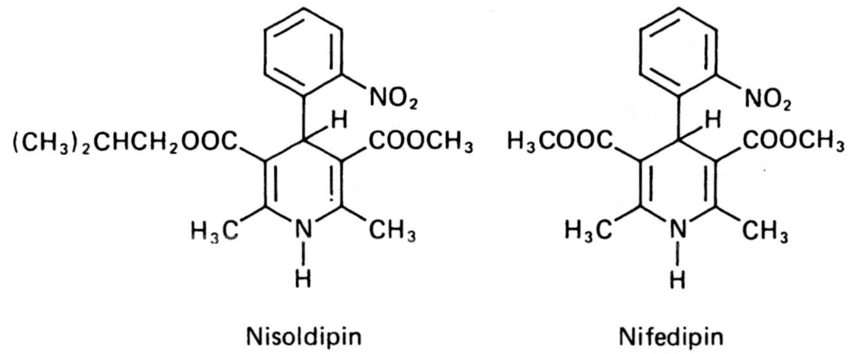

Abb. 2.8. Struktur von Nisoldipin, eines Calciumantagonisten der zweiten Generation aus der Dihydropyridin-Reihe, dessen Wirkung selektiv auf die Koronargefäße gerichtet ist

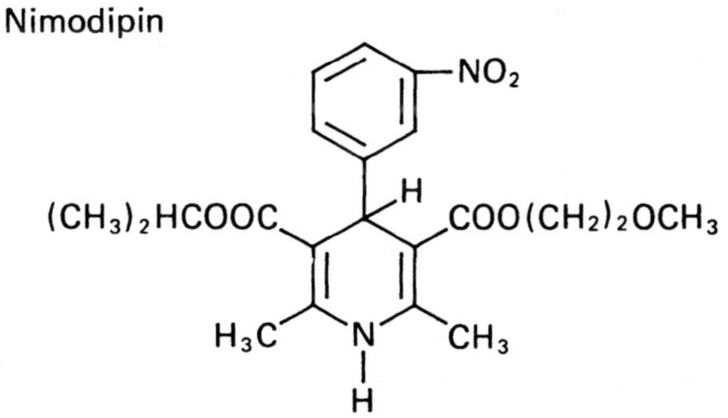

Abb. 2.9. Nimodipin, ein Calciumantagonist der zweiten Generation aus der Dihydropyridin-Reihe, wirkt relativ selektiv auf die Gehirndurchblutung

Nisoldipin (Abb. 2.8) und Nimodipin (Abb. 2.9) sind ebenfalls vasoselektiv, unterscheiden sich aber von Amlodipin insofern, als der Effekt von Nisoldipin spezifisch auf die Koronargefäße gerichtet ist, während Nimodipin bevorzugt auf die zerebrale Durchblutung einwirkt.

Zu den Calciumantagonisten aus der Gruppe der Dihydropyridine ist also festzustellen, daß die Substanzen der zweiten Generation eine ähnliche chemische Struktur aufweisen wie der Prototyp, aber stärker *vasoselektiv* und in manchen Fällen auch wirksamer sind. Der Effekt einiger dieser Pharmaka ist auf ein spezifisches Gefäßbett gerichtet. Diesen Umstand kann man sich in der Klinik zunutze machen (Tabelle 2.7).

Es gibt noch eine ganze Reihe anderer Dihydropyridin-Derivate. Isradipin (Tabelle 2.6) ist zum Beispiel ebenfalls ein vasoselektiver Calciumkanalblokker, entfaltet aber eine viel stärkere Wirkung als Nifedipin (Hof 1987).

Tabelle 2.7. Klinische Verwendung von Calciumantagonisten der zweiten Generation mit Dihydropyridin-Struktur

Substanz	Halbwertzeit im Plasma (h)	Indikation	Besondere Eigenschaften
Amlodipin	36	Hypertonie Angina pectoris Atherosklerose?	Lange Wirkungsdauer
Isradipin	8	Hypertonie Angina pectoris Atherosklerose? Apoplexie?	Hohe Wirksamkeit Vasoselektivität
Felodipin	8	Hypertonie Angina pectoris	Ausgeprägte Vasoselektivität
Nisoldipin	8–12	Hypertonie Angina pectoris	Vasoselektivität (vor allem Koronargefäße)
Nitrendipin	8	Hypertonie	Verdoppelung der Digoxin-Verfügbarkeit
Nicardipin	<12	Hypertonie	Vasoselektivität
Nimodipin	5	Zerebrale Spasmen Subarachnoidalblutung Apoplexie	Selektive Wirkung auf zerebrale Gefäße

Für die Behandlung der Hypertonie werden folgende Tagesdosen empfohlen:

Amlodipin	einmal täglich 2,5–10 mg
Isradipin	2mal täglich 2,5–10 mg
Felodipin	2mal täglich 7,5–10 mg
Nitrendipin	einmal oder 2mal täglich 10–20 mg
Nicardipin	3mal täglich 20–40 mg (Opie 1990)
Zerebrale Spasmen:	3–4mal täglich 30–40 mg Nimodipin
Angina pectoris:	2mal täglich 5–20 mg Nisoldipin

Amlodipin und Nicardipin sind *lichtunempfindlich*.

Weitere neue Calciumantagonisten

Bisher war nur die Rede von Calciumantagonisten der zweiten Generation aus den Gruppen der Phenylalkylamine, Benzothiazepine und Dihydropyridine. Es gibt aber noch zahlreiche andere Substanzen, die auch der zweiten Generation zugerechnet werden könnten, weil sie entweder gewebeselektiv oder hochwirksam sind. Auf einige dieser Substanzen möchten wir im folgenden näher eingehen.

KB-2796

KB-2796 ist ein Piperazin-Derivat und damit teilweise zu Cinnarizin und Flunarizin verwandt. KB-2796 ist chemisch 1-[bis(4-Fluorophenyl)methyl]-4-(2,3,4-trimethoxybenzyl)piperazin (Kanazawa et al. 1990). Wie der Prototyp dieser Gruppe (Cinnarizin) ist auch KB-2796 vasoselektiv. Von größerer Bedeutung ist jedoch der Umstand, daß die Substanz die Gehirndurchblutung selektiv erhöht. Demnach gibt es jetzt *zumindest* vier Calciumkanalblocker, deren Effekt spezifisch auf die zerebrale Durchblutung gerichtet ist: Nimodipin (Gaab et al. 1985), Nicardipin, dessen Wirkung allerdings weniger stark ausgeprägt ist (Takenake und Handa 1979), Isradipin und KB-2796. Wenn man bedenkt, daß man eine etwa 20mal größere Menge KB-2796 benötigt, um eine 30%ige Steigerung der Gehirndurchblutung zu erreichen als für eine entsprechende Erhöhung der vertebralen Durchblutung erforderlich wären, kann man sich ein Bild von der Spezifität der Wirkung dieser Substanz machen (Kanazawa et al. 1990).

Diproteverin

Auch hier haben wir es mit einem erst vor relativ kurzer Zeit entwickelten Calciumantagonisten zu tun (Kantelip et al. 1988). Diproteverin ist chemisch 1-(3,4-Diethoxyphenyl)-methyl-3,4-dihydro-6,7-bis(1-methyl-ethoxy)-isochinolin. Auf den peripheren Gefäßwiderstand hat diese Substanz kaum einen Einfluß. Sie bewirkt aber eine dosisabhängige Abschwächung der Funktion des Sinusknotens und der AV-Überleitung. Am stärksten kommt der Effekt von Diproteverin am Sinusknoten zur Geltung. In dieser Hinsicht besteht eine gewisse Ähnlichkeit mit der Wirkung von Diltiazem, wenn man davon absieht, daß diese letztere Substanz auch eine periphere Gefäßerweiterung hervorruft.

SD-3211

SD-3211 oder [(+)(-R)-3,4-Dihydro-2-[5-methoxy-2-[3[N-methyl-N-[2-[(3,4-methelendioxy)phenoxy]ethyl]amino]propoxy]phenyl]-4-methyl-3-oxo-2H-1,4-benzothiazin] ist wahrscheinlich als Diltiazem der zweiten Generation zu betrachten. Hinsichtlich ihrer Wirkung unterscheiden sich diese Substanzen jedoch deutlich voneinander. Während Diltiazem den peripheren Gefäßwiderstand herabsetzt *und* die AV-Überleitung verlangsamt, verursacht SD-3211 eine ausgeprägte und *anhaltende Blutdrucksenkung, ohne die Herzfrequenz zu verändern* (Kageyama et al. 1991). Damit haben wir es hier mit einem Calciumantagonisten der zweiten Generation zu tun, der eine erhöhte Gewebespezifität und eine verlängerte Wirkungsdauer aufweist.

Wie in diesem Kapitel bereits eingangs erwähnt, soll hier nicht der Versuch unternommen werden, alle bis heute entwickelten Calciumantagonisten der zweiten Generation aufzuführen. Durch die im vorstehenden besprochenen Beispiele soll vielmehr herausgestellt werden, welche Erfolge bei der Bereitstellung gewebeselektiver, hochwirksamer Substanzen mit lang anhaltendem Effekt bereits erzielt worden sind. Die besten Beispiele liefert wahrscheinlich die Dihydropyridin-Gruppe, deren Prototyp (Nifedipin) das Myokard und den Gefäßapparat gleichermaßen beeinflußt, während Pharmaka der zweiten Generation selektiv wirken (zum Beispiel Nisoldipin und Nimodipin), eine stär-

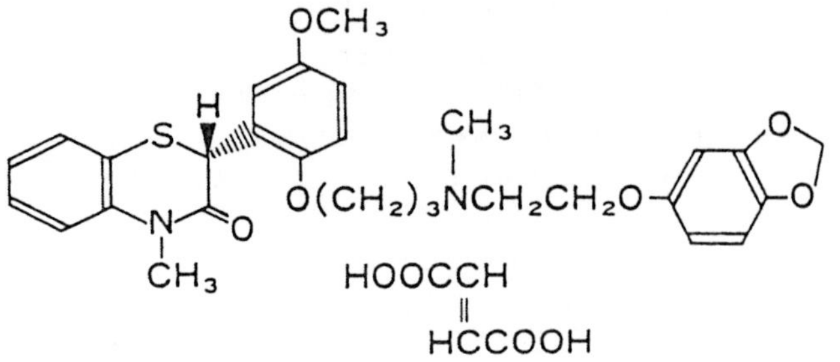

Abb. 2.10. Strukturformel von SD-3211, eines Benzothiazepin-Abkömmlings der zweiten Generation

kere (zum Beispiel Isradipin) oder länger anhaltende Wirkung (zum Beispiel Amlodipin) entfalten als Nifedipin oder ihren Effekt auf ein bestimmtes Gefäßbett richten (zum Beispiel Nimodipin). Doch die auf dem Gebiet der Calciumkanalblocker erzielten Fortschritte gehen noch über diese eindrucksvollen Leistungen hinaus. Neuerdings zeichnet sich nämlich ein Trend zur Entwicklung von Calciumantagonisten ab, die in der Lage sind, auch andere Rezeptoren zu blockieren.

Neuartige Calciumkanalblocker mit zusätzlicher antagonistischer Aktivität

Eine relativ neue Entwicklung auf dem Gebiete der Calciumantagonisten ist die bewußte Suche nach Substanzen, die in der Lage sind, neben den spannungsempfindlichen Ca^{2+}-Kanälen auch noch andere Rezeptoren zu blockieren. Beide Wirkungen sollen im gleichen Dosisbereich entfaltet werden. Zur Veranschaulichung dieser Entwicklung werden im folgenden zwei Beispiele angeführt. Es handelt sich um AHR-16303B und Naftopidil. AHR-16303B antagonisiert sowohl Calciumkanäle vom L-Typ als auch 5-HT_2-Rezeptoren (Barrett et al. 1991a, 1991b). Naftopidil blockiert adrenerge α_1-Rezeptoren und inhibiert den Ca^{2+}-Einstrom an den spannungsempfindlichen Kanälen der glatten Gefäßmuskulatur (Himmel et al. 1991).

AHR-16303B, ein Antagonist der 5-HT_2-Rezeptoren und der Calciumkanäle vom L-Typ

Diese Substanz ist chemisch (1-[4-[3-[4-[bis(4-Fluorophenyl)hydroxymethyl]-1-piperidinyl]propoxy]phenyl]-2-methyl-1-propanon-ethandioat (1:1). Die Substanz verdrängt konzentrationsabhängig spezifisch gebundenes ^{3}H-Nimodipin, einen vasoselektiven Calciumantagonisten mit Dihydropyridin-Struktur und bewirkt in der Depolarisationsphase eine konzentrationsabhängige Hemmung des Calciumeinstroms in Kulturen glatter Muskelzellen. Sie inhibiert die durch $CaCl_2$ ausgelösten Kontraktionen des isolierten Muskelgewebes der Aorta (Barrett et al. 1991 a) und ist daher als echter Calciumantagonist zu betrachten. Im gleichen Dosisbereich hemmt AHR-16303B die durch 5-Hydroxytryptamin herbeigeführte vasopressorische Antwort und ist damit auch ein Antagonist der $5HT_2$-Rezeptoren. Es stellt sich nun die Frage, ob eine solche Kombination von Wirkungen irgendwie nutzbar gemacht werden kann oder irgendwelche Vorteile bietet. Eine Vielzahl neuerer Erkenntnisse spricht dafür, daß 5-Hydroxytryptamin (Serotonin) eine überschießende Konstriktion zerebraler und koronarer Arterien hervorruft, wenn diese Gefäße atherosklerotisch verändert sind (Wines et al. 1989, Heistad et al. 1987), ein vorgeschädigtes Endothel aufweisen oder einem überhöhten Perfusionsdruck ausgesetzt sind, was bei Hypertonikern der Fall ist (Golino et al. 1989, Lamping und Dole 1987). Dies läßt darauf schließen, daß 5-Hydroxytryptamin in solchen Fällen bei Gefäßspasmen und sogar bei Gefäßverschlüssen als Vermittler eine bedeutende Rolle spielt. Ein spezifischer Antagonismus gegenüber 5-Hydroxytryptamin-Rezeptoren könnte demnach die antispastischen und antiatherogenen Wirkungen der Blockade von Calciumkanälen durchaus ergänzen.

Naftopidil

Naftopidil ist chemisch (R,S)-1-[4-(2-methoxyphenyl)-1-pi-porazinyl]-3-(2-naphthyloxy)-2-propanol. Das pharmakologische Profil dieser Substanz läßt darauf schließen, daß sie im gleichen Dosisbereich sowohl adrenerge α-Rezeptoren als auch Ca^{2+}-Kanäle zu blockieren vermag (Himmel et al. 1991). Ihre Wirkung als Calciumantagonist konnte in Patch-clamp-Experimenten (Gesamt-Zell-Verfahren) und bei Versuchen mit radioaktiv markierten Liganden nachgewiesen werden. Dem Interesse an solchen Substanzen liegt hauptsächlich die Vorstellung zugrunde, daß die gleichzeitige Blockierung adrenerger α-Rezeptoren und der Ca^{2+}-Kanäle bei der Behandlung der Hypertonie von Nutzen sein könnte.

Es gibt noch weitere Substanzen, die ursprünglich als potentielle Calciumkanalblocker entwickelt wurden und bei denen schließlich andere wichtige Eigenschaften nachgewiesen werden konnten. Dies gilt auch für das Nifedipin-Derivat ohne den 4-Phenyl-Substituenten (Abb. 2.11). Dieses Derivat erwies sich in Konzentrationen, die noch keinen Einfluß auf den Herz-Kreislauf-Apparat ausüben dürften, als hochwirksamer Hemmstoff der Blutplättchenaggregation (Sunkel et al. 1988).

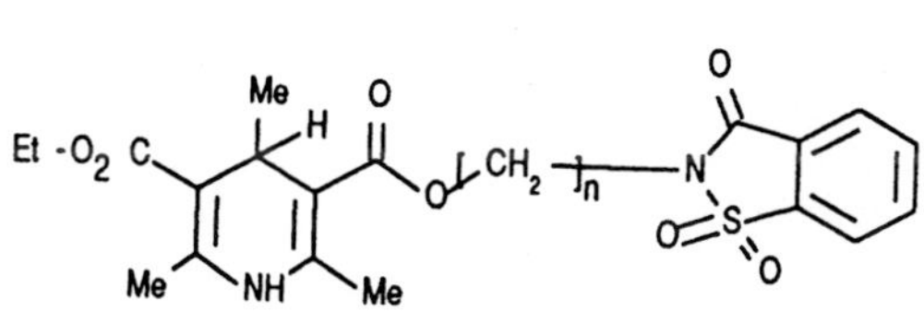

Abb. 2.11. Strukturformel des Thrombozytenaggregations-Hemmers aus der Dihydropyridin-Reihe

Zusammenfassung

1. Zur zweiten Generation von Calciumantagonisten gehören
   I.   Folgepräparate der Prototypen mit Langzeitwirkung,
   II. neue, von den Prototypen abgeleitete Substanzen,
   III. neuartige Verbindungen, die mit den Prototypen nicht strukturverwandt sind.
2. Die neuen Calciumantagonisten der zweiten Generation unterscheiden sich von anderen Prototypen durch ihre Gewebeselektivität sowie durch die Stärke und Dauer ihrer Wirkung. So hat Amlodipin zum Beispiel eine längere Wirkungsdauer als der Prototyp Nifedipin. Isradipin ist wirksamer als Nifedipin, während Nisoldipin dem Prototyp durch seinen selektiven Einfluß auf die Koronargefäße überlegen ist.
3. Daneben gibt es neuartige Substanzen, von denen einige auch andere Rezeptoren zu blockieren vermögen. Bei manchen Substanzen ist im gleichen Dosisbereich eine Hemmung der adrenergen α-Rezeptoren oder 5-Hydroxytryptamin-Rezeptoren und eine Blockierung der Ca^{2+}-Kanäle zu erkennen.
4. In einigen Fällen werden diese Unterschiede zwischen der Gewebeselektivität und Wirksamkeit der Calciumantagonisten der zweiten Generation und ihrer Prototypen bereits klinisch genutzt.

Anhang zum Kapitel 2

Tabelle 2.8. Eigenschaften klinisch verwendeter Calciumantagonisten der zweiten Generation im Vergleich zu den Prototypen

Substanz	Mol.Gew.	Plasmaspiegel (ng/ml) nach oraler Gabe	Proteinbindung (%)
Gruppe 1: Phenylalkylamine			
Prototyp			
Verapamil	455,54	80−400	85−90
Zweite Generation			
Gallopamil	485,59	25	85−90
Gruppe 2: Dihydropyridine			
Prototyp			
Nifedipin	346,75	15−200	95
Zweite Generation			
Amlodipin	408,9	2−12	97
Felodipin	384,26	14−115	99
Isradipin	371,4	10	96
Nicardipin	388,42	8−150	99
Nimodipin	418,45	80	95
Nisoldipin	388,42	3−5	99
Nitrendipin	490,55	9−42	98

3 Molekulare Biologie der spannungsabhängigen, auf Calcium-Antagonisten ansprechenden Calciumkanäle

„Auf dieser Welt lebt es sich leichter, wenn man
aus Angst vor Enttäuschungen lieber auf einezu
große Vorfreude verzichtet."

„The World of Mr. Mulliner",
P. G. WODEHOUSE, 1935

Es zeugt schon von übertriebenem Optimismus, wenn man glaubt,es habe zu
lange gedauert, bis die molekulare Struktur der Ionenkanäle (Tabelle 3.1) und
einiger Ionenaustausch-Systeme und Ionenpumpen, zum Beispiel der Na^+/K^+-ATPase (Shull et al. 1985) und des Na^+/Ca^{2+}-Austauschmechanismus
(Nicoll et al. 1990) geklärt werden konnte. Die Aufklärung dieser Strukturen
war kein Zufall und erforderte den Einsatz immer komplizierterer Techniken,
zum Beispiel die Anwendung von Verfahren der molekularen Biologie und
Immunologie. Als Ergebnis dieser Bemühungen ist heute eine Vielzahl von
Ionenkanälen kloniert. Ihre Aminosäuresequenz konnte ermittelt werden und
in manchen Fällen (Yool und Schwartz 1991) sind auch ihre Strukturmuster

Tabelle 3.1. Ionenkanäle, deren Molekülstruktur bereits analysiert wurde

Kanal-Typ	Literaturhinweis
Na^+-Kanäle	
Zitteraal	Agnew et al. 1978
Zitteraal	Noda et al. 1984
Gehirn	Hartshorne und Catterall 1981
	Noda et al. 1986
Skelettmuskulatur	Barchi 1983
Herzmuskel	Lombet und Lazdunski 1984
K^+-Kanal	
Herzmuskel	Tseng-Crank et al. 1990
Ca^{2+}-Kanäle	
(Calciumantagonisten-sensitiv)	
Skelettmuskulatur	Curtis und Catterall 1984
	Borsotto et al. 1984
	Tanabe et al. 1987
	Leung et al. 1987
	Vaghy et al. 1987a, 1987b
	Nakayama et al. 1987
Herzmuskel	Cooper et al. 1987
	Mikami et al. 1989
Gehirn	Curtis und Catterall 1983
	Takahashi und Catterall 1987
Glatte Gefäßmuskulatur	Koch et al. 1990

entschlüsselt. Das vorliegende Kapitel ist hauptsächlich den neuesten Fortschritten bei der Klärung der molekularen Struktur der Ca^{2+}-Kanäle gewidmet, insbesondere der elektrisch gesteuerten Ca^{2+}-Kanäle, an denen sich die Bindungsstellen für Calciumantagonisten finden (Striessnig et al. 1990, Vaghy et al. 1987a, 1987b).

Ca^{2+}-Kanäle

Die Ca^{2+}-Kanäle lassen sich in zwei Hauptgruppen unterteilen:

I. spannungsempfindliche Kanäle, die das Einströmen von extrazellulärem Ca^{2+} ermöglichen,

II. Kanäle zur Freisetzung von Ca^{2+}, die, je nach Gewebe, entweder elektrisch gesteuert oder durch Ca^{2+} aktiviert werden (viertes Kapitel), in jedem Fall aber der Ausschleusung intrazellulärer Ca^{2+}-Speicher aus dem sarkoplasmatischen Retikulum in das Zytosol dienen.

In diesem Kapitel befassen wir uns nur mit den unter I. aufgeführten Kanälen. Aber auch hier müssen noch präzisierende Einschränkungen vorgenommen werden, da nicht alle spannungsempfindlichen Ca^{2+}-Kanäle auf Calciumantagonisten ansprechen.

Spannungsempfindliche Ca^{2+}-Kanäle

Spannungsempfindliche und relativ Ca^{2+}-selektive Ionenkanäle, die normalerweise für extrazelluläres Ca^{2+} durchlässig sind, finden sich in den meisten Zellen (Bean 1989). Aufgrund ihrer biophysikalischen Merkmale und ihres pharmakologischen Profils konnten diese Kanäle ziemlich problemlos in drei Hauptgruppen eingeteilt und als L-, T- und N-Kanäle bezeichnet werden (Miller 1987). Kanäle vom L-Typ haben eine stark ausgeprägte Leitfähigkeit und eine hohe Aktivierungsschwelle. Diese Kanäle *sprechen auf Calciumantagonisten an* (Tabelle 3.2 und Miller 1987). Auch die N-Kanäle sind durch eine

Tabelle 3.2. Merkmale der Ca^{2+}-Kanäle vom L-, N- und T-Typ

Kanal-Typ	L	N	T
Sensitivität für organische Calciumantagonisten	+	−	−
Leitfähigkeit (in Picosiemens)	Hoch (25)	Mäßig (13)	Gering (9)
Aktivierungsschwelle	Starke Depolarisation	Starke Depolarisation	Schwache Depolarisation
Aktivierungsspannung	$-10\,mV$	$-10\,mV$	$-70\,mV$

Der auf organische Calciumantagonisten wie Verapamil, Nifedipin oder Diltiazem ansprechende Kanal-Typ ist mit +, die nicht ansprechenden Typen sind mit − gekennzeichnet.

hohe Aktivierungsschwelle gekennzeichnet, ihre Leitfähigkeit ist aber geringer (Tabelle 3.2). Im übrigen *sprechen sie auf Calciumantagonisten nicht an* und sind hauptsächlich neuronaler Natur. Die dritte Art von Ca^{2+}-Kanälen, die sogenannten T-Kanäle, werden durch leichte Depolarisation aktiviert. Sie sind gegenüber Calciumantagonisten unempfindlich und haben eine geringere Leitfähigkeit als die L- oder N-Kanäle (Hess 1990).

Da wir uns im Rahmen dieses Kapitels lediglich mit der molekularen Biologie der auf Calciumantagonisten ansprechenden Ca^{2+}-Kanäle befassen, wenden wir uns in erster Linie den Kanälen vom L-Typ zu. In den letzten Jahren konnten diese Kanäle isoliert und kloniert werden. Ihre Untereinheiten wurden identifiziert, ihre Aminosäurezusammensetzung ermittelt. Darüber hinaus konnten noch folgende Erkenntnisse gewonnen werden:

I.   Gewebespezifische Unterschiede in der Zusammensetzung einiger Untereinheiten konnten nachgewiesen werden (Koch et al. 1989). Diese Unterschiede sind insofern von Bedeutung, als sie bei der Gewebeselektivität vieler Calciumantagonisten der zweiten Generation eine Rolle spielen könnten.
II. Die funktionelle Dichotomie einiger Bestandteile des Kanal-Komplexes wurde erkannt (Tanabe et al. 1987).
III. Es stellte sich heraus, daß zumindest **ein** pathologischer Zustand, nämlich die muskuläre Dysgenesie der Maus, mit dem Fehlen eines der üblicherweise als Untereinheiten bezeichneten Bestandteile des Kanal-Komplexes in Zusammenhang steht (Beam et al. 1986, Knudson et al. 1989).

Ca^{2+}-Kanäle sind in allen Geweben leicht zu identifizieren, weil ein Bestandteil einer ihrer Untereinheiten, die α_1-Untereinheit, die spezifische Bindungsstelle für Calciumantagonisten enthält, die eine hohe Affinität zu diesen Substanzen aufweist (Curtis und Catterall 1984). Aus diesem Grunde und weil Calciumantagonisten mit Dihydropyridin (DHP)-Struktur gewöhnlich als Markierungssubstanzen für diese Bindungsstellen Verwendung finden, wird der gesamte Kanal-Komplex, manchmal auch nur die α_1-Untereinheit, als DHP-Rezeptor bezeichnet.

Molekulare Biologie der Ca^{2+}-Kanäle vom L-Typ

Da die Zellen des Herzmuskels und der glatten Muskulatur auf Calciumantagonisten viel empfindlicher ansprechen als die Skelettmuskelzellen, möchte man meinen, daß die Untersuchungen zur Aufklärung der molekularen Zusammensetzung des Ca^{2+}-Kanal-Komplexes und ihrer Untereinheiten-Struktur sowie der Bindungsstellen für Calciumantagonisten zunächst mit Membranen aus glatten oder kardialen Muskelzellen vorgenommen wurden. Das war aber nicht der Fall. Vielmehr wurden Skelettmuskelzellmembranen verwendet (Glossmann et al. 1983, Fosset et al. 1983). Der Grund dafür ist heute leicht verständlich: Obgleich die Kopplung von Erregung und Kontraktion im Skelettmuskel mit dem Ca^{2+}-Einstrom durch das Sarkolemm in keinem direkten Zusammenhang steht, sind Skelettmuskelzellen durch erhebliche, elektrisch stimulierte, Ca^{2+}-abhängige Ströme gekennzeichnet (Sanchez und Stefani 1978). Diese Ströme sprechen auf Calciumantagonisten an und haben ihren Ursprung im System der Transversaltubuli (T-System), also in den Bereichen, in denen die Ausstülpungen des Sarkolemms in das Zytosol ziehen. Die Membranen dieser Transversaltubuli (T-Tubuli) verlaufen kontinuierlich mit dem Sarkolemm und wurden früher als reines Sarkolemm betrachtet. Jedoch reagieren Antikörper gegen die gereinigte Membran der T-Tubuli des Skelettmuskels lediglich mit diesen Tubuli (Rosemblat et al. 1981) und nicht mit dem benachbarten Sarkolemm oder dem sarkoplasmatischen Retikulum. Das sarkoplasmatische Retikulum ist ein Netz aus Kanälchen, die in der Umgebung von T-Tubuli eine Spezialisierung erfahren (vgl. viertes Kapitel). Da sich die Bindungsstellen mit hoher Affinität zu Calciumantagonisten ebenfalls in den Ca^{2+}-Kanälen, aus denen diese Untereinheiten bestehen, befinden, verwendeten zahlreiche Untersucher radioaktiv markierte Dihydropyridine als Markierungssubstanzen für solche Kanal-Komplexe. Eines der überraschenden Ergebnisse dieser Studien ist die Tatsache, daß diese Bindungsstellen in gereinigten Transversaltubuli von Skelettmuskelzellen eine zehnfach (Catterall et al. 1989), möglicherweise sogar eine 50- bis 100fach größere Dichte (Fosset et al. 1983, Glossmann et al. 1983) aufweisen als in jedem anderen Gewebe. Dieser Umstand war offenbar eine sinnvolle Basis für Untersuchungen, die auf eine Klärung der molekularen Biologie solcher Kanäle und ihrer Bindungsstellen für Calciumantagonisten abzielten. Nachträglich läßt sich jedoch feststellen, daß die mit Skelettmuskelmembranen erzielten Ergebnisse nicht ohne weiteres als allgemeingültig betrachtet werden können. Dies hat folgende Gründe:

I.   Die Molekülstruktur einiger Untereinheiten solcher Kanäle weist gewebespezifische Unterschiede auf (Slish et al. 1989).
II.   Hinsichtlich der elektrophysiologischen Eigenschaften dieser Kanäle liegen gewebeabhängige, funktionelle Unterschiede vor (Tabelle 3.3).

Tabelle 3.3. Vergleich zwischen kardialen und skelettmuskulären Calciumkanälen, die auf Calciumantagonisten ansprechen

Merkmal	Herzmuskel	Skelettmuskel
Mg^{2+}-Permeabilität	−	+
Mittlere Öffnungsdauer	Kurz	Lang
Aktivierungskinetik	Schnell	Lángsam
Leitfähigheit (110 Mm Ba^{2+})	22−7 pS	10,6 pS
Empfindlichkeit gegenüber bivalenten Blockern	$Ca^{2+} > Co^{2+}$	$Ca^{2+} \sim Co^{2+}$
Aktivität bei − 100 V	−	+

Aus McKenna et al. 1990. − bedeutet „nein", + „ja"; pS = Picosiemens

III. Nur ein kleiner Teil (ca. 5%) der Bindungsstellen für Calciumantagonisten (DHP-Rezeptoren) steht mit funktionellen, spannungsempfindlichen Ca^{2+}-Kanälen in Zusammenhang (Schwartz et al. 1985).

Spannungsabhängiger, auf Calciumantagonisten ansprechender Ca^{2+}-Kanal-Komplex der T-Tubuli der Skelettmuskelzelle: Struktur und Funktion der Untereinheiten

Der spannungsabhängige, auf Calciumantagonisten ansprechende Ca^{2+}-Kanal der Skelettmuskelzelle ist eine oligomere Struktur, die vermutlich aus fünf mit α_1, α_2, β, γ und δ bezeichneten Untereinheiten besteht (Catterall et al. 1989). In welcher Anordnung diese Untereinheiten solche Kanäle bilden, ist noch umstritten. Eine Möglichkeit ist in Abb. 3.1 dargestellt (Catterall et al. 1989). Aus den nachstehend aufgeführten Gründen kommt der α_1-Untereinheit wahrscheinlich die größte Bedeutung zu:

I. Hier finden sich die Bindungsstellen für die Prototypen der Calciumantagonisten (Vaghy et al. 1987a, 1987b, Striessnig et al. 1988, 1990).

II. Wenn sie in eine flache Lipid-Doppelschicht eingebaut (Flockerzi et al. 1986, Curtis und Catterall 1986, Smith et al. 1989) oder als Mikroinjektion in Zellen ohne endogene α_1-Untereinheit eingebracht wird (Knudson et al. 1989), hat sie die Funktion eines auf Calciumantagonisten ansprechenden Ca^{2+}-Kanals.

III. Man kann beinahe mit Sicherheit davon ausgehen, daß der Spannungssensor in der α_1-Untereinheit enthalten ist (Tanabe et al. 1990).

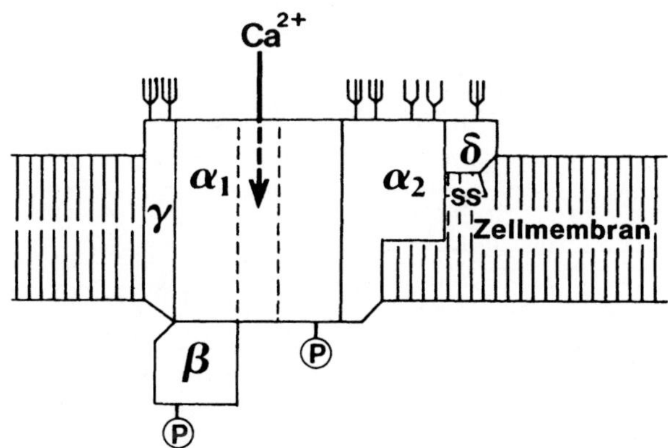

Abb. 3.1. Schematische Darstellung der Anordnung der verschiedenen Untereinheiten eines Ca^{2+}-Kanals vom L-Typ mit einem zentralen Poreneingang. P = Phosphorylierungsstelle (mit freundlicher Genehmigung nach Catterall et al. 1989)

Chemie der α_1-Untereinheit des Skelettmuskels

Die mit den klassischen Methoden der Chromatographie isolierte α_1-Unterein-
heit ist ein Protein mit einer Molekularmasse von 175 kDa. Dieses Protein
weist keine umfangreiche Glykosylierung auf (Takahashi et al. 1987) und ist
weitgehend hydrophob. Bei der Untersuchung seiner molekularen Biologie
konnte seine primäre Aminosäuresequenz geklärt werden (Tanabe et al. 1987,
Ellis et al. 1988). Das Protein besteht aus 1873 Aminosäuren (Tanabe et al.
1987), deren Nucleotidsequenzen zu 55 % homolog mit den Nucleotidsequenzen des Na^+-Kanals sind (Noda et al. 1984, 1986). Die Homologie zu den
Na^+-Kanälen ist aber damit noch nicht erschöpft. Sowohl Ca^{2+}- als auch
Na^+-Kanäle enthalten nämlich vier sich wiederholende hydrophobe Elemente
mit jeweils sechs membrandurchspannenden Segmenten (Abb. 3.2). Diese Segmente sind vermutlich in Form einer α-Helix angeordnet. Fünf Segmente (S1,
S2, S3, S5 und S6) sind hydrophob, S4 ist positiv geladen. Das Segment S4
unterscheidet sich von den anderen Segmenten auch dadurch, daß es in jeder
dritten oder vierten Position einen Arginin- oder Lysin-Rest enthält. Die Aminosäuresequenz im Bereich des S4-Segments dürfte weitgehend erhalten sein.
Sie liegt in allen Na^+-Kanälen vor (vom Aal- bis zum Rattenhirn) und findet
sich auch in den α_1-Untereinheiten sämtlicher bisher untersuchter Ca^{2+}-Ka-
näle. Einige Jahre lang wurde angenommen, dieses S4-Segment sei Teil des
Spannungssensors oder der Spannungssensor selbst. Durch Verwendung chi-
märischer (oder modifizierter) α_1-Isoformen konnte jedoch der Nachweis dafür erbracht werden, daß der spannungsempfindliche Bestandteil der α_1-Un-
tereinheit nicht auf den transmembranären Bereich der Skelettmuskel-
Untereinheit beschränkt ist, sondern möglicherweise auch in den zytoplasmatischen Raum zwischen den sich wiederholenden Elementen 2 und 3 hineinragt
(Abb. 3.2) (Tanabe et al. 1990).

Zu der komplizierten Struktur und chemischen Zusammensetzung der α_1-
Untereinheit des Ca^{2+}-Kanal-Komplexes kommen nach Erkenntnissen neueren Datums noch weitere Komplikationen, die mit einer bisher nicht beachteten „Verlängerung" der 175-kDa-Fraktion zusammenhängen. Diese

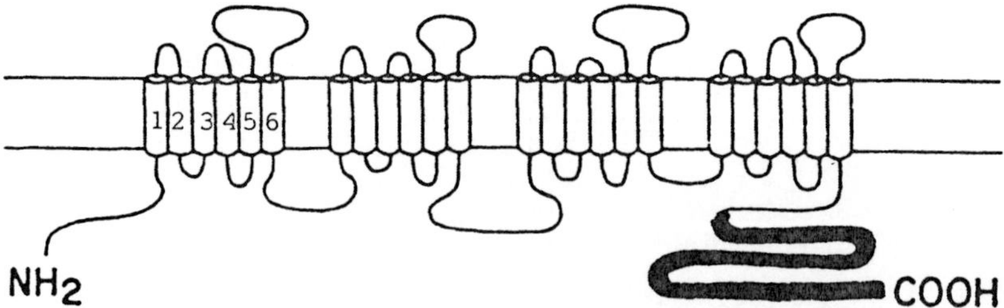

Abb. 3.2. Schematische Darstellung des Aufbaus von DHP-Rezeptoren im Herzmuskel und
in der Skelettmuskelzelle. Der dunkel gefärbte Bereich stellt die terminale Carboxigruppedar,
in der sich wahrscheinlich die Bindungsstellen für Regulatorsubstanzen finden. Man beachte
die vier homologen Einheiten, die wahrscheinlich jeweils sechs transmembranäre Segmente
enthalten (S1−S6, von links nach rechts) (nach Tanabe et al. 1990).

Verlängerung ging bei den meisten Isolationsverfahren bisher verloren. Ein Nachweis für diesen fehlenden Bestandteil fand sich in neueren Untersuchungen zur Chemie der klonierten Form der α_1-Untereinheit, die demnach eine Molekularmasse von 212 kDa und nicht, wie früher angenommen, von 175 kDA aufweist (de Jongh et al. 1989). Die α_1-Untereinheit dürfte demnach aus *zwei* Komponenten bestehen, die beide vom gleichen Gen kodiert werden (de Jongh et al. 1989). Die gesamte Untereinheit stellt dann die 212-kDa-Fraktion dar. Beseitigt man die endständigen ca. 320 Aminosäuren aus diesem Protein, so ergibt sich die 175-kDa-Fraktion, die bisher als α_1-Untereinheit betrachtet wurde, zusammen mit einer noch viel kleineren Einheit. Der kleinere Bestandteil (terminale Fraktion aus 320 Aminosäuren) der 212-kDa-α_1-Untereinheit enthält mehrere potentielle Stellen für die cAMP-abhängige Phosphorylierung und erfüllt daher fast sicher eine regulatorische Funktion.

Die Entdeckung des bisher nicht beachteten Teils der α_1-Untereinheit liefert vielleicht auch eine Erklärung dafür, daß die isolierte 175-kDa-Untereinheit erst nach einer zusätzlichen cAMP-abhängigen Phosphorylierung maximal aktiviert werden konnte. Wahrscheinlich fehlen nämlich ihre wichtigsten potentiellen Phosphorylierungsstellen (Hymel et al. 1988).

Zusammenfassung

1. Die α_1-Untereinheit des Ca^{2+}-Kanals der Skelettmuskulatur ist eine oligomere Struktur mit membrandurchspannenden und zytoplasmatischen Domänen. Bei der Klonierung erhält man eine Einheit mit einer Molekular-

Tabelle 3.4. Biochemische Merkmale des Rezeptor-Komplexes für Calciumantagonisten

Merkmal	Untereinheit				
	α_1	α_2	β	γ	δ
Bindungsstellen für Calciumantagonisten	Ja	Nein	Nein	Nein	Nein
Glykosylierungsstellen	Nein	Ja	Nein	Ja	Ja
Hydrophobe Domänen	Stark	Schwach	NE	NE	NE
Transmembranäre Domänen	24	1	0	4	?
Molekularmasse (kDa)	175+37 (212)	140−150	55	32	24+27
Untereinheiten	Ja (2)	0	0	0	Ja (2)

NE = nicht erkennbar.
Aus Schwartz et al. 1988, Ruth et al. 1989, Jay et al. 1989. Die α_1-Untereinheit besteht aus zwei Elementen. Der Hauptteil der Untereinheit hat eine Molekularmasse von 175 kDa und ist mit einer viel kleineren (?) Einheit verbunden, der eine regulatorische Funktion zukommt (37 kDa). Die gesamte Molekularmasse beträgt demnach 212 kDa.

masse von 212 kDa. Die Isolierung mit chromatographischen Methoden ergibt jedoch nur eine Fraktion mit 175 kDa. Baut man diese Fraktion in eine flache Lipid-Doppelschicht ein, so kommt es zu einer Calciumantagonisten-empfindlichen, langsamen Ca^{2+}-Kanal-Aktivität. Der wichtigste Bestandteil des Ca^{2+}-Kanals und die dazugehörigen Bindungsstellen für Calciumantagonisten muß demnach in der 175-kDa-Fraktion liegen. Vermutlich kommt dem Rest der 212-kDa-Einheit, also den letzten ca. 320 Aminosäuren des terminalen C, eine regulatorische Funktion zu. Er wird daher für eine regulierte Kanal-Aktivität benötigt.

2. Die Fraktion mit 175 kDa der α_1-Untereinheit des Ca^{2+}-Kanals ist zu einer Untereinheit des Na^+-Kanals homolog. In beiden Fällen ist die Untereinheit aus vier sich wiederholenden Elementen aufgebaut, die jeweils sechs, insgesamt also 24, membrandurchspannende Segmente enthalten (Tabelle 3.4).

α_2-Untereinheit

Dieser Bestandteil des DHP-Rezeptorkanal-Komplexes ist beinahe ebenso groß wie die α_1-Untereinheit. Zusammen bilden die beiden Untereinheiten den Hauptteil des Kanal-Komplexes, der eine Molekularmasse von 400 kDa aufweist. Die α_2-Untereinheit (Abb. 3.1) enthält 1106 Aminosäuren. Ihre Molekularmasse wird, je nach dem bei der Isolierung verwendeten biochemischen Verfahren, mit 167–175 kDa angegeben. Im Bereich der α_2-Untereinheit finden sich zumindest zwei cAMP-abhängige Phosphorylierungsstellen. Das auffallendste Merkmal ist vielleicht der Umstand, daß die α_2-Untereinheit 18 potentielle Glykosylierungsstellen enthält. Man kann mit an Sicherheit grenzender Wahrscheinlichkeit davon ausgehen, daß die α_2-Untereinheit in hohem Maße glykosyliert ist.

Die α_2-Untereinheit unterscheidet sich von der α_1-Untereinheit durch folgende Eigenschaften (Abb. 3.1):

I.   Sie hat keinerlei Bindungsstellen für Calciumantagonisten.
II.   Eine Homologie zu einer anderen bekannten Aminosäuresequenz ist nicht zu erkennen.
III. Sie besitzt relativ wenige transmembranäre Domänen (wahrscheinlich nicht mehr als drei).
IV.   Sie ist weitgehend hydrophob (Ellis et al. 1988).

Die Merkmale der α_2-Untereinheit des Ca^{2+}-Kanal-Komplexes lassen sich in gewissem Maße mit der β-Untereinheit des Enzyms Na^+/K^+-ATPase vergleichen. In beiden Fällen haben wir es mit weitgehend glykosylierten Strukturen zu tun, und beide Untereinheiten sind wahrscheinlich für den richtigen Einbau der eng verbundenen α_1-Untereinheit in die Zellmembran von erheblicher struktureller Bedeutung. Im Ca^{2+}-Kanal-Komplex ist die α_2-Untereinheit für die Regulierung der Anordnung der α_1-Untereinheit verantwortlich. Da die Anordnung der α_1-Untereinheit eine wichtige Rolle spielt oder zur einwandfreien Funktion dieses Komplexes als Ca^{2+}-leitender, auf Calciumantagonisten ansprechender Ionenkanal beiträgt, kommt es nicht überraschend, daß die Leitfähigkeit isolierter α_1-Untereinheiten, die in eine Lipid-Doppelschicht eingebaut wurden, durch den Zusatz einer α_2-Untereinheit eine Verstärkung erfährt (Mikami et al. 1989), obwohl die α_2-Untereinheit selbst nicht die Funktion eines Ionenkanals erfüllt. Beobachtungen dieser Art führten zu der Vorstellung, daß die α_1-Untereinheit zwar alleine in der Lage ist, die Funktion eines Ca^{2+}-Kanals auszuüben, ihre Leitfähigkeit unter normalen Bedingungen aber durch die anderen Untereinheiten, zum Beispiel durch die relativ große und in hohem Maße glykosylierte α_2-Untereinheit, beeinflußt wird.

δ-Untereinheit

Im Vergleich zu den α_1- und α_2-Untereinheiten ist die δ-Untereinheit klein. Sie entspricht nur etwa 6% der Gesamtmasse des Kanal-Komplexes (400 kDa).

Ihre Merkmale lassen sich wie folgt zusammenfassen (Abb. 3.1):

I.   Es handelt sich höchstwahrscheinlich nicht um ein einzelnes Glykoprotein, sondern wahrscheinlich um einen Komplex aus zwei Glykoproteinen mit einer Molekularmasse von 27 bzw. 24 kDa (de Jongh et al. 1990).
II. Wie die α_2-Untereinheit, ist auch die δ-Untereinheit in hohem Maße glykosyliert.
III. Zwischen der -Untereinheit und der α_2-Untereinheit besteht eine Disulfid-Verbindung (Abb. 3.1).
IV. Im Gegensatz zur α_1-Untereinheit, unterliegen die δ-Untereinheit und die mit ihr verbundene α_2-Untereinheit keiner Proteolyse.
V.   Eine Ähnlichkeit mit der α_2-Untereinheit besteht insofern, als auch die δ-Untereinheit keine Bindungsstelle für Calciumantagonisten besitzt.
VI. Die δ-Untereinheit ist vom gleichen Gen kodiert wie die α_2-Untereinheit (de Jongh et al. 1990).

Mancher Leser fragt sich vielleicht, ob der Komplex aus α_2- und δ-Untereinheit überhaupt als Bestandteil des Ca^{2+}-Kanal-Komplexes zu betrachtet ist. Immerhin könnte die Verbindung mit der α_1-Untereinheit durch Zufall oder durch die bei der Isolierung verwendeten biochemischen Verfahren zustande kommen. Dagegen sprechen aber verschiedene Umstände:

I.   Die α_1-Untereinheit und der α_2-δ-Komplex sedimentierenzusammen auf dem Saccharose-Gradienten.
II. Für die α_1-Untereinheit spezifische Antikörper werden auch mit dem α_2-δ-Komplex ausgefällt.
III. Anti-α_2-Antikörper präzipitieren im Immunoassay auch mit α_1-Untereinheiten.

Der Komplex aus den α_2- und δ-Untereinheiten ist gut erhalten. Er kommt nicht nur im Skelettmuskel vor. Ähnliche Komplexe mit Disulfid-Bindungen fanden sich auch in Ca^{2+}-Kanal-Präparaten, die aus den verschiedensten Geweben gewonnen worden waren, zum Beispiel aus kardialem und zerebralem Gewebe und aus der glatten Gefäßmuskulatur.

γ-Untereinheit

Wie die δ-Untereinheit, ist auch die γ-Untereinheit ein relativ untergeordneter Bestandteil des Kanal-Komplexes, jedenfalls ihrer Größe nach. Es handelt sich um ein Protein mit einer Molekularmasse von 32 kDa, das anscheinend nur 222 Aminosäuren enthält (Jay et al. 1989). Die γ-Untereinheit hat folgende Hauptmerkmale:

I.   Ähnlich wie der α_2-δ-Komplex ist sie hochgradig glykosyliert.
II.   Sie besitzt vier potentielle membrandurchspannende Segmente.
III. Sie hat zwei potentielle Glykosylierungsstellen und zumindest sechs Stellen, die sich für eine Phosphorylierung eignen.
IV.   *Als ungewöhnlichste Eigenschaft dieser Untereinheit ist festzuhalten, daß sie zehn Cystein-Reste enthält.*

β-Untereinheit

Wie die δ- und γ-Untereinheiten im Ca^{2+}-Kanal des Skelettmuskels, ist auch die β-Untereinheit (Abb. 3.1) ein relativ kleiner Bestandteil dieses Komplexes. Sie enthält nur 524 Aminosäuren und hat eine Molekularmasse von 58 kDa (Ruth et al. 1989). Über die Struktur dieser Untereinheit ist nur wenig bekannt. Sie hat folgende Merkmale:

I.   Sie ist hydrophil und steht wahrscheinlich mit der intrazellulären Domäne der α_1-Untereinheit in Verbindung.
II.   Typische membrandurchspannende Bereiche sind nicht nachzuweisen.
III. Sie enthält für eine Phosphorylierung geeignete Stellen.
IV.   Bindungsstellen für Calciumantagonisten finden sich in dieser Untereinheit nicht.
V.   Die β-Untereinheit weist keinerlei Übereinstimmung mit anderen Aminosäuresequenzen auf. Es ist jedoch bekannt, daß Polypeptide ähnlicher Größe mit anderen Ionenkanälen, zum Beispiel mit Na^+- und K^+-Kanälen, in Verbindung stehen.

Anordnung der α_1-, α_2-, δ-, γ- und β-Bestandteile des Kanal-Komplexes

Durch Abtrennung der einzelnen Bestandteile des Ca^{2+}-Kanal-Komplexes kam man zu der Auffassung, das dieser Komplex oder der DHP-Rezeptor des

Skelettmuskels aus mehreren Elementen zusammengesetzt ist und seine Funktion als spannungsempfindlicher, kationenselektiver Kanal wahrnehmen kann, wenn die verschiedenen Elemente wie in Abb. 3.1 angeordnet sind. Das in dieser Abbildung gezeigte Modell ist zwar kompliziert, aber durchaus logisch: Man geht davon aus, daß es sich bei der α_1-Untereinheit um einen ionenselektiven Kanal handelt, der spannungsempfindlich ist und die spezifischen, in hohem Maße affinen Bindungsstellen für die Prototypen der Calciumantagonisten enthält. Nach dieser Modellvorstellung ist die zentral angeordnete α_1-Untereinheit von anderen Untereinheiten (α_2, δ, β und γ) umgeben. Einigen dieser Untereinheiten kommt eine regulatorische Funktion zu, die über eine Phosphorylierung ausgeübt wird. Andere tragen zur Stabilisierung der α_1-Untereinheit in der Zellmembran bei. Da sie Phosphorylierungsstellen besitzt und keine hydrophoben Eigenschaften aufweist, dürfte sich die β-Untereinheit auf der zytosolischen Seite der Membran an die α_1-Untereinheit anschließen (Abb. 3.1). Die δ-Untereinheit ist bekanntlich mit der α_2-Untereinheit durch ein Disulfid verbunden und muß damit wegen ihres Glykosylierungspotentials in den extrazellulären Raum hineinragen.

Gewebespezifität der α_1-Untereinheit

Immer mehr spricht für die Hypothese, daß die α_1-Untereinheit des DHP-Rezeptors am Ca^{2+}-Kanal-Komplex *gewebespezifisch* ist. Die Argumente zugunsten dieser Hypothese beruhen auf folgenden Beobachtungen:

I.   Mäuse mit einer genetisch bedingten und zum Tode führenden Muskeldysgenesie haben keine α_1-Rezeptoren in den Calciumkanälen der Skelettmuskulatur. Im Herzmuskel sind solche Rezeptoren hingegen vorhanden (Pincon-Raymond et al. 1985, Beam et al. 1986, Mikami et al. 1989). Dies läßt darauf schließen, daß diese Untereinheiten in den beiden Geweben von unterschiedlichen Genen kodiert werden.

II.   Beim mRNA-Blotting mit Sonden für die α_1-Untereinheiten erscheint die zu erwartende Bande für die Skelettmuskulatur, während für die DNA aus Herzmuskelgewebe nur ein schwaches Hybridisierungs-Signal zu erkennen ist. Ileum und Hirn liefern keinerlei Signal (Ellis et al. 1988).

III.   Die Ca^{2+}-Kanäle des Skelettmuskels unterscheiden sich hinsichtlich ihrer funktionellen Merkmale erheblich von solchen Kanälen in anderen Geweben. Hierzu einige Beispiele:
(a) Die Einzelkanalleitfähigkeit im Muskelgewebe ist geringer.
(b) Das Gating ist im Skelettmuskel um das Zehnfache langsamer als in den Ca^{2+}-Kanälen des Herzmuskelgewebes (Hess 1990).

IV.   Injiziert man cDNA-Plasmide, die für kardiale α_1-Untereinheiten kodiert sind, in die Myotubuli des Skelettmuskels von Mäusen mit Muskeldysgenesie, die keine funktionellen endogenen α_1-Untereinheiten besitzen, so kommt es im dysgenetischen Skelettmuskelgewebe zu einer Wiederherstellung der Aktivität von α_1-Untereinheiten, die an der Entstehung von

Ca^{2+}-Stömen zu erkennen ist. Diese Ca^{2+}-Ströme sind aber vom kardialen Typ, da die Kopplung zwischen Muskelerregung und Muskelkontraktion von der Verfügbarkeit von extrazellulärem Ca^{2+} abhängig ist (Mikami et al. 1989). Die Injektion eines ausgeprägten Plasmids mit dem DHP-Rezeptor des Skelettmuskelgewebes (komplementäre DNA der α_1-Untereinheit) führt ebenfalls zur Wiederherstellung der elektromechanischen Kopplung zwischen Muskelerregung und Muskelkontraktion und zur Entstehung eines Ca^{2+}-Stroms vom L-Typ. In diesem Fall entspricht der Kopplungsprozeß aber insofern den Vorgängen im Skelettmuskelgewebe, als er nicht vom Vorhandensein von extrazellulärem Ca^{2+} abhängig ist (Tanabe et al. 1988).

V. Die Klonierung und die anschließende Ermittlung der Aminosäuresequenz verschiedener Arten von α_1-Untereinheiten (Herzmuskel, Skelettmuskel, glatter Muskel) brachten den Nachweis für Unterschiede in der biochemischen Zusammensetzung. Es zeigte sich, daß die Muskelzellen aus kardialem Gewebe mit der glatten Muskulatur der Aorta in ihrer Zusammensetzung weitgehend übereinstimmen (93%ige Homologie, Tabelle 3.5). Dies läßt darauf schließen, daß diese Untereinheiten wahrscheinlich vom gleichen Gen kodiert sind. Die aus dem Hirn gewonnenen α_1-Untereinheiten zeigen ebenfalls eine starke Ähnlichkeit, stimmen aber mit den α_1-Untereinheiten aus kardialem Muskelgewebe nicht völlig überein (Tabelle 3.5). Demgegenüber besteht zwischen den α_1-Untereinheiten aus Aorta, Myokard und Hirn und den α_1-Untereinheiten aus Skelettmuskelgewebe nur eine 66%ige, 64,7%ige bzw. 75%ige Homologie (Tabelle 3.5, Koch et al. 1989, 1990). Vermutlich sind die aus der Skelettmuskulatur stammenden Untereinheiten von einem völlig anderen Gen kodiert. Dies wäre eine Erklärung für die völlig unterschiedliche Zusammensetzung an Aminosäuren.

Eine ins einzelne gehende Darstellung der Unterschiede der aus den verschiedenen Geweben gewonnenen α_1-Untereinheiten hinsichtlich ihrer Zusammensetzung an Aminosäuren würde den Rahmen dieser Abhandlung sprengen. Es gibt aber allgemeine Richtlinien, die sich wie folgt zusammenfassen lassen:

Tabelle 3.5. Gewebespezifität der α_1-Untereinheit des Ca^{2+}-Kanals im DHP-Rezeptor-Komplex

Herkunft der α_1-Untereinheit	Homologie in bezug auf	
	α_1 aus Herzmuskel	α_1 aus Skelettmuskel
Skelettmuskel	65%	
Herzmuskel		65%
Glatter Muskel (Aorta)	93%	66%
Hirn		75%

Aus Koch et al. 1990, Slish et al. 1989 und Koch et al. 1989. Die Angaben zur prozentualen Homologie beziehen sich auf die Zusammensetzung an Aminosäuren.

I. Die membrandurchspannenden Einheiten (Abb. 3.2) sind in der Regel gut erhalten, obgleich hier geringfügige Unterschiede vorliegen.

II. Unabhängig von der jeweiligen Herkunft der Untereinheit sind die Spannungssensoren im S4-Segment jedes Elementserhalten und besitzen an jeder dritten oder vierten Position positiv geladene Aminosäurereste.

III. Die meisten Veränderungen betreffen

    (a) die intrazellulären und extrazellulären Schleifen, welche die verschiedenen Bestandteile der einzelnen Elemente miteinander verbinden oder zwischen den Elementen liegen;

    (b) die terminale Carboxigruppe (Abb. 3.2).

Für die α_1-Untereinheiten des DHP-Rezeptors am Ca^{2+}-Kanal des *Herzmuskelgewebes* gelten folgende Regeln:

I. Die intrazellulären Schleifen, welche die Segmente S3 und S4 des vierten Elements verbinden, unterscheiden sich von den entsprechenden Schleifen im Skelettmuskelgewebe dadurch, daß sie acht Aminosäuren weniger enthalten.

II. Das dritte Segment des vierten Elements (Abb. 3.2) unterscheidet sich hinsichtlich seiner Zusammensetzung an Aminosäuren vom gleichen Segment desselben Elements in der Skelettmuskulatur (Slish et al. 1989, Koch et al. 1990).

III. Die Phosphorylierungsstellen unterscheiden sich nach ihrer Anzahl und Lokalisation von den Phosphorylierungsstellen in α_1-Untereinheiten aus Skelettmuskelgewebe.

IV. Die terminale Carboxigruppe oder das C-terminale Ende kardialer α_1-Untereinheiten enthält 73 Aminosäuren mehr als die entsprechende Fraktion in der Skelettmuskelzelle (Slish et al. 1989).

Glatte Muskulatur der Aorta

I. Das dritte Segment des vierten Elements (Abb. 3.2) besitzt eine starke Ähnlichkeit mit dem entsprechenden Segment aus dem Herzmuskelgewebe, nicht aber mit dem gleichen Segment im Skelettmuskel (Koch et al. 1990).

II. Das C-terminale Ende im Zellinnern hat eine andere Aminosäure-Zusammensetzung.

III. In jedem der vier sich wiederholenden Elemente (Abb. 3.2) ist die transmembranäre Domäne des S4-Segments genau so erhalten wie in den Untereinheiten des kardialen Muskelgewebes und des Skelettmuskels.

Gehirn (Koch et al. 1989)

I. In jedem Element ist die transmembranäre Domäne des S4-Segments erhalten.

II. Das S3-Segment des vierten Elements unterscheidet sich von dem entspre-
     chenden Segment im Skelettmuskel.
III. Die Aminosäuresequenz der Zytoplasma-Schleife vor dem gut erhaltenen
     S4-Segment des vierten Elements ist hier anders gestaltet.

Ganz allgemein kann demnach festgestellt werden, daß die aus vier sich wiederholenden Elementen mit je sechs transmembranären Domänen bestehende
Grundstruktur in den α_1-Untereinheiten der Ca^{2+}-Kanäle aus Herzmuskel-
und Skelettmuskelgewebe sowie Hirn und Aorta gut erhalten ist. Es gibt jedoch feine gewebespezifische Unterschiede, die hauptsächlich folgende Punkte
betreffen:

I.   das transmembranäre dritte Segment des vierten Elements,
II. die relativ lange terminale Carboxigruppe,
III. die Verteilung der potentiellen Phosphorylierungsstellen,
IV. die Zytoplasma-Schleife, die das dritte und vierte Segment des vierten
     Elements miteinander verbindet.

Bestandteil der α_1-Untereinheit, der dafür verantwortlich ist,
daß die elektromechanische Kopplung zwischen Muskelerregung
und Muskelkontraktion in der Skelettmuskulatur
auch ohne extrazelluläres Ca^{2+} zustande kommt

Wie in den vorausgehenden Abschnitten dieses Kapitels dargelegt, unterscheiden sich die α_1-Untereinheiten (DHP-Rezeptoren) der Ca^{2+}-Kanäle des Skelettmuskelgewebes von denen im Herzmuskelgewebe hauptsächlich durch eine
anders ausgebildete terminale Carboxigruppe des Komplexes und durch anders gestaltete Zytoplasma-Schleifen, welche die sich wiederholenden Elemente miteinander verbinden. Es stellt sich nun die Frage, welcher dieser Unterschiede dafür verantwortlich ist, daß die Kopplung zwischen Muskelerregung
und Muskelkontraktion nur in Anwesenheit von extrazellulärem Ca^{2+} zustande kommt. Chimärische Manipulationen des Komplexes haben vor kurzem
gezeigt, daß die Ursache in der Zytoplasma-Verbindung zwischen dem zweiten
und dritten Element des α_1-Komplexes (Abb. 3.2) zu suchen ist (Tanabe et al.
1990).

Zusammenfassung

1. In den letzten zwei bis drei Jahren konnten bei der Aufklärung der molekularen Struktur der elektrisch gesteuerten Ca^{2+}-Kanäle vom L-Typ, die auf
   Calciumantagonisten ansprechen, beträchtliche Fortschritte erzielt werden.

2. In allen Arten von Geweben bestehen die Ca^{2+}-Kanäle aus zumindest fünf Untereinheiten, die aus praktischen Gründen mit α_1, α_2, β, γ und δ bezeichnet werden (Abb. 3.1).

3. Die α_2-, β-, γ- und δ-Untereinheiten besitzen Phosphorylierungs- und Glykosylierungsstellen und dürften damit für die Stabilisierung der α_1-Untereinheit in der Zellmembran von Bedeutung sein. Ferner dürften Stellen für regulatorische Funktionen zur Verfügung stehen.

4. Die α_1-Untereinheit erfüllt zwei wichtige Funktionen:
   I. Sie stellt den eigentlichen Ca^{2+}-Kanal dar.
   II. Sie enthält spezifische Bindungsstellen, die eine hohe Affinität zu Calciumantagonisten aufweisen.

5. Die α_1-Untereinheit ist durch eine komplexe Ultrastruktur gekennzeichnet. In jeder Gewebeart besteht sie aus vier sich wiederholenden Elementen, die jeweils sechs transmembranäre Segmente (S1–S6) enthalten. Daneben besitzt die α_1-Untereinheit eine lange terminale Carboxigruppe sowie Zytoplasma-Schleifen, welche die verschiedenen Segmente und Domänen miteinander verbinden (Abb. 3.2).

6. Unter diesen transmembranären Domänen ist S4 bei allen bisher untersuchten Spezies und Geweben einwandfrei erhalten. Dieses Segment besitzt in jeder dritten oder vierten Position der Aminosäuresequenz elektrisch geladene Aminosäure-Reste. Hauptsächlich auf diesem Umstand beruht die Annahme, daß es sich bei diesem Segment um den *Spannungssensor* handelt.

7. Hinsichtlich der Zusammensetzung der α_1-Untereinheiten konnten folgende gewebespezifische Unterschiede festgestellt werden:
   I. Unterschiede in der Aminosäure-Zusammensetzung von Segment S3 des vierten Elements.
   II. Unterschiede in der Aminosäure-Zusammensetzung und Länge der terminalen Carboxigruppe.
   III. Veränderungen der Länge und der Aminosäure-Zusammensetzung der einzelnen Zytoplasma-Schleifen, welche die verschiedenen Segmente innerhalb des jeweiligen Elements miteinander verbinden oder zwischen aufeinanderfolgenden Elementen lokalisiert sind. Die Schleife vor Segment S4 des vierten Elements dürfte hier eine besondere Rolle spielen.

8. Diese gewebeabhängigen Unterschiede in der Zusammensetzung der α_1-Untereinheiten des Kanal-Komplexes tragen wahrscheinlich zur Gewebespezifität mancher Calciumantagonisten bei, da eine Wechselwirkung zwischen diesen Substanzen und den α_1-Untereinheiten besteht.

4 Calciumantagonisten und Calciumfreisetzungskanäle im sarkoplasmatischen Retikulum

> „Häuser sind zum Bewohnen und nicht zum
> Anschauen da. Nutzwert geht also vor
> Einheitlichkeit, es sei denn, beides wäre vereinbar."
>
> FRANCIS BACON (1561–1626)

Die Herz- und Skelettmuskelzellen der Säugetiere enthalten ein kompliziertes Netz aus feinen Kanälchen, das als sarkoplasmatisches Retikulum bezeichnet wird. Dieses Netz hat folgende Funktionen:

I. In ihm wird Ca^{2+} aus dem Zytosol angereichert, wodurch es zur Erschlaffung (Relaxation) der Muskelfasern kommt (Schwartz 1971).
II. Zur Kopplung der Muskelerregung und Muskelkontraktion wird aus dem sarkoplasmatischen Retikulum Ca^{2+} freigesetzt (Abb. 4.1) (Fabiato 1985).

Voraussetzung für die Ca^{2+}-Freisetzung ist die Öffnung spezifischer Ionenkanäle in fußartigen Verbindungsstrukturen, die den engen Spalt zwischen Sarkolemm und sarkoplasmatischem Retikulum überbrücken. Diese Strukturen finden sich sowohl an der Zellperipherie als auch an den Einstülpungen des Sarkolemms, die das System der transversalen Tubuli bilden. Die elektronenmikroskopische Aufnahme in Abb. 4.2 gibt einen Einblick in das Aussehen und die Anordnung dieser Brückenstrukturen. In dieser Aufnahme ist ein Schnitt durch einen typischen Nexus dargestellt, also durch einen Bereich, in dem zwischen dem sarkoplasmatischen Retikulum und dem Sarkolemm solche elektronendichten Verbindungsstrukturen zu finden sind. Es handelt sich um ein Muskelpräparat aus dem Rattenherzventrikel. Das Aussehen dieser Strukturen spielt aber hier nur eine untergeordnete Rolle. Es geht vielmehr darum, daß in ihnen die Kanäle für die Freisetzung von Ca^{2+}-Ionen aus den Speichern im Lumen des sarkoplasmatischen Retikulums in das benachbarte Zytosol enthalten sind.

Gegenstand des vorliegenden Kapitels ist eine Beschreibung des *indirekten* Einflusses der Calciumantagonisten auf die Signalübertragungsbahnen, die für die Aktivierung der Ca^{2+}-Freisetzungskanäle verantwortlich sind. Diese Wirkung könnte nämlich dazu beitragen, daß die Calciumantagonisten unter bestimmten Voraussetzungen die diastolische Funktion des Herzens zu bessern vermögen (Walsh 1989). Zunächst ist festzustellen, daß sich diese Kanäle in struktureller und funktioneller Hinsicht von den im Sarkolemm befindlichen und im dritten Kapitel beschriebenen Ca^{2+}-Kanälen vom L-Typ deutlich unterscheiden, obwohl es sich in beiden Fällen um Kanäle mit hoher Leitfähigkeit handelt. Ferner ist festzuhalten, daß eine *direkte* Wirkung der Calcium-

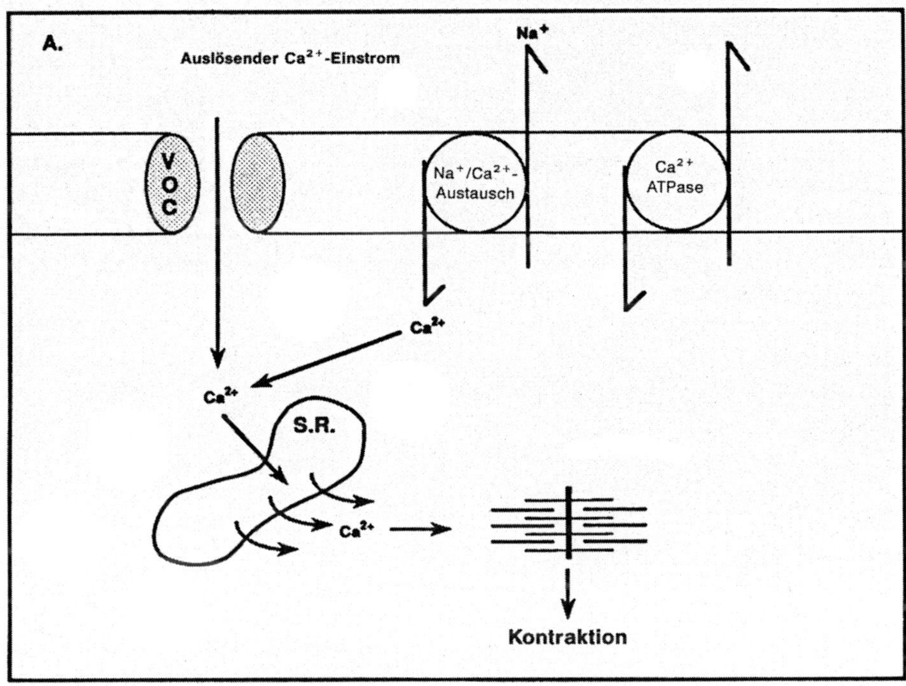

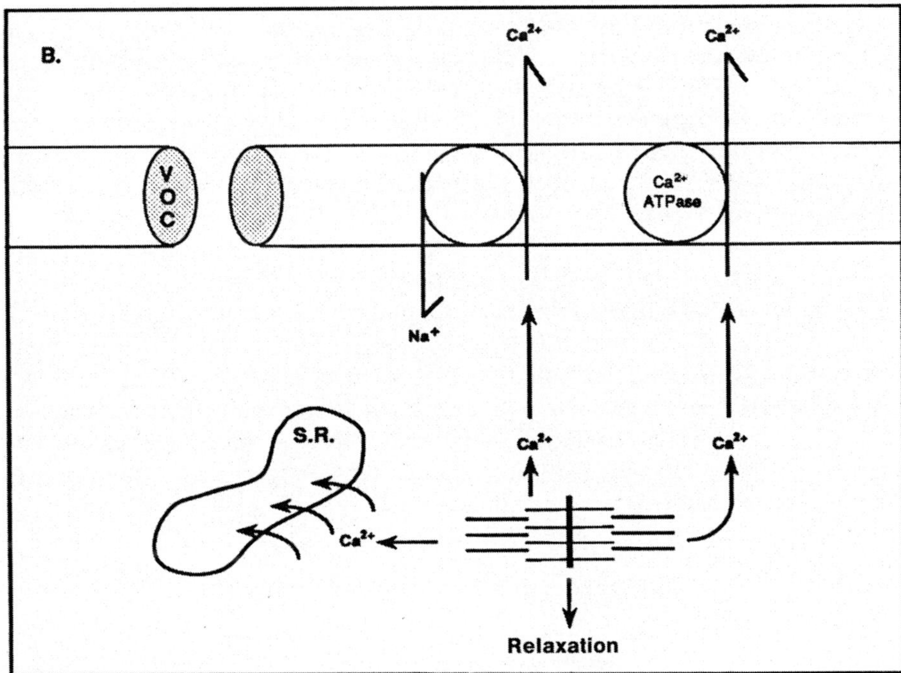

Abb. 4.1 A, B. Schematische Darstellung der Rolle von Ca^{2+} bei der Kopplung von Muskel-erregung und Muskelkontraktion. **A:** Kontraktion. **B:** Relaxation

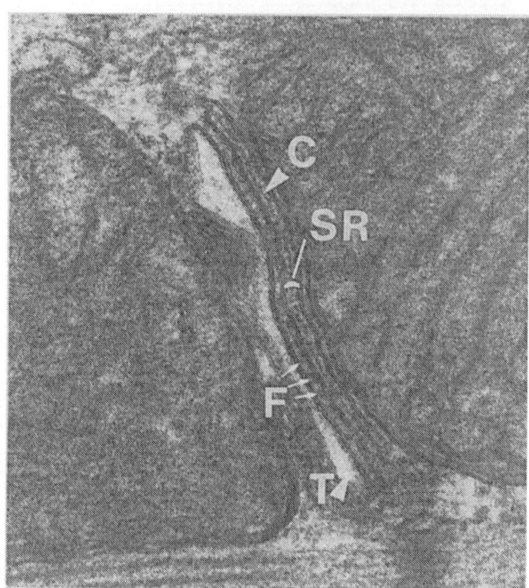

Abb. 4.2. Elektronenmikroskopische Aufnahme der spezialisierten Strukturen in den Bereichen, in denen sarkoplasmatisches Retikulum (SR) und Sarkolemm eng aneinander liegen, vor allem in der Umgebung der vom Sarkolemm gebildeten transversalen Tubuli (T). Man beachte den engen Spalt zwischen dem sarkoplasmatischen Retikulum und dem T-Tubulus, die fußartigen Ausstülpungen im Spalt (F) und die dichten Strukturen im Lumen des sarkoplasmatischen Retikulums. Dieses dichte Material ist auf die Anwesenheit von Calsequestrin, eines Ca^{2+}-bindenden Proteins, zurückzuführen ($\times$ 93500). Das Schnittpräparat stammt aus dem Muskelgewebe des Rattenherzventrikels und wurde uns freundlicherweise von Dr. N. Severs zur Verfügung gestellt

antagonisten nicht in Betracht kommt, da das sarkoplasmatische Retikulum keine Bindungsstellen mit einer hohen Affinität zu diesen Substanzen besitzt. Das soll jedoch nicht heißen, daß Calciumantagonisten in therapeutisch relevanten Konzentrationen die Ca^{2+}-Freisetzung nicht *indirekt* beeinflussen könnten. Voraussetzung für ein Verständnis dieser Vorgänge sind jedenfalls Kenntnisse über die allgemeinen Eigenschaften des sarkoplasmatischen Retikulums und die Morphologie der oben erwähnten Brückenstrukturen.

Allgemeine Eigenschaften des sarkoplasmatischen Retikulums

Das sarkoplasmatische Retikulum ist eine relativ komplexe Zellorganelle. Als es in den letzten sechziger und ersten siebziger Jahren zum ersten Mal isoliert wurde, hatte man nicht geglaubt, daß es sich um ein so kompliziertes Gebilde handelt (Schwartz 1971). Bekanntlich können seine wichtigsten Funktionen in drei Gruppen eingeteilt werden:

I.   Mobilisierung von Ca^{2+},
II. Speicherung von Ca^{2+},
III. Freisetzung von Ca^{2+}.

Der Vorgang der Mobilisierung von Ca^{2+} wurde bereits genau beschrieben (de Meis und Inesi 1982). Dabei kommt es zur Aktivierung des endogenen Enzyms Ca^{2+}/Mg^{2+}-ATPase im sarkoplasmatischen Retikulum. Dies führt zur Hydrolyse von Adenosintriphosphat (ATP) und der darauf folgenden Freisetzung von Energie, die ausreicht, um Ca^{2+} gegen den Konzentrationsgradienten in das sarkoplasmatische Retikulum zurückzupumpen (de Meis und Inesi 1982). Dieser Prozeß liegt im Herzen dem Übergang von Systole zur Diastole und im Skelettmuskel dem Wechsel zwischen Kontraktion und Relaxation zugrunde. Die wichtigsten Abläufe wurden in den siebziger Jahren ermittelt (Schwartz 1971). Aber erst Mitte der achtziger Jahre konnte die Aminosäuresequenz der daran beteiligten ATPase bestimmt werden (Maclennan et al. 1985). Zu diesem Zeitpunkt erwachte auch das Interesse an der Frage, durch welchen Mechanismus das sarkoplasmatische Retikulum Ca^{2+} mobilisiert und freisetzt. Da die Kopplung zwischen Erregung und Kontraktion sowohl im Herz- als auch im Skelettmuskel mit Ca^{2+} aus dem sarkoplasmatischen Retikulum erfolgt, ging man davon aus, daß ein Freisetzungsmechanismus existieren muß (Fabiato 1985).

Augenscheinlich war die zu beantwortende Frage recht einfach: Welche Wirkung hat die Erregung des Sarkolemms auf die Funktion des sarkoplasmatischen Retikulums, so daß Ca^{2+} nicht mehr angereichert, sondern freigesetzt wird? Des Rätsels Lösung lag in den fußartigen Strukturen, die den 10–20 nm breiten Spalt zwischen dem Sarkolemm und dem Retikulum überbrücken (Abb. 4.2):

I. Diese Strukturen sprechen auf die durch die Erregung hervorgerufenen Veränderungen der Funktion des Sarkolemms an und senden über die Kontaktzone (Junctional Gap) ein entsprechendes Signal an das benachbarte sarkoplasmatische Retikulum (Abb. 4.2) (Dulhuntly 1989, Agnew 1989).
II. Sie enthalten Kanäle oder bestehen aus Kanälen, durch die Ca^{2+}-Ionen geleitet werden können (Wagenknecht et al. 1989).

Allgemeine Morphologie des sarkoplasmatischen Retikulums: Nachweis einer Spezialisierung

Vor nicht allzu langer Zeit wurde das sarkoplasmatische Retikulum noch als spitzenartiges Maschenwerk aus Kanälchen beschrieben, die an manchen Stellen nahe an das Sarkolemm anliegen, aber auch das Zytosol durchqueren und die Myofibrillen umgeben. In der Mikroanatomie wurde das sarkoplasmatische Retikulum zunächst auf diese Weise beschrieben. Eine solche Beschreibung trifft zwar auf den Großteil dieser Organelle zu und paßt recht gut zu den mit dem Elektronenmikroskop gemachten Aufnahmen, ist aber insofern völlig unzureichend, als sie die oben erwähnten Bereiche, die eine ausgeprägte und komplexe Spezialisierung aufweisen, außer acht läßt (Abb. 4.2). Solche Bereiche finden sich an allen Stellen, an denen das sarkoplasmatische Retikulum dem Sarkolemm und seinen Einstülpungen nahekommt (Franzini-Armstrong und Wunzi 1983). Diese als *Terminalzisternen* bekannten Areale hängen mit dem in der Regel als *Longitudinalsystem* bezeichneten Rest des sarkoplasmati-

Tabelle 4.1. Angaben zu den leichten und schweren Bestandteilen des sarkoplasmatischen Retikulums des Herzens

Merkmal	„Leichte" Fraktion (Longitudinalsystem)	„Schwere" Fraktion (transversales Röhrensystem)
Calciumladungsrate (μmol mg^{-1} min^{-1})	$0{,}93 \pm 0{,}08$	$0{,}16 \pm 0{,}02$
Dichte der ^{3}H-Ryanodin-Bindungsstellen (pmol mg Protein^{-1})	$1{,}67 \pm 0{,}33$	$8{,}78 \pm 1{,}87$
Calsequestrin (Molekularmasse 60 kDa)	+	+ + + + + +
Ca^{2+}-Freisetzungsrate	Langsam	Schnell
% Membranprotein Ca^{2+}/Mg^{2+}-ATPase	90	60

Aus Lai und Meissner 1989, Glossmann und Striessnig 1990, Dulhunty 1989, Inui et al. 1988. Die vorhandene Calsequestrin-Menge ist mit + bezeichnet.

schen Retikulums zusammen (Tabelle 4.1). Die fußartigen Strukturen, welche die Kontaktzone durchspannen, haben ein bemerkenswert einheitliches Aussehen. In dieser Hinsicht gibt es zwischen den verschiedenen Spezies keine wesentlichen Unterschiede (Franzini-Armstrong 1970, Franzini-Armstrong und Wunzi 1983, Dulhuntly 1989). Der mittlere Abstand zwischen diesen Strukturen beträgt ca. 30 nm (Franzini-Armstrong 1970, Somlyo 1979) und entspricht damit genau den kleinen, zottenartigen Vorwölbungen, die sich auf der zytosolischen Seite der Einstülpungen des T-Systems finden (Dulhuntly 1989).

Nach seiner Morphologie läßt sich das sarkoplasmatische Retikulum demnach in folgende Bereiche unterteilen:

I. In ein spitzenartiges Maschenwerk aus miteinander verbundenen Kanälen, welche die Myofilamente umgeben und das Zytosol durchqueren (Abb. 4.3).
II. In spezialisierte Areale, die immer dann zu finden sind, wenn das sarkoplasmatische Retikulum dem Sarkolemm nahekommt und die durch (a) fußartige Verbindungsstrukturen (Brückenstrukturen) und (b) dichtes intraluminales Material gekennzeichnet sind (Abb. 4.2).

Biochemie des sarkoplasmatischen Retikulums

Auch aus biochemischer Sicht haben wir es hier mit einem heterogenen Gebilde zu tun. Dies läßt sich leicht nachweisen, wenn man das sarkoplasmatische Retikulum fragmentiert und zentrifugiert. Auf diese Weise entstehen zwei subzellulare Fraktionen, eine „*leichte*" und eine „*schwere*". Die biochemischen Profile dieser beiden Fraktionen sind sehr unterschiedlich.

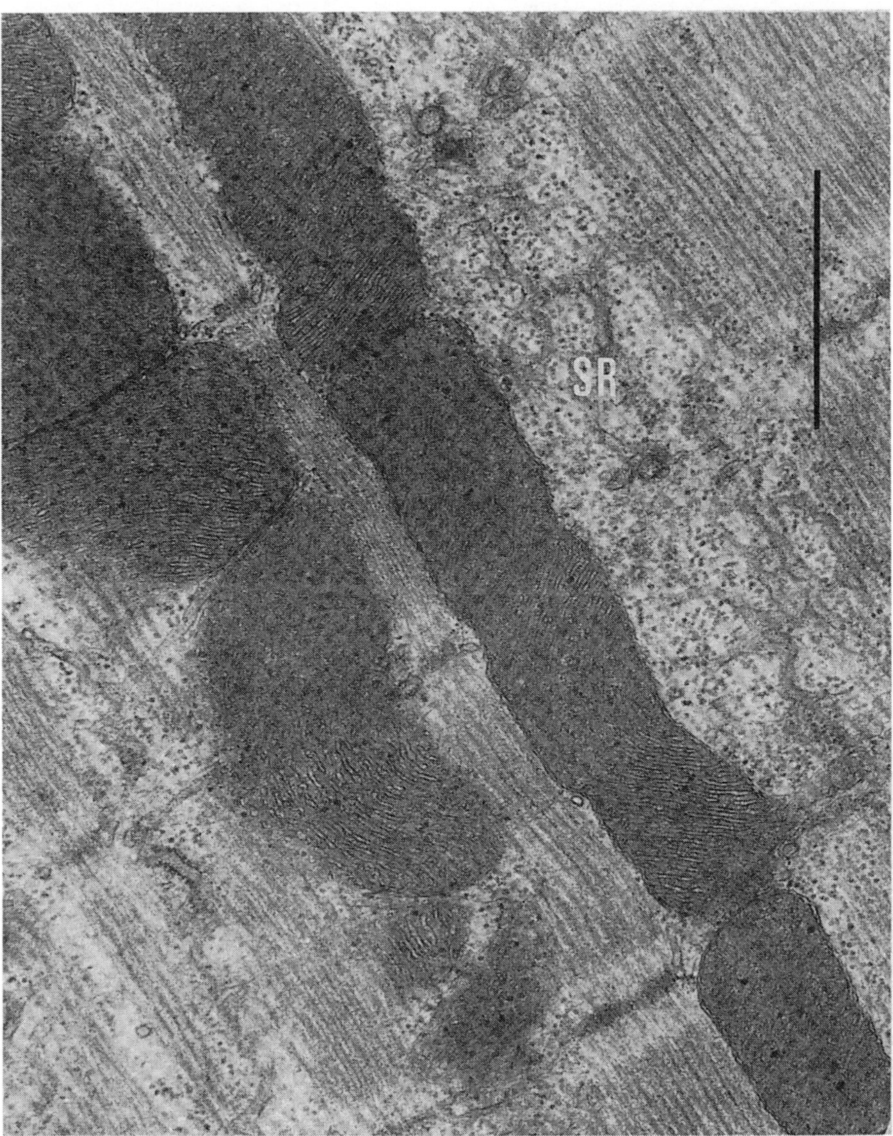

Abb. 4.3. Nicht spezialisierte Bereiche des sarkoplasmatischen Retikulums. Man beachte, daß dieser Teil des Retikulums die Myofibrillen umgibt und durch das Zytosol verläuft. Diese Lokalisation ist eine ideale Voraussetzung für die Erfüllung seiner Aufgabe: Mobilisierung von Ca^{2+} ($\times$ 135000)

Die „leichte" Fraktion (Tabelle 4.1)

I.   ist durch eine rasche Anreicherung von Ca^{2+} gekennzeichnet.

II.   Sie enthält wenig oder überhaupt kein Calsequestrin (Abb. 4.2) (Ca^{2+}-Speicherprotein mit einer Molekularmasse von 60 kDa), obgleich diese

Substanz im sarkoplasmatischen Retikulum bekanntlich in großen Mengen vorhanden ist (Maclennan und Holland 1975).

III. Sie besitzt relativ wenige Bindungsstellen für Ryanodin, ein pflanzliches Alkaloid, das spezifisch an die Brückenstrukturen gebunden wird (Lai und Meissner 1989).

IV. Das Enzym Ca^{2+}/Mg^2-ATPase (Molekularmasse: 110 kDa) macht nahezu 90% der Membranproteine der „leichten" Fraktion aus. Ca^{2+}/Mg^{2+}-ATPase hat die Aufgabe, Ca^{2+} in das sarkoplasmatische Retikulum zurückzupumpen und damit die Relaxation der Myofibrillen einzuleiten (Meissner 1975).

Demgegenüber gilt für die „schwere" Fraktion (Tabelle 4.1):

I. In diesem Bereich ist nur eine langsame Anreicherung von Ca^{2+} zu beobachten.

II. Diese Fraktion enthält große Mengen von Calsequestrin.

III. Sie ist reich an Bindungsstellen für Ryanodin.

IV. Nur 60% ihrer Proteine liegen als Ca^{2+}/Mg^{2+}-ATPase vor (Lai und Meissner 1989).

V. Sie enthält ein großes Protein (400 kDa), das immunologisch zur Verbindungsstruktur verwandt ist (Kawamoto et al. 1986).

VI. Im Gegensatz zur „leichten" Fraktion wird Ca^{2+} hier relativ rasch freigesetzt.

Vermutlich enthält die „leichte" Fraktion Membranen, die aus dem hauptsächlich für die Mobilisierung von Ca^{2+} verantwortlichen Teil des sarkoplasmatischen Retikulums stammen, während die „schwere" Fraktion aus den spezialisierten Bereichen hervorgeht, welche die Verbindungsstrukturen und das Ca^{2+}-Speicherprotein Calsequestrin enthalten.

Es wurde bereits erwähnt, daß sich die Bindungsstellen für Ryanodin in erster Linie in diesen Verbindungsstrukturen befinden. Ryanodin ist ein aus der Pflanze Ryania speciosa Vahl gewonnenes Alkaloid. Die Substanz wurde ursprünglich als Insektizid hergestellt, konnte aber wegen ihrer Toxizität nicht verwendet werden. Sie verursacht nämlich eine irreversible Skelettmuskelkontraktur und eine mit einer vollständigen Aufhebung des Muskeltonus einhergehende Lähmung des Myokards (Fill und Coronado 1988). Dies ist in diesem Zusammenhang nicht nur von Interesse, weil Ryanodin an spezifische 400-kDa-Bindungsstellen in den Brückenstrukturen des sarkoplasmatischen Retikulums gebunden wird. Bemerkenswert ist vielmehr auch, daß diese 400-kDa-Bindungsstellen, welche die eigentlichen Verbindungsstrukturen darstellen, nach Isolierung von Ryanodin und Einbau in synthetische Lipid-Doppelschichten die Funktion von Ca^{2+}-Freisetzungskanälen übernehmen (Lai und Meissner 1989, Nagasaki und Fleischer 1988, Holmberg und Williams 1989, Rardon et al. 1989).

Auf die Chemie der Ryanodin-Bindungsstellen, den Ionentransport durch die mit ihnen verbundenen Kanäle und auf die elektrischen Eigenschaften

Tabelle 4.2. Gewebsverteilung der spezifischen Bindungsstellen für ^{3}H-Ryanodin in den Verbindungsstrukturen des sarkoplasmatischen Retikulums

Gewebe	Spezies	Literatur
Skelettmuskel	Kaninchen	Inui et al.1987
	Kaninchen	Lai et al. 1988
	Mensch	Zorzato et al. 1990
	Kaninchen	Zorzato et al. 1990
Herzmuskel	Kaninchen	Rardon et al. 1989
	Hundeventrikel	Inui et al. 1988
Gehirn	Kaninchen	McPherson und Campbell 1990

derselben gehen wir in diesem Kapitel noch näher ein. Im Augenblick ist lediglich festzuhalten, daß

I. das 400-kDa-Ryanodin-Bindungsprotein, das Bestandteil der fußartigen Verbindungsstruktur im sarkoplasmatischen Retikulum ist, auch die Funktion eines Ionenkanals erfüllen kann;
II. dieses Protein nicht nur in diesen Strukturen des Herz- und Skelettmuskels, sonder auch in anderen Geweben vorkommt, zum Beispiel im Gehirn (Tabelle 4.2).

Ultrastruktur und Chemie der fußartigen Verbindungsstrukturen (Ryanodin-Rezeptor des sarkoplasmatischen Retikulums und Ca^{2+}-Freisetzungskanal)

Rekonstituierte, dreidimensionale Abbildungen der fußartigen Brückenstrukturen im sarkoplasmatischen Retikulum haben gezeigt, daß es sich um ein annähernd quadratisches Gebilde handelt, dessen Volumen etwas über 3800 nm^3 liegt (Wagenknecht et al. 1989, Agnew 1989). Jeder dieser Vorsprünge hängt mit einer 4 nm dicken und 14 nm breiten Grundplatte zusammen oder befindet sich auf einer solchen Grundplatte, die ihrerseits wieder in die Membran des sarkoplasmatischen Retikulums eingefügt ist und anscheinend einen zentralen Poreneingang besitzt. Dabei handelt es sich fast sicher um die Öffnung des Kanals, durch den Ca^{2+} ausgeschleust wird. Vier gleichartige Einheiten des Ryanodin-bindenden Polypeptids (Molekularmasse: 400 kDa), die als nach links orientiertes, vierschariges Gebilde angeordnet sind, sitzen rittlings auf der Grundplatte und ragen in die Kontaktzone (Junctional Gap) hinein. Das obere Ende dieser 400-kDa-Polypeptid-Strukturen kommt mit zottenartigen, ovalen Scheiben in Berührung, die in Form von Tetrameren auf der zytosolischen Seite der Sarkolemm-Membran in regelmäßigen Abständen angeordnet sind. Die Abstände zwischen diesen Tetrameren sind so bemessen, daß sie etwa alle 30 nm vorkommen (Dulhuntly 1989). Dies entspricht genau den Abständen zwischen den Brückenkomplexen an der anliegenden Seite des sarkoplasmatischen Retikulums. Bei diesen ovalen, scheibenförmigen Strukturen soll es sich um DHP-Rezeptoren handeln. Einige dieser Strukturen finden sich auch in den im letzten Kapitel beschriebenen α_1-Untereinheiten der langsamen Ca^{2+}-Kanäle vom L-Typ. Wenn das zutrifft, steht einwandfrei fest, daß wir es mit einer direkten Bahn zu tun haben, die eine Signalübertragung vom DHP-Rezeptor (Knudson et al. 1988) zu den spezialisierten Verbindungsstrukturen des sarkoplasmatischen Retikulums ermöglicht und damit zu den Arealen, in denen das Ca^{2+}-Speicherprotein Calsequestrin angereichert ist. Da DHP-Rezeptoren einerseits als langsame Ca^{2+}-Kanäle vom L-Typ, andererseits aber auch als Spannungssensoren fungieren, also eine *doppelte Funktion* ausüben (Tanabe et al. 1988), werden die Verhältnisse noch verwickelter. Diese Doppelfunktion ist vielleicht eine Erklärung dafür, daß im Skelettmuskel eine Erregung an der Zelloberfläche unmittelbar zur Freisetzung von Ca^{2+} führen kann, während im Herzmuskel dazu extrazelluläres Ca^{2+} erforderlich ist. Im Skelettmuskel spricht der Freisetzungskanal des sarkoplasmatischen Retikulums (die fußartige Verbindungsstruktur bzw. der Ryanodin-Rezeptor) direkt auf die Membrandepolarisation an. Die elektrische Spannung wird also über die als Spannungssensoren wirkenden DHP-Rezeptoren unmittelbar weitergeleitet (Rios und Brum 1987, Schneider und Chandler 1973). Im Gegensatz dazu sind die DHP-Rezeptoren im Herzmuskel hauptsächlich Ca^{2+}-Kanäle, durch die Ca^{2+} einströmen und die Ca^{2+}-Freisetzungskanäle aktivieren kann (Tabelle 4.3) (Fabiato und Fabiato 1979, Valdeolmillos et al. 1989, Kentish et al. 1990). Das Endergebnis ist in beiden Fällen das gleiche: Die DHP-Rezepto-

Tabelle 4.3. Merkmale des Komplexes aus Ryanodin-Rezeptor und Ca^{2+}-Freisetzungskanal im sarkoplasmatischen Retikulum

Zusammensetzung	Tetramere Struktur: vier Polypeptide (400 kDa)
Leitfähigkeit[*] I. Skelettmuskel 100 pS II. Herzmuskel 80 pS Dauer der Öffnung des Kanals: 60–100 µsec	
Aktivatoren (Erhöhung von P_0)	mmol Coffein mmol ATP $Ca^{2+} > µmol$ Ryanodin (niedriger µmol-Wert) Annexin VI Sulmazol Doxorubicin (µmol, kurze Einwirkungsdauer)
Inhibitoren (Verringerung von P_0)	µmol Rutheniumrot µmol Doxorubicin (lange Einwirkungsdauer) > 300 µmol Ryanodin

[*] Messung der Leitfähigkeit in Anwesenheit von 50 mmol Ca^{2+}. P_0 ist die Wahrscheinlichkeit, daß der Kanal geöffnet ist. Aus Williams und Ashley 1989, Holmberg und Williams 1989, Ondrias et al. 1990, Díaz-Muñoz et al. 1990, Nagasaki und Fleischer 1988.

ren an der Zelloberfläche geben dem sarkoplasmatischen Retikulum das Signal für die Freisetzung von Ca^{2+}.

Zusammenfassend kann festgestellt werden, daß die Brückenstruktur (Ryanodin-Rezeptor), welche die Kontaktzone (Junctional Gap) im sarkoplasmatischen Retikulum überspannt, folgende besonderen Merkmale aufweist:

I.   An der Oberfläche des sarkoplasmatischen Retikulums ist sie mit einer Grundplatte verbunden, die einen zentralen Poreneingang besitzt.

II. Die Brückenstruktur besteht im wesentlichen aus vier sich wiederholenden Einheiten eines Polypeptids mit einer Molekularmasse von 400 kDa, die als vierschariges Gebilde angeordnet sind.

III. Die gesamte Struktur ist so ausgerichtet, daß sie mit zottenartigen, ovalen Scheiben in Berührung kommt, die in regelmäßigen Abständen aus der anliegenden Oberfläche des Sarkolemms hervorragen (Abb. 4.4). Bei diesen Protuberanzen des Sarkolemms handelt es sich fast sicher um DHP-Rezeptor-Bindungsstellen, welche die Aufgaben von Spannungssensoren und von Ca^{2+}-Kanälen wahrnehmen können (Fill et al. 1989).

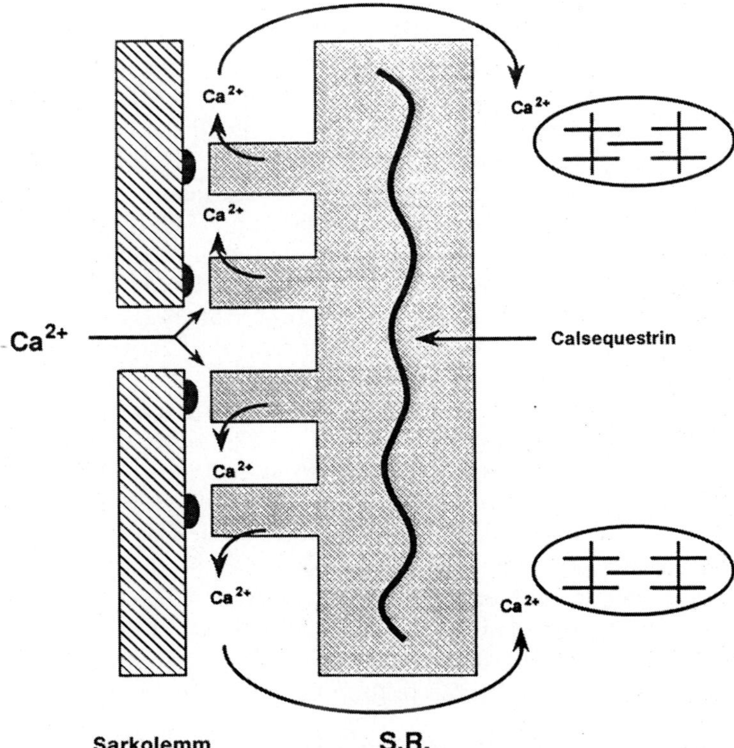

Abb. 4.4. Schematische Darstellung des Zusammenhangs zwischen den DHP-Rezeptoren im Sarkolemm und den Brückenstrukturen (Ryanodin-Rezeptoren, Ca^{2+}-Freisetzungskanälen im sarkoplasmatischen Retikulum), welche die Kontaktzone (Junctional Gap)durchspannen (nach Glossmann und Striessnig 1990)

IV. Während im Skelettmuskel eine direkte Verbindung zwischen dem Spannungssensor im Sarkolemm, also dem DHP-Rezeptor, und dem Ca^{2+}-
Freisetzungsmechanismus im sarkoplasmatischen Retikulum besteht,
wird der Vorgang der Ca^{2+}-Freisetzung im Herzmuskel von Ca^{2+} aktiviert, das über spannungsempfindliche Ca^{2+}-Kanäle vom L-Typ in die
Kontaktzone gelangt (Cleemann und Morad 1991, Nabauer und Morad
1990, Wibo et al. 1991).

Chemie

Durch den Umstand, daß die Brückenstruktur oder der fußartige Fortsatz mit
dem Ryanodin-Rezeptor identisch ist, wurde die Isolierung und Reinigung
dieser Struktur erheblich erleichtert, da radioaktiv markiertes Ryanodin als
Markierungssubstanz verwendet werden konnte. Der Rezeptor wurde kloniert
(Agnew 1989, Takeshima et al. 1989, Zorzato et al. 1990) und sequenziert. Im
Skelettmuskel des Kaninchens enthält die Struktur 5037 Aminosäurereste, die
eine terminale Carboxigruppe, nicht aber eine endständige NH_2-Gruppe aufweisen (Takeshima et al. 1989). An der terminalen Carboxigruppe dürfte eine
hydrophobe Struktur aus ca. 500 Aminosäureresten hängen. Wahrscheinlich
ist dieser Teil der Sequenz normalerweise in die Membran des sarkoplasmatischen Retikulums eingebaut und bildet möglicherweise eine Reihe von transmembranären Segmenten. Nach Takeshima et al. (1989) gibt es vier solche
Segmente. Andere Untersucher sind der Auffassung, daß es sich um zehn oder
zwölf Segmente dieser Art handeln kann. Unabhängig von ihrer sonstigen
Anordnung müssen diese transmembranären Segmente so beschaffen sein,
daß sie einen zentralen Poreneingang bilden, welcher der Öffnung oder dem
Kanal entspricht, durch den Ca^{2+} ausgeschleust wird.

Unmittelbar neben der transmembranären Sequenz gibt es noch Aminosäuren, von denen man annehmen könnte, daß sie geeignete Bindungsstellen
für einige Kanalmodulatoren des sarkoplasmatischen Retikulums darstellen
(Tabelle 3.3), zum Beispiel für Ca^{2+}, Calmodulin und für Adeninnukleotide
(Williams und Ashley 1989, Zorzato et al. 1990). Die übrige Aminosäuresequenz und damit bei weitem ihr größter Teil, ist in hohem Maße hydrophil.
Aller Wahrscheinlichkeit nach handelt es sich hier um denjenigen Teil des
Ryanodin-Rezeptor-Komplexes bzw. der Brückenstruktur, der in die mit Zytosol gefüllte Kontaktzone hineinragt (Abb. 4.5).

Nimmt man die bei der Untersuchung der Ultrastruktur und der Chemie
des Brückenkomplexes erzielten Ergebnisse zusammen, so spricht alles dafür,
daß sich diese Strukturen in drei Abschnitte unterteilen lassen:

I.   einen *transmembranären* Bereich, der etwa 500 meist hydrophobe Aminosäurereste enthält;

II. einen *regulatorisch* wirksamen Abschnitt, der sich unmittelbar neben den
     transmembranären Einheiten befindet;

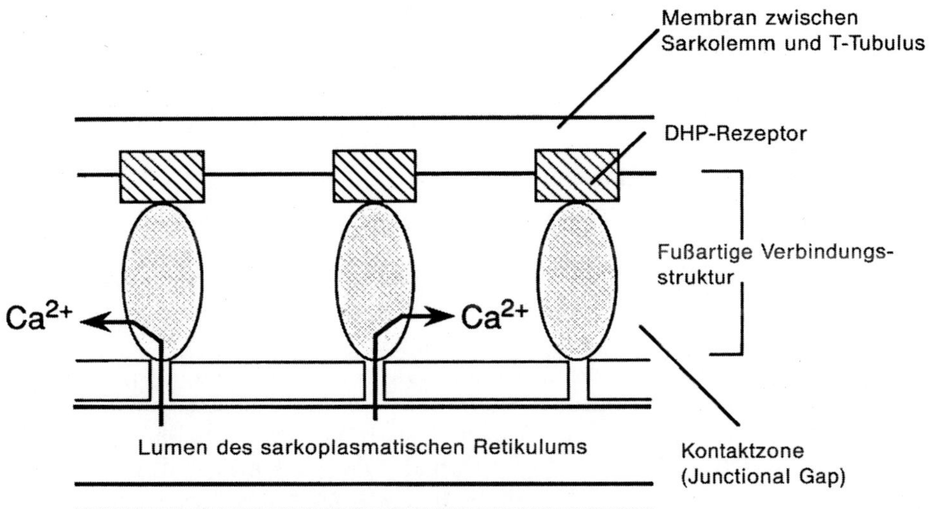

Abb. 4.5. Schematische Darstellung des möglichen Einbaus des terminalen hydrophoben Teils des Ryanodin-Rezeptors in Kontaktzonen des sarkoplasmatischen Retikulums. Man beachte, daß sich in der unmittelbaren Nachbarschaft dieser Kontaktzonen anscheinend Bindungsstellen für regulatorisch wirksame Komplexe finden (mit freundlicher Genehmigung aus Takeshima et al. 1989)

III. einen umfangreichen hydrophilen Bestandteil mit ca. 45000 Aminosäureresten als denjenigen Teil des Brückenkomplexes, der in das Zytosol hineinragt und eng an die gegenüberliegende Membran des Sarkolemms oder der T-Tubuli anliegt.

Vor Beschreibung der Funktionsweise dieses brückenartigen, Ryanodin-bindenden Komplexes als Ionenkanal sowie seiner wahrscheinlichen Bedeutung für die Kopplung von Muskelerregung und Muskelkontraktion ist noch näher auf die intraluminale Zusammensetzung des sarkoplasmatischen Retikulums im Bereich dieser brückenartigen Strukturen einzugehen. Immerhinwird das durch das Longitudinalsystem des sarkoplasmatischen Retikulums mobilisierte Ca^{2+} hier angereichert und gespeichert, um dann als Antwort auf ein von diesen Strukturen ausgehendes Signal freigesetzt zu werden.

Gehalt des Lumens der Verbindungsstrukturen des sarkoplasmatischen Retikulums

Die in Abbildung 4.2 wiedergegebene, elektronenmikroskopische Aufnahme läßt deutlich erkennen, daß sich im Lumen der Verbindungsstrukturen des sarkoplasmatischen Retikulums elektronendichtes Material befindet. Hierbei handelt es sich um bandenförmig angeordnetes Calsequestrin, also um das Ca^{2+}-Speicherprotein. Normalerweise bilden diese Bande ein diffuses Maschenwerk, in der Nähe der fußartigen Strukturen sind sie aber nach diesen ausgerichtet. Dieser strukturelle Zusammenhang zwischen den Verbindungsstrukturen in der Kontaktzone und dem intraluminalen Ca^{2+}-Speichersystem entspricht der Vorstellung, daß im sarkoplasmatischen Retikulum gespeichertes Ca^{2+} mittels eines Prozesses zur Freisetzung verfügbar wird, an dem die fußartigen Brückenstrukturen der Kontaktzone beteiligt sind.

Merkmale des Komplexes aus Ryanodin-Rezeptor und Ca^{2+}-Freisetzungskanal im sarkoplasmatischen Retikulum

Nach Isolierung, Reinigung und Einbau in eine ebene Lipid-Doppelschicht, wirkt der mit der fußartigen Verbindungs- oder Brückenstruktur identische, 400-kDa-Ryanodin-Rezeptor (Abb. 4.2) als Ionenkanal, unabhängig davon, ob er aus Skelettmuskelgewebe (Smith et al. 1986, Imagawa et al. 1987, Hymel et al. 1988a, Lai et al. 1988, Fill et al. 1989) oder aus Herzmuskelgewebe (Rousseau et al. 1986, Rardon et al. 1989, Williams und Ashley 1989, Holmberg und Williams 1989) gewonnen wurde. Einzelkanalaufzeichnungen haben gezeigt, daß solche Kanäle eine relativ hohe Leitfähigkeit für bivalente Kationen wie Ca^{2+} besitzen (80–100 pS in 50 nmol Ca^{2+}, Lai et al. 1988), daß sich die Wahrscheinlichkeit einer Öffnung des Kanals mit zunehmend positivem Potential erhöht und daß diese Kanäle bis zu 100 usec lang geöffnet sein können (Tabelle 4.3). Eine ziemlich typische Aufzeichnung der elektrischen Aktivität eines solchen Kanals ist im linken Teil der Abb. 4.6 dargestellt. Dieser Kanal wurde aus dem sarkoplasmatischen Retikulum von menschlichem Herzmuskelgewebe isoliert. Wenn man davon ausgeht, daß solche Kanäle eine Bahn für die Freisetzung von Ca^{2+} aus dem sarkoplasmatischen Retikulum darstellen, liegt der Schluß nahe, daß Substanzen, welche die Ausschleusung von Ca^{2+} aus isolierten Vesikeln beeinflussen, in denen die Freisetzungskanäle noch intakt und in ihre nativen Membranen eingebettet sind (Meissner 1986), die gleiche Wirkung auf isolierte Kanäle ausüben. Dabei kann es sich um eine Förderung (Ca^{2+}, Adeninnukleotide und Coffein) oder um eine Hemmung dieser Freisetzung (Magnesium und Rutheniumrot) handeln. Diese Hypothese konnte durch die genannten Untersuchungen bestätigt werden. So ist im mittleren Teil der in Abb. 4.6 dargestellten Kurven die Hemmwirkung von 1 mmol Mg^{2+} auf die Kanalaktivität zu erkennen. In der zweiten Reihe dieser Aufzeichnungen (Abb. 4.6) ist links ein relativ ruhiges Kurvenbild zu sehen. Dies hängt damit zusammen, daß die Ca^{2+}-Konzentration hier im unteren mikromolaren Bereich liegt (1 µmol). Die mittlere Kurve zeigt den Effekt eines weiteren Ca^{2+}-Zusatzes (10 µmol). Weitere Aktivatoren (Tabelle 4.3) sind zum Beispiel millimolare Konzentrationen von ATP, Coffein (Holmberg und Williams 1989) und des kardiotoxischen Benzimidazol-Derivats Sulmazol (Williams und Ashley 1989). Unter den Inhibitoren seien Rutheniumrot, Calmodulin und millimolare Konzentrationen von Ryanodin (Meissner 1986) oder Mg^{2+} (Holmberg und Williams 1989) erwähnt. Ferner dürften endogene Regulierungssubstanzen im sarkoplasmatischen Retikulum selbst

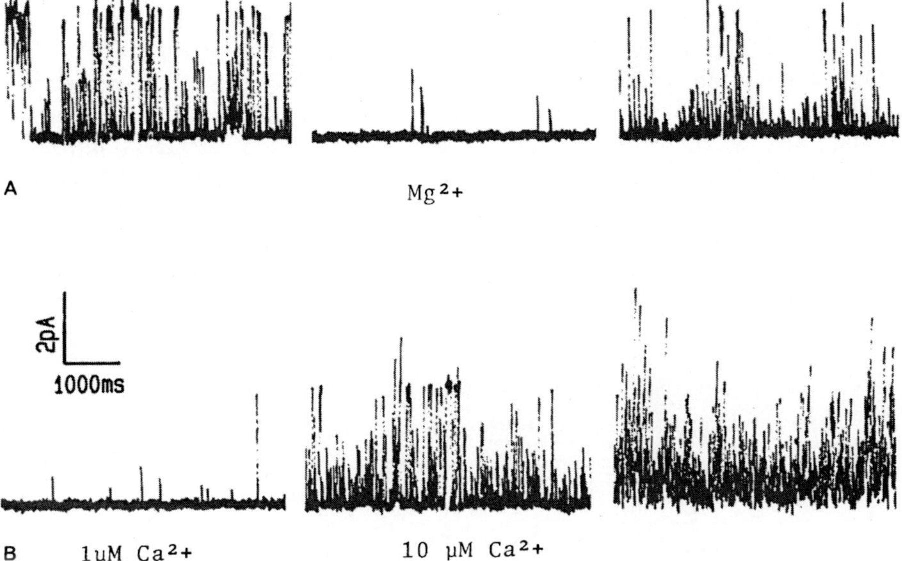

Abb. 4.6. Laufende Aktivitätsschwankungen in einer Lipid-Doppelschicht, in die Ca^{2+}-Kanäle aus dem sarkoplasmatischen Retikulum von humanem Herzmuskelgewebe eingebaut wurden. *Oben*: Aufzeichnung A: 10 μmol Ca^{2+} und 1 mmol Mg^{2+}. Man beachte die Hemmwirkung von Mg^{2+}. Unten: Aufzeichnung B: 1 μmol Ca^{2+} und anschließend Zusatz von 10 μmol Ca^{2+}. Mit freundlicher Genehmigung von Dr. A. J. Williams

entstehen. Das 67-kDa-Protein Annexin VI bewirkt zum Beispiel eine Ca^{2+}-abhängige Bindung von Phospholipiden. Immunolokalisations-Studien brachten den Nachweis für die Anwesenheit von Annexin VI im Lumen der Verbindungsstrukturen (des „schweren" Anteils) des sarkoplasmatischen Retikulums (Díaz-Muñoz et al. 1990). Dieses endogene Protein aktiviert die Ca^{2+}-Freisetzungskanäle durch Erhöhung der Wahrscheinlichkeit (P$_0$) ihrer Öffnung (Díaz-Muñoz et al. 1990).

Annexin VI ist nicht das einzige natürlich vorkommende Protein, welches die Funktion der Freisetzungskanäle als Kontrollschranken zu verändern vermag. Wird zum Beispiel Calmodulin auf der myoplasmatischen Seite des Kanals zugesetzt, so *verringert* sich die Wahrscheinlichkeit, daß der Kanal geöffnet ist, ohne daß dadurch seine Leitfähigkeit beeinflußt wird (Smith et al. 1989). Möglicherweise haben wir es hier mit einem dynamischen Gleichgewicht zu tun, wobei myoplasmatisches Calmodulin die Wahrscheinlichkeit einer Kanalöffnung herabsetzt (Tabelle 4.3), während diese Wahrscheinlichkeit durch das intraluminale Annexin VI erhöht wird. Das gleiche gilt natürlich auch für Ca^{2+} und Mg^{2+}: während Ca^{2+} die Wahrscheinlichkeit einer Öffnung des Kanals erhöht, wird diese Wahrscheinlichkeit durch Mg^{2+} vermindert. (Abb. 4.6).

Manche Substanzen üben auf diese Kanäle eine dosis- oder zeitabhängige Wirkung aus. So erhöht zum Beispiel Ryanodin in den unteren mikromolaren Konzentrationen die Wahrscheinlichkeit (P$_0$) einer Kanalöffnung, während diese Wahrscheinlichkeit bei höheren Ryanodin-Konzentrationen (z. B. 30,0 μmol) geringer wird (Nagasaki und Fleischer 1988, Rardon et al. 1989). Doxorubicin, ein in der Chemotherapie weit verbreitetes Medikament, das kardiotoxisch wirken kann, übt auf diese Kanäle ebenfalls einen zweiphasigen Effekt aus, der allerdings *zeitabhängig* ist. Beim ersten Zusatz kommt es zu einer Aktivierung der Kanäle und einer Verlängerung ihrer mittleren Öffnungsdauer (Ondrias et al. 1990). Bei längerer Einwirkungsdauer ist demgegenüber eine Inaktivierung der Kanäle zu beobachten. Dieser Effekt ist wahrscheinlich für die Kardiotoxizität von Doxorubicin mitverantwortlich.

Ca^{2+}-Freisetzungskanäle des sarkoplasmatischen Retikulums bei verschiedenen Erkrankungen

Sarkoplasmatisches Retikulum des Herzmuskels

Die Erforschung der Wirkung verschiedener pathologischer Zustände auf die Funktion der Calcium-Freisetzungskanäle des sarkoplasmatischen Retikulums ist noch im Anfangsstadium. Manches spricht bereits dafür, daß die Öffnungsdauer dieser Kanäle bei ischämischen Zuständen verlängert wird (Feher et al. 1989). Dieser Befund ist insofern bemerkenswert und vielleicht auch überraschend, weil die ATP-Reserven des Gewebes unter ischämischen Bedingungen rasch erschöpft sind. Da ATP die Wahrscheinlichkeit einer Öffnung solcher Kanäle erhöht (Holmberg und Williams 1989), möchte man meinen, daß das durch eine Ischämie hervorgerufene Absinken der ATP-Konzentrationen im Gewebe eher dazu führt, daß die Ca^{2+}-Freisetzungskanäle geschlossen bleiben. Das wäre jedenfalls ein folgerichtiges Verhalten dieser Kanäle. Eine Erhöhung des Ca^{2+}-Gehalts im Zytosol, die bei geöffneten Freisetzungskanälen des sarkoplasmatischen Retikulums unumgänglich ist, würde zu einem noch rascheren Eintreten von Zelluntergang und Gewebsnekrose führen (zehntes Kapitel).

Die Ursache der ischämiebedingten Verlängerung der Öffnungsdauer der Ca^{2+}-Kanäle des sarkoplasmatischen Retikulums konnte wahrscheinlich vor kurzem geklärt werden. Anscheinend hängen diese Vorgänge mit einer Aktivierung der Ca^{2+}-abhängigen Zytoplasma-Protease Calpain II zusammen. Dieses Enzym ist im Herzmuskel in großen Mengen vorhanden. Nach seiner Aktivierung bewirkt es einen selektiven Abbau der fußartigen Verbindungsstrukturen des sarkoplasmatischen Retikulums (Rardon et al. 1990) und beeinträchtigt dabei die Funktion ihrer Ca^{2+}-Freisetzungskanäle. Die Einzelkanalleitfähigkeit erfährt keine Veränderung, die Wahrscheinlichkeit einer verlängerten Öffnungsdauer des Kanals nimmt jedoch ganz erheblich zu. Wie eine solche Verlängerung zu einer Überladung mit Ca^{2+}-Ionen führen kann, ist leicht vorstellbar (Abb. 4.7).

Obgleich infolge einer Ischämie Ca^{2+} aus dem sarkoplasmatischen Retikulum über eine Ryanodin-empfindliche Bahn (Feher et al. 1989) in das Zytosol

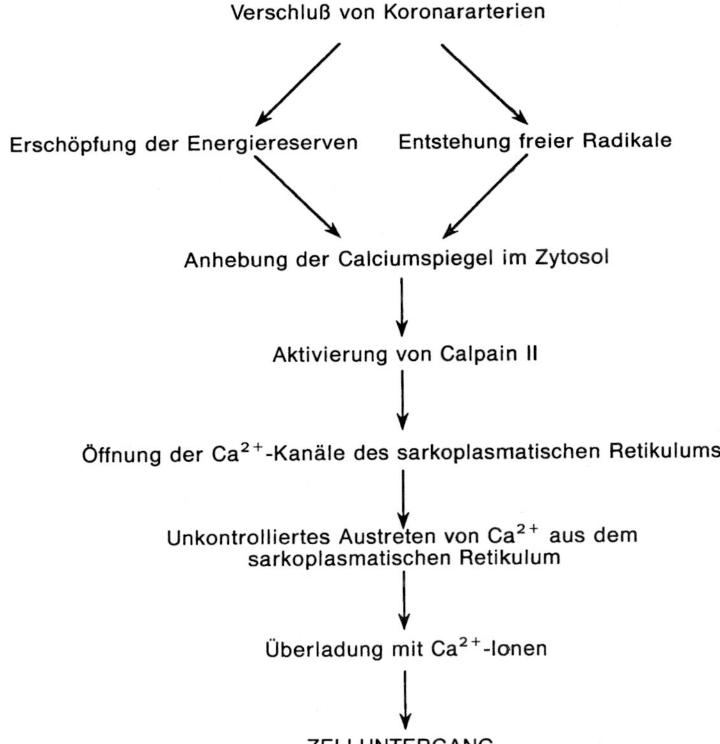

Abb. 4.7. Schematische Darstellung der Folgen einer Ca^{2+}-induzierten Aktivierung des Enzyms Calpain II. Rolle der Freisetzung von Ca^{2+} aus dem sarkoplasmatischen Retikulum bei der Überladung mit Ca^{2+}-Ionen infolge von Ischämie und erneuter Durchblutung. Calpain II ist eine durch Ca^{2+} aktivierte Protease

gelangt, dürfte die Herzinsuffizienz keinen *direkten* Einfluß auf die Funktion isolierter Einzelkanäle ausüben (Holmberg und Williams 1989). In vivo gibt es aber eine ganze Reihe von Möglichkeiten, wie die Funktion solcher Kanäle *indirekt* beeinflußt werden könnte. Ein solcher indirekter Effekt wäre bei der Aufzeichnung der Aktivität von Einzelkanälen aus rekonstituierten, isolierten Kanälen nicht nachweisbar. So könnte zum Beispiel

I.   die Dichte des Kanals eine Veränderung erfahren,
II. die intraluminale Ca^{2+}-Speicherkapazität verändert werden oder
III. das Verhältnis der Konzentration von Liganden mit Hemmwirkung (Mg^{2+}, Calmodulin) zur Verfügbarkeit aktivierender Liganden (Annexin VI, Ca^{2+}, ATP) beeinflußt werden.

Sarkoplasmatisches Retikulum im Skelettmuskelgewebe

Obgleich die Struktur der Ca^{2+}-Freisetzungskanäle im sarkoplasmatischen Retikulum des Skelettmuskelgewebes besonders gründlich untersucht wurde, gibt es noch keine ins einzelne gehende Studie über die Möglichkeit, daß hier der Schlüssel zu manchen Muskelerkrankungen liegt. Dies ist vielleicht insofern verständlich, als die Ca^{2+}-Freisetzungskanäle erst vor kurzer Zeit zum ersten Mal beschrieben wurden. Bei der Erforschung der Skelettmuskulatur zeigte sich, daß das den Rezeptor kodierende Gen am proximalen langen Arm von Chromosom 19 lokalisiert ist (Zorzato et al. 1990). Ein Funktionsmangel dieses Gens verursacht jedoch *keine* myotonische Dystrophie. Vielmehr besteht ein Zusammenhang mit der malignen Hyperthermie (Zorzato et al. 1990), die zuweilen durch Halothan oder Succinylcholin ausgelöst wird und durch Hypermetabolismus, Muskelsteifigkeit und eine erhöhte Ca^{2+}-Konzentration im Myoplasma gekennzeichnet ist (Iaizzo et al. 1988). Natürlich hängen solche pathologische Zustände nicht immer mit dem Ca^{2+}-Freisetzungskanal im sarkoplasmatischen Retikulum zusammen. So gibt es zum Beispiel einen Stamm transgenischer Mäuse, die bei der Geburt wegen Atemlähmung verenden. Diese Tiere haben keinen genetischen Code für die DHP-Rezeptoren, die überaus wichtigen Spannungssensoren des Systems (Tanabe et al. 1988).

Auslösung der Ca^{2+}-Freisetzung aus dem sarkoplasmatischen Retikulum: Unterschiede zwischen Skelettmuskel und Herzmuskel

Grundprinzipien des Freisetzungsmechanismus

Die an der Auslösung der Ca^{2+}-Freisetzung aus dem sarkoplasmatischen Retikulum des Herzmuskels und des Skelettmuskels beteiligten Signalübertragungsbahnen besitzen eine strukturelle Ähnlichkeit. Dies gilt für die DHP-Rezeptoren am Sarkolemm (bzw. für die α_1-Untereinheit des langsamen Ca^{2+}-Kanals), die Ryanodin-Rezeptoren (bzw. fußartigen Fortsätze in der Kontaktzone) und für den Einbau der Grundplatten in die Membran des sarkoplasmatischen Retikulums. Allerdings sind die strukturellen Komponenten der Signalübertragungsbahnen nicht ganz identisch:

I. Im Herzmuskel enthalten die Brückenstrukturen *zwei* Arten von Ryanodin-spezifischen Bindungsstellen: eine Bindungsstelle mit *hoher Affinität* (K_D nahezu 1 µmol) und eine mit einer geringen Affinität (Inui et al. 1988). Demgegenüber besitzt der Skelettmuskel nur eine einzige Art solcher Bindungsstellen. Hier liegt allerdings ein K_D von ca. 50 nmol vor. Der K_D-Wert ist die für die Besetzung der Hälfte aller Bindungsstellen erforderliche Ligandenkonzentration, im vorliegenden Fall also die Konzentration von ^{3}H-Ryanodin.

II. Im Herzmuskel finden sich weniger Ryanodin-Bindungsstellen (Ca^{2+}-Freisetzungskanäle). Im Hundeherzen beträgt ihre Dichte zum Beispiel 5,1 pmol pro mg Protein, im Vergleich zu 20 pmol/mg im Skelettmuskel des Hundes (Inui et al. 1988). Trotz dieser Differenzen gibt es keinen Unterschied zwischen den wichtigsten Strukturbestandteilen der Ca^{2+}-Freisetzungskanäle in den beiden Geweben. Solche Unterschiede bestehen aber bei den Mechanismen, durch welche die Freisetzung von Ca^{2+} ausgelöst wird.

Im *Skelettmuskel* handelt es sich bei dem auf das sarkoplasmatische Retikulum übertragenen Signal um den spannungsabhängigen Transport einer elektrischen Ladung innerhalb der Zellmembran. Der entsprechende Reiz wird vom DHP-Rezeptor aufgenommen und über die Brückenstruktur direkt an das sarkoplasmatische Retikulum weitergeleitet (Abb. 4.2) (Nabauer et al. 1989), als ob eine feste physikalische Verbindung bestünde.

Im *Herzmuskel* kommt ein anderes System zur Anwendung. Hier stellt der *spannungsinduzierte Einstrom von Ca^{2+}-Ionen* den Auslöser dar (Nabauer et al. 1989, Nabauer und Morad 1990, Cleemann und Morad 1991). Für diese Hypothese sprechen zumindest drei Beobachtungen:

I. Ersetzt man die als Ladungsträger fungierenden Ca^{2+}-Ionen durch Ba^{2+}-Ionen, so zeigt sich, daß auch diese Ionen durch den Kanal transportiert werden und in der Lage sind,die elektrische Ladung zu befördern. Eine Freisetzung von Ca^{2+} aus dem sarkoplasmatischen Retikulum lösen sie aber nicht aus (Nabauer et al. 1989).
II. Läßt man einen Chelatbildner wie Ethylendiamintetraessigsäure (EDTA) auf das Gewebe einwirken, so daß der überwiegend Ca^{2+}-Ionen leitende Kanal zu einem Na^{+}-Kanal wird und die Na^{+}-Ionen die Rolle der Ladungsträger übernehmen, kommt es ebensowenig zu einer Freisetzung von Ca^{2+} aus dem sarkoplasmatischen Retikulum.
III. Wenn man Ca^{2+} aus dem Extrazellularraum unter Bedingungen entfernt, welche die Passage anderer Ladungsträger wie K^{+} und Mg^{2+} durch den Kanal nicht beeinträchtigen, wird die Freisetzung von Ca^{2+} aus dem sarkoplasmatischen Retikulum ebenfalls nicht gefördert (Nabauer et al. 1989).

Wie Nabauer et al. (1989) bereits ausführten, dürfte im Herzmuskel „*der Einstrom von Calcium durch den Calciumkanal ein unbedingt erforderlicher Bestandteil des Prozesses sein, durchden Membrandepolarisation und Calciumfreisetzung aneinandergekoppelt sind*". Im Gegensatz dazu ist dieser Vorgang in der Skelettmuskulatur nicht Kationen-spezifisch sondern Ladungsspezifisch.

Calciumantagonisten und Ca^{2+}-Freisetzung aus dem sarkoplasmatischen Retikulum

Der Ca^{2+}-Freisetzungskanal (Ryanodin-Rezeptor) im sarkoplasmatischen Retikulum unterscheidet sich in wesentlichen Punkten vom langsamen Ca^{2+}-Kanal (L-Typ) im Sarkolemm:

I. Er besitzt keine spezifischen Bindungsstellen mit hoher Affinität für Calciumantagonisten.

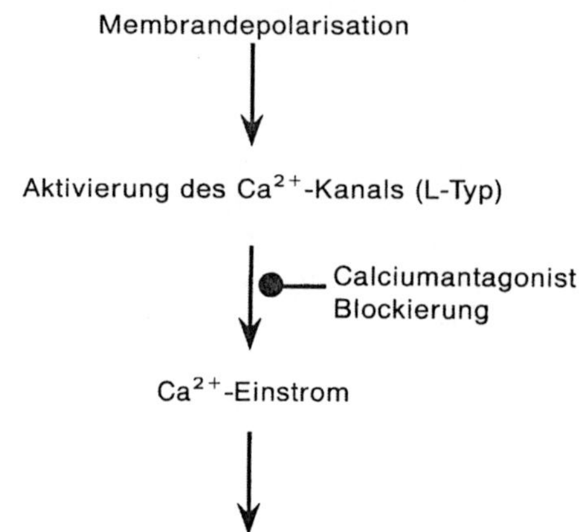

Abb. 4.8. Schematische Darstellung der möglichen Wechselwirkung zwischen Calciumantagonisten und der Freisetzung von Ca^{2+} aus dem sarkoplasmatischen Retikulum (SR) des Herzmuskels

II. Er ist auch nicht durch eine hochgradige Selektivität für Ca^{2+}-Ionen gekennzeichnet.

Der DHP-Rezeptor, also die α_1-Untereinheit des Calciumkanals im Herzmuskel, ist ein integrierender Bestandteil der Signalübertragungsbahn, wobei es durch die Membrandepolarisation zum Einströmen von Ca^{2+} über die Kontaktzone in die Umgebung der Ca^{2+}-Speicher und der für die Freisetzung verantwortlichen Strukturen kommt. Die Freisetzung von Ca^{2+} wird ausgelöst, wenn diese Ionen dorthin gelangen. Unter diesen Umständen wäre es schon überraschend, wenn Calciumantagonisten keinerlei Einfluß auf diese Vorgänge hätten. Tatsächlich üben diese Medikamente eine Wirkung auf die Kopplung zwischen Muskelerregung und Muskelkontraktion aus und beeinflussen damit indirekt auch den Prozeß der Ca^{2+}-Freisetzung aus dem sarkoplasmatischen Retikulum (Wier und Yue 1985). Diese Hemmwirkung kommt nicht am Freisetzungskanal selbst zur Geltung, sie betrifft vielmehr den Aktivierungsmechanismus. Beim Herzmuskel führt dies zu einer Herabsetzung der Zahl von Ca^{2+}-Ionen, die das sarkoplasmatische Retikulum erreichen und dort die Freisetzung von Ca^{2+} fördern (Abb. 4.8). Dieser Effekt muß für die von diesen Substanzen ausgehende negative Inotropie und wohl auch für ihren Einfluß auf die diastolische Relaxation mitverantwortlich sein.

Zusammenfassung

1. Das sarkoplasmatische Retikulum ist sowohl aus morphologischer als auch aus biochemischer Sicht ein heterogenes Gebilde.

2. Die morphologische Heterogenität betrifft Bereiche, die in erster Linie an der Mobilisierung von Ca^{2+} aus dem Zytosol beteiligt sind und Areale, welche die Freisetzung von Ca^{2+} modulieren.

3. Die für die Freisetzung von Ca^{2+} verantwortlichen Komplexe umfasen folgende Strukturen:

   I.   am Sarkolemm lokalisierte DHP-Rezeptoren,

   II. eine Verbindungsstruktur, die den Spalt zwischen dem Sarkolemm und dem sarkoplasmatischen Retikulum überbrückt sowie

   III. einen Ankerpunkt mit einem zentralen Poreneingang in der Membran des sarkoplasmatischen Retikulums.

4. Im Skelettmuskel erfolgt die Aktivierung der Ca^{2+}-Freisetzungskanäle durch die direkte Übermittlung des aktivierenden Signals von dem als Spannungssensor fungierenden DHP-Rezeptor zu den für die Freisetzung verantwortlichen Strukturen im sarkoplasmatischen Retikulum.

5. Im Herzmuskel ist der DHP-Rezeptor-Komplex mit Ca^2-Kanälen vom L-Typ verbunden und ermöglicht das Einströmen von Ca^{2+}-Ionen als Antwort auf eine Membrandepolarisation. Die einströmenden Ionen dienen dann als Auslöser für die Freisetzung von Ca^{2+} aus dem sarkoplasmatischen Retikulum.

6. Bei ischämischen Zuständen besteht eine hohe Wahrscheinlichkeit dafür, daß die Ca^{2+}-Freisetzungskanäle geöffnet bleiben. Dies hängt wahrscheinlich mit der Aktivierung von Calpain II zusammen.

7. Im Herzmuskel üben Ca^{2+}-Antagonisten durch Beeinträchtigung der Verfügbarkeit von auslösenden Ca^{2+}-Ionen einen indirekten Einfluß auf die Ca^{2+}-Freisetzung aus dem sarkoplasmatischen Retikulum aus.

5 Erhöhung und Herabsetzung der Dichte von Bindungsstellen für Calciumantagonisten

> „Ich sinnierte den ganzen Nachmittag über das Leben. Wenn man es recht bedenkt, ist das Leben schon etwas Merkwürdiges. Nichts kommt ihm gleich."
>
> P. G. WODEHOUSE, „Rallying Round Old George"

Die Lokalisation von Bindungsstellen mit hoher Affinität für Calciumantagonisten in den α_1-Untereinheiten der Calciumkanäle vom L-Typ wurde bereits im dritten Kapitel beschrieben.

Die radioaktive Markierung dieser Substanzen erleichtertedie Identifizierung ihrer Bindungsstellen. Bei Untersuchungen dieser Art wird das in Betracht kommende Gewebe homogenisiert.

Nach der Isolierung der Zellmembranen erfolgt die Bestimmung der Dichte (B_{max}), Affinität (K_D) und Spezifität der Bindungsstellen mit radioaktiv markierten Calciumantagonisten. Eine andere Methode, die zur Zeit häufig verwendet wird, beruht auf der Autoradiographie des gesamten Gewebes. Dies ist in mancher Hinsicht vorteilhaft, da homogenisiertes Gewebe, das zwangsläufig zerstörte Zellen enthält, hier nicht zur Anwendung kommt. Unabhängig von dem jeweils verwendeten Verfahren stellt sich bald heraus, daß die Dichte der Bindungsstellen für Calciumantagonisten wie auch die Dichte anderer Rezeptoren Veränderungen unterworfen ist. So wurden zum Beispiel altersbedingte Veränderungen beobachtet (Marangos et al. 1984, Dillon et al. 1989). Unter der Wirkung mancher Medikamente, auch von Alkohol, kommt es zu einer Erhöhung der Rezeptordichte (Brennan et al. 1989). Andere Pharmaka, zum Beispiel über einen längeren Zeitraum verabreichtes Phenylephrin (Genzo et al. 1988a) und Calciumantagonisten (Panza et al. 1985) verringern die Rezeptordichte. Das vorliegende Kapitel befaßt sich mit den Umständen, die zu einer Veränderung der Dichte von Bindungsstellen für Calciumantagonisten führen. Dieses Thema ist insofern hochaktuell, als die Verwendung von Calciumantagonisten der zweiten Generation, die eine lange Wirkungsdauer aufweisen, eine Verringerung der Dichte solcher Bindungsstellen und damit eine Tachyphylaxie herbeiführen könnte. Bislang gibt es jedoch keine Hinweise darauf, daß bei der Behandlung mit den neuen Präparaten solche Schwierigkeiten auftreten.

Altersbedingte Veränderungen der Dichte von Bindungsstellen für Calciumantagonisten

Für alters- oder genauer gesagt entwicklungsbedingte Wirkungen auf kardiale Rezeptoren gibt es bereits einen Präzedenzfall. Vor einiger Zeit wurden Unter-

Tabelle 5.1. Entwicklungsbedingte Wirkungen auf die Dichte (B_{max}) adrenerger β_1-Rezeptoren des Herzens sowie auf Bindungsstellen für Calciumantagonisten

Alter	B_{max} (fmol/mg Protein)	
	β_1-Rezeptoren	Calciumantagonisten
Föten		
17 Tage	22 ± 2**	12 #
Neugeborene Tiere		
3–4 Tage	42 ± 12**	75 #
15 Tage		176 ± 15 #
Erwachsene Tiere		
9 Wochen	22 ± 4**	207 ± 9 + +
25 Wochen		254 ± 10 + +

Die Angaben zu den adrenergen β-Rezeptoren stammen aus Kojima et al. 1990 (**) und beziehen sich auf die spezifische Bindung von ^{3}H-Dihydroalprenolol an die Zellmembranen des Rattenherzens. Die Daten über die Bindung von Calciumantagonisten wurden Kazazoglou et al. (1983) (#) und Dillon et al. 1989 (+ +) entnommen. Diese Untersucher verwendeten ^{3}H-Nitrendipin bzw. ^{3}H-Isradipin als Liganden.

suchungen durchgeführt, die ergaben, daß die Dichte adrenerger β_1-Rezeptoren des Kaninchenherzens in den letzten zehn Tagen der fötalen Entwicklung immer stärker zunimmt, obgleich solche Rezeptoren schon am Tag 21 der Gestation und damit etwa zehn Tage vor der Geburt einwandfrei identifiziert werden können. Trotzdem finden sich bei der Geburt nur etwa halb so viel β_1-Rezeptoren wie beim erwachsenen Kaninchen (Hatjis und McLaughlin 1982 und Tabelle 5.1). Ähnliche Verhältnisse dürften auch bei den Bindungsstellen für Calciumantagonisten herrschen. In den Zellmembranen des Rattenherzens kommt es zwischen dem 4. und dem 40. Tag nach der Geburt fast zu einer Verdoppelung der Anzahl solcher Bindungsstellen (Kazazoglou et al. 1983 und Tabelle 5.1).

Danach treten anscheinend keine weiteren Änderungen ein (Dillon et al. 1989). Diese Zunahme von Bindungsstellen für Calciumantagonisten in der ersten Lebensphase ist aber nicht auf das Herz beschränkt. Eine ähnliche Situation ist im Großhirn, im Kleinhirn und im Skelettmuskel zu erkennen (Kazazoglou et al. 1983). Ob es sich dabei lediglich um eine Externalisierung bereits bestehender Bindungsstellen oder um eine Neusynthese handelt, konnte noch nicht geklärt werden.

Altersbedingte Veränderungen der Dichte von Bindungsstellen sind jedoch nicht nur bei den Rezeptoren für Calciumantagonisten und bei adrenergen β-Rezeptoren zu beobachten. Die Dichte der mit ^{3}H-Chinuclidinylbenzilat (QNB) markierten, cholinergen Muskarin-Rezeptoren des Herzens geht zum Beispiel in der neonatalen Entwicklungsperiode zurück (Kojima et al. 1990).

Kardiomyopathien

Hypertrophierte linke Ventrikel sind durch eine Vielzahl vonspannungsempfindlichen Ca^{2+}-Kanälen (Mayoux et al. 1988) und einen ungewöhnlich star-

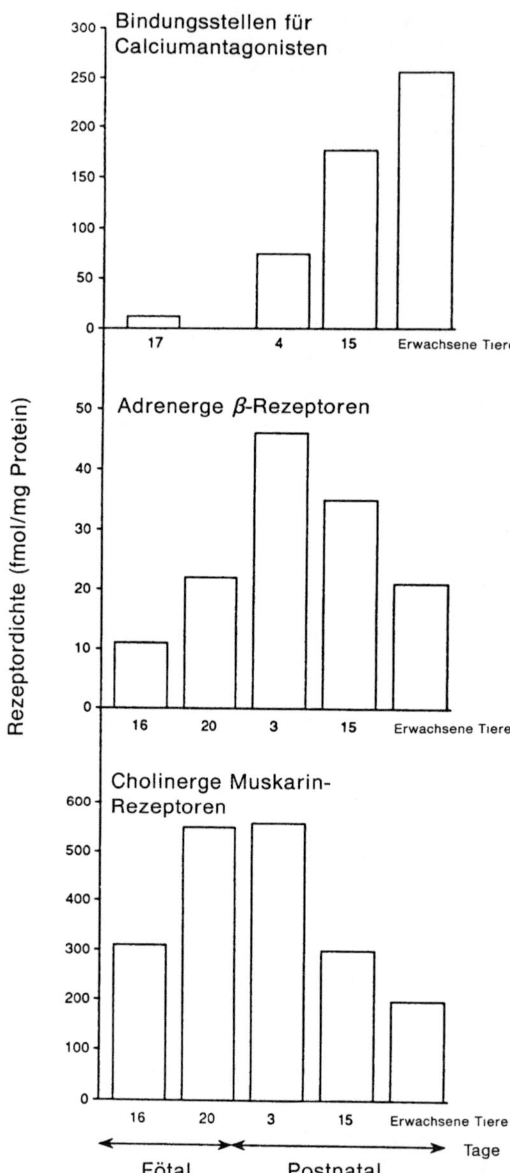

Abb. 5.1. Entwicklungsbedingte Veränderungen der Dichte von Bindungsstellen für Calciumantagonisten sowie von mit ^{3}H-Dihydroalprenolol markierten β-Rezeptoren und von mit ^{3}H-Chinuclidinylbenzilat markierten Muskarin-Rezeptoren des Rattenherzens. Die Angaben über adrenerge β-Rezeptoren und Muskarin-Rezeptoren stammen aus Kojima et al. 1990

ken Ca^{2+}-Strom (Keung 1989) gekennzeichnet. Demnach wäre anzunehmen, daß die Dichte von Bindungsstellen für Calciumantagonisten unter solchen Bedingungen zunimmt (Tabelle 5.2). Allerdings gibt es hier Ausnahmen.

So ist zum Beispiel die Dichte solcher Bindungsstellen im Herzen junger (etwa zwei Monate alter), kardiomyopathischer Hamster relativ normal, nimmt aber zuweilen sogar spektakulär zu, bis die Tiere vier bis sechs Monate alt sind (Tabelle 5.2).

Tabelle 5.2. Dichte von Bindungsstellen für Calciumantagonisten im kardiomyopathischen Herzen

Modell	Zunahme (%) (bezogen auf Kontrolle)	Litertur
Kardiomyopathischer Hamster		
Alter: 50–60 Tage	Keine Veränderung	Howlett und Gordon 1987
4 Monate	50%	Finkel et al. 1987a, 1987b
4–6 Monate	50%	Finkel et al. 1987a, 1987b
Mensch		
Erwachsene	162%	Finkel et al. 1988
Erwachsene	33%	Wagner et al. 1989

Tabelle 5.3. Wirkung einer Ischämie und Hypoxie auf die Dichte von Bindungsstellen für Calciumantagonisten im Herzen und im Gehirn

Gewebe	Versuchs-bedingung	Veränderung der Dichte von Bindungs-stellen (%)	Literatur
Herz			
Ratte	Globale Ischämie	↓ 83% ·	Dillon und Nayler 1987
	Hypoxie	↓ 52%	Nayler et al. 1985
Meerschweinchen	Hypoxie	↓ 73%	Matucci et al. 1987
Gehirn			
Hippokampus der Ratte	Ischämie	↑ 62%	Magnoni et al. 1988
Frontaler Kortex der Rennmaus	Ischämie	↓ 63%	Kenny et al. 1986

↑ bedeutet Zunahme, ↓ bedeutet Verringerung (bezogen auf die Kontrollwerte)

Auch bei erwachsenen Patienten mit Kardiomyopathie findet sich eine relativ hohe Zahl von Bindungsstellen für Calciumantagonisten (Tabelle 5.2). Ob hier ein kausaler Zusammenhang mit dem Verlauf der Kardiomyopathie besteht oder ob es sich um eine harmlose Folgeerscheinung handelt, konnte noch nicht geklärt werden.

Alter und *Kardiomyopathien* sind also zwei Beispiele für Voraussetzungen unter denen es zu einer Erhöhung der Dichte von Bindungsstellen für Calciumantagonisten kommen kann oder die mit einer solchen Erhöhung vergesellschaftet sind. Auch die umgekehrte Erscheinung, also eine Verringerung der Rezeptordichte, kann vorkommen. Eine der möglichen Ursachen ist eine Ischämie.

Ischämie als Ursache einer Verringerung der Dichte von Bindungsstellen für Calciumantagonisten

Tabelle 5.3 gibt einen Überblick über Angaben zur Wirkung einer Ischämie auf die Dichte von Bindungsstellen für Calciumantagonisten im Herzen und in anderen Geweben. Im Gehirn und im Kortex wie auch in den Herzmuskelzel-

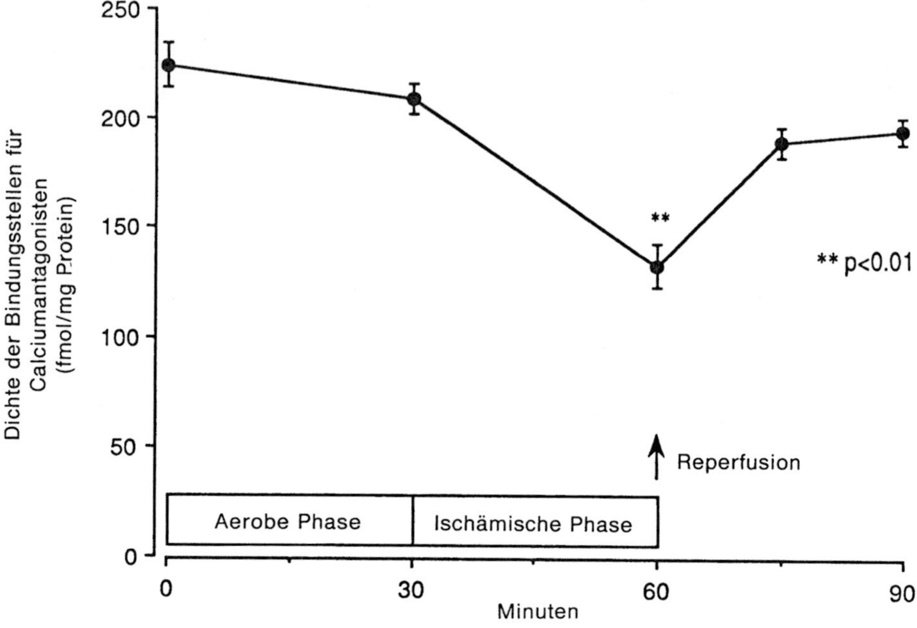

Abb. 5.2. Wirkung einer globalen Ischämie auf die Dichte von Bindungsstellen für Calciumantagonisten im Rattenherzen. Als Markierungssubstanz wurde ^{3}H-PN200-100 (Isradipin) verwendet. Man beachte, daß die Rezeptordichte nach Reperfusion zur Norm hin tendiert

len kommt es unter ischämischen Bedingungen zu einer verminderten Rezeptordichte. Die umgekehrte Reaktion ist im Hippokampus zu beobachten. Wir haben es hier also gewissermaßen mit einer gewebespezifischen Antwort zu tun (Ferrante und Triggle 1990).

Die ischämiebedingte Herabsetzung der Dichte von Bindungsstellen für Calciumantagonisten im Myokard nimmt innerhalb von 25 Minuten nach Einsetzen der Ischämie erhebliche Ausmaße an, erreicht rasch einen Höhepunkt und bleibt dann bestehen (Abb. 5.2). Veränderungen der Selektivität gehen mit diesen Erscheinungen nicht einher (Nayler et al. 1985). Die kurze Zeit, in der es zu einer solchen Herabsetzung der Rezeptordichte kommt, läßt sich kaum anders als durch eine Internalisierung erklären. Unter physiologischen Bedingungen finden sich etwa drei Viertel aller Bindungsstellen (Rezeptoren) mit hoher Affinität für Calciumantagonisten in der Plasmamembran. Die übrigen Bindungsstellen stehen mit einer sogenannten „leichten Membranfraktion" in Zusammenhang. Hierbei handelt es sich um einen intrazellulären Membranpool ohne die klassischen Membranmarker. Vermutlich kommt es unter ischämischen Bedingungen zu einer Störung des Gleichgewichts zwischen der Dichte von Bindungsstellen in der Plasmamembran und der leichten Membranfraktion, wobei die Retention in der leichten Membranfraktion begünstigt wird (Abb. 5.3). Nach Wiederherstellung der Durchblutung normalisiert sich diese Situation anscheinend wieder (Abb. 5.2).

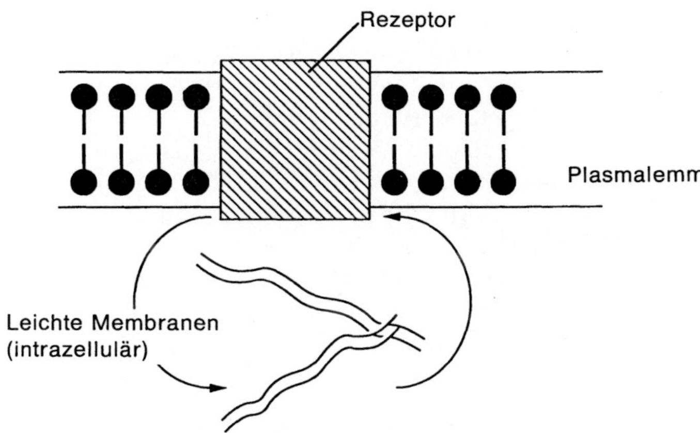

Abb. 5.3. Schematische Darstellung der mit der Externalisierung und Internalisierung von Rezeptoren zusammenhängenden Vorgänge

Warum eine Ischämie die Dichte der Bindungsstellen für Calciumantagonisten verändert, ist zur Zeit noch unklar. Eine solche Wirkung war gewiß nicht zu erwarten, weil andere Rezeptoren (adrenerge β- und α-Rezeptoren sowie Bindungsstellen für Endothelin-1) das umgekehrte Verhalten zeigen, wie im folgenden noch näher ausgeführt wird. Eine Azidose und eine Erschöpfung der Energiereserven kommen als Ursache nachweislich *nicht in Betracht* (Gu et al. 1989a). Da sich die Dichte der Bindungsstellen nach Wiederherstellung der Durchblutung rasch normalisiert, spielen wahrscheinlich auch Sauerstoffradikale keine Rolle. In diesem Fall wäre es ja unter dem Einfluß der meist mit einem Anstieg der Bildung solcher Radikalen verbundenen Reperfusion (Zweier et al. 1987a) noch zu einer weiteren Verschlechterung der Verhältnisse gekommen. Unabhängig von der jeweiligen Ursache kommt es zu einer ischämiebedingten Verringerung an verfügbaren Bindungsstellen für Calciumantagonisten. Das bedeutet aber nicht unbedingt, daß sich die Zahl der Calciumkanäle verringert hat. Wie im dritten Kapitel bereits dargelegt, stehen nicht alle Bindungsstellen für Calciumantagonisten mit den α_1-Untereinheiten des Kanal-Komplexes in Zusammenhang. Manche sind in anderen Teilen der Zellmembran lokalisiert (viertes Kapitel) und erfüllen dort anscheinend die Aufgabe von Spannungssensoren, wobei sie die empfangenen Signale an die Brückenstruktur im sarkoplasmatischen Retikulum weiterleiten. Möglicherweise nimmt die Dichte dieser Rezeptoren ab und nicht die Dichte der Bindungsstellen, die in den α_1-Untereinheiten des Kanal-Komplexes lokalisiert sind.

Wirkung einer Ischämie auf andere kardiale Rezeptoren

Adrenerge Rezeptoren

Unter dem Einfluß einer Ischämie des Herzmuskels werden endogene Katecholamine (hauptsächlich Noradrenalin) in erheblichen Mengen freigesetzt

(Schomig 1990). Diese Wirkung müßte theoretisch zu einer Desensibilisierung und Internalisierung adrenerger Rezeptoren führen (Strasser et al. 1990). Dies ist aber nicht der Fall. Obgleich die extrazellulären Noradrenalin-Konzentrationen um das Hundert- bis Tausendfache über der Norm liegen (Schomig 1990), geht die Ischämie mit einem allmählichen *Anstieg* der Dichte der kardialen β-Rezeptoren (Strasser et al. 1990, Thandroyen et al. 1990) und α-Rezeptoren (Corr et al. 1981) einher. Es sei noch einmal erwähnt, daß wir es hier mit einer Umverteilung von Rezeptoren zwischen der Plasmamembran und der intrazellulären leichten Membranfraktion, *nicht* aber mit einer Synthese neuer Rezeptoren zu tun haben (Maisel et al. 1986). Bei den adrenergen β-Rezeptoren wird die Externalisierung durch Propranolol gehemmt.

Bindungsstellen (Rezeptoren) für Endothelin-1

Kardiale Zellmembranen enthalten spezielle Bindungsstellen mit einer hohen Affinität für das Polypeptid Endothelin-1 (Nayler 1990). Die physiologischen und pharmakologischen Eigenschaften dieses Polypeptids werden im siebten Kapitel beschrieben. Wir gehen hier auf dieses Thema nur ein, um ein weiteres Beispiel für einen membranständigen Rezeptor anzuführen, der unter ischämischen Bedinungen eine Externalisierung erfährt. In mancherlei Hinsicht be-

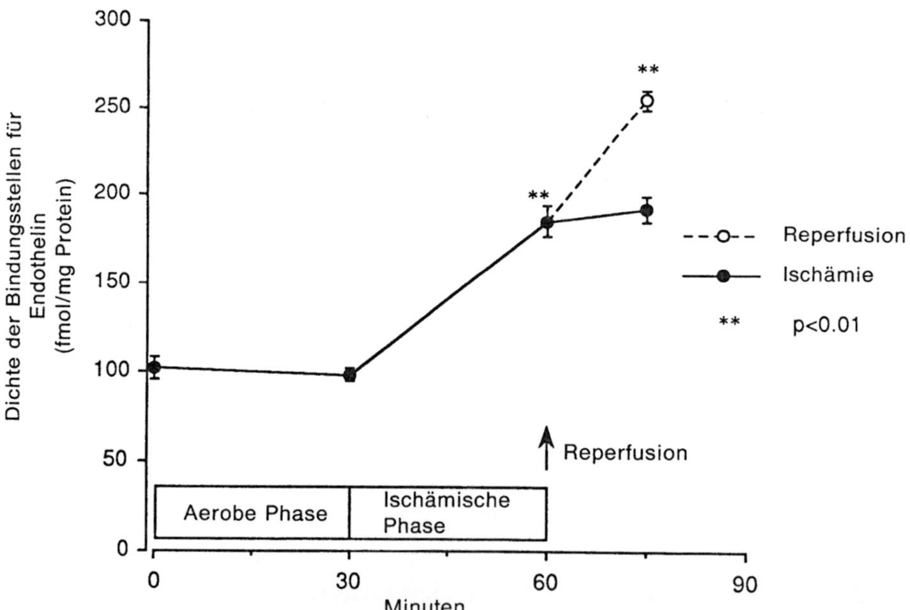

Abb. 5.4. Wirkung einer globalen Ischämie bei 37 °C und einer darauffolgenden Reperfusion auf die Endothelin-1-Bindungsstellen im Herzmuskel. Während die Dichte solcher Bindungsstellen unter ischämischen Verhältnissen zunimmt (Liu et al. 1990), hat die Dichte der Bindungsstellen für Calciumantagonisten einen Rückgang zu verzeichnen (Abb. 5.2), so daß der Eindruck entsteht, daß es sich um ein dynamisches Gleichgewicht handelt

steht hier eine Ähnlichkeit mit der Reaktion adrenerger Rezeptoren. Die Auslösung erfolgt ebenfalls durch eine relativ kurzzeitige Ischämie, und die gesamte Reaktion beruht eher auf einer Externalisierung als auf einer Neusynthese (Liu et al. 1990, Nayler et al. 1990 a, 1990 b). Trotzdem gibt es auch Unterschiede: Während die Reperfusion zu einer raschen Wiederherstellung der normalen Dichte adrenerger α- und β-Rezeptoren an der Zelloberfläche führt, kommt es beim Endothelin-1-Rezeptor zu einer weiteren Externalisierung (Abb. 5.4). Merkwürdigerweise läßt sich sowohl die ischämiebedingte als auch die durch eine Reperfusion herbeigeführte Externalisierung solcher Rezeptoren durch eine Vorbehandlung mit einem Calciumantagonisten deutlich abschwächen (siebtes Kapitel). Dieser Effekt ist vielleicht für die kardioprotektive Wirksamkeit der Calciumkanalblocker mitverantwortlich.

Demnach kann ganz allgemein festgestellt werden, daß die Dichte kardialer β- und α-Rezeptoren wie auch der Endothelin-1-Rezeptoren unter der Wirkung einer Ischämie *zunimmt* (Abb. 5.5), während die Bindungsstellen für

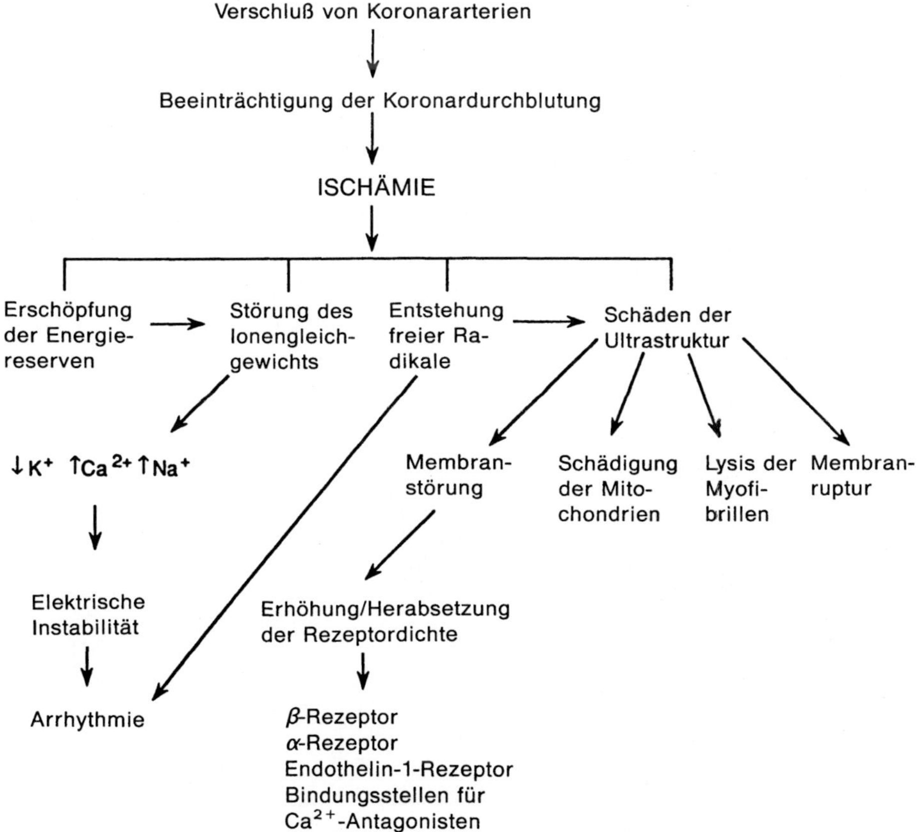

Abb. 5.5. Schematische Darstellung der Folgen einer unzureichenden Koronardurchblutung, einschließlich der daraus resultierenden Veränderungen der Dichte kardialer Rezeptoren. ↑ bedeutet Erhöhung, ↓ bedeutet Herabsetzung der Dichte, bezogen auf die Kontrollwerte

Calciumantagonisten eingegenläufiges Verhalten zeigen. *Ihre Dichte nimmt also ab.* Der Umstand, daß adrenerge β-Rezeptoren auf eine Ischämie nicht mit einer Internalisierung reagieren und damit vom Verhalten der Bindungsstellen für Calciumantagonisten abweichen, läßt sich nun nicht etwa dadurch erklären, daß sie dazu gar nicht in der Lage sind. Bei Zufuhr einer cholesterinreichen Diät werden diese Rezeptoren nämlich sehr wohl internalisiert (Tsuji et al. 1987) oder es kommt zu einer dauernden Stimulierung (Chuang et al. 1980).

Wirkung von Medikamenten und Chemikalien auf die Dichte der Bindungsstellen für Calciumantagonisten

Physiologische Veränderungen und pathologische Zustände sind nicht die einzigen Ursachen für Veränderungen der Dichte von Bindungsstellen für Calciumantagonisten. Auch manche Medikamente wie Morphin, Alkohol, Reserpin und 6-Hydroxydopamin üben eine solche Wirkung aus.

Morphin

Eine Langzeittherapie mit Morphin erhöht in manchen Bereichen des Gehirns die Dichte der Bindungsstellen für Dihydropyridin (Ramkumar und El-Fakahany 1984, 1988). In anderen Bereichen, zum Beispiel im Kortex und im Kleinhirn, (Pillai und Ross 1987) kommt es zu einem Absinken der Dichte solcher Bindungsstellen.

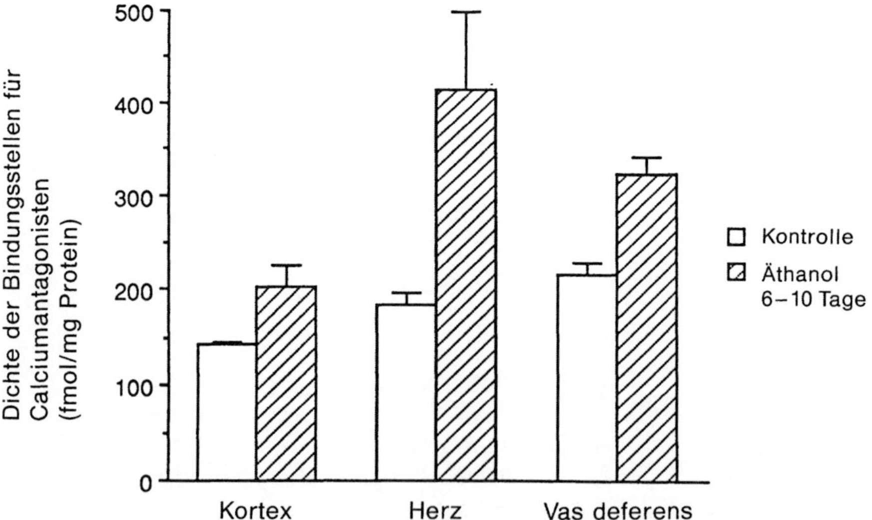

Abb. 5.6. Wirkung von oral verabreichtem Alkohol auf die Dichte der Bindungsstellen für Calciumantagonisten in den Membranen von Kortex, Herz und Vas deferens der Ratte. Als Markierungssubstanz wurde ^{3}H-Nitrendipin verwendet (aus Brennan et al. 1989)

Tabelle 5.4. Wirkung von Alkohol auf die Dichte (B_{max}) der Bindungsstellen für Calciumantagonisten im Gehirn

Behandlungsschema	Gewebe	Veränderungen von B_{max}	Literatur
Alkohol (7 Tage)	Rattenhirn	50% ↑	Dolin et al. 1987
Alkohol (25 Tage)	Rattenhirn	55% ↑	Lucchi et al. 1985
Alkohol (40 min)	Kortex,	36% ↑	Rius et al. 1987b
	Hippokampus	33% ↑	Rius et al. 1987b
	und Striatum	52% ↑	Rius et al. 1987b
	der Ratte		

Zur Ermittlung der Dichte von Bindungsstellen für Calciumantagonisten wurden radioaktiv markiertes Nitrendipin und Nimodipin verwendet. Der durch die Verabreichung von Alkohol herbeigeführte Anstieg dieses Parameters kam nach dem Absetzen der Behandlung wieder zum Verschwinden, und die Ergebnisse kehrten zu den Kontrollwerten zurück. Untersuchungen zur Ca^{2+}-Aufnahme zeigten die Funktionsfähigkeit der neu externalisierten Rezeptoren. ↑ bedeutet einen Anstieg, bezogen auf die Werte von Kontrollratten, die eine normale Nahrung erhielten.

Alkohol (Ethanol)

Chronischer Alkoholkonsum führt zu einer Zunahme der Dichte der Bindungsstellen für Calciumantagonisten (Brennan et al. 1989). Wie aus Abb. 5.6 zu ersehen ist, betrifft diese Wirkung nicht nur das Gehirn.

Reserpin

Die chronische Verabreichung von Reserpin über einen Zeitraum von drei bis fünf Tagen führt zu einem geringfügigen Absinken (22%) der Dichte kardialer Bindungsstellen für Dihydropyridin, die mit Nimodipin markiert wurden, während gleichzeitig die Dichte der adrenergen β-Rezeptoren einen Anstieg zu verzeichnen hatte (Ramkumar und El-Fakahany 1986). Dies ist also ein weiteres Beispiel dafür, daß Bindungsstellen für Calciumantagonisten und adrenerge β-Rezeptoren ein gegensätzliches Verhalten zeigen können. Einer Internalisierung steht also eine Externalisierung gegenüber.

6-Hydroxydopamin

Diese Substanz wird häufig experimentell zur Leerung endogener Katecholamin-Speicher verwendet. Ob es sich hier um eine direkte oder indirekte Folge der Verabreichung von 6-Hydroxydopamin handelt, muß erst noch geklärt werden. Jedenfalls verursacht die Substanz in den gleichen Konzentrationen sowohl im Gehirn (Sanna et al. 1986, Bolger et al. 1987) als auch im Herzen (Renaud et al. 1984, Skattebol und Triggle 1986) eine Zunahme der Dichte von mit radioaktivem Nitrendipin markierten Bindungsstellen für Dihydropyridin.

Calciumantagonisten

In den Membranen von Herz und Hirn der Ratte führt die langdauernde intravenöse Therapie mit Nifedipin zu einer Verringerung der Dichte von Dihydropyridin-Bindungsstellen (Gengo et al. 1988 b). Fraglich ist allerdings, ob es sich hier um einen spezifischen Effekt handelt, weil andere membranständige Rezeptoren ebenfalls eine Herabsetzung ihrer Dichte zu verzeichnen haben (Gengo et al. 1988 b). Es gibt noch weitere Hinweise darauf, daß eine Langzeittherapie mit Calciumantagonisten (Substanzen mit Dihydropyridin- oder Phenylalkylamin-Struktur) die Dichte solcher Bindungsstellen herabsetzen können, zumindest im Gehirn (Panza et al. 1985). Die Tatsache, daß im Bereich des kardiovaskulären Systems keine Tachyphylaxie entsteht, spricht dafür, daß noch „Ersatz"-Rezeptoren vorhanden sind oder daß es sich um eine gewebespezifische Antwort handelt, da eine Verminderung der Rezeptorendichte normalerweise mit einem Verlust an Sensibilität einhergeht. Verwendet man Calciumantagonisten mit Retardwirkung, so werden die Bindungsstellen dauernd mit diesen Substanzen „bombardiert". Unter diesen Bedingungen ist es überraschend, daß keine Tachyphylaxie entsteht. Andererseits ist diese Erscheinung aber auch von erheblicher Bedeutung, weil solche Medikamente ja über einen längeren Zeitraum verabreicht werden müssen (zum Beispiel bei der Behandlung der Hypertonie) und zuweilen auch prophylaktisch zum Einsatz kommen (zum Beispiel bei Patienten mit koronarem Herzleiden).

Blei

Bei Patienten, die längere Zeit der Einwirkung von Blei ausgesetzt sind, kommt es zu einer bis zu 50%igen Erhöhung der Dichte von Bindungsstellen für Calciumantagonisten, insbesondere im Gehirn (Kortex und Striatum) (Rius et al. 1986, 1987 a). Man muß sich wirklich fragen, wie sich das auf die Hirnfunktion auswirkt.

Wirkung anderer physiologischer Vorgänge

Durch die bisher angeführten Beispiele für eine arzneimittelbedingte Zunahme oder Abnahme der Dichte von Bindungsstellen für Calciumantagonisten dürfte hinlänglich bewiesen sein, daß solche Bindungsstellen in dieser Hinsicht eine Ähnlichkeit mit anderen Rezeptoren besitzen. Als einzige physiologische Ursache wurde bisher die Verringerung der Rezeptordichte infolge einer Ischämie besprochen. Andere physiologische Ursachen erzielen die gleichen Wirkungen. So geht die Rezeptordichte zum Beispiel unter dem Einfluß einer Thyroxininduzierten Hypothyreose zurück, während die durch Propylthiouracil ausgelöste Hyperthyreose im Myokard und in der glatten Gefäßmuskelzelle den gegenteiligen Effekt auslöst (Hawthorn et al. 1988). Im Gefolge einer Denervierung kommt es zu einer Steigerung der Dichte solcher Bindungsstellen

Tabelle 5.5. Ursachen einer Erhöhung und Herabsetzung der Dichte von Bindungsstellen für Calciumantagonisten

Ursache	Veränderung der Rezeptordichte	Literatur
Ischämie	↓	Nayler et al. 1985
Hypertonie	↑	Sharma et al. 1986
Kardiomyopathie	↑	Wagner et al. 1986
Denervierung	↑	Schmid et al. 1984
Hypothyreose	↓	Hawthorn et al. 1988
Hyperthyreose	↑	Hawthorn et al. 1988
Bleivergiftung	↑	Rius et al. 1987a
Reserpin	↓	Ramkumar und El-Fakahany 1986
6-Hydroxydopamin	↑	Skattebol und Triggle 1986
Chronische Verabreichung von Calciumantagonisten	↓	Gengo et al. 1988b

↑ bedeutet eine Erhöhung, ↓ eine Herabsetzung der Dichte von Bindungsstellen mit hoher Affinität für Calciumantagonisten. In der Regel waren diese Erscheinungen nicht mit signifikanten Veränderungen der Affinität oder Selektivität verbunden.

(Schmid et al. 1984), zumindest in der Skelettmuskulatur. Auch eine persistierende Hypertonie führt zu einer Erhöhung der Rezeptordichte im Gehirn und im Herzen (Chatelain et al. 1984, Sharma et al. 1986, Ishi et al. 1986 und Tabelle 5.5).

Zusammenfassung

1. Bindungsstellen, die eine hohe Affinität für Calciumantagonisten aufweisen und damit physiologisch von Bedeutung sind, besitzen insofern eine Ähnlichkeit mit anderen Rezeptoren, als sie reversiblen Schwankungen ihrer Dichte unterworfen sind.
2. Eine Zunahme der Rezeptordichte ist unter dem Einfluß von Hypertonie, Kardiomyopathie, Denervierung, Hyperthyreose, Bleivergiftung, Alkohol und 6-Hydroxydopamin zu beobachten.
3. Zu einer Herabsetzung dieses Parameters kommt es unter anderem infolge von Ischämie, Hypothyreose, Reserpin und einer chronischen Verabreichung von Calciumantagonisten.
4. Die Schnelligkeit, mit der diese Veränderungen erfolgen wie auch ihre rasche Reversibilität lassen darauf schließen, daß an der Zelloberfläche nur ein Teil der im Gewebe vorhandenen Bindungsstellen gleichzeitig verfügbar ist.
5. Da bei einer Langzeittherapie mit Calciumantagonisten der ersten oder der zweiten Generation keine nennenswerte Tachyphylaxie zu erkennen ist, muß es sich bei einigen der Rezeptoren, deren Dichte unter dem Einfluß von Calciumantagonisten abnimmt, entweder um „Ersatz"-Rezeptoren handeln oder um solche, die nicht an der α_1-Untereinheit des Calciumkanal-Komplexes lokalisiert sind.

6 Lipidperoxidation durch Sauerstoffradikale: Haben Calciumantagonisten eine Schutzwirkung?

> „Sie verwandeln es in eine Wildnis und nennen das Frieden.“
>
> Aus „Agricola“ von TACITUS, 98 v. Chr.

Sauerstoffradikale sind besonders reaktive Metaboliten von molekularem Sauerstoff (O_2). Eine Anreicherung solcher Radikale führt zum Chaos. Es herrscht heute weitgehende Übereinstimmung darüber, daß Sauerstoffradikale an der Entstehung einer ganzen Reihe kardiovaskulärer Störungen beteiligt sind, unter anderem an Herzrhythmusstörungen bei der Reperfusion (Bernier und Hearse 1988), an postischämischen Reperfusionsschäden (Meerson et al. 1982, McCord 1985, Thompson und Hess 1986, Simpson und Lucchesi 1987, Henry et al. 1990b), an der postischämischen Ventrikeldysfunktion (Bolli 1990), aber auch an Entzündungsprozessen (Thompson und Hess 1986), Atherosklerose (Southorn und Powis 1988) und sogar an der von Anthracyclinen ausgehenden Toxizität (Milei et al. 1986). Selbstverständlich stehen sie auch mit Störungen außerhalb des Herz-Kreislauf-Systems in ursächlichem Zusammenhang. Die Spannweite solcher Störungen geht von allgemeinen Entzündungsreaktionen (McCord 1983) bis zu Fibroplasie des Neugeborenen (Feher et al. 1987), Hepatotoxizität von Arzneimitteln und Alkohol (Shaw et al. 1981, Ryle 1984) und Skelettmuskelschäden im Gefolge anhaltender tetanischer Muskelkontraktion (Zebra et al. 1990). Auch das Zentralnervensystem kann sich ihrer Wirkung nicht entziehen (Demopoulos et al. 1980). Unabhängig vom jeweiligen Zielorgan (Herz, Blutgefäße, Hirn, Leber usw.) verursachen Sauerstoffradikale durch Peroxidation lipidhaltiger Membranen und von Proteinen irreversible Schäden. Die Peroxidation von Membranlipiden führt zu einer gesteigerten Membranfluidität und -permeabilität und schließlich zum Verlust der Membranintegrität, also zu durchwegs unerwünschten Zuständen. Auch Proteine können betroffen sein, und das Ergebnis ist ebenso unerwünscht, vor allem bei Beteiligung eines Enzyms, die zu einer teilweisen oder vollständigen Inaktivierung führt.

Als es sich in den letzten zehn Jahren herausstellte, daß Sauerstoffradikale an so vielen klinischen Störungen beteiligt sind (Thompson und Hess 1986, Lucchesi 1990, Bolli 1990), standen diese Moleküle plötzlich im Mittelpunkt des Interesses, insbesondere im Hinblick auf

I.   ihre Chemie,
II. den Ort ihrer Entstehung,
III. die Art der Schäden, die sie verursachen und

IV. die Entdeckung und Wirkungsweise von Substanzen, die
solche Schäden irgendwie abschwächen könnten.

Chemie und Entstehung von Sauerstoffradikalen

Wie eingangs bereits erwähnt, handelt es sich bei den Sauerstoffradikalen um
reaktive Moleküle, die durch univalente Reduktion von molekularem Sauerstoff entstehen (McCord 1985).
Zu dieser Gruppe gehören:

I.   das Superoxidanion $\cdot O_2^-$,
II. das Zwischenprodukt H_2O_2,
III. das Hydroxylradikal $\cdot OH$.

Hydroxylradikal und Superoxidanion sind besonders reaktiv, weil auf ihren
Orbitalen ungepaarte Elektronen vorliegen. Im Hinblick auf die relative Toxizität der Radikalen kann folgende Reihenfolge aufgestellt werden:

Hydroxylradikal > Superoxidanion $\gg$ Wasserstoffperoxid

Superoxidanion ($\cdot O_2^-$)

Das Superoxidanion entsteht durch die univalente Reduktion von molekularem Sauerstoff (O_2):

$$O_2 \xrightarrow{\;e^-\;} \cdot O_2^-$$

Die Bildung dieses Radikals erfolgt durch die Aufnahme des ersten Elektrons
(e^-). Es kann sowohl reduzierend als auch oxidierend wirken. Im wäßrigen
Milieu kommt es eher zu einer Reduktion, während unter hydrophoben Bedin-
gungen, wie sie in Zellmembranen herrschen, die oxidierende Wirkung im
Vordergrund steht.

Wasserstoffperoxid

Duch Dismutation des Superoxidanions ($\cdot O_2^-$) entsteht eine weitere reaktive
Sauerstoffspezies: H_2O_2. An dieser Reaktion ist das Enzym Superoxiddismutase (SOD) beteiligt:

$$\cdot O_2^- + \cdot O_2^- + 2H^+ \xrightarrow{\;SOD\;} H_2O_2 + O_2$$

Unter physiologischen Bedingungen kommt es nur selten zu einer Anreicherung von Wasserstoffperoxid, das normalerweise mit Katalase oder Glutathionperoxidase zu Wasser reduziert wird:

$$2H_2O_2 \xrightarrow{\text{Katalase}} 2H_2O + O_2$$

oder

$$H_2O_2 \xrightarrow{\text{Glutathionperoxidase}} \text{oxidiertes Glutathion} + 2H_2O$$

Unter mancherlei pathologischen Verhältnissen ist diese Sicherheitsvorrichtung nicht mehr funktionsfähig, vor allem weil die Katalase- und Peroxidase-Reserven im Gewebe erschöpft sind. Solche Verhältnisse liegen zum Beispiel bei langdauernder Ischämie vor.

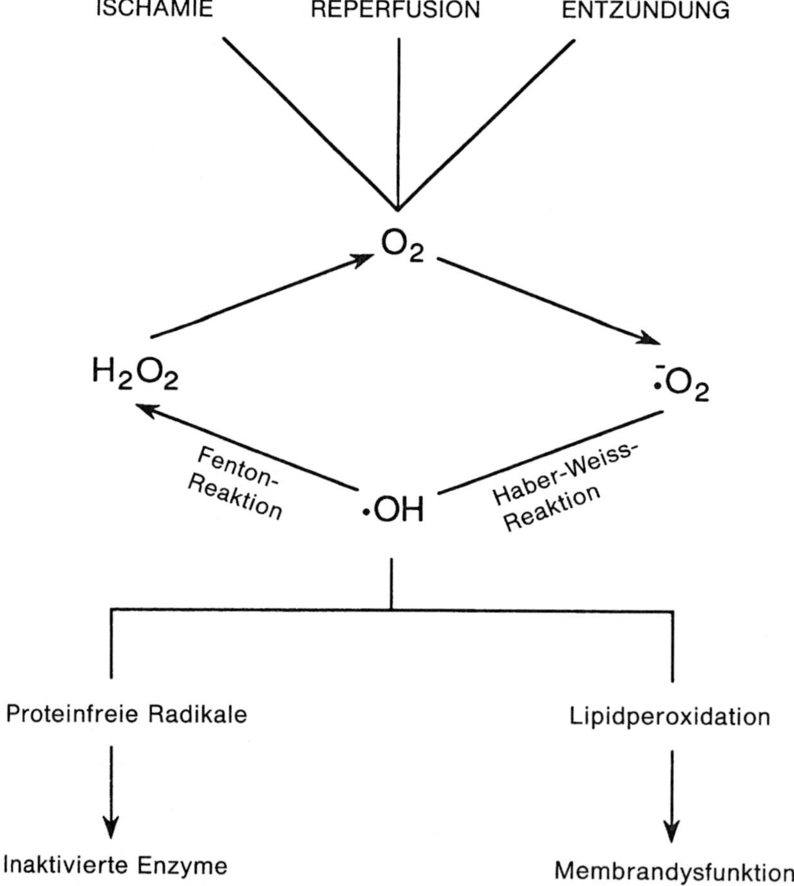

Abb. 6.1. Schematische Darstellung des Ablaufs und der Folgen einer unkontrollierten Entstehung von Sauerstoffradikalen

Hydroxylradikal ($\cdot OH$)

Die Akkumulation von Wasserstoffperoxid birgt vor allem die Gefahr, daß es zu einer Metabolisierung zu dem besonders reaktiven und instabilen Hydroxylradikal kommt. Diese Metabolisierung kann auf zwei Wegen erfolgen. An der Haber-Weiss-Reaktion ist ein Metallchelat beteiligt:

$$Me^{n+}chelat + \cdot O_2^- \longrightarrow Me^{(n-1)}chelat + O_2$$

$$Me^{(n-1)}chelat + H_2O_2 \longrightarrow Me^{n+}chelat + OH^- + \cdot OH$$

Die Fenton-Reaktion ist eisenabhängig und läuft wie folgt ab:

$$Fe^{3+} + H_2O_2 \longrightarrow Fe^{2+} + OH^- + \cdot OH$$

Die auf diese Weise entstehenden Hydroxylradikale wirken besonders toxisch, weil sie durch H-Abstraktion aus den Seitenketten ungesättigter Fettsäuren und aus Proteinen eine zerstörende Wirkung entfalten. Dabei werden Reaktionen in Gang gebracht, die letztendlich zu Lipidperoxidation, Eiweißabbau (Abb. 6.1) und Zelluntergang führen.

Wo entstehen Sauerstoffradikale?

Im Bereich des Herzens kann es an den verschiedensten Stellenzur Entstehung von Sauerstoffradikalen kommen:

I.   Im sarkoplasmatischen Retikulum (Hess et al. 1981).

II.   In den Mitochondrien, insbesondere bei gestörtem intramitochondrialem Elektronentransport. Diese Verhältnisse liegen zum Beispiel bei einer Ischämie oder einer postischämischen Reperfusion vor (Nohl 1987), ferner bei einer Hypoxie.

III. In aggregierenden Neutrophilen (Lucchesi 1990). Bemerkenswerterweise potenziert Nikotin die Bildung von Superoxidanionen durch Neutrophile (Jay et al. 1986), und zwar schon in den Konzentrationen, die im Plasma von Rauchern nachgewiesen wurden. Möglicherweise gilt das Rauchen deswegen als Risikofaktor für Erkrankungen des Herz-Kreislauf-Apparats. Weitere Entstehungsorte von Sauerstoffradikalen sind:

IV. Alle Bereiche, in denen es bevorzugt zu einer Autoxidation von Katecholaminen kommt.

V.   Das Endothel (Lucchesi 1990), in dem folgende Faktoren ander Radikalentstehung beteiligt sind:

    (a) der Arachidonsäure-Stoffwechsel und

    (b) ein durch Xanthinoxidase ausgelöster Hypoxanthin-Katabolismus (Abb. 6.2). Diese Möglichkeit der Entstehung von Sauerstoffradikalen spielt allerdings im Herzen des Menschen keine große Rolle, weil Xanthinoxidase hier nur in sehr geringen Mengen vorliegt (Grum et al. 1989).

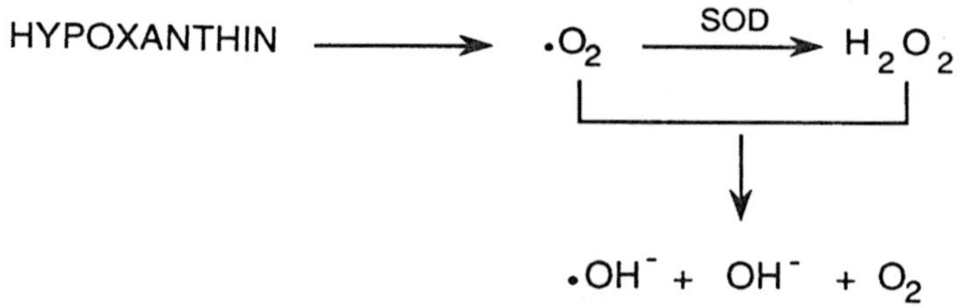

Abb. 6.2. Entstehung von $\cdot O_2^-$, H_2O_2 und $\cdot OH$ aus Hypoxanthin. In Anwesenheit von katalytisch wirkendem Eisen kommt es zu einer Wechselwirkung zwischen $\cdot O_2^-$ und H_2O_2 und damit nach der Haber-Weiss-Reaktion zur Entstehung von $\cdot OH$. $\cdot O_2^-$: Superoxidanion; $\cdot OH$: Hydroxylradikal; H_2O_2: Wasserstoffperoxid

Sauerstoffradikale entstehen also in einer Vielzahl von Geweben, sowohl im Zellinnern als auch im Extrazellulärraum.

Schutzmechanismen

Da Sauerstoffradikale in so vielen Geweben entstehen können und besonders reaktive Moleküle sind (McCord 1985), war zu erwarten, daß die betreffenden Gewebe auch Systeme enthalten, die ihre Entstehung in Grenzen halten oder ihre Toxizität verringern. Unter physiologischen Bedingungen gibt es solche Systeme. Sie lassen sich in drei Hauptgruppen einteilen: *katabolische Enzyme, Antioxidanzien* und *Radikalfänger.*

1. Zu den katabolischen Enzymen gehören die *Superoxiddismutase* (SOD), welche die Dismutation von $\cdot O_2^-$ zu H_2O_2 katalysiert ($2\cdot O_2^- + 2H^+ \to O_2 + H_2O_2$) sowie die *Katalase* und die *Glutathionperoxidase.* Durch diese beiden Enzyme wird H_2O_2 zu $H_2O + O_2$ katalysiert (Tabelle 6.1).
2. *Antioxidanzien* (Tabelle 6.1) schützen den Körper gegen die Toxizität, die von der Wechselwirkung von Sauerstoffradikalen und ihren Zwischenprodukten mit anderen Systemen, zum Beispiel den lipidhaltigen Zellmembranen, ausgeht. Vitamin E, Vitamin K und die Ubichinone gehören in diese Gruppe.
3. *Radikalfänger* (*Scavengers*) gehen mit den Sauerstoffradikalen eine Wechselwirkung ein und „entwaffnen" sie auf diese Weise. Als Beispiele seien Mannit und Glucose genannt, die Hydroxylradikale einzufangen vermögen, ferner Vitamin E, ein natürlicher Scavenger für Superoxidanionen (Tabelle 6.1).

Wirkungsweise

Freie Sauerstoffradikale enthalten ein ungepaartes Elektron und reagieren daher mit fast allen Geweben, vor allem in Anwesenheit von SH-haltigen

Tabelle 6.1. Normalerweise an der Eindämmung der Akkumulation von Sauerstoffradikalen beteiligte Mechanismen

---

1. *Katabolische Enzyme*

   z. B. Superoxiddismutase ($O_2^- \rightarrow H_2O_2 + O_2$)
   Katalase ($H_2O_2 \rightarrow H_2O + 1/2O_2$)
   Glutathionperoxidase ($H_2O_2 \rightarrow 2H_2O$)

2. *Antioxidanzien*

   z. B. Ascorbinsäure (Vitamin C)
   Vitamin E, Vitamin K
   Thiole
   Ubichinon (Coenzym Q, Bestandteil der mitochondrialen Atmungskette)

3. *Radikalfänger* (*Scavengers*)

   z. B. Glucose
   Mannit
   Vitamin E

Tabelle 6.2. Wirkungen von Sauerstoffradikalen auf die Zelle

Kardiales Gewebe	Wirkung	Literatur
Proteine	Denaturierung	Davies 1987
Kollagensynthese	Verlangsamung	Davies 1987
Membranen	Permeabilitäts-erhöhung durch Lipidperoxidation	Thompson und Hess 1986 Yamada et al. 1990
Kardiale Enzyme und Austauschsysteme		
Sarkolemm		
I. Na^+/K^+-ATPase	Verminderte Aktivität	Kramer et al. 1984
II. Ca^{2+}-ATPase	Verminderte Aktivität	Kaneko et al. 1989
III. Na^+/Ca^{2+}-Austausch-mechanismen	Erhöhte Aktivität	Reeves et al. 1986
Sarkoplasmatisches Retikulum des Herzens		
I. Ca^{2+}-Aufnahme	Verlangsamung	Rowe et al. 1983 Thompson und Hess 1986
II. Ca^{2+}/Mg^{2+}-ATPase-Aktivität	Verringerung	Thompson und Hess 1986
Kardiale Myofibrillen		
Ca^{2+}-Sensibilität	Verringerung	Przyklenk et al. 1990

Aminosäuren oder ungesättigten Fettsäuren. Dies hat folgende Konsequenzen:

I. Es kommt zur Peroxidation von Membranphospholipiden. Dadurch werden normalerweise undurchlässige Membranen durchlässig und brüchig.
II. Die Denaturierung von Proteinen führt zum Strukturverlust und zur Inaktivierung von Enzymen (Abb. 6.3, Tabelle 6.2).
III. Infolge einer beeinträchtigten Kollagensynthese kommt es zur Ruptur des Zytoskeletts (Davies 1987).

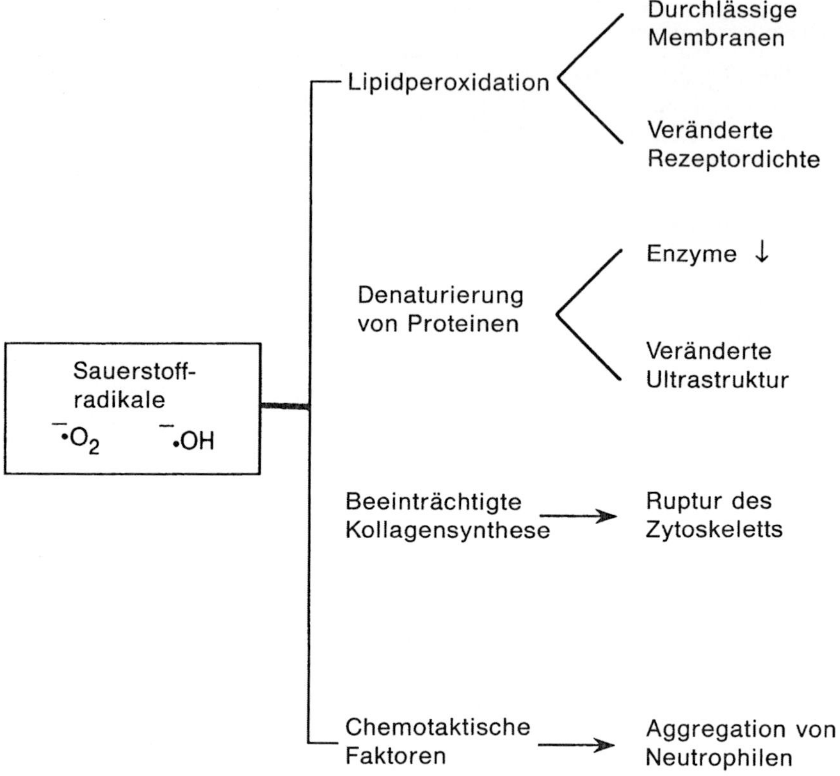

Abb. 6.3. Schematische Darstellung einiger Folgeerscheinungen der Aktivität von Sauerstofradikalen

IV. Es entstehen chemotaktische Faktoren, deren Einfluß die Adhäsion von Neutrophilen an die geschädigte Gefäßwand bewirkt (Lucchesi 1990). Diese Neutrophilen dringen in das darunterliegende Gewebe ein und sind am Ablauf der Vorgänge beteiligt, die schließlich zur Entstehung atherosklerotischer Schäden führen (elftes Kapitel). Darüber hinaus werden durch die Neutrophilen Zytotoxine freigesetzt, die zum Teil ebenfalls Sauerstoffradikale sind. Selbst unter den günstigsten Voraussetzungen ist die Adhäsion von Neutrophilen an die Gefäßwand mit Risiken verbunden (Jackson et al. 1986). Dabei kann es kurzfristig zu Gefäßschäden und langfristig zum Auftreten derjenigen Faktoren kommen, die an der Entstehung atherosklerotischer Schäden beteiligt sind (elftes Kapitel).

Nachweis der Entstehung von Sauerstoffradikalen im Herzen

Unter bestimmten Voraussetzungen, insbesondere im Verlaufe einer Ischämie (Rao et al. 1983) und bei der postischämischen Reperfusion (Garlick et al. 1987, Bolli 1990, Ferrari et al. 1990) entsteht im Herzen eine Vielzahl von

Sauerstoffradikalen. Das menschliche Herz macht dabei keine Ausnahme. Zur Überwachung der Entstehung solcher Moleküle gibt es eine Reihe direkter und indirekter Methoden. Zu den direkten Verfahren gehört die Elektron-paramagnetische Resonanzspektroskopie (EPR), bei der ein Radikalfänger wie α-Phenyl-N-tert-butylnitron (PBN) zur Anwendung kommt. Mit dieser Methode arbeitete der Forscherkreis um Bolli (Bolli et al. 1988, 1989)
bei der Überwachung der Entstehung von Sauerstoffradikalen im Verlaufe einer Ischämie des Herzmuskels sowie der plötzlichen Bildung einer großen Zahl solcher Radikale bei der Reperfusion. Die anderen Verfahren beruhen auf der Beobachtung der Bildung von Produkten, die aus der Lipidperoxidation resultieren. Dabei handelt es sich zumeist um Malondialdehyd (MDA), das bei der Peroxidation mehrfach ungesättigter Fettsäuren entsteht. Manche Untersucher verwenden zur Ermittlung der Malondialdehyd-Bildung chemische Bestimmungsverfahren. In anderen Studien kommt die Chemilumineszenz zur Anwendung (Henry et al. 1990 a, 1990 b).

Wenn das Herz Xanthinoxidase enthält, ist es relativ leicht verständlich, warum der Hypoxanthin-Abbau im Verlaufe von Durchblutungsstörungen zu einer erheblichen Entstehungsquelle für Sauerstoffradikale werden kann:

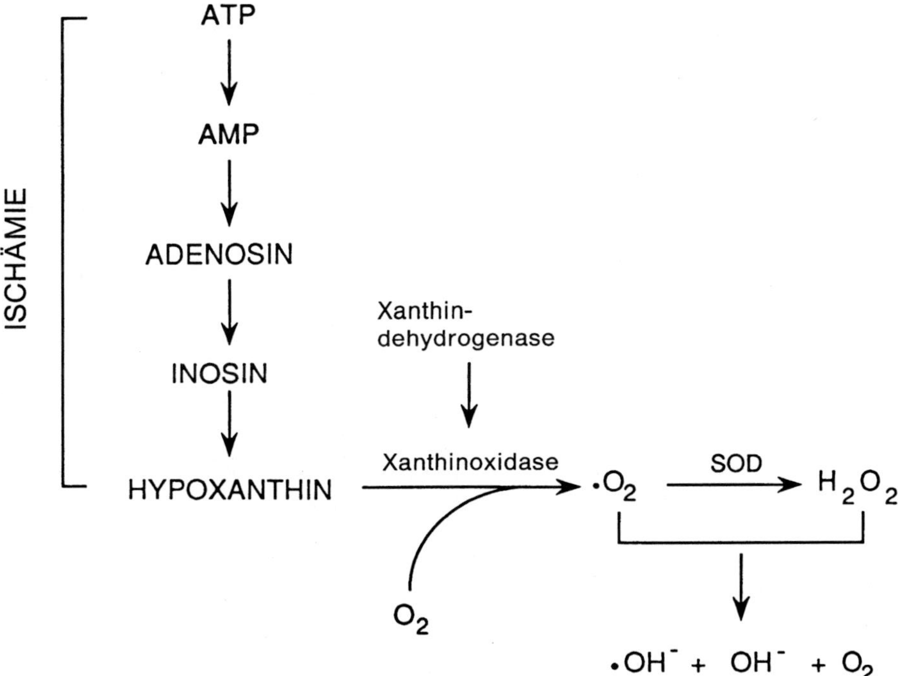

Abb. 6.4. Schematische Darstellung der Entstehung von Hydroxylradikalen und Superoxidanionen aus Hypoxanthin im Verlaufe einer Ischämie und bei der postischämischen Reperfusion. Während der Ischämie werden die Adenin-Nucleotide zu Hypoxanthin abgebaut. In Anwesenheit von Xanthinoxidase kommt es gewöhnlich binnen kurzer Zeit zum Abbau von Hypoxanthin zu Superoxidanionen. Bei manchen Spezies (nicht beim Menschen) ist Xanthinoxidase in den Endothelzellen angereichert

I. Ischämie oder Hypoxie fördert die Umwandlung der verhältnismäßig inaktiven Xanthindehydrogenase in das aktive Enzym Xanthinoxidase (Abb. 6.4).

II. Das erforderliche Xanthinsubstrat resultiert unter ischämischen Bedingungen aus dem Adenosintriphosphat-Katabolismus und dem darauffolgenden Abbau zu Inosin und Hypoxanthin (Abb. 6.4).

III. Durch Erschöpfung der Bestände an Superoxiddismutase und Glutathionperoxidase kommt es bei der Ischämie zu einer Ausschaltung des intrazellulären Abwehrmechanismus (Ferrari et al. 1985).

Da Xanthinoxidase im menschlichen Herzen kaum vorkommt, müssen O_2-freie Radikale auf andere Weise produziert werden, durch deren Aktivierung die freien Radikale entstehen, die im Verlaufe einer Ischämie und bei der Reperfusion angereichert werden. Wahrscheinlich spielen hier die Autoxidation freigesetzter Katecholamine (Schomig 1990) und Störungen des mitochondrialen Elektronentransports eine wichtigere Rolle. Unabhängig von dem jeweiligen Entstehungsort besteht heute kein Zweifel mehr darüber, daß das Herz in situ unter der Wirkung einer oxidativen Belastung O_2-freie Radikale zu bilden vermag (Ferrari et al. 1990). Auch die Tatsache, daß auf diese Weise Schäden mit letalen Auswirkungen entstehen können, steht heute außer Zweifel.

Radikalinduzierte Schäden

Im Bereich der Zelle können aktivierte Sauerstoffspezies (Sauerstoffradikale) ein umfangreiches Chaos verursachen. Dies hängt hauptsächlich mit folgenden Umständen zusammen:

I. Unter der Wirkung von Sauerstoffradikalen kommt es zur Lipidperoxidation, also zur oxidativen Zerstörung der mehrfach ungesättigten Fettsäuren in den Zellmembranen (Thompson und Hess 1986).

II. Sauerstoffradikale denaturieren Proteine (Davies 1987).

III. Sie führen zur Inaktivierung von Enzymen (Davies 1987).

IV. Die Kollagensynthese wird verlangsamt (Davies 1987).

V. Die Verfügbarkeit membranständiger Rezeptoren nimmt zu (zum Beispiel bei Endothelin-1-Rezeptoren in den Membranen der Herzmuskelzelle (Abb. 6.5)) oder geht zurück (zum Beispiel bei adrenergen β-Rezeptoren (Kramer et al. 1986)).

Im Herzmuskel kann die ungezügelte Bildung und Anreicherung von Sauerstoffradikalen verheerende Folgen haben. Das Sarkolemm wird extrem durchlässig und zeigt eine Verlangsamung der Na^+/K^+-ATPase- (Kramer et al. 1984) und der Ca^{2+}-aktivierten ATPase-Aktivität (Kaneko et al. 1989) sowie eine gesteigerte Na^+/Ca^{2+}-Austauschtätigkeit (Reeves et al. 1986). Wie aus Abb. 6.6 zu ersehen ist, kann es schon infolge dieser Veränderungen zu einer Ca^{2+}-Überladung kommen. Dies gilt in noch höherem Maße für den

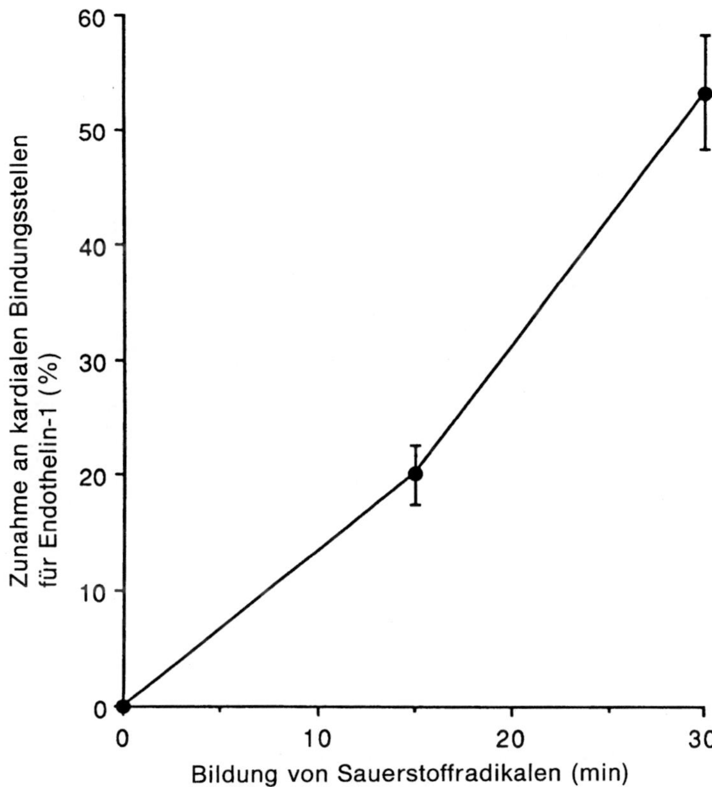

Abb. 6.5. Wirkung der Entstehung von Sauerstoffradikalen (aus Purinbase + Xanthinoxidase) auf die Bindungsstellen für Endothelin-1 an Herzmuskelzellmembranen der Ratte. Xanthinoxidase (0,01 U/ml) und Purinsubstrat (2,3 mmol Purin) wurden der Perfusionsflüssigkeit 15 bzw. 30 Minuten vor Entnahme der Membranen und vor Prüfung auf Dichte von Bindungsstellen mit hoher Affinität für ^{125}J-Endothelin zugesetzt (Angaben von Dr. J. Liu, Universität Melbourne)

Fall einer gleichzeitigen Erschöpfung der Energie (ATP)-Reserven. Aufgrund der verlangsamten Ca^{2+}/Mg^{2+}-ATPase-Aktivität und der verringerten Speicherung von Ca^{2+} im sarkoplasmatischen Retikulum (Thompson und Hess 1986, Rowe et al. 1983), verbleibt das überschüssige Ca^{2+} wahrscheinlich im Zytosol, wo es vermutlich noch funktionelle, Ca^{2+}-sensitive Proteasen und Phospholipasen aktivieren kann. Aber damit noch nicht genug. Die kontraktile Kraft der Myofibrillen nimmt ab und die Myofibrillen verlieren ihre Ca^{2+}-Sensitivität. Dies kann eine direkte Folge der Einwirkung von Sauerstoffradikalen sein (Przyklenk et al. 1990), aber auch auf eine Denaturierung durch Ca^{2+}-aktivierte Proteasen oder einfach auf den Effekt von überschüssigem Ca^{2+} zurückgehen (Kitakaze et al. 1987). Dazu kommen noch andere Veränderungen. Herzrhythmusstörungen treten in Erscheinung (Bernier und Hearse 1988), und es zeigen sich Schäden an den Mitochondrien, vermutlich als direkte Folge einer Lipidperoxidation. Auch am Gefäßapparat sind Schäden zu erkennen. Das Endothel zeigt eine abnorm hohe Permeabilität (Korthius et al. 1985, Yamada et al. 1990), und es kommt zur Adhäsion von Neutrophilen (Lewis et al. 1988). Dies ist ein wichtiger Schritt zur Bildung atheromatöser Plaques. Die Bildung von Prostacyclin im Gefäßendothel ist beeinträchtigt (Whorton et al. 1989). Ebenso wichtig erscheint die Veränderung der Form der Endothelzellen (Hinshaw et al. 1989): Aus flachen, folienartigen Zellschichten werden nach oben zulaufende Zellen, die in das Lumen der Blut- oder Lymphgefäße hineinragen.

Wie in Tabelle 6.2 und Abb. 6.6 zusammenfassend dargestellt, hat die ungezügelte Entstehung und Anreicherung von Sauerstoffradikalen so verheerende Folgen, daß man sich kaum vorstellen kann, daß die Aufrechterhaltung der zellulären Ca^{2+}-Homöostase unter diesen Umständen möglich ist. In mancher Hinsicht haben diese Zustände eine Ähnlichkeit mit einem Hund, der versucht, sich in den Schwanz zu beißen. Die radikalinduzierten Schäden werden nämlich von Calcium noch verschlimmert (Malis und Bonventre 1986).

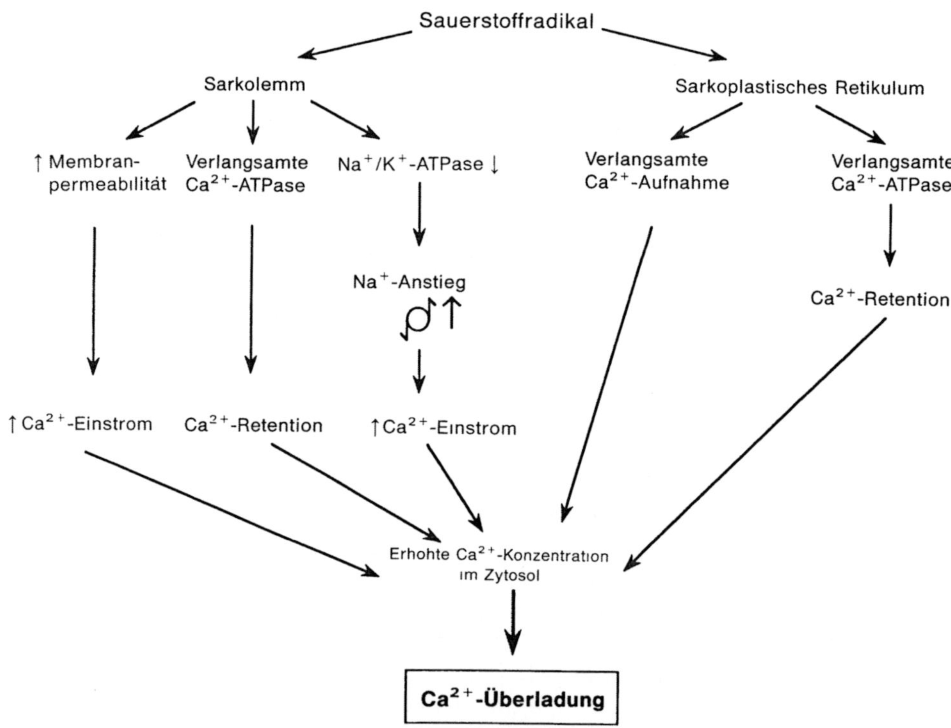

Abb. 6.6. Wirkung von Sauerstoffradikalen auf Mechanismen, die für die Aufrechterhaltung des Ca^{2+}-Gleichgewichts in den Herzmuskelzellen verantwortlich sind. ↑ bedeutet Zunahme, ↓ Abnahme

Radikalinduzierter Verlust der Ca^{2+}-Homöostase

Wie die für die Aufrechterhaltung der intrazellulären Ca^{2+}-Homöostase verantwortlichen Kontrollsysteme auf freie Radikale ansprechen, wurde im vorstehenden beschrieben (Tabelle 6.2, Abb. 6.6). Aufgrund dieser Gegebenheiten kann man davon ausgehen, daß es zu einer erhöhten Ca^{2+}-Konzentration im Zytosol kommt, da die Ca^{2+}-Ionen über den Konzentrationsgradienten und durch die jetzt durchlässige Zellmembran in die Zelle einströmen können. Dazu kommt noch, daß die Inaktivierung der Na$^+$/K$^+$-ATPase zu einem vorübergehenden Anstieg von Na$^+$ führt und daß die Na$^+$-Ionen über den Na$^+$/Ca^{2+}-Austauschmechanismus gegen Ca^{2+}-Ionen ausgetauscht werden können. Unter solchen Bedingungen ist nämlich auch noch eine erhöhte Austauschertätigkeit zu verzeichnen (Reeves et al. 1986). Ferner gibt es kaum eine Möglichkeit, die im Zytosol angereicherten Ca^{2+}-Ionen (Abb. 6.6) in das sarkoplasmatische Retikulum zu befördern, weil dessen Membranen ebenfalls stark durchlässig sind und die durch Ca^{2+} aktivierte Pumpe nur einegeringe Leistungsfähigkeit aufweist und abnorm langsam arbeitet. Das alles führt zwangsläufig zu hohen zytosolischen Ca^{2+}-Konzentrationen und damit zum Zelluntergang und zur Gewebsnekrose. Ausgangspunkt ist jedenfalls entweder eine überhöhte Bildung von Sauerstoffradikalen oder der Ausfall des für die Wiederaufnahme von Ca^{2+} verantwortlichen Systems. Daß die Bildung von Sauerstoffradikalen tatsächlich zu erhöhten Ca^{2+}-Spiegeln im Zytosol führt, ist aus Abb. 6.7 zu ersehen. Bei dem in dieser Abbildung dargestellten Experiment steht eine isolierte Herzmuskelzelle unter der Wirkung eines Systems, in

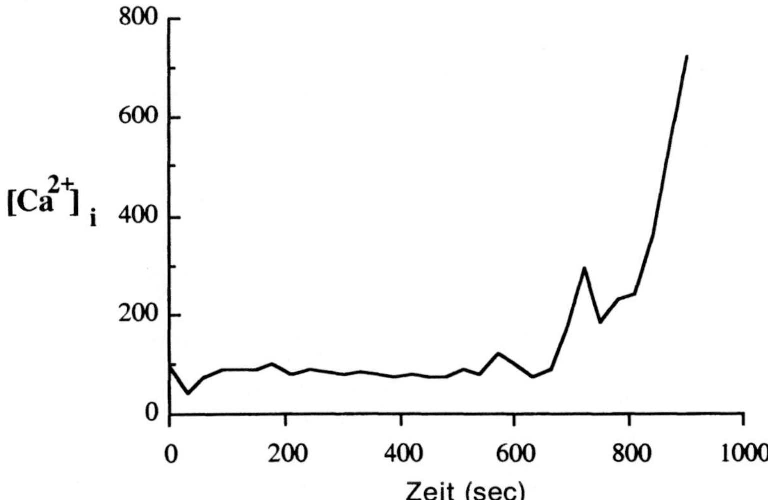

Abb. 6.7. Veränderungen der zytosolischen Konzentrationen von freiem Calcium im Zeitverlauf. In 1 mmol tert-Butylhydroperoxid (tBHP) unter Zusatz von Fura 2 inkubierte, isolierte Herzmuskelzelle der Ratte. Der Zusatz von tBPH erfolgte zum Zeitpunkt 0. Die Verlagerung der Kurve nach oben läßt einen Anstieg des Ca^{2+}-Spiegels im Zytosol erkennen (Angaben von Dr. M. J. Daly, Universität Melbourne)

dem freie Radikale gebildet werden. Die Versuchsbedingungen ermöglichen eine kontinuierliche Messung der zytosolischen Ca^{2+}-Konzentrationen. Dabei kommt Fura 2, ein fluoreszierender Ca^{2+}-Indikator, zur Anwendung. Innerhalb von zehn Minuten ist ein bedrohlicher Anstieg der Ca^{2+}-Spiegel im Zytosol zu erkennen. Die Aufzeichnungen mußten eingestellt werden, weil die Zelle buchstäblich zerfiel.

Nachweis einer überschüssigen Sauerstoffradikal-Bildung im Verlaufe einer Myokardischämie und der darauffolgenden Reperfusion

Zum Nachweis einer gesteigerten Sauerstoffradikal-Bildung während einer Ischämie des Herzmuskels und der darauffolgenden Reperfusion wurde ein indirektes und ein direktes Verfahren herangezogen.

Der *indirekte* Nachweis wurde in Experimenten erbracht, in denen Superoxiddismutase, Katalase, Allopurinol und Dimethylthioharnstoff als Schutzstoffe eingesetzt wurden (Tabelle 6.3). Die verbesserte funktionelle Erholung und die Wiederherstellung der Ultrastruktur während der postischämischen Reperfusion galt als Kriterium für die von diesen Substanzen ausgehende Schutzwirkung (Bolli 1990). Obwohl es sich hier nur um indirekte Resultate handelt (Tabelle 6.3), dürften folgende Schlußfolgerungen vertretbar sein:

Tabelle 6.3. Substanzen, welche die Bildung von Sauerstoffradikalen einschränken oder als Radikalfänger wirken

Substanz	Wirkung
A. Hemmung der Bildung von Sauerstoffradikalen	
1. Superoxiddismutase (SOD)	Katalysiert die Dismutation von $^{\cdot}O_2^{-}$ zu $O_2 + H_2O$.
2. Katalase	Verwandelt H_2O_2 in $O_2 + H_2O$.
3. Allopurinol	Hemmt die Xanthinoxidase, Hydroxanthin + Xanthinoxidase $\rightarrow H_2O_2 + O_2 +$ Xanthin $\rightarrow$ Harnsäure $+ H_2O_2 + {}^{\cdot}O_2^{-}$.
4. Desferrioxamin (DFO)	Übergangsmetallkomplexe, daher Hemmung der Fenton-Reaktion: $O_2^{-} + M^n \rightarrow O_2 + M^{(n-1)} + H_2O_2 \rightarrow M^n + {}^{\cdot}OH + OH^{-}$ (M^n ist ein Übergangsmetall, normalerweise Fe oder Cu).
B. Radikalfänger (Scavengers)	
5. N-2-Mercaptoprionylglycin (MPG)	Fängt Sauerstoffradikale im Zellinnern ein.
6. Dimethylthioharnstoff	$^{\cdot}OH$-Fängermolekül
7. Mannit	$^{\cdot}OH$-Fängermolekül
8. Dimethylsulfoxid	$^{\cdot}OH$-Fängermolekül
9. Captopril*	Sauerstoffradikal-Fängermolekül

Superoxiddismutase ist ein großes Molekül und daher nur im Extrazellulärraum wirksam. Die Substanz wird zur Prophylaxe einer Anreicherung von Wasserstoffperoxid als mögliche Quelle der Entstehung von Hydroxylradikalen ($H_2O_2 \rightarrow {}^{\cdot}OH + OH^{-}$) gewöhnlich zusammen mit Katalase verabreicht.
* Captopril ist ein ACE-Hemmer. Angaben zur Wirkung dieser Substanz als Radikalfänger sind den Arbeiten von Bagchi et al. (1989) und Koener et al. (1991) zu entnehmen.

Tabelle 6.4. Quellen der Entstehung von Sauerstoffradikalen

Extrazellulär	Aktivierte Neutrophile
Intrazellulär	Zerfall der mitochondrialen Elektronentransportkette
	Arachidonsäure-Stoffwechsel
	Autoxidation von Katecholaminen und anderer Substanzen
	Sarkoplasmatisches Retikulum

I. Unter den gewählten Versuchsbedingungen kommt es zur Entstehung von Sauerstoff-Metaboliten.

II. Sowohl Superoxidanionen als auch Hydroxylradikale können hier eine Rolle spielen.

III. An der Entstehung dieser Metaboliten kann eine Vielzahl von Faktoren beteiligt sein (Xanthinoxidase, Ausfall des mitochondrialen Elektronentransports, aktivierte Neutrophile, Arachidonsäure-Stoffwechsel, Autoxidation der verschiedensten Substanzen, darunter auch von Katecholaminen (Tabelle 6.4)). Zur Überwachung der Entstehung solcher Radikale und zum Schutz gegen das Chaos, das sie verursachen, ist daher eine ganze Reihe von Radikalfängern, Antioxidanzien und Enzymhemmern erforderlich. Einige dieser Substanzen müssen auch in der Lage sein, die Zelloberfläche zu passieren (Tabelle 6.3), weil sonst die im Zellinnern gebildeten Sauerstoffradikale ihr zerstörerisches Werk fortsetzen könnten.

Der *direkte* Nachweis der Bildung von Sauerstoffradikalen wurde mit Hilfe der Elektronenspinresonanz-Spektroskopie (Zweier et al. 1987b, Garlick et al. 1987) sowie durch Messungen der Geschwindigkeit der Malondialdehyd-Bildung (Koller und Bergmann 1989) erbracht.

Unabhängig davon, ob direkte oder indirekte Verfahren zur Anwendung kommen, liegen nun eindeutige Beweise dafür vor, daß es bei länger anhaltender Ischämie zur Anreicherung von Sauerstoffradikalen kommt und daß bei der Reperfusion eine überschießende Bildung von Radikalen zu beobachten ist (Bolli et al. 1989, Bolli 1990). Solche Beobachtungen wurden auch beim Menschen gemacht (Ferrari et al. 1990). Die einzelnen Vorgänge könnten in folgender Reihenfolge ablaufen: Beeinträchtigung der Koronardurchblutung → Ischämie + Reperfusion → Entstehung von Sauerstoffradikalen → Lipidperoxidation → Schädigung der Zellmembran → Ca^{2+}-Überladung → Nekrose. Dabei muß die Ischämie nicht über einen längeren Zeitraum bestehen. Die künstlich herbeigeführte Ischämie bei der Angioplastie mit einem Ballonkatheter reicht oft schon aus (Ferrari et al. 1990).

Rolle der Calciumantagonisten als Schutzstoffe

Die Entstehung von Sauerstoffradikalen kann unter anderem zum Verlust der Ca^{2+}-Homöostase führen (Abb. 6.7), und durch Erschöpfung der Energiereserven kann die Lage noch verschärft werden. Trotzdem wird die Verwendung von Calciumantagonisten als Schutzstoffe erst seit kurzer Zeit diskutiert. Dies kommt aus folgenden Gründen nicht ganz überraschend:

I. Wenn Sauerstoffradikale eine völlige Durchlässigkeit von Zellmembranen herbeiführen, werden überschüssige Ca^{2+}-Ionen wohl nicht nur über spannungsempfindliche, auf Calciumantagonisten ansprechende Ca^{2+}-Kanäle in das Zellinnere gelangen.

II. Der radikalinduzierte Zusammenbruch der für die Aufrechterhaltung der Ca^{2+}-Homöostase verantwortlichen, intrazellulären Mechanismen ist nicht nur auf eine Erschöpfung der Energiereserven zurückzuführen. Vielmehr sind auch Veränderungen der wichtigsten Enzyme und Zellorganellen mitverantwortlich. Der energiesparende Effekt der Calciumantagonisten hätte demnach wenig oder überhaupt keinen Wert.

Die Schutzwirkung der Calciumantagonisten läßt sich vermutlich dadurch erklären, daß sie *phospholipidhaltige Zellmembranen gegen oxidative Schäden im Gefolge einer Lipidperoxidation zu schützen vermögen.*

Bieten Calciumantagonisten einen wirksamen Schutz gegen radikalinduzierte Schäden?

Nachweis der Schutzwirkung

Immer mehr spricht dafür, daß radikalinduzierte Schäden für die durch Ischämie und postischämische Reperfusion entstehenden Läsionen mitverantwortlich sind (Hammond und Hess 1985, Lucchesi 1990). Der dieser radikalvermittelten Zelltoxizität zugrunde liegende Mechanismus konnte noch nicht genau geklärt werden. Die Lipidperoxidation von Zellmembranen dürfte hier jedoch eine Rolle spielen. Auch ist diese Wirkung nicht auf die myokardialen Zellmembranen beschränkt. Die Endothelzellen der Gefäße reagieren ebenso empfindlich (Demopoulos et al. 1980) und zeigen auch eine erhöhte Permeabilität (Yamada et al. 1990).

Viele in den vergangenen Jahren erzielte Ergebnisse weisen darauf hin, daß manche Calciumantagonisten bis zu einem gewissen Grad eine Schutzwirkung gegen die Lipidperoxidation ausüben können. Dies geschieht anscheinend durch Einfangen der Sauerstoffradikale und durch ihre Immobilisierung in der Lipid-Doppelschicht der Zellmembranen. Die Arbeitsgruppe um Ondrias (Ondrias et al. 1989) verwendete mehrschichtige Phosphatidylcholin-Liposomen als Versuchspräparat und konnte feststellen, daß Nifedipin in dieser Hinsicht wirksamer ist als Verapamil. Janero und Burghardt (1989) verglichen den von verschiedenen Calciumantagonisten mit Dihydropyridin-Struktur (Niludipin, Nimodipin, Nisoldipin, Felodipin, Nicardipin, Nifedipin und Nitrendipin) ausgehenden Oxidationsschutz. Es zeigte sich, daß Nisoldipin, Felodipin und Nicardipin wirksamer sind als Niludipin, Nimodipin, Nicardipin und Nifedipin (Abb. 6.8). Obgleich diese Substanzen keinerlei Scavenger-Aktivität

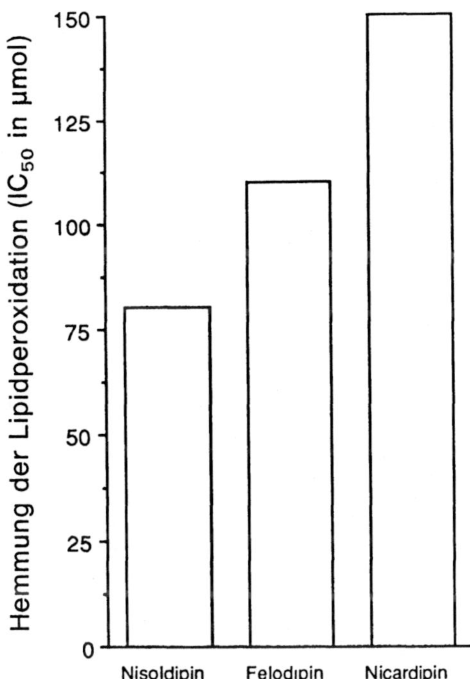

Abb. 6.8. IC$_{50}$-Werte (zur 50 %igen Abschwächung der Antwort erforderliche Konzentrationen) für die Hemmwirkung von Nisoldipin, Felodipin und Nicardipin auf die durch freie Radikale herbeigeführten, durch Lipidperoxidation entstandenen Veränderungen in Liposomen aus Membranphospholipiden des Myokardiums der Ratte. Die freien Radikale wurden durch Hypoxanthin in Anwesenheit von Xanthinoxidase gebildet (aus Janero und Burghardt 1989)

erkennen ließen, konnten sie, vermutlich aufgrund ihres hohen Partitionskoeffizienten, verhindern, daß die Sauerstoffradikale das Zielgewebe in der Lipid-Doppelschicht der Zellmembran erreichen. Auch Diltiazem (Koller und Bergmann 1989) bot einen Schutz gegen die radikalinduzierte Lipidperoxidation, hat aber im Vergleich zu Nifedipin in dieser Hinsicht nur eine schwache Wirkung (Nifedipin > Verapamil > Diltiazem) (Mak und Weglicki 1990). Weitere Beispiele für die Wirkung von Calciumantagonisten als Antioxidanzien sind Tabelle 6.5 zu entnehmen. Sicher ist, daß die Calciumantagonisten mit Dihydropyridin-Struktur die am stärksten ausgeprägte Schutzwirkung gegen radikalinduzierte Schäden entfalten.

Tabelle 6.5. Schutzwirkung von Calciumantagonisten gegen dieradikalinduzierte Lipidperoxidation

Calciumantagonist	Präparat	Literatur
Nifedipin > Verapamil > Diltiazem	Ventrikuläre Myozyten	Mak und Weglicki 1990
Diltiazem	Isoliertes Rattenherz	Koller und Bergmann 1989
Nifedipin > Verapamil	Phosphatidylcholin-Liposomen	Ondrias et al. 1989
	Kardiale Zellmembran	Janero und Burghardt 1989

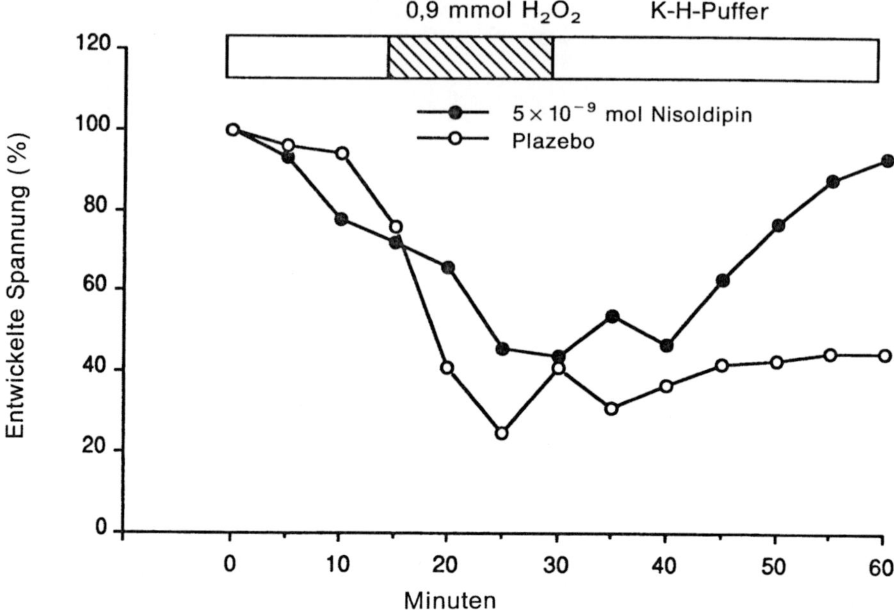

Abb. 6.9. Wirkung von 5×10^{-9} mol Nisoldipin auf die Wiederherstellung der aktiven Spannung (maximalen systolischen Spannung) im isolierten Rattenherzen unter der 30minutigen Wirkung von 0,9 mmol H_2O_2. Die entwickelte Spannung ist in % der maximalen systolischen Spannung unmittelbar vor Zusatz von H_2O_2 ausgedrückt. Nisoldipin war während des gesamten Experiments in der Perfusionslösung enthalten. Perfusion bei 37 °C mit dem Krebs-Henseleit-Puffer. Man beachte die deutlichere Wiederherstellung der Funktion ($p < 0{,}01$) der mit Nisoldipin behandelten Herzen (Angaben von S. Britnell, Universität Melbourne)

Die Schutzwirkung von Calciumantagonisten gegen radikalinduzierte Schäden läßt sich recht einfach durch das in Abb. 6.9 veranschaulichte Experiment nachweisen, bei dem Rattenherzen mit und ohne Wasserstoffperoxid-Zusatz in der Pufferlösung perfundiert wurden. 50% der Herzen wurden mit 5×10^{-9} mol Nisoldipin behandelt. Wie aus dieser Abbildung zu ersehen ist, wurde die funktionelle Wiederherstellung trotz der Anwesenheit von Wasserstoffperoxid durch Nisoldipin gefördert.

Der Nachweis der Schutzwirkung von Calciumantagonisten gegen die Folgen der Bildung von Sauerstoffradikalen im Zellbereich ist nicht auf Untersuchungen an Liposomen beschränkt, die aus Membranphospholipiden von Herzmuskelzellen hergestellt wurden. Allerdings wurde dieses Modell von vielen Untersuchern verwendet. In anderen Studien kamen isolierte Endothelzellen zur Anwendung, die zur Herbeiführung peroxidationsbedingter Schäden der Wirkung von Wasserstoffperoxid ausgesetzt wurden. Kriterium für die Beurteilung des Ausmaßes solcher Schäden war die Albumin-Permeabilität (Yamada et al. 1990). Auch bei diesen Studien ergaben sich Hinweise auf eine Schutzwirkung (Abb. 6.10) und auch hier erwiesen sich Calciumantagonisten mit Dihydropyridin-Struktur als am wirksamsten, wenn auch erst in relativ

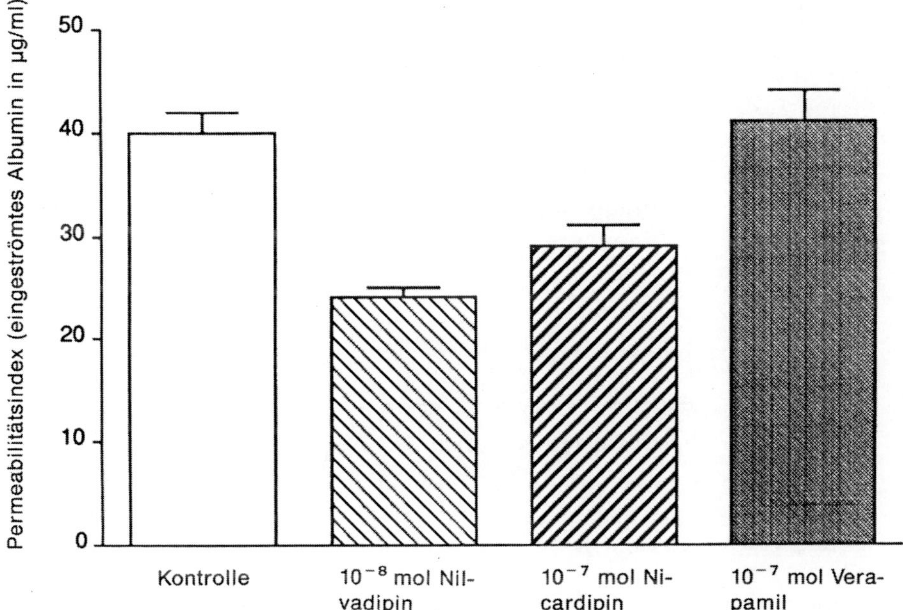

Abb. 6.10. Wirkung dreier Calciumantagonisten (Nilvadipin, Nicardipin und Verapamil) auf die durch Wasserstoffperoxid verursachte Steigerung der Albumin-Permeabilität der Membran von Endothelzellen. Solche Zellen sind für Albumin normalerweise nicht durchlässig. Die hier dargestellte Permeabilität ist Ausdruck einer radikalinduzierten Schädigung der Zellmembran (aus Yamada et al. 1990)

hohen Dosen. Die Untersuchungen wurden ebenfalls mit Nilvadipin und Nicardipin, also mit Calciumantagonisten der zweiten Generation (zweites Kapitel) durchgeführt.

Wirkungsweise

Calciumantagonisten mit Dihydropyridinstruktur sind also in der Lage, die durch Sauerstoffradikale verursachten Schäden in Grenzen zu halten. Auf welche Weise dieser Effekt zustande kommt, konnte noch nicht geklärt werden. Die hierfür erforderlichen Konzentrationen sind sehr hoch und liegen weit über den Konzentrationen, welche eine Blockade der Calciumkanäle bewirken. Eine Ausnahme bildet möglicherweise Nisoldipin (Abb. 6.9). Eine Erklärung für diese Schutzwirkung wäre vielleicht im lipophilen Verhalten der Calciumantagonisten zu suchen. Aufgrund dieser Eigenschaft können sie sich in der lipidhaltigen Phase des Plasmalemm anreichern und die Membran entweder stabilisieren oder gegenüber der radikalinduzierten Peroxidation unempfindlicher machen. Sollte sich diese Hypothese als richtig erweisen, wäre eine Prophylaxe mit Langzeitpräparaten immer dann sinnvoll, wenn aufgrund der herrschenden Umstände die Entstehung von Sauerstoffradikalen zu erwarten

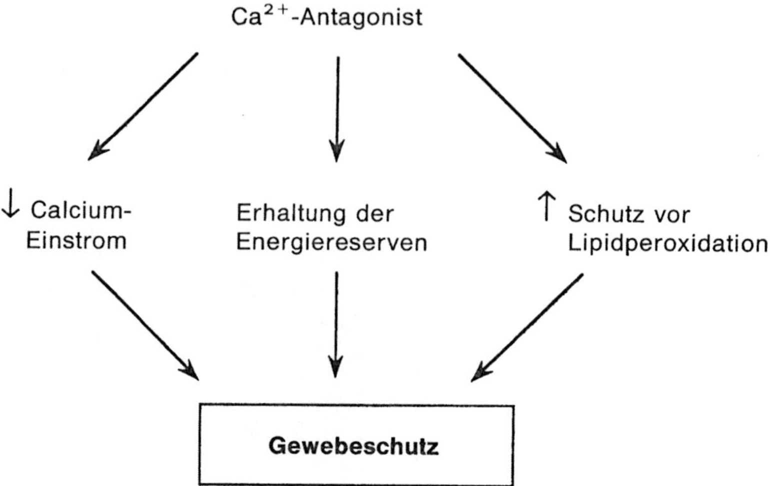

Abb. 6.11. Schematische Darstellung der Mechanismen, die dem Gewebeschutz durch Calciumantagonisten zugrunde liegen

ist, also bei ischämischen Zuständen (Abb. 6.11) und eventuell auch bei Atherosklerose (elftes Kapitel).

Zusammenfassung

1. Sauerstoffradikale sind an den verschiedensten klinischen Störungen beteiligt, von Myokardischämie und Reperfusionsschäden bis hin zu Herzrhythmusstörungen und Atherosklerose.
2. Im Bereich des Myokards können Sauerstoffradikale im Extrazellulärraum aus Neutrophilen entstehen und im Zellinnern vom sarkoplasmatischen Retikulum, von den Mitochondrien und durch Autoxidation von Katecholaminen und anderer Substanzen gebildet werden.
3. Nach ihrer Entstehung bewirken solche Radikale die vollständige Permeabilität lipidhaltiger Zellmembranen und die Zerstörung von Proteinen, auch von Enzymen. Dabei kommt es zu Schäden der mit Ca^{2+} überladenen Zellen, die schließlich zum Zelluntergang führen.
4. Als Schutzmechanismen bieten sich die Prävention der Bildung von Sauerstoffradikalen, das Einfangen solcher Moleküle durch Scavenger oder die Herabsetzung der Wahrscheinlichkeit der Entstehung peroxidationsbedingter Schäden an Zellmembranen und Enzymen an.
5. Calciumantagonisten mit Dihydropyridin-Struktur bieten eine gewisse Schutzwirkung. Dies ist daraus zu schließen, daß sie die radikalinduzierte Lipidperoxidation abzuschwächen vermögen (Nisoldipin > Felodipin > Nicardipin) (Abb. 6.8).
6. Möglicherweise trägt diese Eigenschaft der Calciumantagonisten dazu bei, daß sie in der Lage sind, das Fortschreiten der Atherogenese zu verlangsa-

men (elftes Kapitel) und eine Schutzwirkung gegen die durch Ischämie und Reperfusion hervorgerufenen Schäden auszuüben. Für eine *langfristige* Schutzwirkung wären aber in jedem Fall Calciumantagonisten in Form von Langzeitpräparaten erforderlich.

7 Endothelin-1 und die Calciumantagonisten

> „Wenn man alles sagt, wird man bald
> zur Nervensäge."
>
> Aus „Sept Discours en vers sur l'Homme",
> von VOLTAIRE

Endothelin-1 gehört zu einer Gruppe erst vor kurzem entdeckter Polypeptide mit potenter vasokonstriktorischer Wirkung (Yanagisawa et al. 1988, Yanagisawa und Masaki 1989 a, 1989 b, Masaki et al. 1990, Luscher 1991). Diese Polypeptide haben folgende biochemische Eigenschaften miteinander gemein:

I.   Sie enthalten 21 Aminosäuren.
II. Sie besitzen zwei Disulfid-Brücken, welche die Aminosäurereste 1 und 15 sowie 3 und 11 miteinander verbinden.
III. Die Aminosäurereste 16 mit 21 bilden das hydrophobe Ende des Moleküls (Abb. 7.1).
IV. Bei dem terminalen Rest handelt es sich um Tryptophan.

Endothelin-1 wurde als erstes Polypeptid dieser Substanzgruppe isoliert. Es wurde aus dem Nährboden kultivierter Endothelzellen des Schweins gewonnen und daher zunächst als Schweine-Endothelin bezeichnet. Nach Identifizierung anderer Isoformen wie Endothelin-2, Endothelin-3 und VIC (oder β-Endothelin der Maus) (Yanagisawa und Masaki 1989 a, 1989 b) wählte man für die zuerst isolierte Substanz die Bezeichnung Endothelin-1. Das Interesse

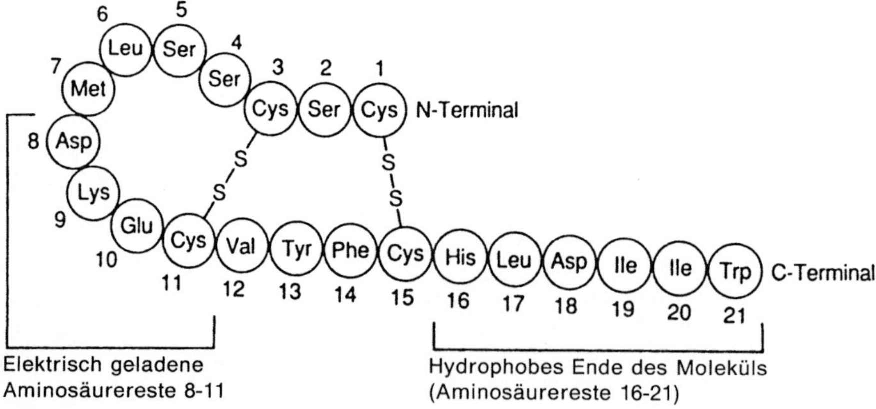

Abb. 7.1. Chemische Struktur von Endothelin-1

an Endothelin-1 beruht hauptsächlich auf seiner potenten vasokonstriktorischen Aktivität. Angesichts dieser Wirkung machten sich zahlreiche Untersucher Gedanken darüber, ob die Substanz in der Pathophysiologie der Hypertonie (Shepherd 1990), zerebraler und koronarer Gefäßspasmen (Luscher 1991), des No-Reflow-Phänomens sowie bei Störungen der peripheren Durchblutung wie Morbus Raynaud eine Rolle spielen könnte (Masaki et al. 1990, Nayler 1990, Zamora et al. 1990). Aber Endothelin-1 kann noch an vielen anderen Vorgängen beteiligt sein, als hochwirksames Mitogen zum Beispiel an der Atherosklerose, an der Buerger-Krankheit und an der Takayasu-Krankheit (Kanno et al. 1990), an Niereninsuffizienz (Tomita et al. 1989) und sogar am Myokardinfarkt (Miyauchi et al. 1989). Unabhängig von den jeweils herrschenden pathologischen Verhältnissen stehen drei Wirkungen des Polypeptids stets im Vordergrund:

I.   Endothelin-1 verursacht eine stark ausgeprägte und anhaltende Vasokonstriktion (Yanagisawa et al. 1988).
II. Es fördert die Proliferation glatter Gefäßmuskelzellen (Hirata et al. 1989) und wird daher mit der Entstehung atheromatöser Schäden in Verbindung gebracht (elftes Kapitel).
III. Es mobilisiert intrazelluläres Ca^{2+} (zehntes Kapitel), was vielleicht für den frühzeitigen Anstieg der zytosolischen Ca^{2+}-Konzentration bei koronarer Mangeldurchblutung von Bedeutung ist.

Ich möchte nun nicht zur Nervensäge werden und alles wiederkäuen, was bereits über die Endotheline geschrieben worden ist. Daher beschränken sich die folgenden Ausführungen auf einige Aspekte der Chemie und auf die pathophysiologische Bedeutung von Endothelin-1. Gegenstand des vorliegenden Kapitels ist ja nicht etwa eine Beschreibung der Pharmakologie und Biochemie dieses Polypeptids; vielmehr steht zur Debatte, ob Calciumantagonisten, auch Calciumkanalblocker der zweiten Generation, in der Lage sind, den anhaltenden vasokonstriktorischen Effekt dieser Substanz abzuschwächen. Endothelin-1 wird hier aus folgenden Gründen besondere Aufmerksamkeit zuteil:

I.   Die Substanz ist ein potenter Vasokonstriktor.
II. In den vaskulären Endothelzellen ist eine selektive Produktion dieser Isoform zu beobachten, während in anderen Geweben diese und andere Isoformen gebildet werden.
III. Unter gewissen pathologischen Bedingungen wie Myokardinfarkt (Miyauchi et al. 1989), dekompensierte Herzinsuffizienz (Margulies et al. 1990), Subarachnoidalblutung (vierzehntes Kapitel) und Hypertonie (Saito et al. 1990) kommt es zu einer beschleunigten Bildung von Endothelin-1.

Entstehung von Endothelin-1

Endothelin-1 entsteht im vaskulären Endothel und in anderen Endothelzellen (Nayler 1990). Ausgangspunkt ist Präproendothelin, eine mRNA-kodierte

Vorstufe. Das Gen für die mRNA von humanem Endothelin-1 findet sich am Chromosom 6 (Bloch et al. 1989). Nicht alle Endotheline lassen sich durch dieses Gen kodieren. So wird zum Beispiel Endothelin-3 durch ein Gen am Chromosom 20 kodiert.

Humanes Präproendothelin, die Vorstufe des „großen" Endothelins (oder Proendothelins) enthält 212 Aminosäuren. Präproendothelin vom Schwein ist mit 203 Aminosäuren etwas kleiner. Unabhängig von der Größe dieser Vorstufe kommt es durch proteolytische Spaltung des biologisch inaktiven Präproendothelins (Cade et al. 1990) zur Entstehung des kleineren Zwischenprodukts Proendothelin, das verschiedentlich auch als „großes" Endothelin bezeichnet wird (Abb. 7.2). Humanes Proendothelin enthält 38 Aminosäuren, Proendothelin vom Schwein hingegen 39. Die Freisetzung von „reifem", biologisch aktivem Endothelin-1 setzt die proteolytische Spaltung der Tryptophan-Valin-Bindung in der „reifen", aber biologisch inaktiven Vorstufe voraus.

Nach Abschluß der verschiedenen enzymatischen Spaltungen wird das Endprodukt, in diesem Fall Endothelin-1, nicht etwa in den Endothelzellen gespeichert. Vielmehr diffundiert die Substanz entweder in das Gefäßlumen oder sie gelangt abluminal in die glatte Gefäßmuskulatur. Die relativ niedrigen Plasmaspiegel sind also keine Überraschung. Viel bedeutsamer sind die Konzentrationen im interstitiellen Gewebe. Dieser Endothelin-Pool erreicht nämlich die benachbarten Rezeptoren.

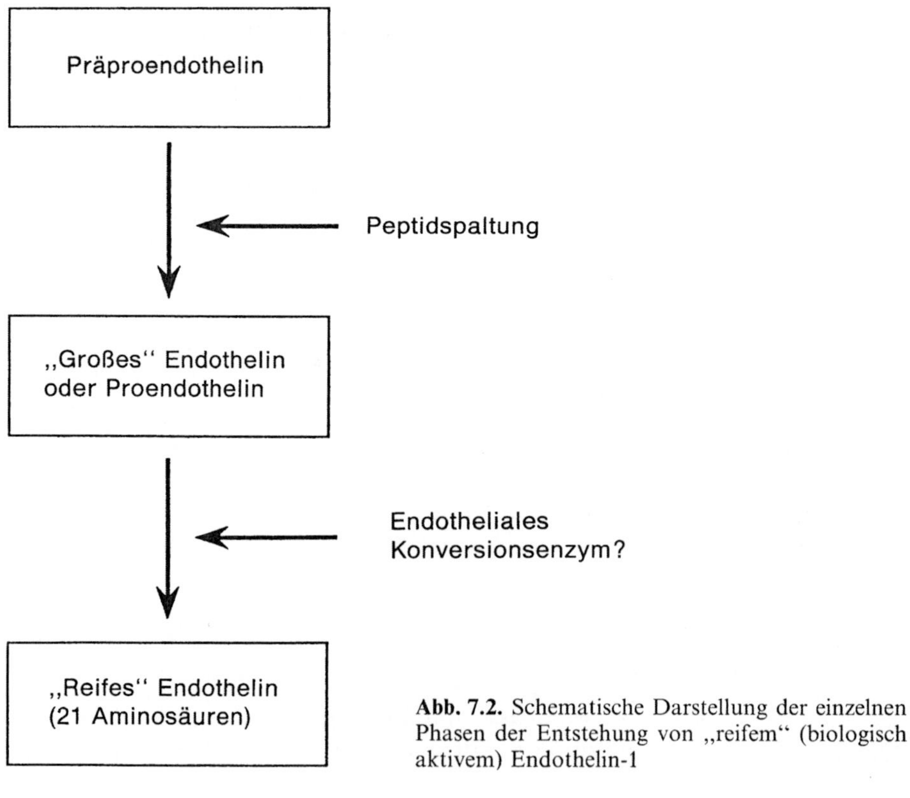

Abb. 7.2. Schematische Darstellung der einzelnen Phasen der Entstehung von „reifem" (biologisch aktivem) Endothelin-1

Die Bedeutung der vaskulären Endothelzellen für die Mechanismen, die für die Aufrechterhaltung des Gefäßtonus verantwortlich sein dürften, tritt immer deutlicher in Erscheinung. Einerseits wird von diesen Zellen Endothelin-1, der wirksamste aller bisher entdeckten Vasokonstriktoren, freigesetzt. Andererseits setzen diese Zellen auch die vasodilatatorisch wirksamen Prostanoide PGI_2 und PGE_2 frei, zusammen mit Stickoxid (NO) oder dem endothelialen relaxierenden Faktor EDRF (Ress et al. 1989, Furchgott und Zawadzki 1980). Man kann jedenfalls davon ausgehen, daß dem Endothel bei der Regulierung des Tonus der glatten Gefäßmuskulatur eine wichtige Rolle zukommt, wobei die konstriktiven Mechanismen überwiegen, wenn zuviel Endothelin-1 vorhanden ist, eine Hypersensitivität gegenüber diesem Polypeptid vorliegt oder wenn PGI_2, PGE_2 oder der EDRF in zu geringen Mengen zur Verfügung stehen. Solche Verhältnisse finden sich zum Beispiel in atherosklerotisch veränderten Arterien (elftes Kapitel) sowie bei koronaren oder zerebralen Gefäßspasmen (Luscher 1991).

Substanzen und Bedingungen, die eine verstärkte Endothelin-1-Bildung herbeiführen

Die Voraussetzungen für eine Stimulierung der Bildung von Endothelin-1 lassen sich in rezeptorgesteuerte Mechanismen, physikalische Reize und andere Vorgänge unterteilen (Yanagisawa et al. 1988). Folgende rezeptorgesteuerte Mechanismen kommen in Betracht:

I.   Adrenalin
II.   Angiotensin II
III. Arginin/Vasopressin
IV. Thrombin

Tabelle 7.1. Klinische Zustände, die zu einer Anhebung der Endothelin-1-Spiegel im Plasma führen

Klinisches Ereignis	Literatur
Myokardinfarkt	Miyauchi et al. 1989
Niereninsuffizienz	Tomita et al. 1989
Kardiogener Schock	Cernacek und Stewart 1989
Subarachnoidalblutung	Masaoka et al. 1989
Chirurgischer Eingriff	Saito et al. 1989
Experimentell herbeigeführte Herzinsuffizienz	Margulies et al. 1990
Hypertonie	Saito et al. 1990
Nierentransplantation	Berbinschi und Ketelslegers 1989
Experimentell ausgelöste Prinzmetal-Angina	Toyo-Oka et al. 1991
Morbus Raynaud	Zamora et al. 1990
Atherosklerose	Kanno et al. 1990
Buerger-Krankheit	Kanno et al. 1990
Takayasu-Krankheit	Kanno et al. 1990

Normwert für den Plasmaspiegel von Endothelin-1: ca. 1,5 pg/ml (Toyo-Oka et al. 1991)

V.   transformierender Wachstumsfaktor β
VI. Interleukin-1

Zu den physikalischen Reizen gehören:

I.   Scherbeanspruchung
II.   Ischämie

Tabelle 7.1 zeigt einige klinische Zustände, unter denen es zu erhöhten Endothelin-1-Konzentrationen im Plasma kommt.

Endothelin-Rezeptor

Endotheline zeigen eine direkte Interaktion mit membranständigen Bindungsstellen, die keinesfalls identisch mit den Bindungsstellen für Calciumantagonisten sind (Gu et al. 1989 b, Davenport et al. 1989). Endothelin-1-Rezeptoren finden sich in vielen, nicht aber in allen Geweben. In den Fettzellen, im Bindegewebe, im Knorpel, in den Thrombozyten und Erythrozyten kommen sie zum Beispiel nicht vor. In manchen Geweben (Tabelle 7.2) treten sie in bestimmten Bereichen konzentriert auf. In den Vorhöfen des Herzens ist zum Beispiel eine größere Dichte von Endothelin-1-Rezeptoren zu beobachten als in den Ventrikeln. Im Hirn gilt für die Dichte dieser Rezeptoren die Reihenfolge Cerebellum > Hypothalamus > Striatum. In der Niere ist ihre Dichte in den Glomeruli größer als im inneren Nierenmark und dort ist sie wiederum größer als in der Nierenrinde.

Tabelle 7.2. Verteilung der Bindungsstellen für Endothelin-1 im Gewebe

Herz	Vorhöfe und Ventrikel, AV-Knoten, Koronararterien und -venen
Niere	Glomeruli, Nierenpapillen, Arteria renalis, Nierenvenen, Mesangiumzellen
Auge	Netzhautkapillaren, Hornhautepithel, Ziliarkörper, Iris
Haut	Fibroblasten
Lunge	Bronchien, Luftröhre, Alveolen, Arteria pulmonalis
Magen und Darm	Magenschleimhaut, Darmschleimhaut
Nebenniere	Nebennierenmark, Nebennierenrinde
Gefäßapparat	Arterien und Venen
Milz	
Leber	
Plazenta	
Vas deferens	
Uterus	

Nach Nayler 1990

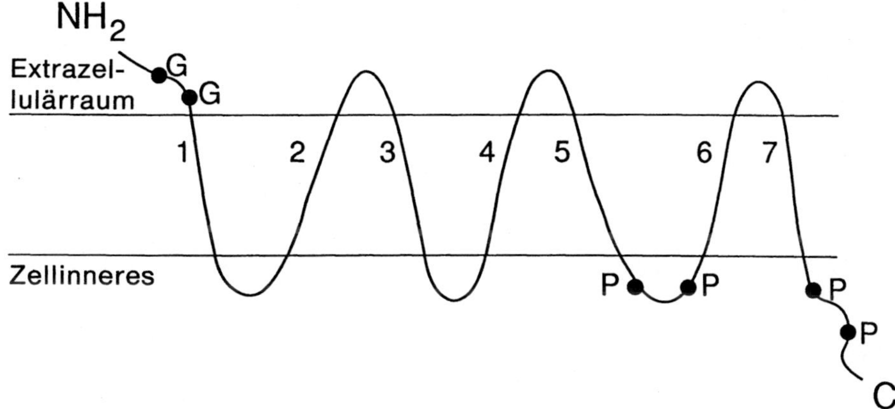

Abb. 7.3. Wahrscheinliche Struktur des Endothelin-1-Rezeptors. Man beachte die sieben membrandurchspannenden Domänen und die lange terminale Carboxigruppe (C). G = Glykosylierungsstellen, P = Phosphorylierungsstellen

Endothelin-1-Rezeptor

Dieser Rezeptor wurde in den vergangenen Monaten kloniert und sequenziert.

I.   Er enthält 427 Aminosäurereste.
II. Seine Molekularmasse beträgt 48516 Da.
III. Er besitzt sieben membrandurchspannende Domänen mit einem N-terminalen Ende im Extrazellulärraum und einem C-terminalen Ende im Zytoplasma (Arai et al. 1990) (Abb. 7.3).

Im Vergleich zu den adrenergen α_1 und α_2-Rezeptoren, hat der Endothelin-1-Rezeptor also ein relativ geringes Molekulargewicht. α_1- und α_2-Rezpetoren besitzen ebenfalls sieben membrandurchspannende Domänen, deren Molekularmasse allerdings zwischen 80000 und 60000−75000 Da liegt (Insel 1989). Ein Vergleich mit anderen Rezeptoren zeigt, daß eine erhebliche Ähnlichkeit mit G-Protein-gekoppelten Rezeptoren besteht (O'Dowd et al. 1989). Wie bei anderen großen Hormonrezeptoren (zum Beispiel Lutropin und Choriongonadotropin), ist das terminale N vor dem ersten transmembranären Bereich relativ lang (Abb. 7.3). Wahrscheinlich ist es an der Endothelin-Bindung beteiligt. Ferner sind zwei potentielle Glykosylierungsstellen zu erkennen (Sakurai et al. 1990). Potentielle Phosphorylierungsstellen wurden in der dritten zytoplasmatischen Schleife und am C-terminalen Ende identifiziert (Abb. 7.3) (Sakurai et al. 1990).

Rezeptor-Subtypen

Schon kurz nach Beginn der Untersuchungen zur Pharmakologie und Biochemie von Endothelin-1 (oder Schweine-Endothelin, wie es damals genannt wurde), stellte es sich eindeutig heraus, daß es noch andere Isoformen dieses Polypeptids geben muß. Innerhalb weniger Monate wurden von dem Arbeitskreis um Yanagisawa drei Isoformen identifiziert, die jetzt als Endothelin-1 (ET-1), Endothelin-2 (ET-2) und Endothelin-3 (ET-3) bezeichnet werden. Aus pharmakologischer Sicht lassen sich diese drei Isoformen ohne weiteres unterscheiden. ET-1 und ET-2 sind potente Vasokonstriktoren, während ET-3 nur eine schwach ausgeprägte vasokonstriktorische Aktivität besitzt. In mancher Hinsicht entfalten die drei Isoformen hingegen die gleiche Wirksamkeit. So wissen wir heute zum Beispiel, daß der vasokonstriktorischen Antwort auf die Endothelin-Isoformen gewöhnlich eine kurzzeitige Vasodilatation vorausgeht. Dies hängt fast sicher mit der Freisetzung des EDRF zusammen. In diesem Punkt sind die drei Isoformen (ET-1, ET-2 und ET-3) etwa gleich wirksam (Warner et al. 1989). Eine mögliche Erklärung für diese Beobachtungen wäre die Existenz zweier Endothelin-Rezeptoren:

I.   eines ET-1/ET-2-selektiven Subtyps, der als ET_A-Rezeptor bezeichnet wird und

II. eines nicht selektiven Endothelin-Rezeptors, ET_B-Rezeptor genannt (Sakurai et al. 1990).

Endothelin-1 und die Calciumantagonisten

Durch die Aktivierung von Endothelin-1- oder ET_A-Rezeptoren wird eine Vielfalt verschiedener Antworten ausgelöst. Es kommt zur Kontraktion von Arterien und Venen, Arteriolen und Venolen wie auch der glatten Muskulatur von Lymphgefäßen, Trachea und Bronchiolen (Nayler 1990). Im Bereich der Zelle ist ein Anstieg der zytosolischen Ca^{2+}-Konzentration zu beobachten (Ohnishi et al. 1989). Gleichzeitig tritt ein verstärkter Na^+/H^+-Austausch ein. Phospholipase C, der Phosphoinosit-Stoffwechsel und Proteinkinase C werden aktiviert (Simonson und Dunn 1990). Yanagisawa hatte ursprünglich festgestellt, daß Nicardipin den konstriktorischen Effekt von Endothelin-1 auf die Koronargefäße abzuschwächen vermag (Yanagisawa et al. 1988). Das gleichzeitige Ansteigen der intrazellulären Ca^{2+}-Ionen brachte einige Untersucher auf den Gedanken, daß dieses Polypeptid vielleicht der fehlende endogene Ca^{2+}-Agonist sein könnte, durch den die Ca^{2+}-Kanäle direkt aktiviert werden. Die tatsächlichen Verhältnisse dürften aber viel komplizierter sein.

I.   Wenn zwischen Endothelin-1 und Ca^{2+}-Kanälen vom L-Typ tatsächlich eine Wechselwirkung besteht, müssen sich diese Kanäle an einer anderen Stelle befinden als die auf Calciumantagonisten ansprechenden L-Kanäle, weil Calciumantagonisten nicht in der Lage sind, Endothelin-1 aus seinen spezifischen Bindungsstellen zu verdrängen (Nayler 1990).

II. Die durch Endothelin-1 ausgelöste Vasokonstriktion ist nicht von der Anwesenheit von extrazellulärem Ca^{2+} abhängig und kann auch durch den über Acetylcholin oder Bradykinin freigesetzten EDRF nicht *vollständig* aufgehoben werden, auch nicht durch direkt wirksame Nitrovasodilatatoren (Luscher et al. 1990).

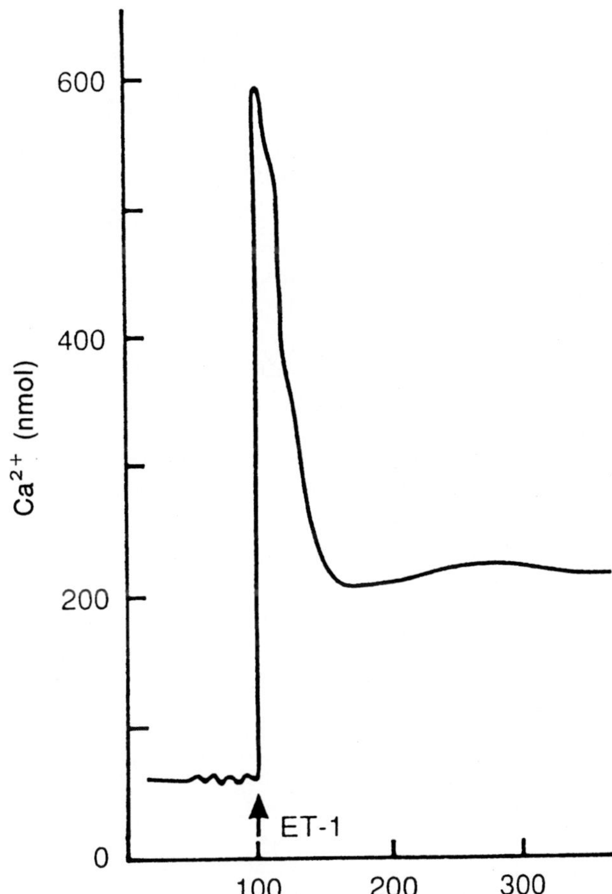

Abb. 7.4. Wirkung von Endothelin-1 auf den zytosolischen Ca^{2+}-Spiegel in glatten Gefäßmuskelzellen. Messung der Ca^{2+}-Konzentrationen im Zytosol unter Verwendung von Fura 2 (aus Marsden et al. 1989)

Jedenfalls verursacht Endothelin-1 wie auch die anderen Endotheline in verschiedenen Geweben, zum Beispiel in glatten Gefäßmuskelzellen, einen Anstieg des zytosolischen Ca^{2+}-Spiegels (Marsden et al. 1989, Abb. 7.4).

Hinsichtlich der Wirkung von Endothelin-1 auf die Kontraktilität der glatten Muskulatur sind die nachstehend aufgeführten Beobachtungen von erheblicher Bedeutung für die Identifizierung der vielfältigen Mechanismen, die an diesen Vorgängen beteiligt sind:

I.   Die Reaktion setzt langsam ein, hält aber über längere Zeit an.
II. Sie geht mit einer Erhöhung der zytosolischen Ca^{2+}-Konzentrationen einher.
III. Ca^{2+}-Aufnahme und Phosphoinosit-Stoffwechsel werdengesteigert.
IV. Die Proteinkinase C wird aktiviert, die konstriktorische Antwort wird durch Hemmstoffe der Proteinkinase C abgeschwächt.
V.   Peptide haben keinen direkten Einfluß auf die kontraktilen Proteine.
VI. Die cAMP-Spiegel erfahren keine Veränderung.

VII. Während die Antwort durch Blockade der Ca^{2+}-Kanäle vom L-Typ abgeschwächt wird, hat die Blockade von T- und N-Kanälen sowie von den Na^+-Kanälen keine Wirkung.

Die einfachste Erklärung für diese verschiedenen Befunde ist die Annahme, daß zur Anhebung der den konstriktorischen Effekt von Endothelin-1 vermittelnden Ca^{2+}-Spiegel Calciumionen aus zumindest zwei Ca^{2+}-Pools herangezogen werden, nämlich aus Ca^{2+}-Speichern im Zellinnern und im Extrazellulärraum. Der intrazelluläre Pool befindet sich wahrscheinlich im sarkoplasmatischen Retikulum (Abb. 7.5) und wird als Antwort auf die erhöhte Phosphoinosit-Stoffwechselrate mobilisiert. Extrazelluläres Ca^{2+} kann auf verschiedenen Wegen in das Zellinere gelangen, zum Beispiel über Na^+/Ca^{2+}-Austauschmechanismen (Abb. 7.5) und natürlich auch über die Ca^{2+}-Kanäle vom L-Typ.

Bis heute gibt es noch keine gesicherten Angaben über die Mechanismen, mit denen Endothelin-1 die L-Kanäle aktiviert. Eine Möglichkeit wäre die Aktivierung über eine teilweise Depolarisierung der Zellmembran im Gefolge einer Aktivierung von Proteinkinase C (Yang et al. 1990a). Aber auch ein Transducer-Molekül wie das membranständige, GTP-bindende Protein, könnte hier eine Rolle spielen.

Als wichtigste Erkenntnisse sollen in diesem Zusammenhang folgende Ergebnisse festgehalten werden:

I.   Endothelin-1 bewirkt in den verschiedensten Gefäßsystemen eine erhebliche Vasokonstriktion.

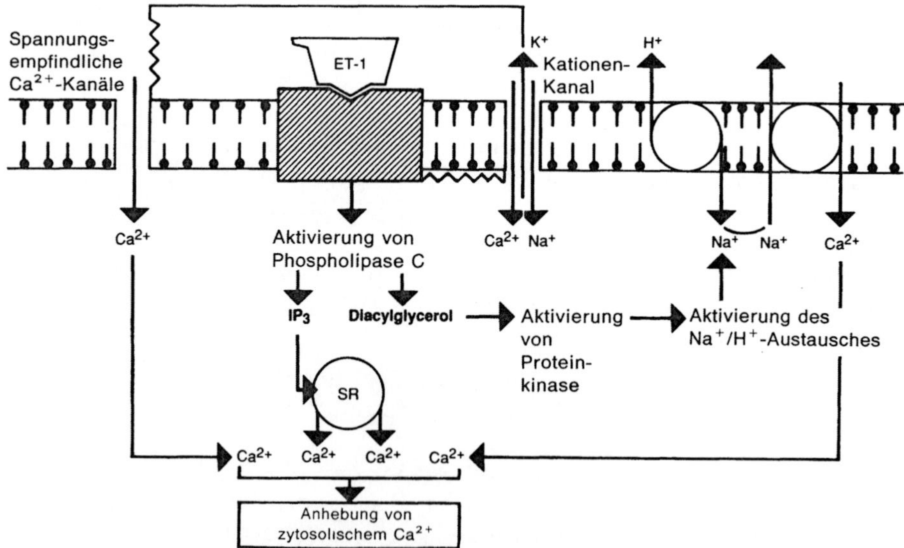

Abb. 7.5. Schematische Darstellung der an der Endothelin-1-induzierten Anhebung der zytosolischen Ca^{2+}-Spiegel beteiligten Mechanismen

II.   Diese führt zu einer länger anhaltenden Antwort, die mit einem Anstieg der zytosolischen Ca^{2+}-Konzentrationen verbunden ist.

III. Die an dieser konstriktorischen Antwort beteiligten Ca^{2+}-Ionen stammen aus zwei Quellen: aus einem intrazellulären und einem extrazellulären Pool.

IV.   Aus dem Extrazellulärraum gelangen die Ca^{2+}-Ionen über Calciumantagonisten-sensitive Bahnen in das Zellinnere, nämlich über die Ca^{2+}-Kanäle vom L-Typ.

Beteiligung von Endothelin-1 an der Aufrechterhaltung des Gefäßtonus

Nach i.v. Injektion von Endothelin-1 in niedrigen Dosen kommt es zu einer Gefäßerweiterung. Dies hängt wahrscheinlich damit zusammen, daß dieses Polypeptid Prostacyclin und den EDRF aus den vaskulären Endothelzellen freisetzt (de Nucci et al. 1988). Infundiert man Endothelin-1 mit einer Geschwindigkeit von 0,5 ng/min/100 ml Unterarmgewebe in den Unterarm des Menschen (Kiowski et al. 1991), so tritt diese Reaktion in Erscheinung. Erhöht man die Dosis aber auf 2,5 ± 1,5 ng/min/100 ml, ist eine Vasokonstriktion zu beobachten (Kiowski et al. 1991). Ähnliche Ergebnisse wurden bei den verschiedensten Tierversuchen erzielt. Damit stellt sich nun die Frage, ob zirkulierendes Endothelin-1 überhaupt einen Einfluß auf die lokale Regulierung des Blutdrucks hat. Viele Untersucher haben diese Frage verneint, weil die in diesen Studien gemessenen Konzentrationen von zirkulierendem Endothelin-1 meist in der Größenordnung von 1 pg/ml und damit unter der für die Auslösung einer konstriktorischen Antwort erforderlichen Schwelle lagen. Eine solche Argumentation ist aus zumindest zwei Gründen nicht vertretbar:

I.   Schlußfolgerungen von Plasmaspiegeln auf interstitielle Konzentrationen von Endothelin-1 liefern fast sicher irreführende Ergebnisse. Es sei noch einmal erwähnt, daß das Polypeptid nach der Freisetzung aus dem Endothel abluminal diffundiert und nicht nur in das jeweilige Gefäßlumen gelangt.

II.   In Schwellenkonzentrationen *potenziert* Endothelin-1 die konstriktorische Antwort auf andere vasoaktive Substanzen wie Serotonin und Noradrenalin (Yang et al. 1990 b).

Demnach dürfte Endothelin-1 auf verschiedene Art zur lokalen Regulierung des Gefäßtonus beitragen:

I.   Durch Stimulierung der Freisetzung von Prostacyclin und des EDRF kann eine Relaxation ausgelöst werden.

II.   Die konstriktorische Antwort auf andere Substanzen wie Noradrenalin und Serotonin kann gesteigert werden.

III. In entsprechend hohen Konzentrationen kann das Polypeptid selbst eine konstriktorische Antwort hervorrufen.

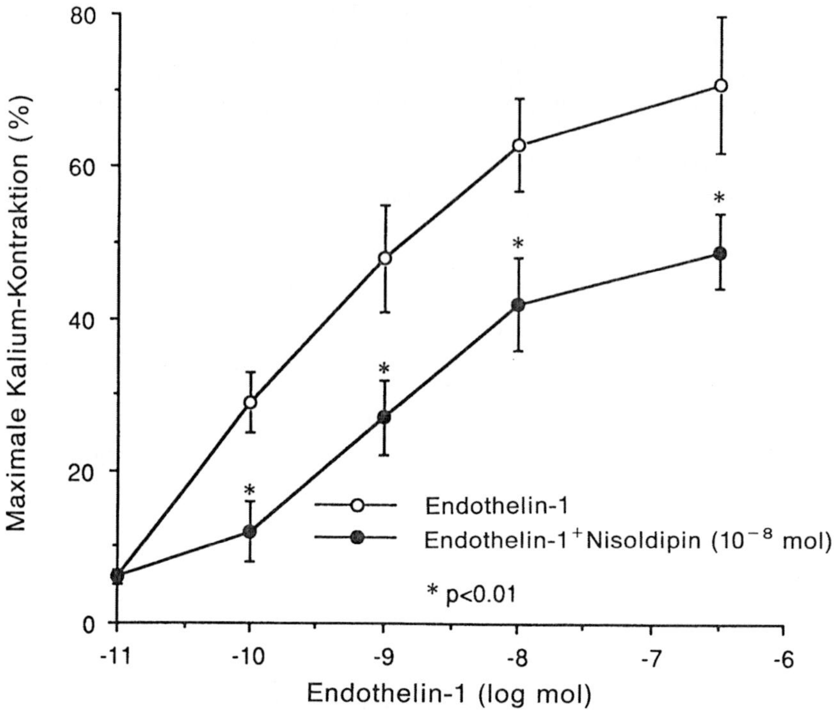

Abb. 7.6. Veränderung der konstriktorischen Wirkung von Endothelin-1 auf die Koronararterie des Hundes durch 10^{-8} mol Nisoldipin. Die konstriktorische Antwort ist als maximale Konstriktion bei K^+-induzierten Kontraktionen ausgedrückt

Einige Voraussetzungen für die Steigerung der Endothelin-1-Freisetzung wurden bereits in Tabelle 7.2 zusammengestellt. Dazu kommen noch andere Vorgänge, zum Beispiel die Oxidation von LDL (Boulanger et al. 1990).

Endothelin-1 und die Koronardurchblutung:
Welche Rolle spielen die Calciumantagonisten?

Die konstriktorische Wirkung von Endothelin-1 auf die Koronargefäße gilt heute als gesichert. Sie ist dosisabhängig, setzt langsam ein und läßt sich durch eine Blockade adrenerger α-Rezeptoren, serotonerger und histaminerger Rezeptoren sowie von ACE-Hemmern nicht beeinflussen. Sie ist unabhängig von einem intakten Endothel, geht mit einer gesteigerten Ca^{2+}-Aufnahme einher (Pang et al. 1989) und hat extrazelluläres Ca^{2+} zur Voraussetzung (Yanagisawa et al. 1988). Am wichtigsten ist, daß sie durch Calciumkanalblocker, auch die der zweiten Generation, antagonisiert werden kann (Abb. 7.6).

Endothelin-1 könnte auf zwei Arten an der Entstehung von Spasmen oder einer lang anhaltenden Konstriktion der Koronargefäße beteiligt sein:

I. durch einen *direkten* konstriktorischen Effekt und
II. durch Verstärkung der konstriktorischen Wirkung anderer, lokal freige-
    setzter, vasoaktiver Substanzen wie Noradrenalin und Serotonin.

Unabhängig von dem jeweiligen Wirkungsmechanismus kann man davon
ausgehen, daß Endothelin-1 sehr wohl an der Entstehung der Myokardischämie beteiligt ist (zehntes Kapitel), möglicherweise auch der Prinzmetal-Angina (Luscher 1991).

Endothelin und Hypertonie

Ebenso wie an der Entstehung koronarer Gefäßkrämpfe und myokardialer
Ischämien kann Endothelin-1 auch am Zustandekommen der Hypertonie beteiligt sein. Diese Schlußfolgerung beruht auf zwei Beobachtungen:

I. Nach Injektion von Endothelin-1 in die linke Arteria brachialis kommt es
    zu einer anhaltenden Blutdruckerhöhung (Clarke et al. 1989).
II. Bei Patienten mit primärer Hypertonie konnten im Plasma abnorm hohe
    Endothelin-1-Spiegel nachgewiesen werden (Shichiri et al. 1990).

Diese Befunde sind für die vorliegenden Ausführungen insofern von Bedeutung, als Calciumantagonisten (Verapamil, Nifedipin und Nicardipin) den
vasokonstriktorischen Effekt zu blockieren vermögen, wobei eine schwache,
vasodilatatorische Antwort auf Endothelin-1 in Erscheinung tritt (Kiowski et
al. 1991). Dabei kann es sich aber nicht etwa um eine unspezifische Antwort
handeln, weil unspezifische Vasodilatatoren nicht in der Lage sind, die konstriktorische Wirkung zu blockieren.

Endothelin-1 und Atherosklerose

Vieles spricht dafür, daß Endothelin-1 auch an der Entstehung der Atherosklerose beteiligt ist. Unter anderem ist folgendes zu bedenken:

I.   Die Substanz besitzt eine ausgeprägte mitogene Wirkung (Hirata et al.
     1989).
II. Endothelin-1 entfaltet eine konstriktorische Eigenwirkung und fördert die
     Freisetzung anderer Vasokonstriktoren wie Vasopressin, Noradrenalin
     und Angiotensin. Gefäßwandschäden durch Scherbeanspruchung dürf-
     ten damit durch Endothelin-1 noch verschlimmert werden.
III. Endothelin-1 potenziert die Aktivität anderer Mitogene, zum Beispiel des
     transformierenden Wachstumsfaktors.
IV. Viele Substanzen, die als Antwort auf eine Gewebeschädigung freigesetzt
     werden (Thrombin, Wachstumsfaktor der Blutplättchen usw.) stimulieren
     die Bildung von Endothelin-1 (Nayler 1990).

Daß Endothelin-1 ein Mitogen ist, daß die Proliferation glatter Gefäßmuskelzellen bei der Atherogenese eine Schlüsselstellung einnimmt (elftes Kapitel) und daß Calciumantagonisten die Entstehung weiterer atherogener Schäden verlangsamen, darf heute als gesichert gelten. Ob diese Substanzen aber die mitogene Wirkung von Endothelin-1 zu unterdrücken vermögen, konnte noch nicht geklärt werden.

Zusammenfassung

1. Endothelin-1 übt auf das Gefäßsystem eine zweifache Wirkung aus. In niedrigen Dosen verursacht es eine Gefäßerweiterung, hohe Dosen haben einen konstriktorischen Effekt.
2. Die gefäßerweiternde Aktivität läßt sich durch die Freisetzung von endothelialen relaxierenden Faktoren wie Prostacycline und EDRF erklären.
3. Die konstriktorische Aktivität umfaßt
   I. eine *direkte* Wirkung und
   II. die Sensibilisierung des Gefäßsystems gegenüber dem konstriktorischen Effekt anderer Substanzen wie Serotonin und Noradrenalin.
4. Der direkte konstriktorische Effekt von Endothelin-1 hängt mit der Aktivierung eines Endothelin-1-spezifischen Rezeptors (ET_A) zusammen. Dies führt zu einer Aktivierung des Phosphoinosid-Systems und zu der darauffolgenden Freisetzung von Ca^{2+} aus dem sarkoplasmatischen Retikulum sowie zum Einströmen von Ca^{2+} über Calciumantagonisten-sensitive Bahnen, wahrscheinlich über die Ca^{2+}-Kanäle vom L-Typ.
5. Durch einen erhöhten Gefäßwiderstand gekennzeichnete pathologische Zustände wie Prinzmetal-Angina und Hypertonie sind entweder mit einer gesteigerten Bildung von Endothelin-1, einer verlangsamten Clearance oder mit einer Überempfindlichkeitsreaktion verbunden.
6. Calciumantagonisten, auch solche der zweiten Generation, vermögen den konstriktorischen Effekt von Endothelin-1 abzuschwächen.
7. Die Freisetzung von Endothelin-1 kann durch eine ganze Reihe von Faktoren ausgelöst werden. Unter anderem kommen Thrombin, Adrenalin, Angiotensin II, ischämische Zustände, Scherkräfte und die Lipidperoxidation in Betracht. Vasoselektive Calciumantagonisten mit lang anhaltender Wirkung könnten damit das Mittel der Wahl gegen die Effekte von Endothelin-1 sein.

8 Calciumantagonisten und das „gelähmte" Herz

Das Herz ist im wesentlichen ein aerobes Organ. Seinem an-aeroben Stoffwechsel sind enge Grenzen gesetzt. Daher kommt es nicht überraschend, daß eine plötzliche, lang anhaltende und erhebliche Beeinträchtigung der Koronardurchblutung ge-fährliche und sogar tödliche Auswirkungen haben kann. Die Reaktion des Myokards richtet sich allerdings nicht nach dem Alles-oder-Nichts-Gesetz. Je nach Dauer und Schweregrad der Ischämie, also entsprechend der gesamten ischämischen Belastung, kommt es zum „*Stunning*" (Heyndrickx et al. 1975), zur „*Hibernation*" (Rahimtoola 1985, 1989) oder zum *Infarkt* (Jennings und Reimer 1981). Das vorliegende Kapitel ist dem Stunning oder dem „gelähmten" Myokard gewidmet. Bevor wir uns der Frage zuwenden, ob Calciumantagonisten diesen Zustand günstig beeinflussen können, ist noch auf die Unterschiede zwischen den drei Folgezuständen der Ischämie einzugehen.

Stunning, Hibernation oder Infarkt?

Der Unterschied zwischen Stunning und Hibernation sowie In-farkt liegt auf der Hand: Während die ersten beiden Zustände vollständig reversibel sind und keine letalen Auswirkungen haben, ist der Infarkt irreversibel und führt zum Tode. Doch auch zwischen Stunning und Hibernation gibt es gewisse Unterschiede.

Das „gelähmte" Herz

Auf den ersten Blick könnte man annehmen, daß sich der Be-griff „Stunning" im Zusammenhang mit dem Säugetierherz auf dessen verwickelte Morphologie und komplizierte Physiologie bezieht. In Wirklichkeit handelt es sich aber um eine Störung der Ventrikelkontraktion bei der Wiederherstellung der Koronardurchblutung nach einer relativ kurzzeitigen, 10- bis 15minutigen Ischämie (Braunwald und Kloner 1982). Stunning ist demnach ein *postischämischer*, durch eine Funktionsbeeinträchtigung des potentiell gefährdeten Myokards gekennzeichneter Zustand, wobei der Herzmuskel durch Reperfusion vor Entstehung irreversibler ischämischer Schäden gerettet wurde. Es kann Stunden und sogar Tage dauern, bis die Kontraktionsstörung überwunden ist. Letztendlich kommt es jedoch zur Erholung des Myokards (Abb. 8.1) (Heyndrickx et al. 1975, Braunwald und Kloner 1982, Kloner et al. 1989, Bolli 1990).

Das Herz im Zustand der Hibernation

Hier haben wir es mit einer völlig anderen Erscheinung zu tun, mit der wir uns im neunten Kapitel befassen werden. In diesem Zusammenhang ist unter Hibernation eine lang anhaltende, mechanische Dysfunktion des Myokards zu verstehen, die im Gefolge einer chronischen Beeinträchtigung der Durchblutung der Herzkranzgefäße zustande kommt, aber keine letalen Auswirkungen hat. Das hibernierende Herz leidet also an chronischer Minderdurchblutung. Im Gegensatz zum „gelähmten" Herz kommt es hier *nach Reperfusion zu einer raschen Wiederher-stellung der Kontraktilität* (Rahimtoola 1985).

Das infarzierte Herz

Dieser Zustand ist allen Kardiologen und Pathologen nur allzu gut bekannt. Hier haben wir es mit einem *irreversiblen* Schaden zu tun, der unweigerlich zum Zelluntergang und zur Gewebs-nekrose führt. Halten wir also fest:

I.   Als „*Stunning*" wird eine langdauernde, aber reversible, mechanische Funktionsstörung bezeichnet, die bei der Wiederdurchblutung nach kurzzeitiger Ischämie zu beobachten ist.
II. Unter *Hibernation* versteht man in diesem Zusammenhang den durch eine langdauernde Minderperfusion hervorgerufenen Kontraktilitätsverlust, der eine schwere Beeinträchtigung, nicht aber eine Gefährdung des Myokards mit sich bringt.
III. Der *Infarkt* ist hingegen mit einem irreversiblen Struktur- und Funktionsverlust im Gefolge einer lang anhaltenden Ischämie verbunden, unabhängig davon, ob der Versuch einer Wiederdurchblutung unternommen wird und erfolgreich verläuft.

Klinische Bedeutung des „gelähmten" Herzens

In den letzten Jahren wurde der Pathophysiologie des „gelähmten" Herzens größeres Interesse entgegengebracht. Dies hängt zum Teil damit zusammen, daß die klinische Bedeutung dieser Erscheinung erkannt wurde (Tabelle 8.1) und daß Stunning nicht mehr als Artefakt in Laborversuchen oder als Kuriosität betrachtet wird (Patel et al. 1988). Möglicherweise gibt es zwischen dem Stunning im Labor und in der Klinik geringfügige Unterschiede. So handelt es

Tabelle 8.1. Zustände, die beim Menschen zur Entstehung eines myokardialen Stunning führen oder beitragen können

Zustand	Literatur
Koronare Thrombolyse bei beginnendem, akutem Myokardinfarkt	Anderson et al. 1983 Reduto et al. 1981 Stack et al. 1983 Patel und Kloner 1987 Christian et al. 1990
Belastungsabhängige Ischämie	Camici et al. 1986
Aortokoronare Bypass-Operationen	Breisblatt et al. 1990 Ballantyne et al. 1987
Instabile Angina pectoris	Nixon et al. 1982
Koronare Gefäßspasmen	Mathias et al. 1987
Kardiomyopathien	Sagie et al. 1988 Yasutomi et al. 1989 Pasternac 1989 Fine et al. 1989
Wespenstiche	Jones und Joy 1988
Kokain-induzierter Infarkt	Ascher et al. 1988
Durch experimentelle Verfahren ungewollt ausgelöste Ischämie	Lette et al. 1989

sich zum Beispiel bei den meisten Laborversuchen um gesunde Herzen, an denen die Folgen von Ischämie und Reperfusion erprobt werden. In der Klinik können aber vorausgehende ischämische Phasen bereits zu einer Vorschädigung des Myokards geführt haben. Wenn man jedoch Stunning als verzögerte Erholung des Herzmuskels bei Wiederherstellung der Koronardurchblutung bezeichnet, kann ohne weiteres der Nachweis dafür erbracht werden, daß diese Erscheinung auch in Wirklichkeit vorkommt. Ein „gelähmtes" Myokard ist zum Beispiel nach Verabreichung thrombolytischer Substanzen bei beginnendem Myokardinfarkt (Anderson et al. 1983, Christian et al. 1990), nach aortokoronaren Bypass-Operationen (Ballantyne et al. 1987, Breisblatt et al. 1990) sowie im Zusammenhang mit Koronargefäßspasmen (Mathias et al. 1987), belastungsabhängiger (Camici et al. 1986) und instabiler Angina pectoris (Nixon et al. 1982) und sogar nach einem akuten, unfallbedingten Myokardinfarkt durch Wespenstiche (Jones und Joy 1988) oder Kokain (Ascher et al. 1988) zu beobachten.

Myokardiales Stunning im Tierversuch

Für das „gelähmte" Myokard gibt es beinahe ebenso viele Tier-modelle wie auslösende Zustände. Wie aus Tabelle 8.2 zu ersehen ist, handelt es sich bei diesen Tiermodellen unter anderem um die Wiederdurchblutung nach einer kurzdauernden Ischämie des gesamten Herzmuskels oder einiger Bezirke in situ oder am isolierten Herzen, um eine belastungsabhängige Ischämie (Heyndrickx et al. 1975) mit und ohne Hypertrophie des linken Ventrikels (Hittinger

Tabelle 8.2. Experimentelle Modelle des myokardialen Stunning

Modell	Literatur
1. *Isoliertes Herz*	
(Ischämie des gesamten Herzmuskels)	
Frettchen	Kusuoka et al. 1990
Kaninchen	Krause 1990
	Ambrosio et al. 1987
Ratte	Nayler et al. 1988
	Limbruno et al 1989
	Henry et al. 1990
2. *In-situ-Herz*	
A. Narkotisierte Tiere (akute regionale Ischämie)	
I. Hund	Swain et al. 1984
	Reimer et al. 1986
	Greenfield und Swain 1987
	Bolli et al. 1989
	Przyklenk et al. 1989
II. Schwein	Buchwald et al. 1989
B. Tiere im Wachzustand (belastungsabhängige Ischämie)	
I. Hund	Heyndrickx et al. 1975
	Thaulow et al 1989
	Hittinger et al. 1990

et al. 1990) und ohne vor-ausgehende Stenose der Koronararterien (Thaulow et al. 1989). Wesentliches Merkmal aller dieser Modelle ist die erfolgreiche Reperfusion nach kurzdauernder Ischämie, die sich zum Infarkt entwickelt hätte, wenn die Strombahn nicht wieder freigegeben worden wäre. Viele dieser Untersuchungen, zum Beispiel die Studien von Reimer et al. (1986) und Nayler et al. (1988), beruhten auf mehreren ischämischen Perioden mit anschließender Reperfusion. Dabei konnte die bemerkenswerte Beobachtung gemacht werden, daß ein rezidivierendes Stunning keine kumulative Wirkung hat. Man hat den Eindruck, daß das Herz lernt, sich vor solchen Zuständen zu schützen.

Die in Tabelle 8.2 wiedergegebene, kurze Aufstellung einiger experimenteller Modelle läßt bereits erkennen, unter welchen Bedingungen es zu einem Stunning kommen kann:

I.   Stunning ist *keine* Spezies-spezifische Erscheinung.
II. Es tritt am isolierten, mit einem Kristalloid perfundier-ten Herzen auf und kann deswegen nicht ausschließlich mit folgenden Faktoren in Zusammenhang stehen:
(a) mit den Formbestandteilen des Bluts, einschließlich Thrombozyten und Neutrophile,
(b) mit der Innervation, auch nicht mit dem sympathischen Nervensystem,
(c) mit dem peripheren Kreislauf.
III. Stunning tritt beim narkotisierten und beim wachen Tier auf.

IV. Es kann auch an vorher normalen und daher vermutlich gesunden Herzen ausgelöst werden, was darauf schließen läßt, daß eine Vorschädigung keine unbedingte Voraussetzung für die Entstehung dieser Funktionsstörung ist.

Elektrische, mechanische, morphologische und biochemische Eigenschaften des Myokards vor und während des Stunning

A. Vor dem Stunning

Wir befassen uns hier mit dem Zustand des Myokards nach einer relativ kurzen ischämischen Phase und vor dem mit der Wiederdurchblutung verbundenen Stunning. Wenn die Durchblutung einige Minuten unterbunden wird, kommt es vor Beginn der Reperfusion zu folgenden Erscheinungen:

I.   Zunächst geht die maximale entwickelte Spannung zurück, danach ist keine mechanische Aktivität mehr zu beobachten (Abb. 8.1).
II.   Die Bestände des Herzmuskels an Adenosintriphosphat (ATP) und Kreatinphosphat sind erheblich vermindert (Abb. 8.2). Auch der gesamte Adenylatgehalt ist reduziert (Jennings et al. 1985, 1990).
III. Gleichzeitig kommt es zu einem Ansteigen anorganischer Phosphate (P_i) sowie von Wasserstoffionen (H^+) und der Mg^{2+}-Konzentrationen (Abb. 8.3).
IV.   Der Bestand des Gewebes an Glykogen geht zurück (Jennings et al. 1985).
V.   Die elektrische Aktivität erfährt in der Regel keine Unterbrechung. Allerdings kommt es zu einer geringfügigen ST-Senkung, einem leichten Rückgang des transmembranären Ruhepotentials und einer Verkleinerung der Amplitude des Aktionspotentials (Levine et al. 1987). Diese Veränderungen sind allerdings nur von untergeordneter Bedeutung und kommen bei der Wiederdurchblutung rasch zum Verschwinden.

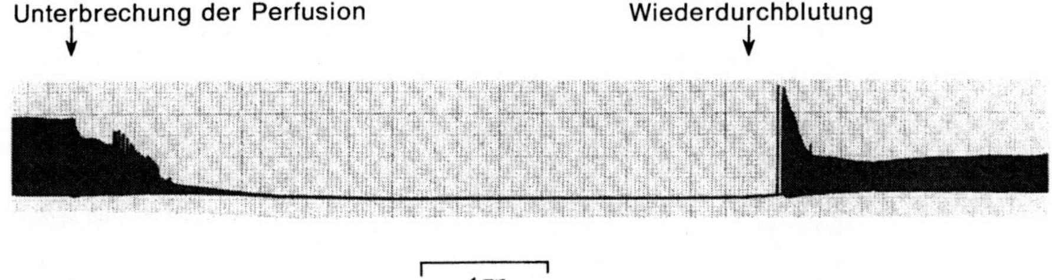

Abb. 8.1. Mechanische Aktivität eines isolierten Rattenherzens vor, während und nach zehnminutiger, normothermischer Ischämie. Man beachte die teilweise Wiederherstellung der Kontraktilität nach Freigabe der Strombahn. Zu einer vollständigen Erholung kommt es erst nach Stunden

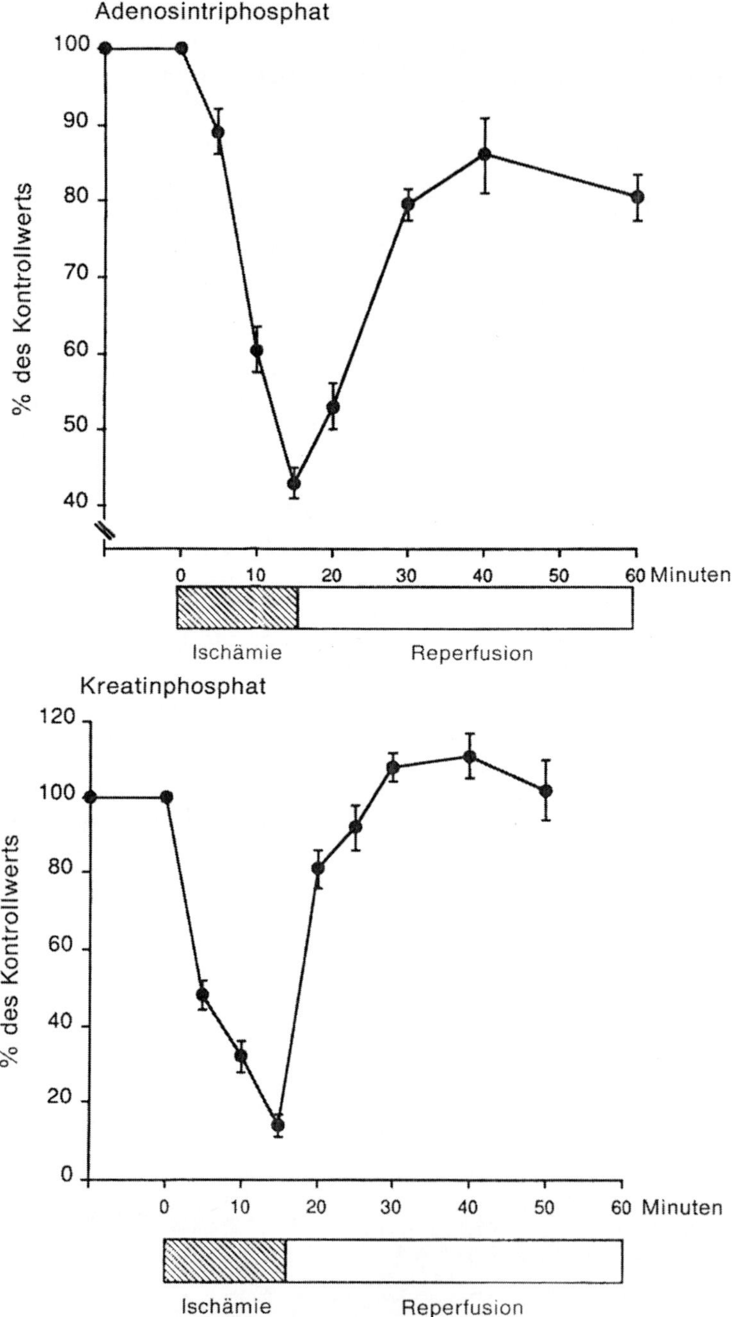

Abb. 8.2. Wirkung einer 15minutigen globalen Ischämie und der anschließenden Reperfusion auf die Gewebsspiegel von Adenosin-triphosphat und Kreatinphosphat im isolierten, mit einem Kri-stalloid perfundierten Rattenherzen. Jede Angabe stellt den Mittelwert ($\pm$ SEM) von sechs Experimenten dar. Man beachte den abrupten Abfall von ATP und Kreatinphosphat während der ischä-mischen Phase und die Wiederherstellung ihrer Gewebskonzentrationen bei der Reperfusion. Die Kontrollwerte wurden während der aeroben Perfusion ermittelt

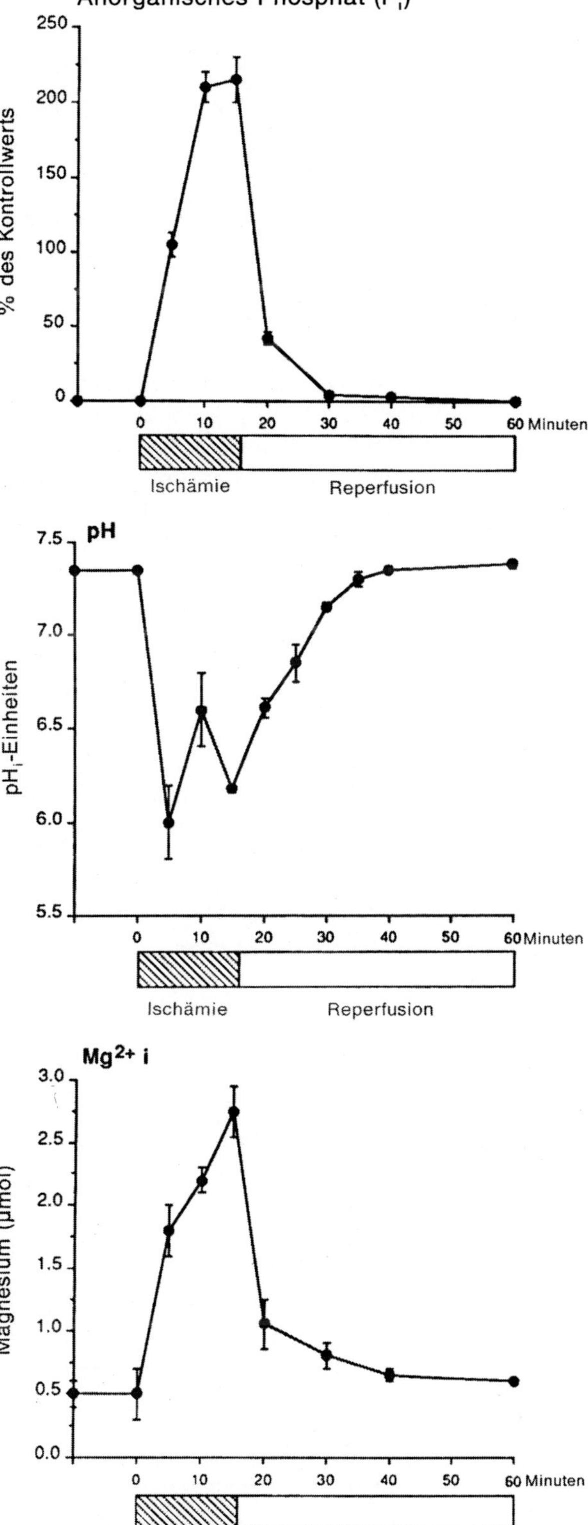

Abb. 8.3. Wirkung einer 15minutigen globalen Ischämie auf anorganisches Phosphat (P$_i$), auf den intrazellulären pH-Wert (pH$_i$) und den intrazellulären Mg^{2+}-Spiegel (Mg$_i^{2+}$) am isolierten Rattenherzen. Die Durchblutung wurde bei 37 °C unterbrochen. Zur Messung von P$_i$, pH$_i$ und Mg$^{2+}_i$ wurde die NMR-Spektroskopie herangezogen. Jede Angabe stellt den Mittelwert (±SEM) von sechs Versuchen dar

VI. Im Zellinnern sind folgende Veränderungen zu beobachten:

(a) Die Stoffwechseltätigkeit der Mitochondrien bleibt erhalten, sofern Substrat in ausreichenden Mengen zur Verfügung steht.

(b) Die Enzyme des Sarkolemms (Na^+/K^+- und Ca^{2+}-aktivierte ATPasen) und die Ionenaustauscher-Mechanismen ($Na^+:Ca^{2+}$- und $Na^+:H^+$-Austauscher) sind nach wie vor funktionsfähig.

(c) Im sarkoplasmatischen Retikulum (viertes Kapitel) ist eine deutliche Herabsetzung der Ca^{2+}-Akkumulation zu erkennen (Limbruno et al. 1989, Feher et al. 1989). Schon nach einer zehnminutigen Ischämie geht die Ca^{2+}-Aufnahme um bis zu 35 % zurück. Bei der Verwendung von Substanzen wie Rutheniumrot und Ryanodin zur Blockierung der Ca^{2+}-Freisetzungskanäle im sarkoplasmatischen Retikulum zeigte sich aber, daß es sich bei dieser scheinbaren Verminderung der Ca^{2+}-Aufnahme in Wirklichkeit um einen *gesteigerten Ca^{2+}-Efflux* durch diese Kanäle handelt (Feher et al. 1989), deren Struktur und Funktion im vierten Kapitel beschrieben wurde. Für das „gelähmte" Myokard ist in diesem Zusammenhang lediglich von Bedeutung, daß die Kanäle des sarkoplasmatischen Retikulums, die normalerweise für ein kontrolliertes Ausströmen von Ca^{2+} aus dem Lumen des sarkoplasmatischen Retikulums in das Zytosol sorgen, schon nach einer nur einige Minuten dauernden Ischämie für Ca^{2+} dauernd durchlässig sind.

(d) Gleichzeitig kommt es zu einem geringfügigen, aber sig-nifikanten und dauernden Anstieg des Ca^{2+}-Gehalts im Zytosol (Ca^{2+}_i) (Tabelle 8.3), der sich mit der kernmagnetischen Resonanzspektroskopie leicht nachweisen läßt, und zwar zu einem Zeitpunkt, zu dem die gesamte Ca^{2+}-Konzentration im Gewebe noch unverändert ist (Jennings et al. 1985). Da dieser letztere Parameter unverändert bleibt, müssen die zusätzlichen, vor der Reperfusion im Zytosol angereicherten Ca^{2+}-Ionen (Abb. 8.4) aus einem intrazellulären Pool stammen. Dabei kommen verschiedene Quellen in Betracht, zum Beispiel das sarkoplasmatische Retikulum, die Mitochondrien und die H^+-induzierte Verdrängung von gebundenem Ca^{2+} (Langer und Nudd 1983, Blanchard und Solaro 1984, Allen und Orchard 1984) (Abb. 8.5). Das sarkoplasmatische Retikulum dürfte hier die bedeutendste Rolle spielen (Feher et al. 1989).

Tabelle 8.3. Nachweis der Anhebung des zytosolischen Ca^{2+}-Spiegels (Ca^{2+}_i) in der Anfangsphase der Ischämie

Modell	Ischämie (min)	Anstieg um das	Literatur
Rattenherz	9–15	5fache	Steenbergen et al. 1987
Frettchenherz	10–15	4fache	Marban et al. 1987
Kaninchenherz	3	3fache	Lee et al. 1988
Rattenherz	9–15	4fache	Watts et al. 1990

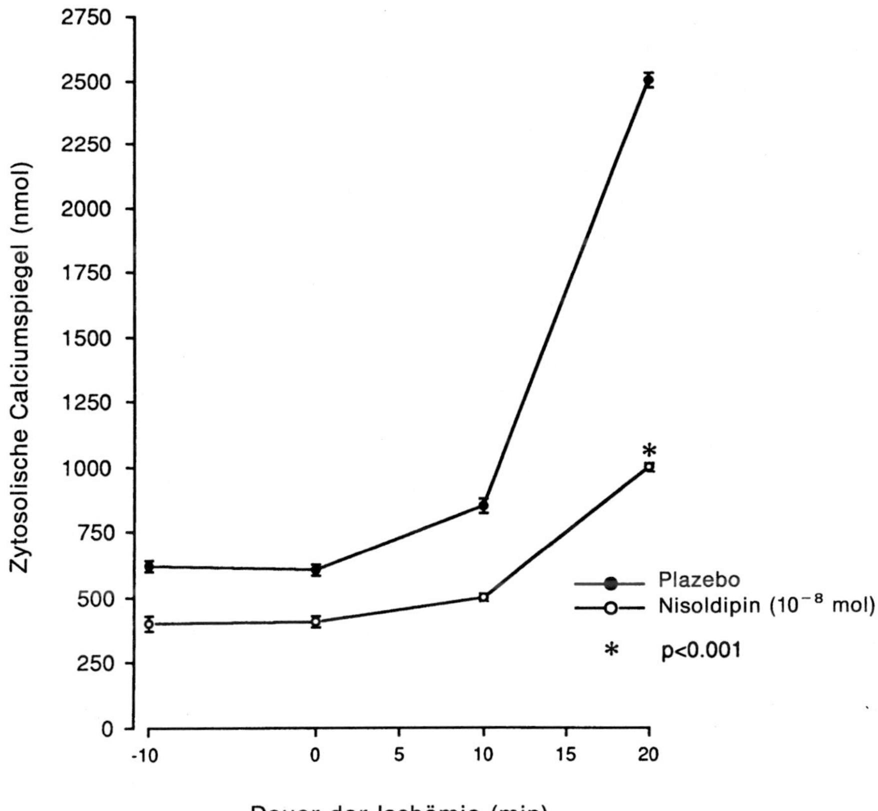

Abb. 8.4. Wirkung einer 20minutigen, globalen Ischämie, mit und ohne 10^{-8} mol Nisoldipin, auf die zytosolische Ca^{2+}-Konzentration (Ca_i^{2+}) im isolierten Rattenherzen. Die Ca^{2+}-Spiegel im Zytosol wurden mittels der NMR-Spektroskopie unter Verwendung von F-BAPTA als Perfusionsflüssigkeit gemessen. Die NMR-Spektren wurden über einen 7,5minutigen Zeitraum gemittelt. Bis zum Zeitpunkt 0 fand die Perfusion unter aeroben Bedingungen statt. Bei den zytosolischen Ca^{2+}-Spiegeln handelt es sich um Mittelwerte aus den systolischen und diastolischen Konzentrationen

VII. Die Ultrastruktur des Myokards läßt hingegen nur minimale Veränderungen erkennen (Jennings et al. 1990). Am auffälligsten ist vielleicht das Verschwinden der Glykogen-Partikel. Diese Veränderung war jedoch angesichts der Umstellung von einem aeroben auf einen anaeroben Stoffwechsel zu erwarten. Ferner kommt es zu einem geringfügigen Auftreten von wandständigem Chromatin des Zellkerns, zu einer ausgeprägten Erschlaffung der Myofibrillen und zu einer Schwellung einzelner Mitochondrien (Jennings et al. 1985). Im Vergleich zu den nach einer länger dauernden Ischämie zu beobachtenden Veränderungen haben wir es hier aber mit Vorgängen untergeordneter Bedeutung zu tun, die einer Erholung des Myokards nicht im Wege stehen dürften. Jedenfalls sind diese Erscheinungen reversibel.

Diese Verhältnisse herrschen also nach einer 10- bis 15minutigen Ischämie vor Freigabe der Strombahn und dem damit verbundenen Stunning des Herzens. Die maximale entwickelte Spannung ist zurückgegangen. Möglicherweise liegt überhaupt keine mechanische Aktivität mehr vor. Eine elektrische Aktivität ist hingegen immer noch vorhanden. Die Bestände an Adenosintriphosphat sind vermindert, aber nicht unbedingt erschöpft. Die Konzentrationen von anorganischem Phosphat, Mg^{2+}, H^+ und Ca^{2+} im Zytosol haben einen Anstieg zu verzeich-nen. Die Glykogen-Partikel sind zum Verschwinden gekommen. Abgesehen von wandständigem Chromatin des Zellkerns und einer Erschlaffung der Myofibrillen sind im Myokard keine wesentlichen Veränderungen der Ultrastruktur zu erkennen (Tabelle 8.5). Unter allen diesen Veränderungen hat der Anstieg des zytosolischen Ca^{2+}-Spiegels (Ca_i^{2+}) wahrscheinlich die größte Bedeutung. Diese letztere Erscheinung ist nämlich nicht nur vor einem Stunning zu beobachten. Über ähnliche Vorgänge wird auch bei Aufrechterhaltung der Perfusion und Verminderung des O_2-Angebots berichtet (Koretsune und Marban 1990 b). Die zugrunde liegenden Mechanismen müssen jedoch nicht identisch sein.

B. Myokardiales Stunning in der postischämischen Phase

Wenn die Strombahn nach einer relativ kurzen Ischämiedauer wieder geöffnet wird, kommt es zum Stunning des Herzens. Dabei herrschen die im folgenden beschriebenen Verhältnisse:

I.   Der Herzmuskel nimmt seine kontraktile Aktivität binnen kurzer Zeit wieder auf. (Abb. 8.1). In den ersten 1–2 Minuten erreicht die spannungserzeugende Aktivität der Myofibrillen oft die vor der Ischämie registrierten Werte, fällt dann aber auf 60–70% dieser Werte zurück. Gleichzeitig verringert sich die systolische Kontraktion der Muskelfasern und tritt auch verspätet ein. Wie bereits erwähnt, kann es Stunden und sogar Tage dauern, bis diese Kontraktionsstörung überwunden ist. Schließlich erreicht aber die spannungserzeugende Aktivität der Myofibrillen wieder die vor Beginn der Ischämie beobachteten Werte. Manchmal tritt die Erholung im Endokard besonders spät ein.

Tabelle 8.4. Verfahren zur Förderung der Kontraktionskraftdes „gelähmten" Herzens

Maßnahme	Literatur
Ca^{2+}-Zufuhr	Ito et al. 1987
	Kusuoka et al. 1987
Herzschrittmacher (Doppelstimulation)	Becker et al. 1986
Adrenalin	Przyklenk und Kloner 1987 b
β-adrenerge Stimulation	Bolli et al. 1985
Dopamin	Arnold et al. 1985
Pyruvat	Mentzer et al. 1989
Isoprenalin	Ambrosio et al. 1987

II. Gleichzeitig kommt es zu einer teilweisen Wiederauffüllung der ATP-Depots im Gewebe. Die Kreatinphosphat-Bestände werden in der Regel vollständig wiederhergestellt. Manchmal ist sogar eine überschießende Zunahme dieser Substanz zu beobachten (Abb. 8.2).

III. Lange vor der Erholung der myokardialen Kontraktilität, zeigen die intrazellulären Konzentrationen von P_i, Mg^{2+}, H^+ (Abb. 8.3) und Ca^{2+} (Marban et al. 1987) wieder die vor Beginn der Ischämie registrierten Werte.

Obgleich die Reperfusion letztendlich zur Wiederherstellung einer normalen Funktion des sarkoplasmatischen Retikulums führt, dauert es lange, bis es zur vollständigen Erholung kommt. Dies gilt sowohl für die Anreicherung von Ca^{2+}-Ionen als auch für die Aktivität der damit verbundenen Ca^{2+}-aktivierten ATPase (Limbruno et al. 1989, Krause et al. 1989). Die während der ischämischen Phase beobachteten, relativ geringfügigen Veränderungen der Ultrastruktur (Glykogen-Verarmung, leicht wandständiges Chromatin des Zellkerns, Schwellung einzelner Mitochondrien) kommen rasch zum Verschwinden (Jennings et al. 1985). Die Ultrastruktur hat sich demnach bereits normalisiert, während die myokardiale Kontraktilität immer noch vermindert ist.

Ein verringerter O_2-Stoffwechsel oder die Möglichkeit, daß die Mitochondrien noch nicht in der Lage sind, energiereiche Phosphate herzustellen, kommt als Erklärung für die fortdauernde mechanische Dysfunktion nicht in Betracht (Ambrosio et al. 1987, Headrick et al. 1990). Der basale Sauerstoffverbrauch kann leicht erniedrigt, unverändert oder sogar erhöht sein (Krukenkamp et al. 1986, Liedtke et al. 1988, Stahl et al. 1988). Der mittlere Sauerstoffverbrauch steht aber in einem ungünstigen Verhältnis zur Arbeitsleistung des Herzens

Tabelle 8.5. Wirkung einer 10- bis 15minutigen Ischämie und der anschließenden Reperfusion auf die Stoffwechsellage und die Funktion des Myokards

Parameter	Ischämie (bezogen auf die unter aeroben Verhältnissen ermittelten Kontrollwerte)	Postischämische Reperfusion (bezogen auf die unter aeroben Verhältnissen ermittelten Kontrollwerte)
ATP	↓↓↓↓	↓
Kreatinphosphat	↓↓↓↓	↑
P_i ↑	=	
Mg^{2+} ↑	=	
H^+ ↑	=	
Ca^{2+} ↑	=	
SR	↓	↓
T_{max} O	↓	
Herzleistung	↓↓	↓
Koronardurchblutung O		=

↓ bedeutet Verminderung, ↑ Erhöhung, = keine Veränderung, O außerhalb der Nachweisgrenze, $_i$ zytosolisch (oder intrazellulär).
P_i = anorganisches Phosphat, Mg^{2+}, H^+ und Ca^{2+} = Konzentrationen von freien Magnesium-, Wasserstoff- bzw. Calciumionen im Zellinnern. SR = sarkoplasmatisches Retikulum. T_{max} ist die Zeitspanne bis zum Eintreten einer maximalen entwickelten Spannung. ATP = Adenosintriphosphat.

(Laster et al. 1989), als ob das Herz beim Stunning nicht mehr in der Lage wäre, rationell zu arbeiten. Aber trotz der verminderten Spannungserzeugung im Myokard ist der Herzmuskel nach wie vor imstande, auf inotrope Impulse anzusprechen. Dabei kann es sich um die Zufuhr von Ca^{2+} (Ito et al. 1987, Kusuoka et al. 1987), um eine Doppelstimulation (Becker et al. 1986) und um die Verabreichung einer ganzen Reihe inotroper Pharmaka handeln, zum Beispiel um Dopamin und Adrenalin (Tabelle 8.4). Da der Herzmuskel auf alle diese Reize noch anspricht, muß man wohl davon ausgehen, daß die „gelähmten" wie auch die im Zustande der Hibernation (neuntes Kapitel) befindlichen Herzen sich noch eine kontraktile und metabolische Restkapazität bewahrt haben.

Zwei weitere Möglichkeiten, wie es zu einem Stunning kommen kann, sind in diesem Zusammenhang zu besprechen. Es stellt sich nämlich die Frage, ob die Koronargefäße nach wie vor durchgängig sind und ob die Erregungsbildung und -übertragung noch intakt ist. Die Antwort liegt auf der Hand:

I.   Bei der Reperfusion zeigt sich, daß die transmurale Koronardurchblutung gut erhalten ist (Jeremy et al. 1989). Größere No-Reflow-Bezirke lassen sich nicht nachweisen (Nayler et al. 1990a).
II. In der ischämischen Phase ist die Erregungsübertragung verlangsamt, transmembranäres Ruhepotential und Gesamtamplitude des Aktionspotentials sind verringert (Levine et al. 1987). Bei der Wiederdurchblutung kommen diese Veränderungen aber rasch zum Verschwinden. Deswegen ist es auch nicht vorstellbar, daß sie für die herabgesetzte Kontraktilität des Myokards in den ersten Stunden oder Tagen nach Öffnung der Strombahn verantwortlich sind.

Im allgemeinen finden sich also erhebliche kontraktile (Tabelle 4.5) und metabolische Restkapazitäten und eine gut funktionierende Koronardurchblutung. Ultrastruktur, Ionenbestand des Zytosols und Elektrophysiologie bieten ein relativ normales Bild. Warum kommt es dann überhaupt zum Stunning?

Mögliche Mechanismen des myokardialen Stunning

Rein theoretisch könnten folgende Mechanismen für die Entstehung des Stunning verantwortlich oder zumindest an seiner Entstehung beteiligt sein:

I.   Anomalien der Energieproduktion,
II.   Beeinträchtigung der Energieausnutzung,
III.   geringfügige Veränderungen der Ultrastruktur, die im Elektronenmikroskop nicht ohne weiteres erkennbar sind,
IV.   beeinträchtigte Durchblutung des Herzmuskels,
V.   abnormer Ca^{2+}-Strom,
VI.   durch Sauerstoffradikale vermittelte Kontraktionsstörung,
VII.   Fehlfunktion des sarkoplasmatischen Retikulums,
VIII. verminderte Sensitivität der Myofilamente gegen Ca^{2+}.

Wahrscheinlich ist das Stunning nicht nur auf einen dieser Mechanismen zurückzuführen. Manche kommen jedoch als Ursachen für seine Entstehung wohl kaum in Betracht.

Ist die Ursache in Anomalien der Energieproduktion zu suchen?

Diese Frage kann wohl verneint werden, und zwar aus verschiedenen Gründen: *Erstens* ist nicht in allen Fällen eine Parallelität zwischen den ATP-Konzentrationen und der Wiederherstellung der normalen Ventrikelfunktion zu erkennen (Glower et al. 1987), obwohl die ATP-Spiegel des gelähmten Myokards unter der Norm liegen und nur langsam in den Normbereich zurückkehren, wobei hinsichtlich des zeitlichen Verlaufs zuweilen ähnliche Verhältnisse herrschen wie bei der Wiederherstellung der Kontraktilität (Ellis et al. 1983). *Zweitens* liegt der Kreatinphosphat-Gehalt in solchen Fällen im Normbereich oder sogar darüber (Kloner et al. 1983) (Abb. 8.2), was darauf schließen läßt, daß die mitochondriale Phosphorylierungs-Aktivität intakt ist. *Drittens* sprechen solche Herzen auf die verschiedensten inotropen Stimuli an (Tabelle 8.4), ohne daß es zur Verarmung an ATP oder Kreatinphosphat kommt (Arnold et al. 1985). *Schließlich* führen auf eine Förderung der ATP-Synthese gerichtete Manipulationen nicht zu einer beschleunigten Erholung des gelämten Myokards (Hoffmeister et al. 1985).

Ist die Energieausnutzung beeinträchtigt?

Das ist ganz unwahrscheinlich, jedenfalls in bezug auf die Myofibrillen. Die Tatsache, daß die postischämische Funktionsstörung durch eine Vielfalt inotroper Stimuli beseitigt werden kann, spricht dafür, daß die Myofibrillen nach wie vor in der Lage sind, ATP über das myofibrilläre Enzym ATPase als Energiequelle für die Kontraktion zu nutzen und daß darüber hinaus noch eine erhebliche funktionelle Reserve erhalten ist. Trotzdem läßt sich nicht leugnen, daß der Herzmuskel im betroffenen Bereich aus mechanischer Sicht unrationell arbeitet (Stahl et al. 1988).

Liegt die Ursache in einer veränderten Ultrastruktur?

Auch diese Frage ist zu verneinen, da die tatsächlich beobachteten Veränderungen von untergeordneter Bedeutung sind und bei Einsetzen der Reperfusion rasch wieder zum Verschwinden kommen (Jennings et al. 1985). Bei rezidivierender Ischämie kann es zu leichten Schäden der extrazellulären Kollagen-matrix kommen (Zhao et al. 1987). Das ist aber kaum eine Erklärung für den Kontraktilitätsverlust. Die Wiederherstellung der Kollagensynthese läuft nämlich viel langsamer ab als die funktionelle Erholung des Myokards. In jedem Fall ist nur ein mäßiger Verlust von Kollagen zu verzeichnen (Charney et al. 1989).

Kommt es nach dem Öffnen der Strombahn zu einer angemessenen Durchblutung?

Manche Untersucher postulierten, daß möglicherweise durch Mikrothromben oder Leukozyten ausgelöste mikrovaskuläre Gefäßverschlüsse im Bereich der Koronararterien für die Entstehung des „gelähmten" Myokards mitverantwortlich sind (Engler und Covell 1987). Für diese Hypothese sprach die Beobachtung, daß sich die Kontraktilität durch Infusion von Papaverin oder Dipyridamol in supranormalen Konzentrationen normalisieren läßt (Stahl et al. 1986). Trotzdem dürfte eine Minderdurchblutung der Herzkranzgefäße keine entscheidende Rolle spielen. Im „gelähmten" Herzen ist vielmehr eine Durchblutungsreserve erhalten (Jeremy et al. 1989), und auf die Existenz von No-reflow-Bedingungen liegen keinerlei Hinweise vor (Nayler et al. 1990a). Selbst eine eventuelle Durchblutungsstörung gewisser Bereiche des Herzmuskels wäre nicht einfach mit einem Gefäßverschluß durch Mikrothromben oder Leukozyten zu erklären, weil Stunning ja auch bei Perfusion mit einem Kristalloid beobachtet wurde. Eine verstärkte Koronarperfusion hat wahrscheinlich den Vorteil, daß sie einen „Gartenschlauch-Effekt" auslöst, wobei es zur Dehnung der Sarkomeren kommt.

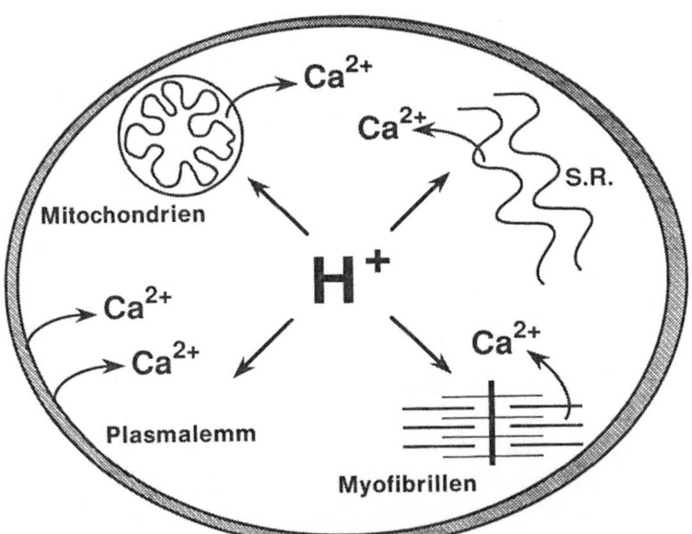

Abb. 8.5. Schematische Darstellung der intrazellulären Quellen, aus denen Ca^{2+} durch H$^+$ verdrängt werden kann. Da es unter ischämischen Bedingungen zu einem Anstieg des H$^+$-Spiegels im Zytosol kommt (Abb. 8.3), könnten diese Quellen zur Entstehung eines zytosolischen Ca^{2+}-Pools beitragen (Abb. 8.4)

Ist der Ca^{2+}-Einstrom zu gering?

Da Stunning mit einer lang anhaltenden, aber reversiblen Kontraktionsstörung verbunden ist, könnte man meinen, daß ein für die elektromechanische Kopplung von Muskelerregung und Muskelkontraktion zu geringer Ca^{2+}-Einstrom vorliegt. Das kann zuweilen der Fall sein. Allerdings haben die zyto-solischen Ca^{2+}-Konzentrationen (Ca$_i^{2+}$) unter Ischämie sogar einen *Anstieg* zu verzeichnen (Tabelle 8.3), was vermutlich zum Teil auf die verlangsamte Anreicherung von Ca^{2+} im sarkoplasmatischen Retikulum (Krause und Hess 1985) und auf die Durchlässigkeit dieser Zellorganelle für Ca^{2+}-Ionen zurückzuführen ist. Weitere Erklärungen für die erhöhten Ca$_i^{2+}$-Spiegel wären ein Einströmen von Ca^{2+} in das Zytosol im Austausch gegen Na$^+$ oder durch ein durchlässiges Sarkolemm sowie die Verdrängung von gebundenem Ca^{2+} durch H$^+$ (Abb. 8.5). Unabhängig von der jeweiligen Ursache steigen die zytosolischen Ca^{2+}-Konzentrationen sowohl zu Beginn der Ischämie (Tabelle 8.3, Abb. 8.4) als auch in den ersten Minuten nach Einsetzen der Wiederdurchblutung an (Marban 1991). Diese Verhältnisse sind insofern paradox, als die Kontraktilität des Herzmuskels trotz ausreichender Ca^{2+}-Spiegel, einer beinahe normalen Ultrastruktur, erheblicher metabolischer Restkapazitäten und vergleichsweise geringfügigen Veränderun-gen der Elektrophysiologie vermindert ist. Dies noch dazu unter Bedingungen, unter denen ein Gefäßverschluß durch Mikrothromben oder Leukozyten nicht in Betracht kommt.

Werden die Myofibrillen für Ca^{2+} relativ unempfindlich?

Dies dürfte durchaus möglich sein. Bekanntlich kommt es zu einer Desensibilisierung von Myozyten gegenüber Ca^{2+}, wenn sie erhöhten Konzentrationen dieses Ions ausgesetzt werden. Dabei entstehen ähnliche Zustände wie beim Stunning (Kitakaze et al. 1987, Kusuoka et al. 1990). Eine solche Desensibilisierung kann nicht auf einen kontinuierlichen Einfluß von angereichertem P$_i$ oder H$^+$ zurückzuführen sein, da sowohl P$_i$ als auch H$^+$ die maximale Ca^{2+}-aktivierte Muskelkraft und die Empfindlichkeit der Myofilamente gegen Ca^{2+} in chemisch enthäuteten Muskelpräparaten (Kentish 1986, Fabiato und Fabiato 1978) und intakten Herzen (Kusuoka et al. 1986) vermindern. Trotzdem kehren diese beiden Parameter bei der post-ischämischen Reperfusion rasch zur Norm zurück (Abb. 8.3), während gleichzeitig die Spannungsentwicklung immer noch eingeschränkt ist. Die Erhöhung der zytosolischen Ca^{2+}-Spiegel kommt nach Beginn der Wiederdurchblutung bald zum Verschwinden (Marban et al. 1987, 1990, Marban 1991). Zu diesem Zeitpunkt sind die Myofibrillen aber vermutlich bereits bis zu einem gewissen Grad gegenüber Ca^{2+} desensibilisiert, so daß das Stunning in Erscheinung tritt. Die genaue Ursache für die Ca^{2+}-Desensibilisierung der Myofibrillen ist nicht bekannt. In Anbetracht der langsamen Erholung könnte man annehmen, daß die Ursache in strukturellen Schäden zu suchen ist, die durch eine Aktivierung Ca^{2+}-abhängiger Proteasen oder Phospholipide zustande kommen. Da diese Schäden auch im Elektronenmikroskop nicht erkennbar sind handelt es sich wahrscheinlich um einen komplizierten und sehr kleinen Bestandteil des kontraktilen Apparats.

Kommen durch Sauerstoffradikale vermittelte Funktionsstörungen in Betracht?

Sauerstoff- und Hydroxylradikale dürften ebenfalls zur Entstehung des Stunning beitragen (Bolli et al. 1988, Bolli 1990). Für diese Annahme gibt es zumindest vier Gründe:

I.   Sauerstoff- und OH-Radikale werden unter ischämischen Bedingungen nur in geringen Mengen gebildet. Von größerer Bedeutung ist aber, daß es bei voller Wiederherstellung der Durchblutung zu einem sprunghaften Anstieg der Pro-duktion solcher Radikale kommt (Bolli 1990).
II. Sie bewirken eine direkte Abnahme der spannungserzeugenden Aktivität der Myofibrillen (Tabelle 8.6).
III. Sie beeinflussen zahlreiche Systeme, die direkt oder indirekt für die Regulierung der zytosolischen Ca^{2+}-Konzentrationen verantwortlich sind (Ta-

Tabelle 8.6. Sauerstoffradikale und die subzellulare Funktion des Myokards

Organelle	Wirkung der Sauerstoffradikalen	Literatur
Myofibrillen		
Spannungserzeugung	↓	Shattock et al. 1982 Burton et al. 1984 Jackson et al. 1986 Blaustein et al. 1986 Przyklenk et al. 1990
Sarkoplasmatisches Retikulum		
Ca^{2+}-Aufnahme/Wiederaufnahme von zytosolischem Ca^{2+}	↓	Rowe et al. 1983
Ca^{2+}-ATPase-Aktivität	↓	Tompson und Hess 1986
Sarkolemm		
Ca^{2+}-ATPase (befördert Ca^{2+} durch das Sarkolemm in den Extrazellulärraum)	↓	Kaneko et al. 1989
Na^+/K^+-ATPase (verhindert Anreicherung von Na^+)	↓	Kramer et al. 1984
$Na^+:Ca^{2+}$-Austauschmechanismus	↓	Reeves et al. 1986

Durch die veränderte Aktivität des sarkoplasmatischen Retikulums kommt es zu einer Verlangsamung der Wiederaufnahme von Ca^{2+} aus dem Zytosol. Im Bereich des Sarkolemms kommt es infolge der beeinträchtigten Ca^{2+}-ATPase-Aktivität zu einer Verlangsamung des Ca^{2+}-Auswärtstransports durch das Sarkolemm, was ebenfalls zur Anhebung der zytosolischen Ca^{2+}-Spiegel beiträgt. In die gleiche Richtung geht der Abfall der Na^+/K^+-ATPase-Aktivität: Die dadurch entstehende Anreicherung von Na^+ steht für einen Austausch gegen Ca^{2+} durch den $Na^+:Ca^{2+}$-Austauschmechanismus zur Verfügung. Dies alles führt schließlich zu einer Erhöhung der zytosolischen Ca^{2+}-Konzentrationen.

Tabelle 8.7. Sauerstoffradikalfänger und Inhibitoren der Bildung von Sauerstoffradikalen, welche die funktionelle Erholung des „gelähmten" Herzens fördern

Substanz	Literatur
Fängermoleküle für freie Radikale	
Superoxiddismutase und Katalase	Gross et al. 1986
	Buchwald et al. 1989
	Jeroudi et al. 1990
	Myers et al. 1985
N-2-Mercaptoproprionylglycin	Myers et al. 1986
Dimethylthioharnstoff	Bolli et al. 1987
Inhibitoren der Bildung freier Radikale	
Allopurinol	Headrick et al. 1990
Oxypurinol	Puett et al. 1987
Desferrioxamin	Farber et al. 1987

belle 8.6). Insgesamt läuft dies auf eine Anhebung dieser Konzentrationen hinaus.

IV. Substanzen, welche die Entstehung von Sauerstoffradikalen hemmen wie auch der Zusatz freier Radikalfänger schwächen die für das Stunning typische postischämische Funktionsstörung ab oder verhindern sie sogar. Einige der zu diesem Zweck verwendeten Substanzen sind in Tabelle 8.7 aufgeführt.

Ist das sarkoplasmatische Retikulum auch beteiligt?

Wie bei den Sauerstoffradikalen kann man sich auch beim sarko-plasmatischen Retikulum nicht der Auffassung verschließen, daß es an der Entstehung des Stunning beteiligt sein muß. Dies hat folgende Gründe:

I. Die Ca^{2+}-stimulierte, Mg^{2+}-abhängige ATPase, die für den Transport von Ca^{2+}-Ionen aus dem Zytosol in das Lumen des sarkoplasmatischen Retikulums verantwortlich ist, zeigt unter diesen Bedingungen eine verminderte Aktivität (Limbruno et al. 1989).

II. Durch die Ca^{2+}-Freisetzungskanäle findet ein verstärkter Auswärtstransport von Ca^{2+} statt (Krause et al. 1989). Ca^{2+} gelangt also durch die Freisetzungskanäle des sarkoplasmatischen Retikulums in das Zytosol.

Myokardiales Stunning – ein multifaktorielles Ereignis

Wir haben uns also mit den Vorgängen befaßt, die *theoretisch* zur Entstehung des „gelähmten" Herzens beitragen könnten. Einige von ihnen kommen wohl nicht in Betracht oder spielen nur eine untergeordnete Rolle. Mangelhafte Muskelerregung und unzureichende Bereitstellung von Energie (ATP) für die Muskelkontraktion, schwerwiegende ultrastrukturelle Schäden, Schädigung oder Verschluß der Mikrogefäße, Hemmung der Spannungserzeugung durch die unter ischämischen Bedingungen angereicherten H^+-, P_i- und Mg^{2+}-Ionen, kein ausreichendes Ca^{2+}-Angebot für die Kopplung von Muskelerregung und Muskelkontraktion sind alles theoretisch mögliche Ursachen, die jedoch aus dem einen oder anderen Grund (Tabelle 8.8) heute außer acht gelassen werden können oder denen allenfalls eine untergeordnete Rolle zukommt.

Damit bleiben noch drei Hauptursachen:

I.   die durch eine Ca^{2+}-Überladung verminderte Empfindlichkeit der Myofibrillen gegen Ca^{2+}-Ionen (Kitakaze et al. 1987),
II. durch freie Radikale vermittelte Schäden (Bolli 1990),
III. eine Beeinträchtigung der Funktion des sarkoplasmatischen Retikulums (Rowe et al. 1983, Thompson et al. 1986).

Die drei möglichen Ursachen des Stunning sind nicht in einer ihrer Bedeutung entsprechenden Reihenfolge aufgeführt, weil sie sich gegenseitig nicht ausschließen. Vermutlich tragen sie alle drei zu den Vorgängen bei, die letztendlich zum vorübergehenden Verlust der Kontraktionskraft des Herzens führen. Durch eine Überladung des Zytosols mit Ca^{2+}-Ionen kommt es zum Beispiel zu einer gesteigerten Bildung von Sauerstoffradikalen (McCord 1985).

Tabelle 8.8. Mögliche Ursachen des myokardialen Stunning

Mögliche und wahrscheinliche Ursachen
1. Verminderte Empfindlichkeit der Myofibrillen gegen Ca^{2+}
2. Durch Sauerstoffradikale vermittelte Schäden
3. Fehlfunktion des sarkoplasmatischen Retikulums

Unwahrscheinliche, aber mögliche Ursachen
1. Ultrastrukturelle Schäden kommen kaum in Betracht. Veränderungen der Ultrastruktur kommen jedenfalls rasch wieder zum Verschwinden.
2. Mangelhafte Muskelerregung: Das Aktionspotential erfährt nur minimale Veränderungen, die bei der Wiederdurchblutung verschwinden.
3. Unzureichende Bestände an Ca^{2+} für die Kopplung von Muskelerregung und Muskelkontraktion. In den ersten Phasen der Reperfusion sind jedoch hohe *zytosolische Ca^{2+}-Spiegel* zu beobachten.
4. Minderdurchblutung, möglicherweise infolge von Gefäßverschlüssen durch Neutrophile, Vasospasmen oder Gefäßschäden. Solche Anomalien sind jedoch nicht immer vorhanden.
5. Hemmung der Kopplung von Muskelerregung und -kontraktion durch im Zellinnern angereichertes P_i, H^+ oder Mg^{2+}. Diese Ionen werden aber nach dem Öffnen der Strombahn binnen kurzer Zeit wieder aus dem Zellinnern entfernt.
6. Beeinträchtigte Energieausnutzung durch die Myofibrillen. Die „gelähmten" Herzen verfügen über ausreichende funktionelle Reserven. Dies ist daraus zu schließen, daß sie auf inotrope Stimuli ansprechen.
7. Unzureichende Energieproduktion. Die Herzen sprechen aber auf inotrop wirksame Präparate und Reize an, *ohne* daß es zu einer weiteren Verminderung ihrer ATP- und Kreatinphosphat-Bestände kommt.
8. Schädigung der Kollagenmatrix. Solche Schäden würden allenfalls bei wiederholtem Auftreten einer kurzzeitigen Ischämie als Ursache in Betracht kommen.
9. Beeinträchtigung der durch das sympathische System vermittelten nervalen Antwort. Dies kann keine wichtige Rolle spielen, weil sogar denervierte Herzen bei Reperfusion im Anschluß an eine vorübergehende Ischämie die Erscheinung des Stunning zeigen.

Dies führt zu Lipidperoxidation und Membranschäden und damit zu einer weiteren Erhöhung des zytosolischen Ca^{2+}-Spiegels, wenn diese Schäden auch das sarkoplasmatische Retikulum erfassen (Abb. 8.6). Das gleiche gilt auch für das Sarkolemm, dessen Durchlässigkeit gegenüber Ca^{2+}-Ionen ebenfalls im Gefolge einer Lipidperoxidation durch Sauerstoffradikale gesteigert wird (Kutryk et al. 1991). Ferner kommt es infolge eines günstigen Ca^{2+}-Gradienten noch zum verstärkten Einstrom von Ca^{2+}-Ionen aus dem Extrazellulärraum in das Zytosol.

Bis heute gibt es keine gesicherte Erklärung für den Zusammenhang zwischen einer erhöhten Ca^{2+}-Konzentration im Zytosol und einer Desensibilisie-

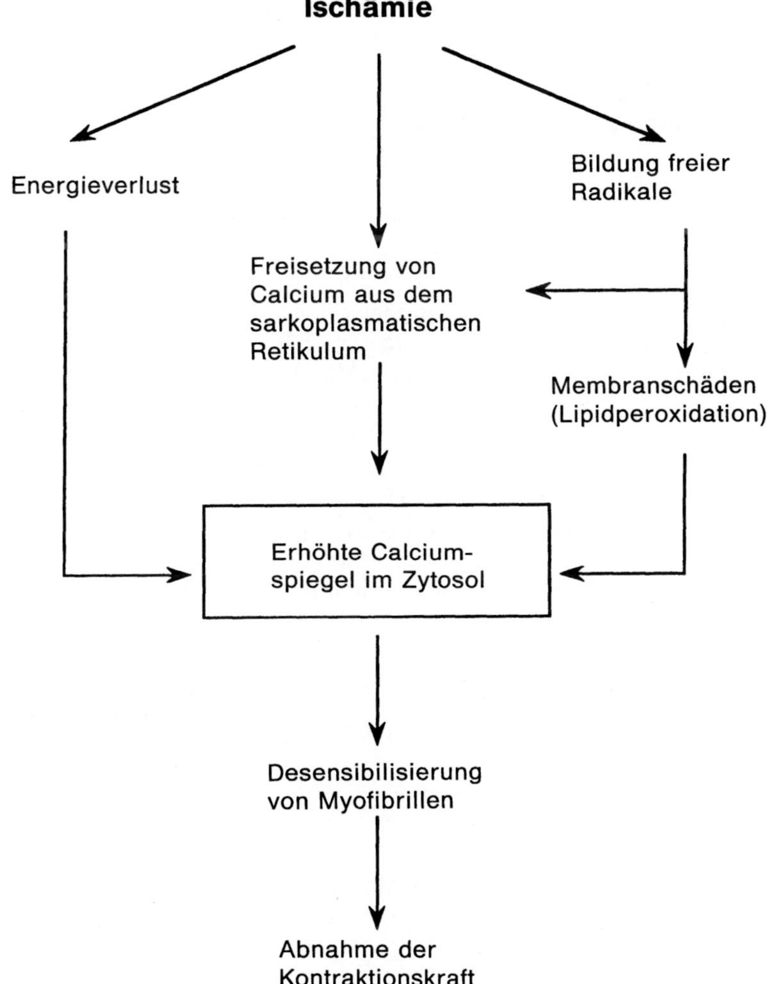

Abb. 8.6. Schematische Darstellung einer eventuellen Beteiligung freier Sauerstoffradikale sowie der verstärkten Freisetzung von Calcium aus dem sarkoplasmatischen Retikulum und erhöhter Ca^{2+}-Spiegel im Zytosol an der Entstehung des myokardialen Stunning

rung der Myofibrillen gegenüber diesen Ionen. Vorstellbar wäre, daß die vorübergehende Ca^{2+}-Überladung der Zelle Ca^{2+}-sensitive Proteasen aktiviert und damit die Proteolyse eines oder mehrerer Bestandteile der kontraktilen Proteine fördert (Marban 1991). Eine denkbare Hypothese wäre auch, daß die Membran des sarkoplasmatischen Retikulums durch Sauerstoffradikale, durch Ca^{2+}-aktivierte Proteasen wie Calpain II (Rardon et al. 1990) oder durch Phospholipasen angegriffen wird.

Wenn eine vorübergehende Ca^{2+}-Überladung bei der Entstehung des „gelähmten" Myokards eine entscheidende Rolle spielt, müßten Substanzen, welche die ischämiebedingte Erhöhung des zytosolischen Ca^{2+}-Spiegels direkt oder indirekt abschwächen, eine Schutzwirkung ausüben, ebenso wie Substanzen, welche die durch Sauerstoffradikale hervorgerufenen Schäden in Grenzen halten.

Calciumantagonisten und das „gelähmte" Myokard

Wenn Ca^{2+}-Ionen an der Entstehung des myokardialen Stunning beteiligt sind, stellt sich die Frage, ob Calciumantagonisten als Schutzstoffe eingesetzt werden könnten. Diese Möglichkeit war in den letzten Jahren Gegenstand intensiver Forschungsarbeiten. Wenn die Wiederherstellung der Kontraktionskraft das Kriterium für eine solche Schutzwirkung ist, kann Nifedipin (Lamping und Gross 1985, Przyklenk und Kloner 1987a, Przyklenk et al. 1989), Verapamil (Przyklenk und Kloner 1988) und Diltiazem (Watts et al. 1990), also den Prototypen der Calciumantagonisten, eine Wirksamkeit bescheinigt werden. Dies gilt offenbar sogar für den Fall, daß die Behandlung erst bei der Reperfusion aufgenommen wird (Przyklenk und Kloner 1988, Przyklenk et al. 1989). Die zweite Generation der Calciumantagonisten, zum Beispiel Nisoldipin (Abb. 8.7), erwies sich als ebenso wirksam.

An der Schutzwirkung der Calciumantagonisten könnten zumindest vier Mechanismen beteiligt sein:

I.   Durch ihre energiesparende Wirkung schwächen die Calcium-antagonisten den ischämiebedingten Anstieg der zytosolischen Ca^{2+}-Spiegel ab, indem sie die für das Auspumpen von Ca^{2+}-Ionen erforderlichen ATP-Bestände erhalten. Dabei kann Ca^{2+} entweder aus dem Zytosol in das sarkoplasmatische Retikulum oder durch das Sarkolemm in den Extrazellulärraum transportiert werden. Nisoldipin erzielt zum Beispiel einen solchen Effekt (Abb. 8.4).

II. Durch Hemmung des Ca^{2+}-Einstroms durch die langsamen Ca^{2+}-Kanäle wird die ischämiebedingte Überladung des Zytosols mit Ca^{2+}-Ionen insoweit eingeschränkt, als sie durch einen übermäßigen Influx durch solche Kanäle zustande kommt.

III. Im blutdurchströmten Herzen könnten Calciumantagonisten durch Thromben ausgelösten Gefäßverschlüssen entgegenwirken und eine Erweiterung der Koronargefäße herbeiführen. Durch einen solchen Effekt

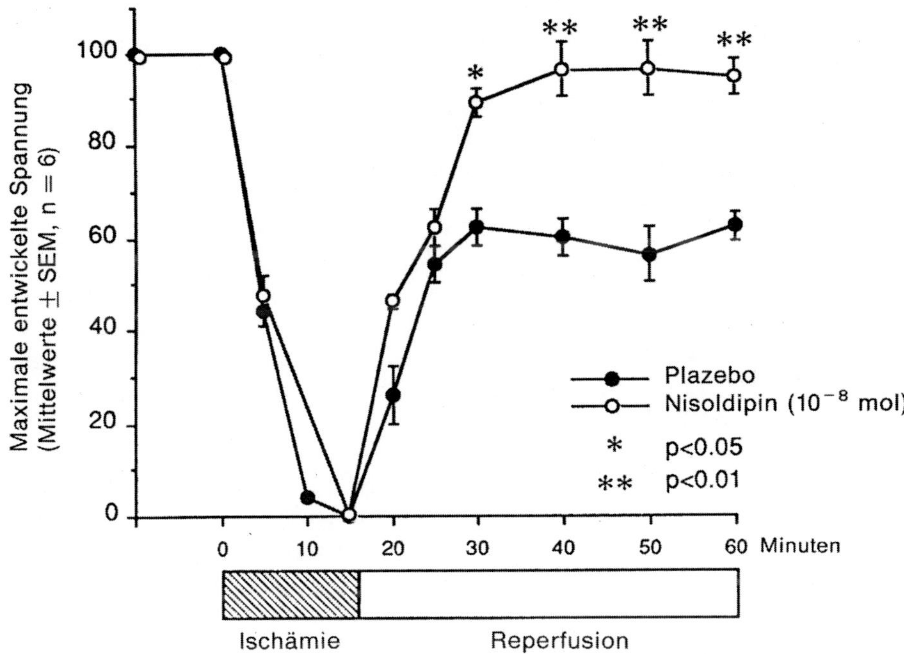

Abb. 8.7. Wirkung von 10^{-8} mol Nisoldipin auf die Wiederherstellung der Kontraktionskraft des isolierten Rattenherzens. Durch 15minutige, globale Ischämie bei 37 °C wurde ein myokardiales Stunning ausgelöst. Man beachte die funktionelle Erholung unter dem Einfluß von Nisoldipin, das vor Eintreten der Ischämie zugesetzt wurde

könnte der Bereich, in dem die Gefahr der Auslösung eines Stunning besteht, reduziert werden.

IV. Manche Calciumantagonisten, insbesondere die der zweiten Generation, wirken als Antioxidanzien (sechstes Kapitel) und dürften damit lipidhaltige Membranen vor Schäden durch Sauerstoffradikale schützen (Janero und Burchardt 1989). Solche Schäden sind auch mit einer gesteigerten Durchlässigkeit für Ca^{2+}-Ionen verbunden (Kutryk et al. 1991).

Zusammenfassung

1. Im Zusammenhang mit dem Herzen wird der Begriff „Stunning" zur Beschreibung einer langsam reversiblen Kontraktionsstörung verwendet, die bei der Reperfusion nach einer relativ kurzzeitigen Ischämie eintritt.

2. Diese vorübergehende Ventrikelfunktionsstörung ist nicht mit ultrastrukturellen Schäden, erheblichen elektrophysiologischen Störungen oder einem anhaltenden Energieverlust vergesellschaftet.

3. Das „gelähmte" Herz spricht auf inotrope Stimuli an, was darauf schließen läßt, daß noch eine kontraktile und metabolische Restkapazität vorliegt.

4. Die verminderte Ventrikelkontraktion ist wahrscheinlich auf eine anhaltende Erhöhung der zytosolischen Ca^{2+}-Konzentrationen zurückzuführen, die eine Desensibilisierung der Myofibrillen gegenüber Ca^{2+} mit sich bringt. Für diese Erhöhung verantwortliche Faktoren sind zum Beispiel durch Sauerstoffradikale herbeigeführte Veränderungen der Membranpermeabilität, eine Erschöpfung der Energiereserven und eine abnorm hohe Durchlässigkeit des sarkoplasmatischen Retikulums.

5. Eine Schutzwirkung gegen das Stunning kann von O_2-Radikalfängern und Calciumantagonisten ausgehen. Calciumantagonisten bewirken eine Herabsetzung der zytosolischen Ca^{2+}-Spiegel. Damit wird die Ca^{2+}-induzierte Desensibilisierung der Myofibrillen auf ein Mindestmaß eingeschränkt.

6. Die Schutzwirkung der Calciumantagonisten gegen die Entstehung eines Stunning beruht wahrscheinlich auch auf einem energiesparenden Effekt, der mit einem Einfluß auf die peripheren Gefäße, einer direkten Hemmung des Ca^{2+}-Einstroms, einer Koronargefäßerweiterung und in manchen Fällen auch mit dem Schutz vor Schäden durch Sauerstoffradikale zusammenhängt. Einige dieser Schutzmechanismen kämen bei der prophylaktischen Anwendung dieser Pharmaka zur Geltung, andere wären bei der Reperfusion von größerer Bedeutung.

9 Calciumantagonisten und die Hibernation des Myokards

> „Ich mag jetzt gar nicht daran denken. ...
> Morgen denke ich daran."
>
> Scarlett O'Hara in „Vom Winde verweht",
> von MARGARET MITCHELL

Wie im achten Kapitel bereits erwähnt, kann die myokardiale Ischämie zumindest drei Folgezustände hervorrufen:

I.   den *Myokardinfarkt*, der nach einer länger dauernden Ischämie eintritt und einen *irreversiblen* Verlust der Kontraktionsfähigkeit sowie Zelluntergang und Gewebsnekrose mit sich bringt (Jennings et al. 1990);

II. das myokardiale *Stunning*, das durch eine lang anhaltende, aber *reversible* Beeinträchtigung der kontraktilen Funktion im Gefolge einer Ischämie gekennzeichnet ist (Kloner et al. 1989, Marban 1991);

III. die *Hibernation* (Rahimtoola 1985, 1989) (Abb. 9.1).

Das vorliegende Kapitel ist der Hibernation gewidmet.

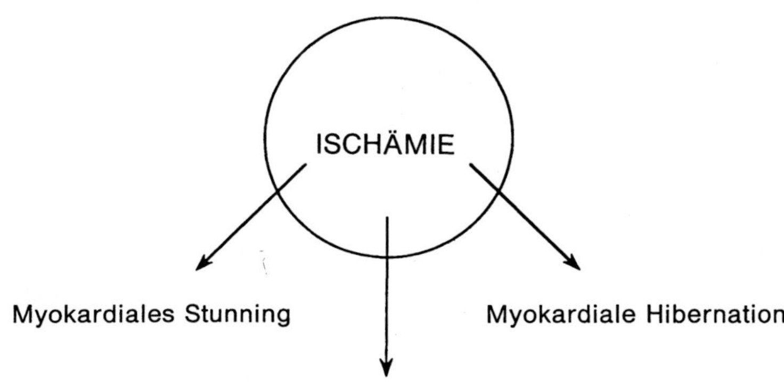

Abb. 9.1. Schematische Darstellung der drei möglichen Folgezustände einer Ischämie des Herzmuskels

Myokardiale Hibernation

Im Zusammenhang mit dem Säugetierherzen wird eine *lang anhaltende Kontraktionsstörung im Gefolge einer chronischen Minderdurchblutung der Herzkranzgefäße* als „Hibernation" bezeichnet (Rahimtoola 1989). Zu den häufigsten Ursachen gehört wahrscheinlich eine atherosklerotisch bedingte Lumenverengerung eines Hauptstamms der Koronararterien. Die Hibernation kann aber auch durch andere Ursachen entstehen, zum Beispiel durch eine geringgradige Reststenose nach einer thrombolytischen Therapie (Marshall et al. 1990) und durch eine mißlungene Angioplastie.

Obwohl Hibernation und Stunning auf unterschiedliche Weise zustande kommen, haben diese beiden Zustände gemeinsame Merkmale. So lassen sich zum Beispiel in keinem Fall Gewebsschädigungen oder lang anhaltende elektrophysiologische Störungen nachweisen (Tabelle 9.1). Die Kontraktionsstörung ist stets reversibel (Kloner et al. 1989). Trotzdem müssen Hibernation und Stunning auseinandergehalten werden. *Das myokardiale Stunning ist nämlich ein postischämisches Ereignis, das nach einer kurzzeitigen Ischämie bei der Wiederherstellung der koronaren Durchblutung eintritt* (Abb. 9.2, Tabelle 9.1), *während das Herz bei der Hibernation eine chronische, aber nur geringgradige Minderdurchblutung zeigt.* Bei der Hibernation haben wir es also mit einem ischämischen Herzen zu tun, wobei die Durchblutung der Koronararterien nicht so stark reduziert ist, daß es bei der Reperfusion zu einer dauerhaften Fehlfunktion oder zu einer letalen Schädigung kommt (Rahimtoola 1989, Braunwald und Rutherford 1986). Die Reaktion der Myozyten auf diese Si-

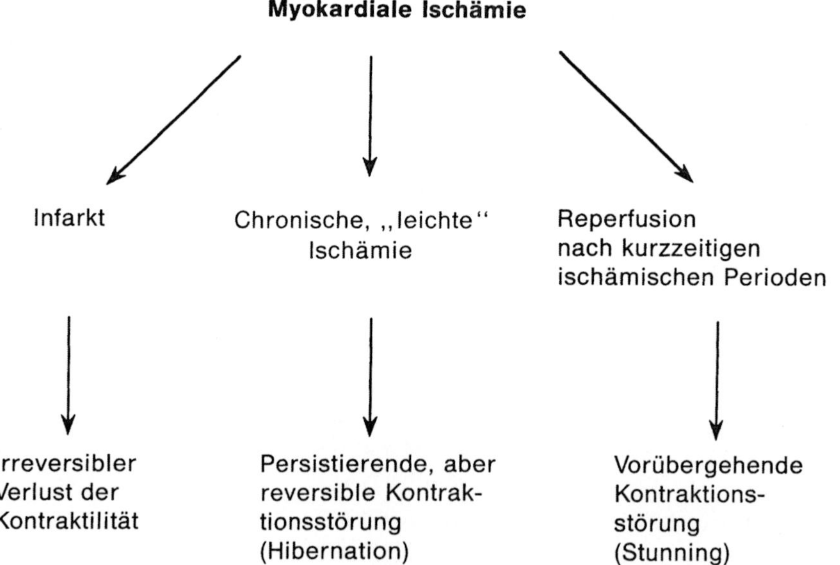

Abb. 9.2. Schematische Darstellung der Unterschiede in der Ätiologie von Myokardinfarkt, Hibernation und Stunning

Tabelle 9.1. Vergleich zwischen Stunning und Hibernation

	Stunning	Hibernation
Zeitpunkt des Auftretens	Nach der Ischämie	Unter Ischämie
Schädigung der Myozyten	Keine	Keine
Anhaltende elektrophysiologische Störungen	Keine	Keine
Durchblutung der Koronargefäße	Wieder hergestellt	Eingeschränkt
Dauer der Kontraktionsstörung	Stunden oder Tage	Monate oder Jahre
Reversibilität	Langsam reversibel	Sofort reversibel

tuation läßt sich vielleicht am besten als eine Verringerung der kontraktilen Aktivität beschreiben. Es handelt sich gleichsam um den Versuch, Energieverbrauch und Energieangebot miteinander in Einklang zu bringen.

Ganz allgemein haben wir es also bei der Hibernation miteinem chronischen ischämischen Ereignis zu tun, das durch Wiederherstellung der Durchblutung zum Verschwinden gebracht werden kann (Abb. 9.2), während Stunning einen akuten, durch die postischämische Reperfusion ausgelösten Vorgang bezeichnet (achtes Kapitel).

Ist die myokardiale Hibernation ein Anpassungsprozeß?

Eine zweckbestimmte Argumentation ist zwar aus der Mode gekommen, kann aber trotzdem nützlich sein. Aus teleologischer Sicht ist die Fähigkeit der Myozyten, ihre Kontraktilität als Reaktion auf eine Minderdurchblutung einzuschränken, als Anpassungsprozeß zu betrachten, der die Überlebenschancen des Organismus erhöht. Je länger sich Energieverbrauch und Energieangebot die Waage halten, desto später treten letale Schäden auf. Rahimtoola (1989) prägte für dieses Mangeldurchblutungs-Syndrom den Begriff Hibernation. Dieser Autor brachte wiederholt zum Ausdruck, daß es sich hier um eine Selbsterhaltungs-Reaktion handelt (wenig Blut, wenig Arbeit).

Wahrscheinlich hat er recht. Sicher ist jedenfalls, daß dieser Zustand ohne weiteres und binnen kurzer Zeit reversibel ist. Dazu ist lediglich die Normalisierung der Koronardurchblutung erforderlich, zum Beispiel durch Revaskularisierung im Rahmen einer Bypass-Operation (Chatterjee et al. 1973, Brundage et al. 1984), durch Laser-Chirurgie oder Ballondilatation (Litvack et al. 1988).

Diagnose der Hibernation des Myokards

Chronische Minderdurchblutung und persistierende Kontraktionsstörungen, die beiden Hauptmerkmale der myokardialen Hibernation, sind nicht nur ohne weiteres reversibel, sondern auch leicht zu erkennen. Dies ist insofern ein glücklicher Umstand, als die zu einer Beeinträchtigung der Förderleistung des

Tabelle 9.2. Methoden zur Diagnose einer myokardialen Hibernation

Verfahren	Prinzip
1. Verabreichung von Nitroglyzerin oder Isosorbiddinitrat	Verringerter myokardialer O_2-Verbrauch
2. Verabreichung von Adrenalin oder post-extrasystolische Potenzierung	Nachweis einer kontraktilen und metabolischen Restkapazität
3. Positronenemissionstomographie	Fortbestand des Stoffwechselgeschehens trotz Mangeldurchblutung
4. Zweidimensionale Echokardiogrophie oder Radionuklidventrikulographie	Anomalie der Wandbewegung Verlangsamte Ventrikelentleerung

Herzens und sogar zu Herzinsuffizienz führenden Störungen beseitigt werden können, wenn sie einmal diagnostiziert sind. Die Kontraktionsstörung oder, genauer gesagt, die durch sie hervorgerufene, regionale Wandanomalie, läßt sich auf verschiedene Art darstellen (Tabelle 9.2). So bieten sich zum Beispiel die Angiokardiographie, die Radionuklidventrikulographie und die zweidimensionale Echokardiographie an. Noch leichter ist die chronische Durchblutungsstörung, die andere Komponente des Syndroms, nachzuweisen (Tabelle 9.2). Hier kommen normalerweise folgende Methoden zum Einsatz:

I.   Positronenemissionstomographie als bildgebendes Verfahren, unter Verwendung von ^{13}N-Ammoniak oder Rubidium-82 als Markierungssubstanzen.

II. Überwachung der Rückbildung der regionalen Wandanomalie (oder -asynergie) nach Verabreichung von Nitroglyzerin zur Herabsetzung des myokardialen O_2-Verbrauchs (McAnulty et al. 1975, Bodenheimer et al. 1976, 1978, Banka et al. 1976) oder koronare Revaskularisierung zur Verbesserung der Perfusion der Herzkranzgefäße (Chatterjee et al. 1972, Breisblatt et al. 1986, 1990).

III. Verabreichung von Substanzen mit positiv-inotroper Wirkung (Klausner et al. 1976, Massie et al. 1978, Nesto et al. 1982) oder Herbeiführung einer postextrasystolischen Potenzierung (Morton et al. 1978) zum Nachweis einer kontraktilen und metabolischen Restkapazität und zum Ausschluß einer letalen Schädigung.

IV. Alternativ kann zur Überwachung einer verzögerten Ventrikelentleerung auch die Radionuklidventrikulographie herangezogen werden (Fernandes et al. 1991).

Wenn es sich bei der myokardialen Hibernation um eine Hypokinesie handelt, die auf eine lang anhaltende Minderdurchblutung zurückzuführen ist, stellen sich folgende drei Fragen:

I.   Kommen solche Zustände in der Klinik vor und wenn ja, unter welchen Bedingungen?

II. Welche Ursachen sind für die verringerte Kontraktilität verantwortlich?

III. Welche therapeutischen Maßnahmen kommen in Betracht? Haben insbesondere die Calciumantagonisten der zweiten Generation oder ihre Prototypen Erfolgsaussichten?

Tabelle 9.3. Klinische Zustände, die zur Entstehung einer myokardialen Hibernation führen können

Klinischer Befund	Literatur
Instabile Angina pectoris	Chierchia et al. 1983
Postinfarktsyndrom	Schuster et al. 1981
Chronisch stabile Angina pectoris	Rankin et al. 1985
Linksventrikeldysfunktion unbekannter Ursache	Akins et al. 1980
Stumme Ischämie	Kannel 1989
Kardiale Ischämie des Neugeborenen	Downing und Chen 1990

Myokardiale Hibernation in der Klinik

Zumindest bei vier klinischen Zuständen kann man davon ausgehen, daß bei Patienten mit koronarer Herzkrankheit eine myokardiale Hibernation vorliegt. In Betracht kommen die instabile und die chronisch stabile Angina pectoris, das Postinfarktsyndrom und die stumme Ischämie.

I. *Instabile Angina pectoris*
    Patienten mit instabiler Angina pectoris zeigen oft schon ohne Belastung eine Beeinträchtigung der Wandbewegung. Im EKG sind geringfügige ST-T-Veränderungen zu erkennen, die nicht mit Schmerzen einhergehen (Chierchia et al. 1983). Ferner liegt eine unzureichende Koronardurchblutung vor. Man kann daher annehmen, daß einige Bezirke des Myokards von einer Hibernation betroffen sind.

II. *Chronisch stabile Angina pectoris*
    Bei etwa einem Drittel aller Patienten mit chronisch stabiler Angina pectoris kommt es nach einer aortokoronaren Bypass-Operation fast sofort zu einer Besserung und Stabilisierung der Wandbewegung des linken Ventrikels (Rankin et al. 1985). Auch hier könnte in einigen Bereichen des Myokards eine Hibernation vorliegen oder zumindest vor der Bypass-Operation und der damit verbundenen Wiederherstellung der Durchblutung vorhanden gewesen sein (Tabelle 9.3).

III. *Postinfarktsyndrom*
    Der akute Myokardinfarkt betrifft in der Regel eine Vielzahl von Gefäßen. Während der infarzierte Bereich genau abgegrenzt werden kann, kommt es in der Umgebung häufig zu Anomalien der Wandbewegung (Schuster et al. 1981). Auch hier kann es sich sehr wohl um hibernierendes Gewebe handeln.

IV. *Stumme Ischämie*
    Auch in dieser Gruppe sind Anomalien der Wandbewegung des linken Ventrikels und eine beeinträchtigte Koronardurchblutung festzustellen. Diesen Vorgängen liegt in der Regel die Entstehung einer atherogenen Läsion zugrunde. Da solche Patienten bis zum Eintreten eines Gefäßverschlusses im Spätstadium beschwerdefrei bleiben und Ischämie-Zeichen im EKG nicht zu erkennen sind, bleibt eine Hibernation des Myokards oft unbeachtet. Diese klinischen Zustände, unter denen es fast sicher zu einer

Hibernation einiger Bezirke des Myokards kommt, wurden nur als Beispiel angeführt, um zu zeigen, daß wir es hier nicht mit einer im Labor provozierten Kuriosität, sondern mit einem klinisch nachweisbaren Syndrom zu tun haben. Das gleiche gilt ja auch für das Stunning (achtes Kapitel). Die obige Aufstellung von zugrunde liegenden Erkrankungen erhebt keineswegs einen Anspruch auf Vollständigkeit. Auch das ischämische Herz des Neugeborenen leidet wahrscheinlich an einer Hibernation (Downing und Chen 1990).

Mögliche Ursachen einer Abnahme der Kontraktionskraft

Definitionsgemäß leidet das Herz im Zustande der Hibernation lediglich an einer chronischen Mangeldurchblutung. Dies führt letztendlich zu einer Hypokinesie der Ventrikelwand, nicht aber zum Infarkt, es sei denn, daß die zugrunde liegende Durchblutungsstörung eine Verschlimmerung erfährt. Im Bereich der Zelle kommen als Ursache für den hypokinetischen Zustand verschiedene Faktoren in Betracht:

I.   die Auswirkungen der Minderdurchblutung auf den Stoffwechsel,
II. die physikalischen Folgeerscheinungen der mit der Durchblutungsstörung verbundenen Herabsetzung des koronaren Perfusionsdrucks, ähnlich wie beim „Gartenschlauch-Effekt" (Arnold et al. 1968),
III. Veränderungen der Ionen-Homöostase im Zellinnern,
IV. eine mangelhafte Kopplung von Muskelerregung und Muskelkontraktion.

Auswirkungen der Mangeldurchblutung auf den Stoffwechsel

Die Auswirkungen einer lang anhaltenden Mangeldurchblutung auf den Stoffwechsel lassen sich in zwei Hauptgruppen unterteilen (Abb. 9.3): Beeinträchtigung der Energieproduktion infolge eines unzureichenden Substrat- und Sauerstoffangebots und Verlangsamung der Beseitigung von Metaboliten. Theoretisch könnte jede dieser Erscheinungen für sich oder auch beide zusammen zur Entstehung der myokardialen Hypokinesie beitragen. Eine mangelhafte Bereitstellung von Energie zur Deckung des mit der Ventrikelkontraktion verbundenen Energiebedarfs ist anscheinend die naheliegendste Erklärung für die verminderte Kontraktionskraft. Allerdings ist eine solche Erklärung aus folgenden Gründen nicht mehr vertretbar:

I.   Nach Verabreichung von Nitroglyzerin (Helfant et al. 1974) sowie im Gefolge einer Revaskularisierung (Chatterjee et al. 1972, 1973) und als Antwort auf einen positiv-inotropen Reiz (Dyke et al. 1974, Horn et al. 1974) kommt es zu einer raschen Beseitigung des hypokinetischen Zustands. Dies läßt darauf schließen, daß das von der Hibernation betroffene, hypokinetische Herz noch über erhebliche metabolische und funktionelle Restkapazi-

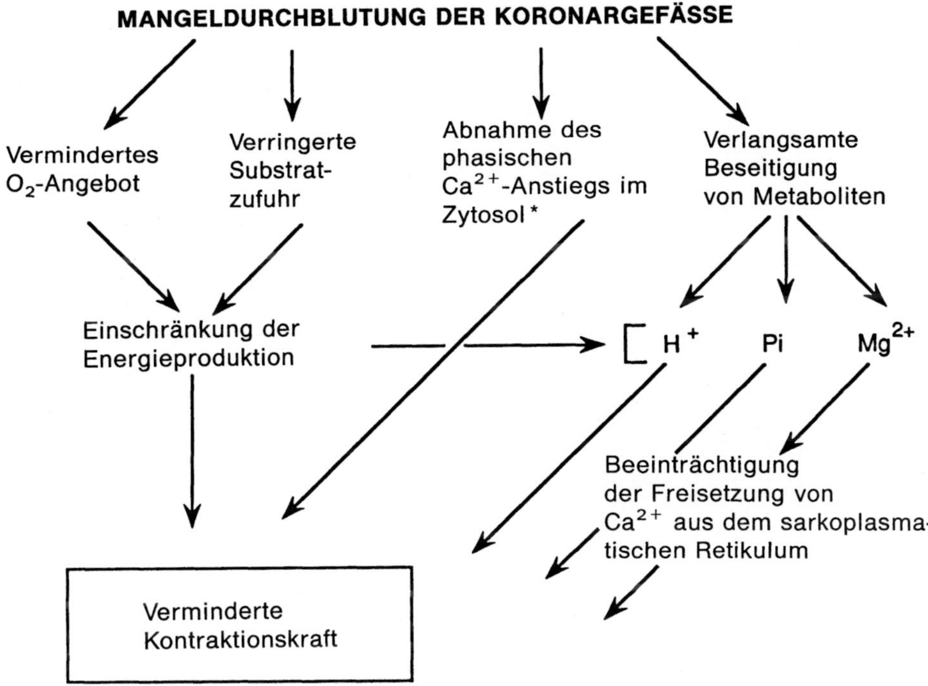

Abb. 9.3. Schematische Darstellung der möglichen Folgeerscheinungen einer chronischen Mangeldurchblutung der Koronargefäße. Die weitgehend für die Entstehung der als Hibernation bezeichneten Kontraktionsstörungen verantwortlichenReaktionen wurden mit * gekennzeichnet

täten verfügen muß, die aber aus irgendeinem Grund erst nach einem bestimmten Stimulus genutzt werden.

II. Die NMR-Spektroskopie (Marban 1991) brachte keinen Hinweis auf eine signifikante Stoffwechselentgleisung oder auf ischämiebedingte Veränderungen des Stoffwechsels, mit denen sich die Fehlfunktion erklären ließe. Die Laktatbildung erfährt keine wesentlichen Veränderungen. Auch die zytosolischen P_i- oder H^+-Konzentrationen bleiben weitgehend unverändert, obgleich alle diese Parameter mit fallendem Perfusionsdruck einen Trend zur Erhöhung erkennen lassen (Abb. 9.4). Nach den Ergebnissen der NMR-Spektroskopie sind auch die ATP-Reservoirs im Gewebe gut erhalten (Abb. 9.5), selbst nach Verabreichung von Substanzen mit positiv-inotroper Wirkung oder nach anderen Maßnahmen mit dem gleichen Effekt.

Physikalische Folgen der Minderdurchblutung

In Übereinstimmung mit dem „Gartenschlauch-Effekt" kommt es infolge einer Dehnung der intrakardialen Koronararterien zu einer Streckung der benachbarten Myozyten und damit aufgrund des Frank-Starling-Mechanismus

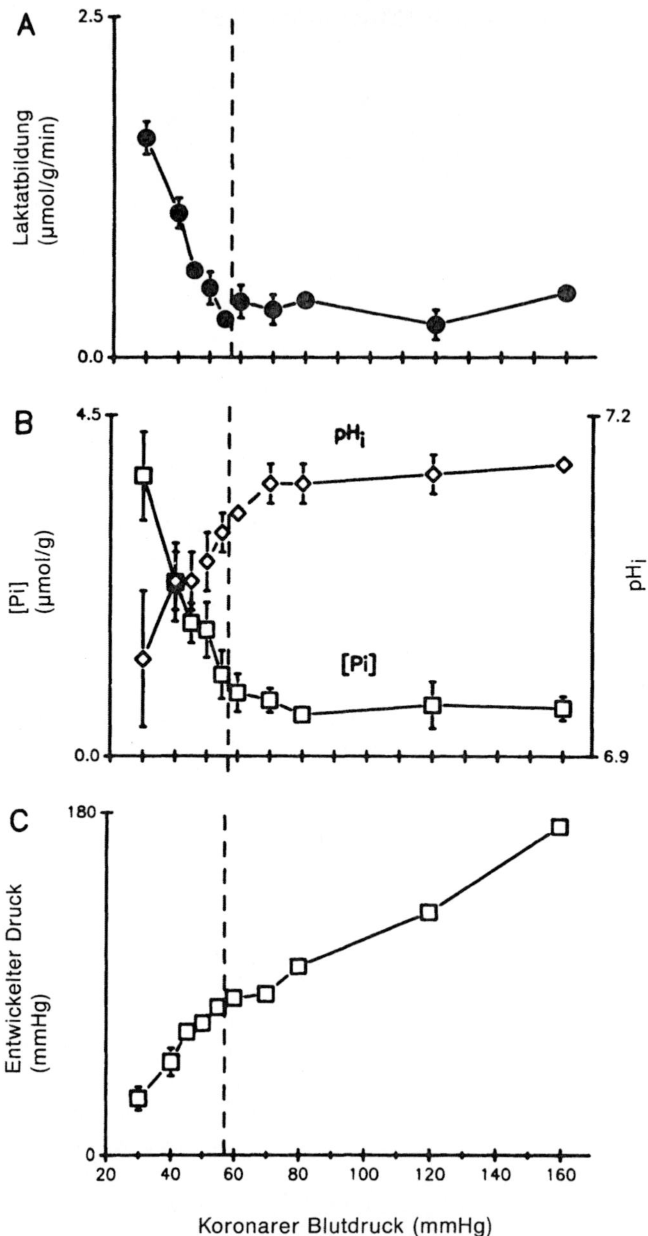

Abb. 9.4. Wirkung des Perfusionsdrucks auf die Laktatbildung (**A**), die anorganischen Phosphate (P$_i$) und den intrazellulären pH-Wert (pH$_i$) (**B**) sowie den entwickelten Druck (**C**) bei krampfartigen Kontraktionen des mit 2 mmol Ca^{2+} perfundierten Frettchenherzens. Man beachte, daß eine Herabsetzung des Perfusionsdrucks von 80 auf 60 mm Hg mit einer geringfügigen Erhöhung der zytosolischen P$_i$-Konzentration und einer Herabsetzung des intrazellulären pH-Werts (pH$_i$) verbunden ist (mit freundlicher Genehmigung aus Marban 1991)

zu einer Erhöhung der Kontraktionskraft. Die Kontraktilitätsstörung des im Zustande der Hibernation befindlichen Herzens läßt sich allerdings auf diese Weise kaum erklären. Ein gesteigerter Perfusionsdruck in den Koronargefäßen führt zwar zu einer Verstärkung des kontraktilen Zustands, bringt aber keinerlei Veränderung der Sarkomerenlänge mit sich (Kitakaze und Marban 1989).

Veränderte intrazelluläre Homöostase

Obgleich die unter solchen Bedingungen beobachteten Veränderungen der Konzentration anorganischer Phosphate im Zytosol (P_i) und der Wasserstoffionenkonzentration (H^+) von untergeordneter Bedeutung sind (Abb. 9.4), könnten sie theoretisch zur Entstehung des hypokinetischen Zustands beitragen. So verdrängen H^+-Ionen zum Beispiel Ca^{2+} aus seinen Bindungsstellen an den kontraktilen Proteinen. P_i bewirkt eine Desensibilisierung der Myofibrillen gegenüber Ca^{2+} (Kentish 1986). Diese Wirkungen sind rasch reversibel und sicherlich mitverantwortlich für die Kontraktionsstörungen hypoxischer Herzen (Koretsune und Marban 1990 a, 1990 b). Theoretisch könnten sie auch zur Verminderung der Kontraktilität bei der Hibernation beitragen. Dieser Effekt würde bei der Wiederherstellung einer normalen Koronardurchblutung rasch zum Verschwinden kommen.

Beeinträchtigung der Kopplung zwischen Muskelerregung und Muskelkontraktion

Nach dem heutigen Kenntnisstand ist dies die wahrscheinlichste Ursache der als Hibernation bezeichneten Funktionsbeeinträchtigung. Vor kurzem beobachtete Marban (Marban 1991) mittels der NMR-Spektroskopie Veränderungen des zytosolischen Ca^{2+}-Spiegels bei den einzelnen Herzschlägen. Die Herzen wurden mit $5,5'F_2$-BAPTA perfundiert. Dabei zeigte sich, daß eine Herabsetzung des koronaren Perfusionsdrucks sogar zu einer Verringerung der den kontraktilen Proteinen zur Verfügung stehenden Ca^{2+}-Menge führt, die bei jedem Herzschlag zur Spannungsentwicklung benötigt wird. Dieser Effekt wird durch die Kurven in Abb. 9.5 veranschaulicht. Die Herabsetzung der für die elektromechanische Kopplung von Muskelerregung und Muskelkontraktion zur Verfügung stehenden Ca^{2+}-Menge steht im krassen Gegensatz zu den im achten Kapitel beschriebenen Verhältnissen beim myokardialen Stunning. Hier erhöht sich der zytosolische Ca^{2+}-Spiegel trotz des gleichzeitigen Abfalls der Kontraktionskraft des Herzmuskels.

Bis jetzt gibt es noch keine eindeutige Erklärung dafür, daß eine mangelhafte Perfusion mit einem Rückgang der für die Kopplung von Muskelerregung und Muskelkontraktion bereitgestellten Ca^{2+}-Menge verbunden ist. Theoretisch kommen folgende Ursachen in Betracht:

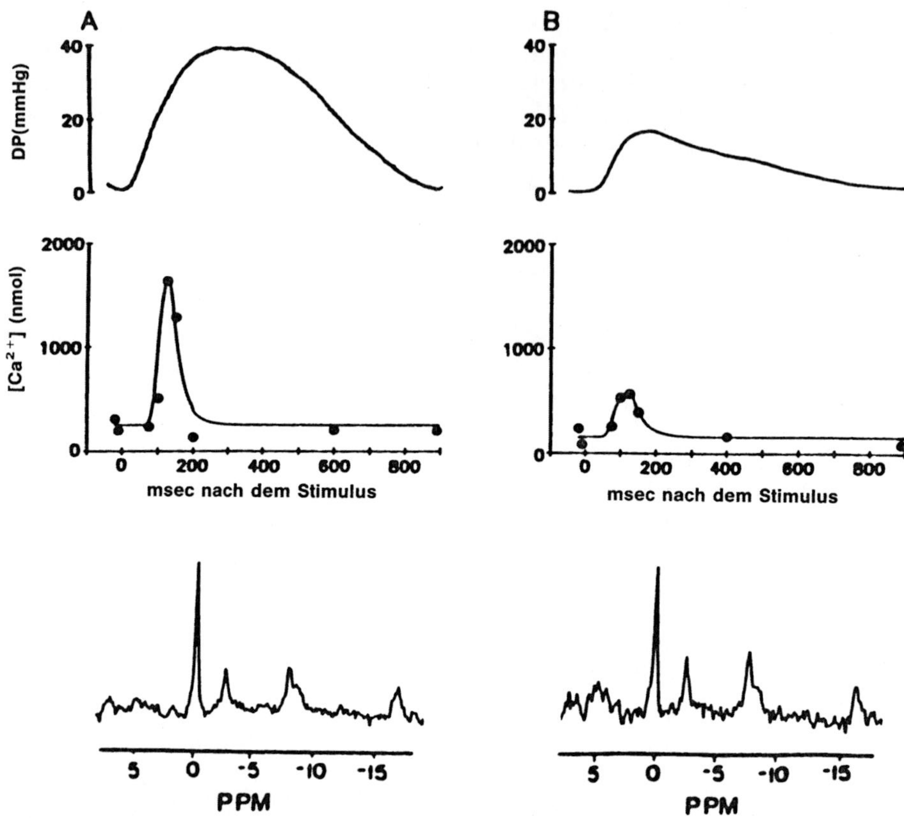

Abb. 9.5. Bestimmung von Ca_i^{2+} (zytosolischer Ca^{2+}-Spiegel) in einem mit 5,5′F_2-BAPTA bei zwei verschiedenen Perfusionsdrücken perfundierten Herzen.
A: Zur Kontraktion führender Druck, phasischer Ca^{2+}-Anstieg und Phosphor-31-Spektrum während der Kontrollperfusion (Perfusionsdruck: 80 mm Hg).
B: Auslösung einer Hibernation durch Herabsetzung des Perfusionsdrucks auf 60 mm Hg. Man beachte den Abfall der Kontraktionskraft und des intrazellulären Ca^{2+}-Spiegels in der Systole. Nach dem ^{31}P-Spektrum sind diese Erscheinungen nicht mit nennenswerten Veränderungen des Energiestoffwechsels verbunden. Das Absinken der Ca_i^{2+}-Konzentrationen ist wahrscheinlich für den hypokinetischen Zustand des Myokards verantwortlich (mit freundlicher Genehmigung aus Marban 1991)

I. Verringerter Einstrom von Ca^{2+}.

II. Versagen der Ca^{2+}-induzierten Ca^{2+}-Freisetzung aus dem sarkoplasmatischen Retikulum (viertes Kapitel). In diesem Fall gibt es folgende Möglichkeiten:

   a) Verringerte Verfügbarkeit von Triggercalcium

   b) Erschöpfung der intraluminalen Ca^{2+}-Bestände im sarkoplasmatischen Retikulum oder Blockierung dieser Bestände, die damit für den Freisetzungsprozeß nicht mehr zur Verfügung stehen

   c) Mangelnde Funktionsfähigkeit der mit den Brückenstrukturen verbundenen Ca^{2+}-Freisetzungskanäle. Für diese letztere Möglichkeit könnten Mg^{2+}-Ionen verantwortlich sein, da die zytosolischen Mg^{2+}-Konzentrationen unter Ischämie ansteigen. Wie im vierten Kapitel besprochen, werden die Ca^{2+}-Freisetzungskanäle des sarkoplasmatischen Retikulums unter dem Einfluß von Mg^{2+}-Ionen geschlossen (Williams und Ashley 1989).

Wahrscheinlich ist der bei der Hibernation beobachtete Abfall der Kontraktilität nicht nur auf einen Faktor zurückzuführen. Ohne Zweifel spielt aber die Verringerung von verfügbarem Triggercalcium eine entscheidende Rolle. Die Ursache dieser Erscheinung ist zwar nicht bekannt, kann aber leicht ausgeschaltet werden.

Warum es unter dem Einfluß einer Mangeldurchblutung zu einer Abnahme der Kontraktionskraft kommt, muß erst noch geklärt werden. Manche Erklärungen kommen nicht in Betracht, andere sind hingegen akzeptabel. Nicht in Betracht kommen folgende Mechanismen:

I.   Die NMR-Spektroskopie brachte keinerlei Hinweis auf eine Erschöpfung der Energiereserven (Marban 1991). Allerdings kann die geringfügige Erhöhung der P_i-Konzentrationen eine Rolle spielen. Denkbar wäre eine Einschränkung des Phosphorylierungspotentials oder eine direkte Hemmung der Aktivität der Myofibrillen.
II. Die elektrophysiologischen Störungen sind von untergeordneter Bedeutung.
III. Auch die Ultrastruktur zeigt nur minimale Veränderungen, die weitgehend auf eine Verarmung an Glykogen beschränkt sind.
IV. Der Ausfall der oxidativen Phosphorylierung in den Mitochondrien und
V.   die Akkumulation freier Radikale tragen zwar zur Entstehung des myokardialen Stunning und einer Vielzahl anderer pathologischer Zustände bei, dürften aber für die Ätiologie der Hibernation kaum von Bedeutung sein. Definitionsgemäß kommt es nach Wiederherstellung einer normalen Koronardurchblutung sofort zu einer funktionellen Erholung. Die Heilung von Schäden, die durch freie Radikale verursacht wurden, geht aber immer nur langsam vor sich.

Daraus ist zu schließen, daß die Ursache der Hibernation aller Wahrscheinlichkeit nach in der eingeschränkten Bereitstellung der als Aktivator fungierenden Ca^{2+}-Ionen zu suchen ist. Eine verminderte Empfindlichkeit der Myofilamente gegenüber Ca^{2+}, wie sie beim Stunning beobachtet wurde, steht hier nicht zur Debatte. Der Befund, daß die zur Kopplung von Muskelerregung und Muskelkontraktion erforderlichen Ca^{2+}-Ionen bei jedem Herzschlag nur in begrenzten Mengen zur Verfügung stehen, schafft allerdings noch keine endgültige Klarheit. Jetzt kommt es auf eine Beschreibung der an diesen Vorgängen beteiligten Mechanismen an. Diese sind bis heute nicht bekannt. Eine eventuelle Beteiligung des geringfügigen Anstiegs der zytosolischen Mg^{2+}-Spiegel darf nicht außer acht gelassen werden. Wie bereits besprochen, sind diese Ionen durchaus in der Lage, die Dauer der Schließung der Ca^{2+}-Freisetzungskanäle im sarkoplasmatischen Retikulum zu verlängern.

Wirksame Therapieverfahren

Da das Myokard im Zustande der Hibernation noch über erhebliche kontraktile und metabolische Restkapazitäten verfügt (Tabelle 9.2) (Marban 1991), aber unter einer verminderten Zufuhr von aktivierenden Ca^{2+}-Ionen leidet, bieten sich für die Behebung dieser Kontraktionsstörung Pharmaka mit positiv-inotroper Wirkung sowie Maßnahmen an, die den gleichen Effekt erzielen (zum Beispiel Herzschrittmacher mit Doppelstimulation). Wenn die beschränkte Verfügbarkeit aktivierender Ca^{2+}-Ionen die primäre Krankheitsursache ist, müßten sich alle Substanzen als wirksam erweisen, welche die über die spannungsempfindlichen, Ca^{2+}-selektiven Kanäle oder über den $Na^+:Ca^{2+}$-Austauschmechanismus einströmenden Ca^{2+}-Ionen vermehren oder die Freisetzung solcher Ionen aus dem sarkoplasmatischen Retikulum fördern. Dies ist auch tatsächlich der Fall (Klausner et al. 1976, Massie et al. 1978, Rahimtoola 1985). Andererseits sind Substanzen, die den Einstrom von Ca^{2+} durch die Ca^{2+}-selektiven Kanäle vermindern, wahrscheinlich kontraindiziert. Dies würde ja einer zusätzlichen Verringerung der für die Kopplung von Muskelerregung und Muskelkontraktion verfügbaren Ca^{2+}-Mengen gleichkommen. Aus diesem Grunde kommen Calciumantagonisten mit einer direkten negativinotropen Wirkung auf das Herz, also alle Calciumantagonisten der ersten Generation, nicht in Betracht, es sei denn, diese Wirkung wird durch ihren Einfluß auf Nachlast, venösen Rückstrom oder enddiastolisches Volumen mehr als ausgeglichen. Vasoselektive Calciumantagonisten der zweiten Generation wären hierfür offenbar besser geeignet.

Rein theoretisch gibt es zumindest zwei Gründe dafür, daß vasoselektive Calciumantagonisten der zweiten Generation bei der Hibernation die myokardiale Funktionsfähigkeit verbessern könnten:

I. Wegen ihrer Vasoselektivität wird es zu einem Absinken des peripheren Gefäßwiderstands kommen. Dieser Effekt ist mit keiner negativen Inotropie verbunden. Wegen der mit dem veränderten venösen Rückfluß und dem Frank-Starling-Mechanismus verbundenen Veränderung des enddiastolischen Volumens kommt es sogar zu einer Erhöhung der Kontraktionskraft des Herzmuskels.

II. Calciumantagonisten der zweiten Generation, die keine negativ-inotrope Wirkung entfalten und deren Vasoselektivität vor allem auf die Koronargefäße gerichtet ist, fördern die Koronardurchblutung und wirken damit der einer Hibernation zugrunde liegenden Minderdurchblutung direkt entgegen. Nisoldipin, ein Calciumantagonist der zweiten Generation, dürfte einen solchen Effekt ausüben (De Cock et al. 1990, Koolen et al. 1990). Dies hängt wahrscheinlich damit zusammen, daß diese Substanz keinerlei negativ-inotrope Wirkung besitzt, die Koronardurchblutung fördert und den peripheren Gefäßwiderstand herabsetzt.

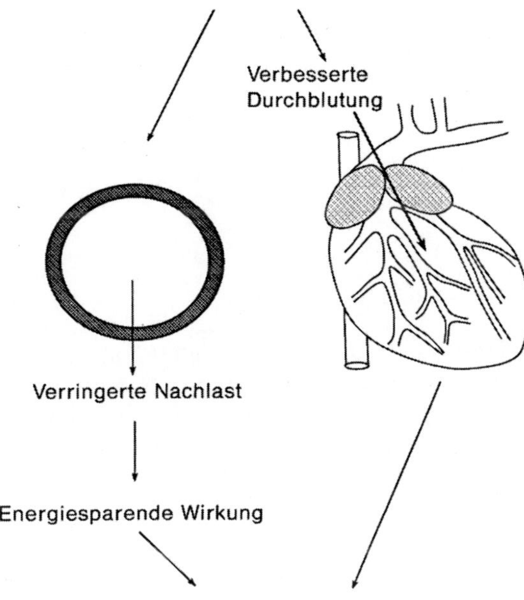

Abb. 9.6. Schematische Darstellung des möglichen Mechanismus einer günstigen Wirkung vasoselektiver Calciumantagonisten auf die myokardiale Hibernation

Zusammenfassung

1. Die myokardiale Hibernation ist eine durch eine chronische Mangeldurchblutung hervorgerufene, reversible Kontraktionsstörung, die weder mit Gewebsschädigung noch mit ausgeprägten elektrophysiologischen Veränderungen einhergeht.
2. Im Bereich der Zelle dürfte die beschränkte Verfügbarkeit der für die Kopplung von Muskelerregung und Muskelkontraktion erforderlichen Ca^{2+}-Ionen (Aktivatorcalcium) bei der Auslösung dieser Kontraktionsstörung eine wichtige Rolle, wenn nicht sogar die Hauptrolle spielen.
3. Trotz seiner verminderten Kontraktilität besitzt das Herz im Zustande der Hibernation eine kontraktile und metabolische Restkapazität und spricht daher auf inotrope Stimuli an, auch auf einen Schrittmacher mit Doppelstimulation.
4. Vasoselektive Calciumantagonisten der zweiten Generation dürften sich hier als wirksam erweisen (Abb. 9.6), vor allem, wenn sie eine selektive Erweiterung der Koronargefäße hervorrufen.

10 Calciumantagonisten der zweiten Generation und das ischämische Myokard

> „Ich schreibe die Wörter auf und schiebe sie ein
> bißchen herum."
>
> EVELYN WAUGH

Wie bereits in den letzten beiden Kapiteln ausgeführt, sind ischämiebedingte Schäden, die bis zur Entstehung eines Infarkts gehen, die dritte und bei weitem am wenigsten erwünschte Folge einer koronaren Mangeldurchblutung. Die anderen beiden Folgeerscheinungen (Stunning und Hibernation) sind reversibel und gehen weder mit deutlichen elektrophysiologischen Anomalien noch mit ultrastrukturellen Schäden einher. Demgegenüber kann es infolge lang anhaltender ischämischer Phasen zu einer Kaskade von Ereignissen kommen, die zu einem irreversiblen Struktur- und Funktionsverlust führen, unabhängig davon, ob eine ausreichende Koronarperfusion wiederhergestellt werden kann. Diese Entwicklung wird heute auf folgende Umstände zurückgeführt:

I.   langdauernde Spasmen der Koronargefäße (Luscher 1991),
II. Agglomeration von Thromben (Davies 1990),
III. Aufbrechen atheromatöser Plaques (Fuster et al. 1990),
IV. Verengerung der Koronararterien, normalerweise im Gefolge atherosklerotischer Schäden,
V.   plötzlicher, katastrophaler Abfall des Perfusionsdrucks,
VI. im Vergleich zur verfügbaren Koronarperfusion unverhältnismäßig hohe Belastung des Herzens, zum Beispiel beim hypertrophierten Herzen mit verkalkten Arterien oder bei einem abnorm hohen peripheren Gefäßwiderstand.

Die Frage, mit der wir uns in diesem Kapitel zu befassen haben, lautet: Können Calciumantagonisten der zweiten Generation hier eine ähnliche Schutzwirkung entfalten wie beim Stunning und bei der Hibernation? Diese Frage beruht auf folgenden Überlegungen:

I.   Viele Calciumantagonisten der zweiten Generation sind vasoselektiv und könnten damit eine Entlastung des Herzens herbeiführen. Damit hätten sie einen energiesparenden Effekt, ohne eine eventuell vorliegende Funktionsstörung des linken Ventrikels noch zu verschlimmern.
II. Zumindest eine dieser Substanzen (Nisoldipin) übt auf die Koronargefäße eine relativ selektive Wirkung aus (Kazda et al. 1980) und dürfte daher die Koronardurchblutung verbessern und das Herz entlasten.

III. Manche Calciumantagonisten der zweiten Generation haben lange Halbwertszeiten (zum Beispiel Amlodipin und die Retardformen der Prototypen) und könnten eine 24stündige Blockierung der Calciumkanäle bewirken. Die mehrmalige Gabe im Tagesverlauf wäre dann nicht mehr
erforderlich.
IV. Das ebenfalls zu dieser Substanzgruppe gehörende Felodipin fördert die
Normalisierung der bei Patienten mit gestörter Linksventrikelfunktion
beeinträchtigten Steuerfunktion der Barorezeptoren (Kassis und Amtorp
1987).
V. Einige Calciumantagonisten der zweiten Generation wie Nisoldipin
schützen die Myozyten und die Gefäßzellmembran vor Schäden durch
Lipidperoxidation (sechstes Kapitel).
VI. Zumindest eine dieser Substanzen (Anipamil) hat im Vergleich zum entsprechenden Prototyp (Verapamil) relativ wenig Einfluß auf die AV-Überleitung. Anipamil eignet sich daher für die Kreislaufentlastung und den
Schutz des Myokards, ohne daß es zu einer lang anhaltenden Bradykardie
kommt.

Mit Ausnahme des Stunning und der Hibernation sind ischämische Syndrome
mit einer unter Belastung oder in Ruhe auftretenden Angina pectoris, einer
vasospastischen (oder Prinzmetal-) Angina, einer stummen Ischämie oder einem Infarkt verbunden. Das vorliegende Kapitel ist dem Infarkt gewidmet.
Angina pectoris, Prinzmetal-Angina und stumme Ischämie werden im fünf-
zehnten Kapitel besprochen.

Myokardinfarkt

Im Frühstadium auftretende biochemische Veränderungen

Die biochemischen Folgeerscheinungen einer lang anhaltenden, weitgehenden
Einschränkung der Koronardurchblutung dürfen heute als gesichert gelten
(Abb. 10.1). Zur Erschöpfung der Bestände an energiereichen Phosphaten und
ihrer Vorstufen (Jennings et al. 1990) kommen eine vor allem durch Anreicherung von Laktat- und Phosphationen bedingte Ansäuerung, der Verlust des
physiologischen Gleichgewichts der Ca^{2+}-, Na^+- und K^+-Ionen sowie eine
Fehlfunktion der Ca^{2+}-Freisetzungskanäle des sarkoplasmatischen Retikulums, was zum fortwährenden Ausströmen dieser Ionen in das Zytosol führt
(viertes Kapitel). Ferner sind folgende Veränderungen zu beobachten:

I.   Externalisierung adrenerger α- und β-Rezeptoren sowie von Bindungsstellen für Endothelin-1,
II. Ruptur des Zytoskeletts (Ganote und Vander Heide 1987, Jennings et al.
1990),
III. Bildung freier Radikale (Weisfeldt 1987, Lucchesi 1990),
IV. Freisetzung von Katecholaminen aus endogenen Speichern (Schomig
1990),

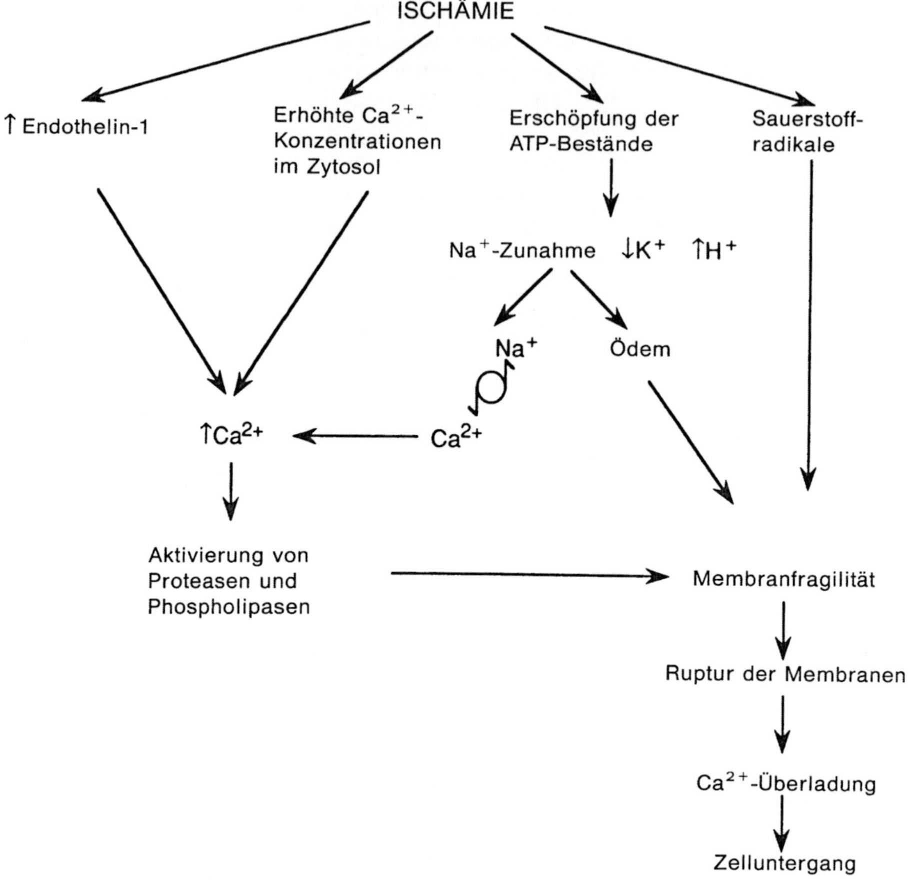

Abb. 10.1. Schematische Darstellung der Folgeerscheinungen einer lang anhaltenden Ischämie

V.   Anstieg der zytosolischen Ca^{2+}-Spiegel (Abb. 10.2), während der gesamte Ca^{2+}-Gehalt des Gewebes entweder unverändert bleibt oder sogar herabgesetzt ist.

Im Frühstadium eintretende Veränderungen der Ultrastruktur

Die im vorstehenden beschriebenen Ereignisse treten in einem relativ frühen Stadium der Ischämie ein. Zu diesem Zeitpunkt liegt eine Genesung noch im Bereich des Möglichen. Diese Veränderungen sind mit fortschreitenden morphologischen Schäden verbunden. Dazu gehören Schwellung der Mitochondrien, Verformung des Sarkolemms, Verschwinden der Glykogen-Partikel, Schwellung des sarkoplasmatischen Retikulums und Ruptur vereinzelter Z-Streifen. Dabei ist das Sarkolemm noch intakt, aber es wird immer brüchiger.

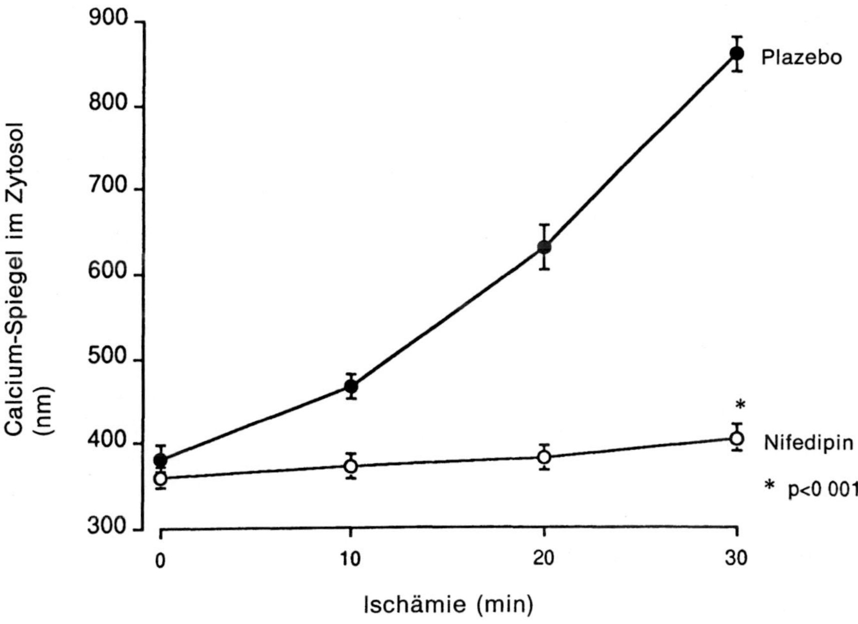

Abb. 10.2. Wirkung einer Ischämie auf den zytosolischen Ca^{2+}-Spiegel im isolierten Rattenherzen. Die Messung der Ca^{2+}-Konzentration erfolgte mittels der NMR-Spektroskopie unter Verwendung von 5-5′-FBAPTA als Ca^{2+}-Indikator. Es handelt sich um signalgemittelte Messungen über einen Zeitraum von fünf bis sieben Minuten. Jede Angabe stellt den Mittelwert ($\pm$SEM) von fünf oder sechs Messungen dar. Nifedipin wurde 15 Minuten vor Herbeiführung einer globalen Ischämie zugesetzt (Endkonzentration: 10^{-7} mol)

Späte biochemische und ultrastrukturelle Veränderungen

Mit zunehmender Dauer der Ischämie kommt es zu einem weiteren Anstieg der Ca^{2+}-Konzentrationen im Zytosol (Abb. 10.2) und zur Entstehung von Ödemen. Schließlich geht die Integrität des Plasmalemms in so hohem Maße verloren, daß die zytosolischen Enzyme, die relativ große Makromoleküle sind, in der extrazellulären Flüssigkeit erscheinen. Zu diesem Zeitpunkt werden die endogenen, Ca^{2+}-abhängigen Proteasen und Phospholipasen aktiviert. An den Myofibrillen sind Zerfallserscheinungen zu erkennen. In zahlreichen Mitochondrien treten Vakuolen und Calciumapatit-Ablagerungen auf. In diesem Stadium führt eine Reperfusion zu einer abrupten Steigerung der Bildung von Sauerstoffradikalen (Weisfeldt 1987), zu einer massiven Überladung mit Ca^{2+}-Ionen und zu einer explosiven Schwellung der Myozyten. Binnen kurzer Zeit kommt es zum Untergang und zur Nekrose der betroffenen Muskelzellen.

Bedeutung des frühen Anstiegs der Ca²⁺-Spiegel im Zytosol

Der Anstieg der zytosolischen Ca^{2+}-Konzentrationen ist schon in einem relativ frühen Stadium der Ischämie zu beobachten, lange bevor es zu einer Erhöhung des gesamten Ca^{2+}-Gehalts des Gewebes kommt und zu einem Zeitpunkt, zu dem das Sarkolemm noch intakt ist. Dieser Vorgang ist wahrscheinlich von entscheidender Bedeutung. Zum Nachweis der Ca^{2+}-Erhöhung im Zytosol wurde in den verschiedenen Studien eine Vielfalt Ca^{2+}-sensitiver Indikatoren verwendet, zum Beispiel das 5,5′-Difluor-Derivat von 1,2-bis-(O-Aminophenoxy)ethan-N,N,N^1-1-tetraessigsäure (5F-BAPTA), (Steenbergen et al. 1987, Koretsune und Marban 1980 b). Vermutlich stammen die meisten dieser Ca^{2+}-Ionen aus dem sarkoplasmatischen Retikulum und können nicht mehr dorthin zurücktransportiert werden, weil Adenosintriphosphat als Substrat für die dafür zuständigen, Ca^{2+}-aktivierten ATPasen nur in begrenzten Mengen zur Verfügung steht. Unabhängig von seiner jeweiligen Ursache hat dieser frühzeitige Anstieg der zytosolischen Ca^{2+}-Konzentrationen folgende Konsequenzen:

I.   Es kommt zu einer Aktivierung lysosomaler Proteasen und Phospholipasen.

II. Die Bildung von Sauerstoffradikalen wird angeregt.

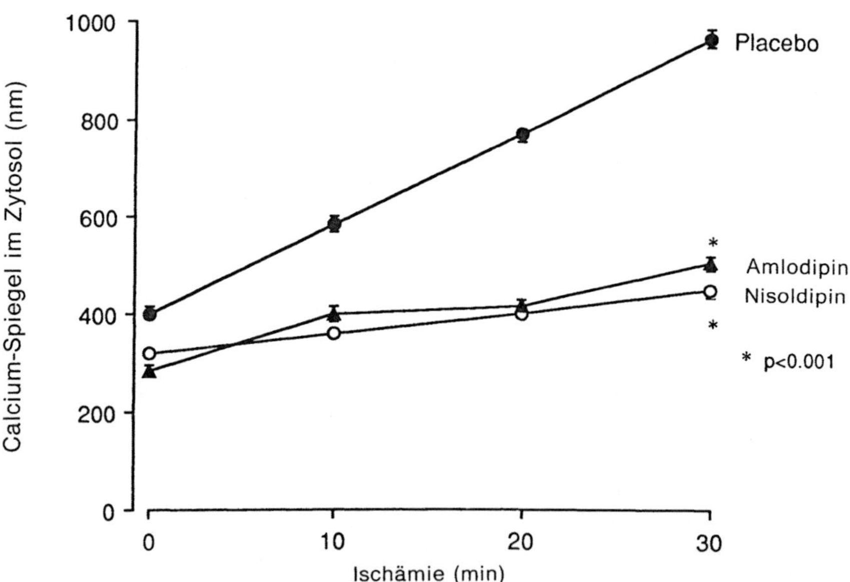

Abb. 10.3. Wirkung einer Vorbehandlung mit Nisoldipin (10^{-7} mol) und Amlodipin (0,25 mg/kg) auf die ischämiebedingte Erhöhung der zytosolischen Ca^{2+}-Konzentrationen in isolierten und nach Langendorf perfundierten Rattenherzen. Nisoldipin wurde der Perfusionslösung zugesetzt, Amlodipin wurde drei Stunden vor Beginn des Experiments intravenös verabreicht. Die Messung der Ca^{2+}-Spiegel im Zytosol erfolgte nach dem in Abb. 10.2 beschriebenen Verfahren

III. Der Anstieg der zytosolischen Ca^{2+}-Spiegel trägt auch zu der in dieser Phase beobachteten Erhöhung der enddiastolischen Ruhespannung bei (Apstein et al. 1988).

Wenn der Umfang der frühzeitigen Erhöhung der Ca^{2+}-Konzentrationen im Zytosol von entscheidender Bedeutung dafür ist, ob es bei der Reperfusion zu einer Normalisierung der Ultrastruktur sowie der systolischen und diastolischen Funktion kommt, kann man wohl davon ausgehen, daß eine Abschwächung dieser Erhöhung die Genesung günstig beeinflussen würde. Bei einer Vorbehandlung mit Diltiazem, Verapamil (Watts et al. 1990) oder Nifedipin (Abb. 10.2) ist ein solcher Effekt zu erkennen. Das gleiche gilt für Nisoldipin und Amlodipin (Abb. 10.3).

Eventuelle Beteiligung von Endothelin-1 an den unter Ischämie und Reperfusion entstehenden Schäden

Im siebten Kapitel befaßten wir uns mit dem stark ausgeprägten, vasokonstriktorischen Effekt des Polypeptids Endothelin-1. Aus den nachstehend aufgeführten Gründen steht Endothelin-1 im Mittelpunkt der Diskussionen über die Ätiologie irreversibler Schäden, die unter ischämischen Bedingungen am Myokard entstehen:

I.   Endothelin-1 ist nicht nur ein hochwirksamer Vasokonstriktor; es verursacht auch eine Mobilisierung von Ca^{2+} im Zellinnern.

II.   Die Myozyten des Herzmuskels und der Koronargefäße enthalten Endothelin-1-spezifische Bindungsstellen.

III.   Im Verlaufe einer Ischämie kommt es infolge einer gesteigerten Produktion im Bereich der mRNA zu einem dramatischen Anstieg der Endothelin-1-Konzentrationen im Plasma (Miyauchi et al. 1989).

IV.   Während der Ischämie und bei der postischämischen Reperfusion werden latente Endothelin-1-Rezeptoren externalisiert und funktionstüchtig (Nayler et al. 1990 b, Liu et al. 1990).

V.   Calciumantagonisten der ersten und der zweiten Generation wirken der unter dem Einfluß von Ischämie und Reperfusion zustande kommenden Externalisierung dieser Rezeptoren entgegen (Nayler et al. 1990 b) (Abb. 10.4).

Diese Hinweise auf eine mögliche Beteiligung von Endothelin-1 an den durch eine ischämische Phase ausgelösten Vorgängen, die ihrerseits wieder den unter Ischämie beobachteten Anstieg der zytosolischen Ca^{2+}-Konzentrationen auslösen oder fördern könnten, sind in diesem Zusammenhang von erheblichem Belang. Wenn diesen Vorgängen nicht Einhalt geboten wird, führen sie unweigerlich zu einer erhöhten enddiastolischen Ruhespannung und damit zum Zelluntergang und zur Gewebsnekrose (Nayler 1990). Warum Calciumantagonisten die ischämiebedingte Externalisierung von Endothelin-1-Rezep-

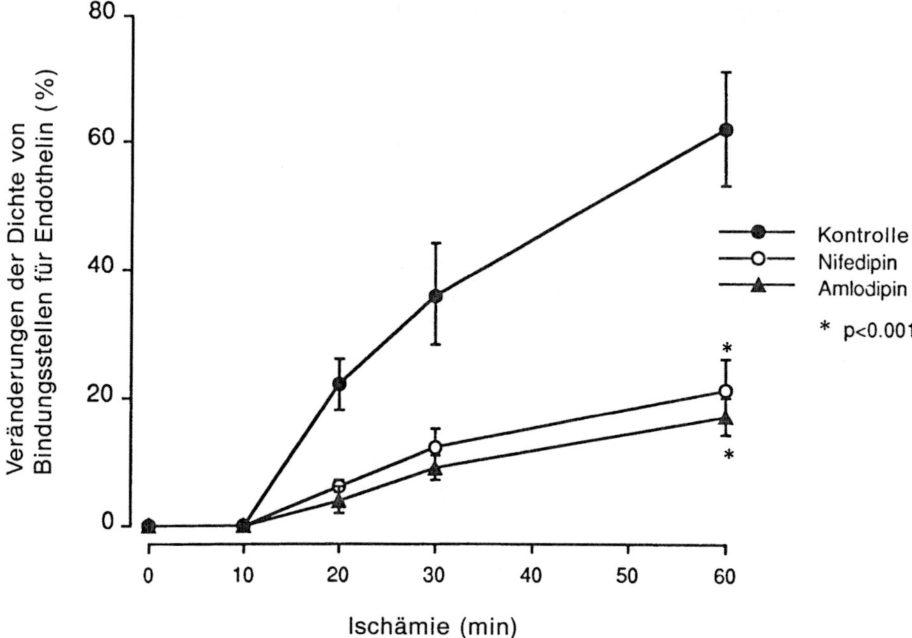

Abb. 10.4. Wirkung von 10^{-6} mol Nifedipin und 0,25 mg/kg Amlodipin auf die ischämiebedingte Erhöhung der Dichte von Bindungsstellen für Endothelin-1. Nifedipin wurde den isolierten Herzen 15 Minuten vor Herbeiführung der Ischämie zugesetzt. Amlodipin wurde drei Stunden vor Isolierung der Herzen und Auslösung einer globalen Ischämie intravenös verabreicht

toren abschwächt, konnte noch nicht ganz geklärt werden. Möglicherweise hängt dieser Effekt damit zusammen, daß Calciumantagonisten in der Lage sind, einen übermäßigen Ca^{2+}-Einstrom durch die L-Kanäle zu verhindern, wenn die Energiereserven so weit erschöpft sind, daß Ca^{2+}-Ionen im Zytosol verbleiben können.

Demnach vermögen die Calciumantagonisten der zweiten Generation, wie auch ihre Prototypen, die im Frühstadium einer schweren Ischämie beobachtete Erhöhung der zytosolischen Ca^{2+}-Spiegel abzuschwächen (Abb. 10.3 und 10.4). Diese Erhöhung tritt noch vor einem Anstieg der gesamten Ca^{2+}-Konzentration im Gewebe und vor dem Verlust der Integrität der Zellmembranen ein. Aufgrund dieser Eigenschaft und ihrer auf einer Entlastung des Herzens beruhenden energiesparenden Wirkung, der von ihnen ausgehenden Koronargefäßerweiterung (fünfzehntes Kapitel) und der Prophylaxe einer Externalisierung von Endothelin-1-Rezeptoren bietet sich die Verwendung von Calciumantagonisten als Schutzstoffe an. Möglicherweise ist der Einsatz einiger Calciumantagonisten der zweiten Generation weniger kompliziert als der ihrer Prototypen, weil sie

I.   nur eine relativ geringfügige, negativ-inotrope Wirkung ausüben,
II. durch ihre verlängerte Wirkungsdauer einen 24 Stunden anhaltenden
     Schutz bieten können.

Klinischer Nachweis der Schutzwirkung von Calciumantagonisten der zweiten Generation

Ob die Calciumantagonisten der zweiten Generation tatsächlich in der Lage sind, die Infarktgröße zu begrenzen und das Reinfarzierungsrisiko herabzusetzen, kann heute noch nicht entschieden werden. Es liegen jedoch erste Hinweise dafür vor, daß sie hier von Nutzen sein können. Ein Teil dieser Befunde stammt aus der Studie von De Cock et al. (1990). Diese Untersucher beobachteten die systolische und diastolische Funktion von Patienten, die nach einem Myokardinfarkt mit Nisoldipin behandelt wurden und kamen zu dem Schluß, daß „diese Substanz die belastungsbedingte Ischämie abschwächt und die Belastungsfähigkeit der Patienten wie auch die diastolische Funktion des linken Ventrikels bei Infarktpatienten mit eingeschränkter Linksventrikelfunktion verbessert". Ähnliche Schlußfolgerungen wurden auch von Tzivoni et al. (1991) aus einer kleineren, Plazebo-kontrollierten Doppelblindstudie gezogen, in der ischämische Zustände durch mehrmalige Belastungsversuche provoziert wurden.

Zusammenfassung

1. Lang anhaltende Ischämien führen zu einem progressiven Anstieg der Ca^{2+}-Spiegel im Zytosol und zu einer allmählichen Erschöpfung der Bestände an energiereichen Phosphaten.
2. Die Erhöhung der zytosolischen Ca^{2+}-Konzentrationen geht mit einer Umverteilung interner Ca^{2+}-Speicher einher. Dies hat möglicherweise folgende Gründe:
     I.   Ausströmen von Ca^{2+}-Ionen aus dem sarkoplasmatischen Retikulum (viertes Kapitel),
     II.   Versagen der für den Rücktransport der Ca^{2+}-Ionen verantwortlichen Mechanismen,
     III. durch Endothelin-1 vermittelte Mobilisierung von intrazellulärem Ca^{2+}.
3. Der frühzeitigen Erhöhung der zytosolischen Ca^{2+}-Konzentrationen folgt eine Anhebung der Ca^{2+}-Spiegel im gesamten Gewebe. Möglicherweise wird dadurch die ganze Kaskade von Ereignissen ausgelöst, die letztendlich zum Zelluntergang und zur Gewebsnekrose führt.
4. Wie ihre Prototypen, vermögen auch die Calciumantagonisten der zweiten Generation die frühzeitige Erhöhung der zytosolischen Ca^{2+}-Spiegel abzuschwächen. Dies hängt vielleicht damit zusammen, daß
     I.   sie eine energiesparende Wirkung ausüben und

II. der ischämiebedingten Externalisierung von Endothelin-1-Rezeptoren
     entgegenwirken, während die Endothelin-1-Konzentrationen im Plas-
     ma ansteigen.
5. Zur Klärung der Frage, ob Calciumantagonisten der zweiten Generation,
   die eine relativ starke Vasoselektivität aufweisen, im Frühstadium der Ischämie verabreicht werden können, ohne eine bereits bestehende Störung der
   Ventrikelfunktion zu verschlimmern, müssen weitere klinische Untersuchungen durchgeführt werden.

11 Molekularer Mechanismus der antiatherogenen Wirkung von Calciumantagonisten

> „Ein Narr ist, wer noch nie in seinem Leben ein Experiment gewagt hat.“
>
> Sir FRANCIS DARWIN, 1877

Die Atherosklerose ist weder eine neue noch eine besonders angenehme Krankheit. Sie war bereits bei den alten Griechen und den Ägyptern bekannt, konnte aber nicht behandelt oder geheilt werden. Auch heute ist sie in vielen Ländern immer noch die häufigste Todesursache (Castelli 1984, American Heart Association Report 1990). Nach der Identifizierung zahlreicher Risikofaktoren (Luria et al. 1991, Zemel et al. 1990) und der Entschlüsselung der für die Anfangsstadien der atherosklerotischen Läsion verantwortlichen molekularen Mechanismen (Ross 1986, Henry 1990a, 1990b) müßte sich das aber ändern. Allmählich entstehen wirksame Behandlungsmethoden, die zum Teil auf Diätmaßnahmen (Thompson 1991) oder auf der Verabreichung von Lipidsenkern beruhen (Brown et al. 1990, Rossouw et al. 1990). Beim Studium dieses Fragenkomplexes ist jedoch stets zu bedenken, daß es sich bei der Atherosklerose um einen multifaktoriellen Prozeß handelt, bei dem es nicht nur zu einer Akkumulation von Lipiden, sondern auch zu einer lokalen Anreicherung von Kollagen, Elastin und Calcium kommt, die mit Monozyteninfiltration, Endothelschäden sowie mit Proliferation und Migration glatter Muskelzellen verbunden ist (Nayler 1988, Weinstein und Heider 1988, 1989, Henry 1990a, 1990b). Viele dieser Vorgänge sind Calcium-abhängig (Henry 1990a). Aus diesem Grund wurde der Versuch gemacht, im Rahmen von Laboruntersuchungen und klinischen Prüfungen festzustellen, ob Calciumantagonisten in der Lage sind, die Kaskade von Ereignissen zu unterbrechen, die schließlich zur Entstehung der atherosklerotischen Läsion führt (Abb. 11.1). Bis vor kurzem standen lediglich die Ergebnisse von Laboruntersuchungen zur Verfügung, in denen Tieren fettreiche Nahrung zugeführt wurde. Jetzt konnten aber auch sorgfältig geplante klinische Prüfungen zum Abschluß gebracht werden (Tabelle 11.1), die eindeutige Hinweise darauf liefern, daß Calciumantagonisten in den Koronararterien des Menschen das Fortschreiten spontaner atherosklerotischer Schäden verlangsamen (Tabelle 11.1). Zu diesen Prüfungen gehören auch die INTACT-Studie (Lichtlen et al. 1990), bei der Nifedipin verwendet wurde, und die Montreal-Studie (Waters et al. 1990), bei der Nicardipin zur Anwendung kam. Diese und andere in Tabelle 11.1 aufgeführte Studien sind aus folgenden Gründen von erheblicher Bedeutung:

I. Sie bestätigen die bereits an fettreich ernährten Tieren erzielten Ergebnisse (Tabelle 11.2).

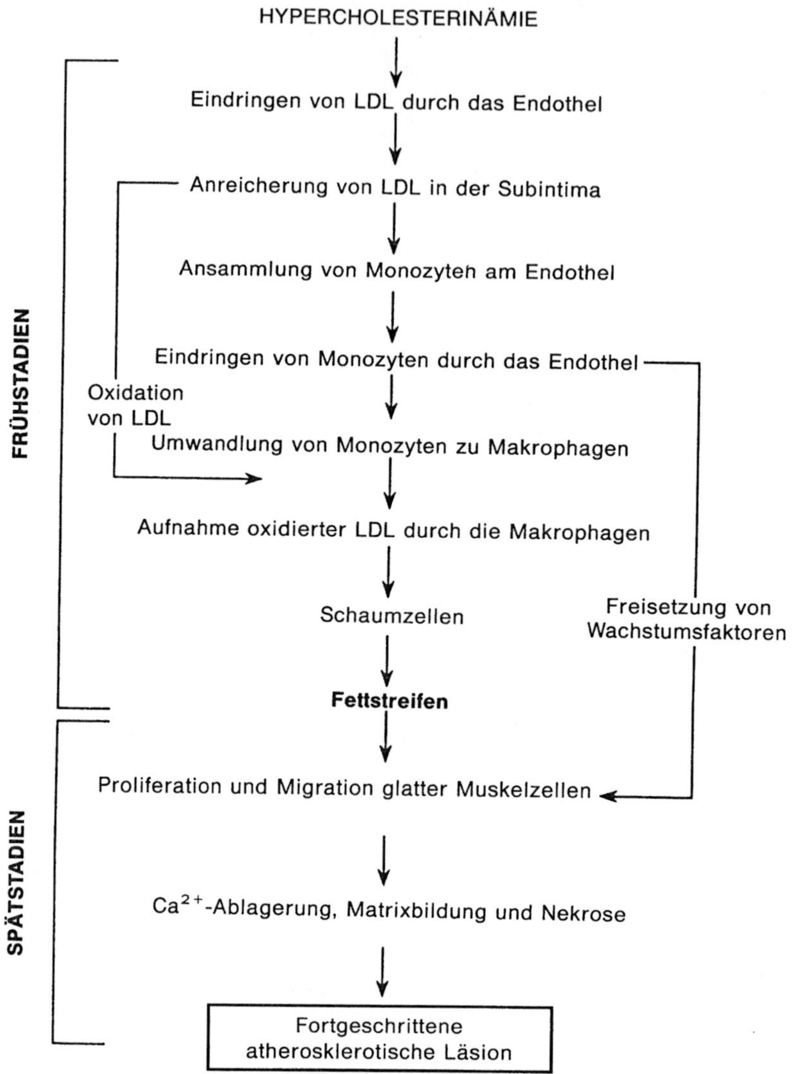

Abb. 11.1. Schematische Darstellung der Kaskade von Ereignissen, die schließlich zur Entstehung fortgeschrittener atherosklerotischer Läsionen führen

II. Diese Ergebnisse beziehen sich speziell auf die spontane Entstehung von Schäden in den *Koronararterien*.

III. Sie stellen die Grundlage für eine andere Therapieformdar (als Alternative zur Verabreichung von Lipidsenkern oder zu Diätmaßnahmen).

IV. Da die genannten Studien mit therapeutischen Dosen durchgeführt wurden, können Bedenken hinsichtlich der bei den ersten Tierversuchen verwendeten, relativ hohen Dosen ausgeräumt werden.

Tabelle 11.1. Hemmwirkung von Calciumantagonisten auf das Fortschreiten atherosklerotischer Schäden beim Menschen

Calciumantagonist	Fallzahl	Gefäßbereich	Behandlungsdauer	Ergebnis	Literatur
A. Calciumantagonisten der ersten Generation					
Nifedipin INTACT-Studie* (80 mg/die)	425	Koronararterien	3 Jahre	Positiv	Lichtlen et al. 1990
Nifedipin (60 mg/die)	72	Koronararterien	1 Jahr	Positiv	Gottlieb et al. 1989
Nifedipin (80 mg/die)	39	Koronararterien	2 Jahre	Positiv	Loaldi et al. 1989
Verapamil (124–480 mg/die)	26	Koronararterien	5–34 Monate	Positiv	Kober et al. 1989
B. Calciumantagonisten der zweiten Generation					
Nicardipin (80 mg/die)	383	Koronararterien	2 Jahre	Positiv	Waters et al. 1990
Zur Zeit in Gang befindliche Studien					
A. Calciumantagonisten der ersten Generation					
Verapamil FIPS-Studie (124–480 mg/die)	147	Koronararterien	5 Jahre		Kober et al. 1989
Isradipin Midas-Studie (5–10 mg/die)		Karotisarterien	3 Jahre		Borhani et al. 1990

* bedeutet verlängerte Untersuchungsdauer. Unter einem positiven Ergebnis ist eine verlangsamte Bildung von Plaques zu verstehen.

Tabelle 11.2. Calciumantagonisten der ersten und zweiten Generation, welche die Atherogenese im Tierversuch verlangsamen

Substanz	Modell	Literatur
A. Calciumantagonisten der ersten Generation		
Nifedipin	Cholesterinreich ernährtes Kaninchen	Henry und Bentley 1981
		Willis et al. 1985
		Nayler und Panagiotopoulos 1986
Verapamil	Cholesterinreich ernährtes Kaninchen	Blumein et al. 1984
		Rouleau et al. 1983
		Sievers et al. 1987
		Parmley 1990
Diltiazem	Cholesterinreich ernährtes Kaninchen	Ginsburg et al. 1983
		Habib et al. 1986a
A. Calciumantagonisten der zweiten Generation		
Nicardipin	Cholesterinreich ernährtes Kaninchen	Willis et al. 1985
Isradipin	Cholesterinreich ernährtes Kaninchen	Habib et al. 1986b
Nisoldipin	Cholesterinreich ernährtes Kaninchen	Fronek 1988 und Abb. 11.4
Amlodipin	Cholesterinreich ernährtes Kaninchen	Nayler 1991
Darodipin	Cholesterinreich ernährtes Kaninchen	Winstein und Heider 1988
Anipamil	Cholesterinreich ernährtes Kaninchen	Catapano et al. 1988
Nilvadipin	Kaninchenkarotis (Manschette)	Nomoto et al. 1987

Allerdings ist es heute nicht mehr mit der Feststellung getan, daß Calciumantagonisten eine antiatherogene Wirkung entfalten. Vielmehr gilt es festzustellen, warum das so ist. Hängt es damit zusammen, daß diese Pharmaka einen oder mehrere Risikofaktoren der Atherosklerose beeinflussen, zum Beispiel die Hypertonie, oder verändern sie etwa die Lipidspiegel im Plasma? Keine dieser Möglichkeiten dürfte in diesem Zusammenhang von Bedeutung sein. So geht der antiatherogene Effekt der Calciumantagonisten am cholesterinreich ernährten Kaninchen zum Beispiel nicht mit einer Veränderung des Blutdrucks einher (Henry und Bentley 1981). Das gleiche gilt auch für Untersuchungen am Menschen (Lichtlen et al. 1990, Waters et al. 1990). Hier war bei den mit dem Verum und bei den mit dem Plazebo behandelten Patienten beinahe die gleiche Herabsetzung des arteriellen Drucks zu verzeichnen. Die antiatherogene Wirkung der Calciumantagonisten läßt sich auch nicht durch ein Absinken der Plasmacholesterinspiegel erklären. Dieser Parameter blieb nämlich sowohl im Tierversuch als auch bei Untersuchungen am Menschen weitgehend unverändert (Henry und Bentley 1981, Lichtlen et al. 1990, Waters et al. 1990). Freilich umfassen die an menschlichen Probanden durchgeführten Untersuchungen nur einen Zeitraum von zwei (Waters et al. 1990) oder drei Jahren (Lichtlen et al. 1990). Das ist im Vergleich zu der Zeitspanne, die zur Entstehung atherosklerotischer Schäden erforderlich ist, nicht viel. Andere Autoren konnten jedoch nach über fünfjähriger Untersuchungsdauer keine Herabsetzung der Cholesterinspiegel nachweisen (Midtbø 1990). Immerhin war bei diesen Studien eine *geringfügige* Anhebung der Konzentration von HDL-Cholesterin zu erkennen.

Ganz allgemein dürfte heute als gesichert gelten, daß Calciumantagonisten das Fortschreiten atherogener Läsionen verlangsamen, ohne den Plasmacholesterinspiegel und die Hypertonie, also zwei der wichtigsten Risikofaktoren, zu beeinflussen. Die Hypothese, ihre Wirkung beschränke sich auf die experimentell bei fettreich ernährten Labortieren hervorgerufene Atherosklerose ist heute nicht mehr vertretbar. Wie aus Tabelle 11.1 zu ersehen ist, erweisen sich diese Pharmaka in der Humanmedizin bei der Bekämpfung der spontan auftretenden Atherosklerose als ebenso wirksam. Es geht also nicht mehr um die Frage, ob Calciumantagonisten wirksam sind, sondern warum dies so ist. Um diese Frage zu beantworten, müssen wir uns zunächst mit den Vorgängen befassen, die zur Entstehung atherosklerotischer Plaques führen. Dabei wenden wir unsere Aufmerksamkeit nicht den Risikofaktoren, sondern den molekularen Mechanismen zu, die zum Fortschreiten dieser Läsionen beitragen.

Ablauf der für die Entstehung atherosklerotischer Schäden verantwortlichen Vorgänge

Das Endstadium atherogener Plaques könnte als zellfreier, fibrotischer Abfalleimer tödlich verletzter, mit Cholesterin, Calcium und Zelltrümmern beladener Zellen beschrieben werden.

Fortgeschrittene Plaques können aus verschiedenen Gründen lebensbedrohend sein. Sie können in das Lumen der betroffenen Gefäße hineinragen und damit den Blutstrom behindern. Dies ist zum Beipsiel bei der Hibernation des Herzens der Fall (achtes Kapitel). An ihrer Oberfläche werden Thromben bevorzugt angelagert. Sie können aufbrechen und einen akuten Gefäßverschluß auslösen, der zur Entstehung eines Infarkts führen kann, wenn er unbehandelt bleibt.

Zu einer Ablagerung von Calcium und zur Zellnekrose kommt es im Verlaufe der zu atherosklerotischen Schäden führenden Ereignisse erst relativ *spät* (Abb. 11.1). Im *Frühstadium* sind folgende Vorgänge zu beobachten:

I. Hypercholesterinämie
II. Herdförmige Akkumulation von Lipoproteinen geringer Dichte (LDL) in der Subintima einer anscheinend gesunden Arterie
III. Adhäsion von Monozyten (und Lymphozyten) an die Endothelzellen, von denen manche aus folgenden Gründen bereits geschädigt sein können:
   a) besonders hohe Scherbeanspruchung durch Hypertonie oder akute Gefäßspasmen,
   b) Lipidperoxidation durch Sauerstoffradikale (sechstes Kapitel),
   c) abnorm hohe Plasmacholesterinspiegel (Kutryk et al. 1991).
IV. Infiltration von Monozyten und Lymphozyten in die subendotheliale Intima
V. Freisetzung einer ganzen Reihe von Wachstumsfaktoren, zum Beispiel des Thrombozyten-Wachstumsfaktors und von Endothelin-1 (Kanno et al. 1990)

VI. Umwandlung der Monozyten in aktivierte Makrophagen, an denen es dann zur Akkumulation von Lipoproteinen aus der Intima kommt, was zur Umwandlung in Schaumzellen führt
VII. Freisetzung von Wachstumsfaktoren, die eine Proliferation und Migration glatter Muskelzellen aus der Media in die Intima hervorrufen. Zu diesem Zeitpunkt nimmt die Läsion bereits ein größeres Volumen ein.

In einem relativ *späten* Stadium kommt es zu folgenden Vorgängen (Abb. 11.1):

I.   Fortgesetzte Proliferation und Migration glatter Muskelzellen
II. Überschüssige Ablagerung von Grundsubstanz und Kollagen
III. Ablagerung von Calcium (als Calciumapatit) und Zellnekrose

Faktoren, die an der *Auslösung* der zur Entstehung atherosklerotischer Plaques führenden Prozesse beteiligt sind

Am Beginn der in Abb. 11.1 dargestellten Kaskade von Ereignissen steht die Reaktion der Endothelzellen auf relativ hohe Konzentrationen zirkulierender Lipoproteine geringer Dichte (LDL) (Steinberg et al. 1989, Schwenke und Carew 1989a). Für die Auslösung dieser Vorgänge dürfte eine herdförmige Anreicherung von LDL in der Subintima mitverantwortlich sein (Abb. 11.2). Dieses Ereignis tritt noch vor einer erkennbaren Veränderung der Morphologie der darüber liegenden Endothelzellen ein, und zwar zu einem Zeitpunkt, zu dem die selektive Permeabilität der Endothelzellmembranen noch vollständig erhalten ist (Schwenke und Carew 1989a, 1989b). Der Grund für diese Entwicklung ist nicht genau bekannt. Möglicherweise spielt die Oxidation mem-

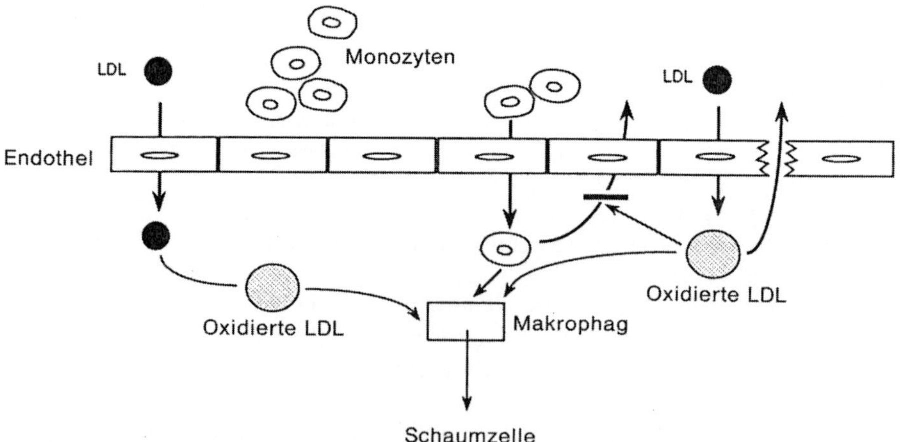

Abb. 11.2. Schematische Darstellung der Rolle oxidierter Lipoproteine geringer Dichte (LDL) bei der Entstehung der Atherosklerose (nach Quinn et al. 1987)

branständiger Lipide eine Rolle. An der nächsten Phase nehmen bereits zirkulierende Monozyten teil. Es kommt zu einer Adhäsion dieser Organellen an die dem Gefäßlumen zugewandte Oberfläche des Endothels über den LDL-Herden, so daß man an ein Ursache-Wirkungs-Verhältnis denken könnte. Vielleicht handelt es sich um die lokale Bildung chemotaktischer Faktoren (Witztum 1990).

Die am Endothel anhaftenden Monozyten wandern in die Subintima ein (Abb. 11.2), wahrscheinlich durch Kontaktzonen zwischen benachbarten Endothelzellen, da zu diesem Zeitpunkt noch ein kontinuierliches Endothel besteht. Das ändert sich aber bald, da die in der Subintima unter dem Endothel angesammelten Monozyten zu Lipidfängern werden und sich rasch mit Cholesterinestern aufladen. Auf diese Weise entstehen Schaumzellen. Durch die zunehmende Anreicherung von Cholesterin vergrößert sich das Volumen dieser Zellen. Dadurch kommt es zwangsläufig zur Dehnung der Endothelschicht, bis die bereits brüchigen Endothelzellen schließlich aufbrechen oder auseinanderfallen. Damit kommen die Cholesterinester-beladenen Makrophagen mit zirkulierenden Blutplättchen in Kontakt. Die einzelnen Ereignisse laufen also in folgender Reihenfolge ab: Lipidinfiltration → Adhäsion von Monozyten an das Endothel → Eindringen von Monozyten in die Subintima → Umwandlung der Monozyten in Makrophagen → Beladung der Makrophagen mit Cholesterinestern → Schaumzellen → Ruptur des Endothels.

Aber auch diese Beschreibung der Vorgänge, die zur Entstehung der Atherosklerose führen, ist unvollständig, weil einige wesentliche Fragen ganz außer acht gelassen werden:

I. Warum vermag LDL plötzlich in die Kontaktzonen zwischen benachbarten Endothelzellen einzudringen?
II. Was ist der Grund für die Adhäsion von Monozyten an das über den LDL-Herden befindliche Endothel?
III. Warum werden die Monozyten nach dem Eindringen in die Subintima in Makrophagen verwandelt?
IV. Aus welchem Grund kommt es zu einer so stark ausgeprägten Anreicherung von LDL in diesen Organellen?

Warum Lipoproteine geringer Dichte in die Subintima einzudringen vermögen, ist noch weitgehend unbekannt. Das gleiche gilt für die Faktoren, welche im subintimalen Raum die Umwandlung der eingedrungenen Monozyten in Makrophagen fördern. Dies ist insofern überraschend, als es sich hier um Vorgänge handelt, die für die Entstehung der Plaques von entscheidender Bedeutung sind. Die für die rasche Aufnahme von LDL durch die Makrophagen verantwortlichen Mechanismen wurden hingegen schon genauer beschrieben.

Mechanismen der Akkumulation von Lipoproteinen geringer Dichte (LDL) in den Makrophagen

Die klassischen LDL-Rezeptorbahnen können hier aus folgenden Gründen keine wesentliche Rolle spielen:

I. Bei Kontakt mit LDL kommt es zu einer Abnahme der Dichte bindungsfähiger LDL-Rezeptoren.

II. Patienten mit homozygoter familiärer Hypercholesterinämie (HFH) können an schwerer Atherosklerose erkranken, die mit der Umwandlung von Monozyten in Schaumzellen einhergeht, obwohl sie keine LDL-Rezeptoren besitzen.

III. Der Kontakt von Monozyten mit LDL führt nicht zwangsläufig zu deren Umwandlung in Schaumzellen.

Es muß also ein anderer Mechanismus im Spiel sein, der nicht von intakten LDL-Rezeptoren abhängt. Die Entdeckung, daß LDL *erst nach Veränderung der LDL-Komplexe* in den Makrophagen angereichert werden, liefert vielleicht eine Erklärung dafür, wie es plötzlich zu dieser Akkumulation von LDL kommt. Wahrscheinlich werden die modifizierten LDL-Partikel von den Makrophagen als Fremdkörper erkannt und umgehend akkumuliert. Aus diesem Grunde dürfte die LDL-Peroxidation eine so wichtige Rolle spielen (Steinberg et al. 1989). Durch sie werden die LDL in eine Form gebracht, die als Fremdkörper erkannt wird und die Makrophagen auf den Plan ruft. Bei der Peroxidation von LDL werden auch ihre mehrfach ungesättigten Fettsäuren peroxidiert. Dies kann aber nur in Anwesenheit von Schwermetallen geschehen, zum Beispiel von Kupfer oder Eisen. Es muß sich also um einen Chelator-sensitiven Vorgang handeln. Das ist vielleicht der Grund dafür, daß Chelatbildner wie Ethylendiamintetraessigsäure antiatherosklerotische Eigenschaften haben (Wartmann et al. 1967).

Die oxidativ veränderten LDL leisten auch noch auf andere Art einen wichtigen Beitrag zum Fortschreiten des atherosklerotischen Geschehens:

I. Sie sind hochwirksame Chemoattraktanzien gegenüber Monozyten und damit eventuell dafür verantwortlich, daß diese Organellen in die Subintima gelangen.

II. Die LDL hemmen den Austritt der Makrophagen aus dem subintimalen Raum (Quinn et al. 1987). Wenn die Monozyten von den oxidierten LDL erst einmal in die Subintima gelockt und dort in Makrophagen verwandelt wurden, sorgen die oxidierten LDL dafür, daß sie dort auch bleiben (Abb. 11.2). Im übrigen sind die Peroxidationsprodukte der LDL besonders reaktiv und fördern damit die Entstehung von Gewebsschäden, auch von Schäden des darüber liegenden Endothels.

Offenbar wird den LDL in diesem Epos immer mehr die Schurkenrolle zugewiesen. Allerdings ist die Hypothese, daß oxidativ veränderte LDL in der Ätiologie der Atherosklerose eine entscheidende Rolle spielen, nur vertretbar, wenn sich beweisen läßt, daß sie normalerweise Bestandteil atherosklerotisch veränderter Arterien sind. Die Arbeitsgruppe um Witztum (Witztum 1990) hat vor kurzem diesen Nachweis erbracht. Folgende Argumente wurden angeführt:

I.   Im Hinblick auf ihre Mobilität in der Elektrophorese, ihren Cholesteringehalt und ihre hohe Lysophosphatidylcholin-Konzentration besitzt das aus atherosklerotischen Arterien eluierte LDL eine Ähnlichkeit mit oxidiertem LDL.

II. Immunologische Sonden für oxidierte LDL reagieren mit dem aus atherosklerotisch geschädigtem Gewebe isolierten LDL positiv.

III. Oxidationsspezifische LDL-Derivate aus atherosklerotischen Aorta-Abschnitten lassen sich mit immunologischen Reagenzien anfärben. In nicht atherosklerotisch geschädigten Abschnitten der Aorta ist dies hingegen nicht der Fall. Antioxidanzien wie Probucol verlangsamen die Entstehung atherosklerotischer Schäden. Gleichzeitig inhibiert Probucol LDL-Aufnahme und -Abbau, ohne den Cholesterinspiegel im Plasma zu senken (Carew et al. 1987, Kita et al. 1987).

Die stark ausgeprägte Lipidakkumulation durch Makrophagen und ihre Anreicherung in der Subintima ist aber nur ein Teil des Prozesses, der zur Entstehung atherosklerotischer Schäden führt. In dem im vorstehenden besprochenen Stadium kommt es zunächst zur Bildung von Fettstreifen. Diese entstehen bekanntlich schon in einer sehr frühen Phase der Atherosklerose des Menschen und lassen sich zum Beispiel in den Koronararterien relativ kleiner Kinder nachweisen, lange bevor die ersten Symptome einer Atherosklerose in Erscheinung treten (Stary 1987, 1989).

Entwicklung vom Fettstreifen zur voll ausgebildeten Plaque

Im Verlaufe der Entwicklung von einem Fettstreifen im Frühstadium der atherosklerotischen Läsion zur voll ausgebildeten, kalzifizierten und festen Plaque kommt es zur Migration glatter Muskelzellen in die Intima. Hier ist eine Proliferation dieser Zellen zu beobachten. Manche Zellen erfahren eine Veränderung ihres Phänotyps und haben dann eher das Aussehen von Makrophagen als von glatten Muskelzellen. Die glatten Muskelzellen der Arterien sind aus zwei Gründen ein wichtiger Bestandteil der entstehenden Läsion:

I.   Sie tragen wesentlich zur Masse der Läsion bei und

II. sie sezernieren Bindegewebsmatrix, die den Zusammenhalt der Läsion gewährleistet.

Voraussetzung für die Proliferation glatter Muskelzellen ist ihre Stimulierung durch eine ganze Reihe von Wachstumsfaktoren, zum Beispiel durch Angiotensin II (Daemen et al. 1991), Interleukin-1 (IL-1), durch den transformierenden Wachstumsfaktor β (TGFβ) und den Tumornekrosefaktor α (TNFα) (Nathan 1987). Diese Wachstumsfaktoren stammen offenbar nicht nur von den Makrophagen. Endothelin-1 (siebtes Kapitel), ein hochwirksames Mitogen glatter Muskelzellen, wird zum Beispiel im Endothel gebildet (Hirata et al. 1989). Von allen beteiligten Mitogenen hat der Thrombozyten-Wachstumsfaktor (PDGF) für die Proliferation glatter Muskelzellen in der Intima wahrscheinlich die größte Bedeutung. Der PDGF entsteht nicht nur in den Makrophagen. Wie sein Name schon erkennen läßt, wird er auch von den Thrombozyten gebildet. Weitere Quellen sind das Endothel und die glatten Muskelzellen.

Zusammenfassend kann gesagt werden, daß die zur Entstehung einer atherosklerotischen Läsion führenden Vorgänge außerordentlich komplex sind. Auslösender Faktor ist anscheinend eine Lipidinfiltration mit anschließender Adhäsion von Monozyten an das Endothel. Die Monozyten wandern dann in die subendotheliale Schicht ein, wo sie die Funktion von Makrophagen ausüben. Mit der Zeit werden diese Frühschäden immer größer und umfassen auch glatte Muskelzellen aus der Arterienwand. Schließlich ist die Läsion so groß, daß es zu einer Ruptur des zarten Endothels kommt. Auf die Bildung von Thromben folgen Untergang, Nekrose und Verkalkung der glatten Muskelzellen. Daß die Läsion erst in diesem fortgeschrittenen Stadium im Angiogramm erscheint oder Durchblutungsstörungen hervorruft, ist ein ernüchternder Gedanke.

Calcium-abhängige, an der Entstehung atherosklerotischer Läsionen beteiligte Prozesse

Vor Erörterung der Frage, wie Calciumantagonisten dem Ablauf des Prozesses von der Monozyten- und Leukozyten-Infiltration in das Endothel bis zur Entstehung atherosklerotischer Schäden Einhalt gebieten können, ist es vielleicht sinnvoll, die Ca^{2+}-abhängigen Prozesse zusammenzufassen (Abb. 11.1).

Calcium dürfte mit den Vorgängen, die zur Entstehung solcher Läsionen führen, untrennbar verbunden sein (Abb. 11.3). So sind zum Beispiel die Myozyteninfiltration wie auch die Proliferation und Migration glatter Muskelzellen Ca^{2+}-abhängig (Ross 1986). Eine Hypercholesterinämie verstärkt die Membrandurchlässigkeit für Ca^{2+}-Ionen (Strickberger et al. 1988). Im Endstadium der Entstehung einer Läsion trägt die gewöhnlich in Form von Calciumapatit erfolgende Ablagerung von Ca^{2+} zur Stabilität, Festigkeit und zum zunehmenden Volumen der Läsion bei (Fleckenstein et al. 1990). Selbst die Freisetzung der verschiedenen Wachstumsfaktoren, auch die des Thrombozyten-Wachstumsfaktors, ist Ca^{2+}-abhängig. Das gleiche gilt natürlich auch für die Hypertonie, einen der wichtigsten Risikofaktoren der Atherosklerose. Der Umstand, daß Ca^{2+} an den Vorgängen beteiligt ist, die zur Entstehung fortgeschrittener atherosklerotischer Läsionen führen, muß nicht unbedingt bedeuten, daß Calciumantagonisten eine Schutzwirkung ausüben. Aber sie haben natürlich einen solchen Effekt (Tabelle 11.1 und 11.2).

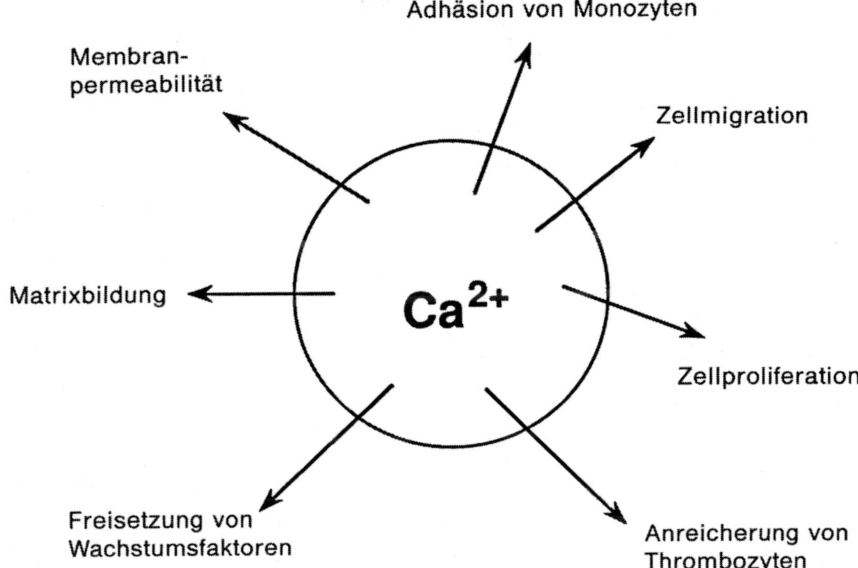

Abb. 11.3. Calcium-abhängige, an der Entstehung atherogener Plaques beteiligte Prozesse

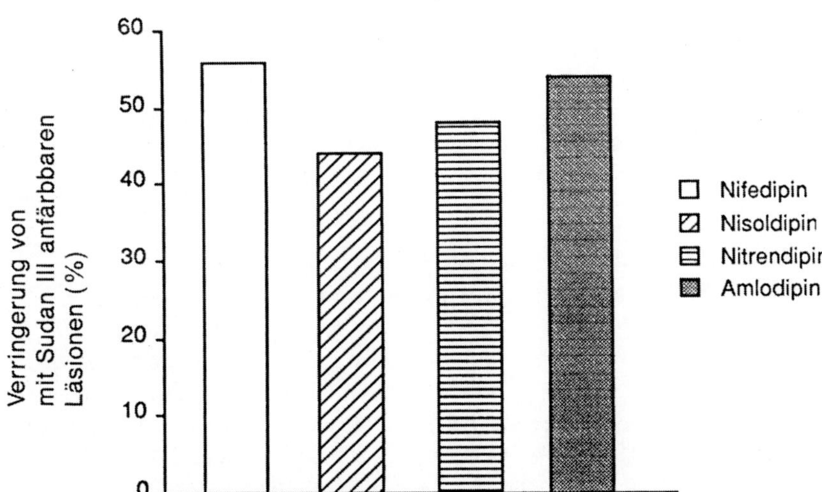

Abb. 11.4. Wirkung von Nifedipin (5 mg/kg/die), Nisoldipin (5 mg/kg/die), Nitrendipin (5 mg/kg/die) und Amlodipin (5 mg/kg/die) auf die Entstehung von Läsionen der Pars thoracica der Kaninchenaorta. Die Tiere wurden bis zu acht Wochen lang mit cholesterinreichem Futter (2 % Cholesterin + 1 % Erdnußöl) ernährt. Die Läsionen wurden mit Sudan III angefärbt

Nachweis der antiatherosklerotischen Wirkung von Calciumantagonisten in der Humanmedizin

Wie bereits erwähnt, ist aus Tabelle 11.1 zu ersehen, daß die mutmaßliche antiatherosklerotische Wirkung von Calciumantagonisten in vier klinischen Untersuchungen bestätigt werden konnte. Bei zwei Untersuchungen handelte es sich um umfangreiche, zu diesem Zweck durchgeführte Studien. Die dritte Studie (Kober et al. 1989) beruht auf der retrospektiven Analyse klinischer Ergebnisse und die vierte (Gottlieb et al. 1989) befaßte sich mit der Überlebensdauer von Transplantaten nach aortokoronaren Bypass-Operationen. Die in diesen Studien erzielten Ergebnisse stimmen bemerkenswert gut überein: Die Entstehung neuer Schäden konnte verhindert, das Wachstum bereits vorhandener Läsionen konnte verlangsamt werden. Bei den zwei größten Untersuchungen zeigte sich, daß das positive Therapieresultat nicht auf eine Herabsetzung des Cholesterinspiegels im Plasma oder auf eine signifikante Blutdrucksenkung zurückzuführen ist. Dabei handelte es sich um die IN-TACT-Studie (Lichtlen et al. 1990), in der 425 Patienten drei Jahre lang behandelt wurden und um eine in Montreal durchgeführte Untersuchung (Waters et al. 1990), die 383 zwei Jahre lang behandelte Patienten umfaßte. Das gleiche gilt auch für die übrigen beiden Studien (Tabelle 11.1). Im übrigen geht aus der Gesamtheit dieser Untersuchungen hervor, daß sich nicht nur Calciumantagonisten der ersten Generation als wirksam erwiesen. Der Arbeitskreis um Waters verwendete nämlich Nicardipin, einen Calciumantagonisten der zweiten Generation (zweites Kapitel) (Waters et al. 1990).

Demnach haben die bisher durchgeführten Prüfungen zum Nachweis einer Verlangsamung des Fortschreitens spontaner Atherosklerosen in der Humanmedizin durch Verabreichung von Calciumantagonisten der ersten und der zweiten Generation positive Ergebnisse gebracht.

Laborstudien zur antiatherosklerotischen Wirkung von Calciumantagonisten der ersten und zweiten Generation

Lange bevor die oben besprochenen klinischen Prüfungen zum Abschluß gebracht wurden, konnte in Laboruntersuchungen nachgewiesen werden, daß Calciumantagonisten die im Tierversuch experimentell herbeigeführte Atherosklerose zu verlangsamen vermögen. Diese Versuche fanden an verschiedenen Spezies statt (Tabelle 11.2). Die Schäden wurden durch Cholesterinbelastung oder durch künstlich hervorgerufene Intimaverdickung verursacht. In den allermeisten Studien wurden positive Ergebnisse erzielt (Henry 1990a, 1990b) (Tabelle 11.2). Die kleine Zahl negativer Resultate war auf zu niedrige Dosen, unzureichende Plazebokontrolle, zu kurze Behandlungsdauer oder familiäre biochemische Anomalien zurückzuführen (Henry 1990a).

Molekulare Mechanismen der antiatherogenen Wirkung von Calciumantagonisten

Spezifische, mit Ca^{2+} zusammenhängende Mechanismen wie (Abb. 11.3) Zellproliferation, Zellmigration, Sekretion extrazellulärer Matrixproteine, Adhäsion von Monozyten an das Endothel und Freisetzung von Wachstumsfaktoren, tragen zum Ablauf der Vorgänge (Abb. 11.1) bei, die letztendlich zur Entstehung atherosklerotischer Läsionen führen. Die Beteiligung von Ca^{2+} läßt aber nicht etwa darauf schließen, daß die Calciumantagonisten in diese Geschehnisse eingreifen können. Immerhin ist der wichtigste Angriffspunkt dieser Pharmaka der Ca^{2+}-Kanal vom L-Typ (zweites Kapitel), und außer diesen Kanälen gibt es noch eine ganze Reihe anderer Möglichkeiten, Ca^{2+}-Ionen im Zellinnern verfügbar zu machen. Aber schon allein die Vorstellung, daß Calciumantagonisten das Fortschreiten der Atherosklerose lediglich durch Reduzierung des Ca^{2+}-Einstroms durch die L-Kanäle verlangsamen, stammt aus einer Zeit, in der die Atheroskleroseforschung noch in den Kinderschuhen steckte. Wie aus Tabelle 11.3 zu ersehen ist, üben diese Pharmaka einen direkten Einfluß auf zahlreiche Vorgänge aus, die für die Entstehung solcher Läsionen mitverantwortlich sind. Sie hemmen zum Beispiel die Migration glatter Muskelzellen (Nakao et al. 1983) und verlangsamen ihre Proliferation (Nilsson et al. 1985) (Abb. 11.5). Ferner inhibieren sie die Adhäsion polymorphkerniger Leukozyten an die Endothelzellen (Abb. 11.6), die Blutplättchenaggregation (Ware et al. 1986), die Ablagerung von Cholesterinestern im Zellinnern (Daugherty et al. 1987) und die Kollagensynthese (Orekhov et al. 1986). Es konnte sogar nachgewiesen werden, daß die Aufnahme von LDL-Cholesterin in Zellen, die aus atherosklerotischem Gewebe im Stadium der Fettstreifen gewonnen und gezüchtet wurden, durch Calciumantagonisten gehemmt werden kann (Orekhov 1990). Wie auch Tabelle 11.4 zu entnehmen ist, erweisen sich sowohl die Calciumantagonisten der zweiten Generation als auch ihre Prototypen als wirksam. Doch noch eine weitere Möglichkeit ist hier

Tabelle 11.3. Hemmwirkung von Calciumantagonisten auf Vorgänge, die an der Entstehung atherosklerotischer Schäden beteiligt sind

Vorgang	Calcium-antagonist	Wirkung	Literatur
1. Leukozytenadhäsion	Nitrendipin	Hemmung	Neuser und Rosen 1990
2. Proliferation und Migration glatter Muskelzellen	Nifedipin	Hemmung	Nilsson et al. 1985
	Nisoldipin	Hemmung	Neuser und Rosen 1990
	Nitrendipin	Hemmung	Neuser und Rosen 1990
3. Ablagerung von Cholesterinestern	Verapamil	Hemmung	Orekhov et al. 1986 Orekhov 1990
4. Blutplättchen-aggregation*	Nifedipin	Hemmung	Ware et al. 1986
	Verapamil	Hemmung	Ware et al. 1986
	Diltiazem	Hemmung	Ware et al. 1986

* Die Blutplättchenaggregation erfolgt vor Freisetzung des Thrombozyten-Wachstumsfaktors.

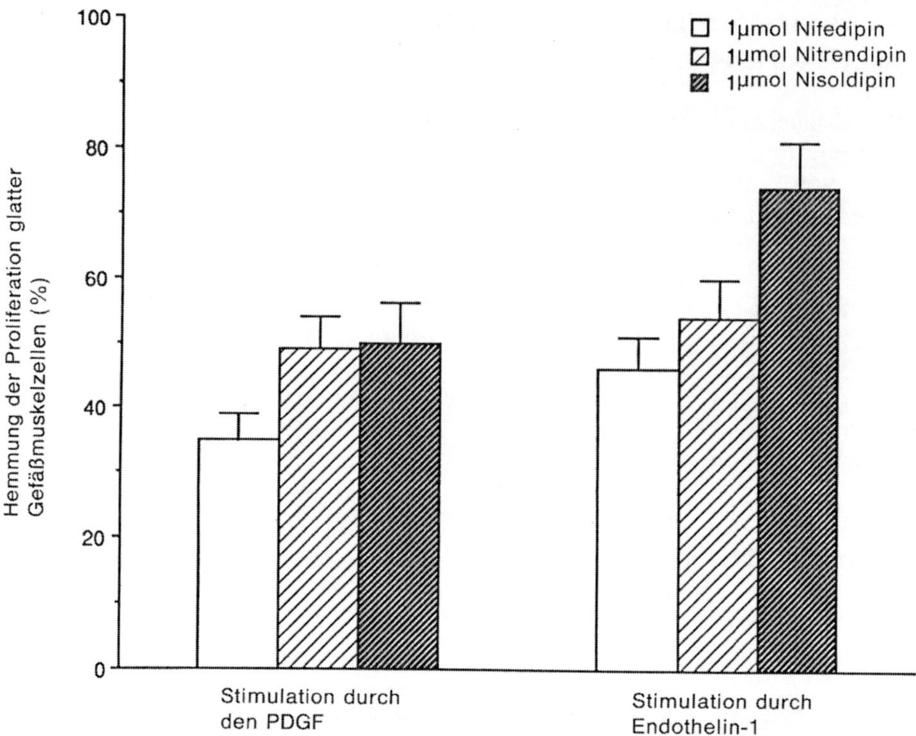

Abb. 11.5. Wirkung von Nifedipin, Nitrendipin und Nisoldipin auf die Proliferation glatter Gefäßmuskelzellen. Inaktive Zellen wurden mit 1 ng/ml Thrombozyten-Wachstumsfaktor (PDGF), 10^{-7} mol Endothelin-1 oder 10^{-7} mol Angiotensin II stimuliert (aus Neuser und Rosen 1990)

zu bedenken: Die Schutzwirkung von Calciumantagonisten gegen Schäden durch Lipidperoxidation (sechstes Kapitel) ist in diesem Zusammenhang von Interesse, insbesondere hinsichtlich der Erhaltung der Integrität des Endothels. Einige dieser Wirkungen sind offenbar davon abhängig, inwieweit die jeweilige Substanz im Zellinnern verfügbar ist. Angesichts der lipophilen Eigenschaften dieser Stoffe ist dies kein Problem. Ganz im Gegenteil, viele Calciumantagonisten werden in der Zelle angereichert und an eine ganze Reihe von Rezeptoren mit geringer Affinität, aber hoher Kapazität gebunden (Lullmann und Mohr 1987, Zernig 1990).

Ganz allgemein gibt es also heute keinen Grund für die Annahme, daß die antiatherogene Wirkung der Calciumantagonisten lediglich auf den blutdrucksenkenden Effekt dieser Pharmaka zurückzuführen ist. Ihre Wirkungsweise beruht vielmehr auf der Beeinflussung der wichtigsten Vorgänge, die an der Entstehung der atherosklerotischen Läsion beteiligt sind. Wahrscheinlich hängt die Wirksamkeit der Calciumantagonisten mit der Einschränkung des Ca^{2+}-Einstroms zusammen. Auf diese Weise wird die für Zellwachstum, Zellproliferation, Kollagensynthese usw. verfügbare Ca^{2+}-Menge verringert.

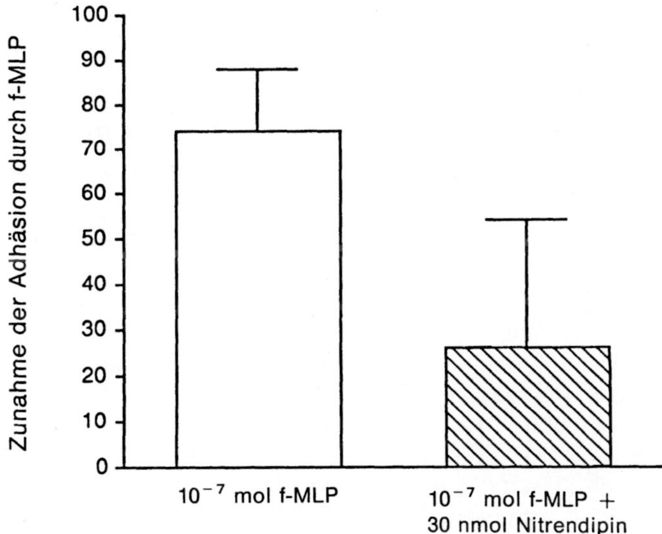

Abb. 11.6. Hemmwirkung von Nitrendipin (0,3 und 30 nmol) auf die durch N-Formyl-L-methionyl-L-leucyl-L-phenylalamin (f-MLP) induzierte Adhäsion polymorphkerniger Leukozyten an Endothelzellkulturen vom Schwein (aus Neuser und Rosen 1990). f-MLP wird lediglich zur Förderung der Zelladhäsion zugesetzt

Tabelle 11.4. Hemmwirkung von Calciumantagonisten auf die Aufnahme von Cholesterin in atherosklerotische Zellkulturen aus Fettstreifen

Calciumantagonist	Verringerung der Aufnahme von Cholesterin (%)
Calciumantagonisten der ersten Generation	
Verapamil	100 ± 6
Nifedipin	100 ± 5
Diltiazem	91 ± 6
Calciumantagonisten der zweiten Generation	
Nicardipin	88 ± 9
Darodipin	83 ± 9
Isradipin	74 ± 9

Aus Orekhov (1990). Leider wurden keine Angaben über die bei diesen Experimenten verwendeten Konzentrationen gemacht.

Aber auch andere, direkte Mechanismen dürften eine Rolle spielen (Tabelle 11.3). Jedenfalls darf als gesichert gelten, daß die Calciumantagonisten der zweiten Generation ebenso wirksam sind wie ihre Prototypen (Abb. 11.5) (Habib et al. 1986b).

Im allgemeinen geht man davon aus, daß der atherogene Prozeß durch eine Reihe von Risikofaktoren ausgelöst wird, wie Hypertonie, erhöhte LDL-Spiegel im Plasma und Rauchen. Diese Vorgänge können aber auch durch andere

Umstände gefördert werden, zum Beispiel durch Bypass-Operationen am Herzen, Angioplastie und Organtransplantationen.

Wirkung von Calciumantagonisten auf die Restenosierung nach perkutaner transluminaler koronarer Angioplastie

Die Rezidivstenose stellt nach erfolgreich verlaufener Koronardilatation immer wieder ein Problem dar. Die Wachstumsfaktor-abhängige Stimulierung und Migration von Gefäßmuskelzellen in die Gefäßintima spielt hier eine wichtige Rolle. Es herrschen also ähnliche Verhältnisse wie bei der Entstehung atheromatöser Schäden. Theoretisch müßte eine solche Entwicklung daher durch Calciumantagonisten verzögert werden. Erste Untersuchungen zu diesem Thema brachten enttäuschende Ergebnisse. Neuerdings wird jedoch über günstige Resultate berichtet. Nach Verabreichung von Verapamil in relativ hohen Dosen (2mal täglich 240 mg) beobachteten Hoberg und Kubler (1991) im Verlaufe einer sechsmonatigen Behandlung eine signifikante Verzögerung der Stenosierungsrate. Möglicherweise handelt es sich hier um eine der Indikationen lang wirksamer Calciumantagonisten der zweiten Generation, die einen *lang anhaltenden* Schutz gegen die Mechanismen bieten könnten, die für die Entstehung solcher Läsionen verantwortlich sind.

Wirkung von Calciumantagonisten auf die Durchgängigkeit koronarer Gefäßtransplantate

Die Restenosierung im Gefolge aortokoronarer Bypass-Operationen (Verheul et al. 1991) wirft ähnliche Probleme auf wie die Atherosklerose und die Restenoseentstehung nach perkutaner transluminaler koronarer Angioplastie. Diese Probleme sind eher auf Intimaschäden als auf eine veränderte Gefäßreaktivität zurückzuführen (Ku et al. 1991). Auch auf diesem Gebiet konnte sowohl bei akuter Behandlung (Seitelberger et al. 1991) als auch bei Langzeittherapie (Gottlieb et al. 1989) eine Schutzwirkung der Calciumantagonisten nachgewiesen werden. Auf lange Sicht kommt die Wirkung dieser Pharmaka bei zwölfmonatiger Beobachtungsdauer durch eine verbesserte Durchgängigkeit des Transplantats zur Geltung.

Das beschleunigte Fortschreiten atherosklerotischer Prozesse kann auch im Zusammenhang mit der Transplantatdurchgängigkeit nach Herzverpflanzungen Schwierigkeiten bereiten. Die genaue Ursache dieser Vorgänge ist allerdings noch nicht ganz geklärt. Auch hier spricht immer mehr für eine Schutzwirkung der Calciumantagonisten (Fowler et al. 1991).

Ganz allgemein finden sich also strukturelle Schäden, welche die Koronardurchblutung beeinträchtigen und mit einer beschleunigten Proliferation und Migration glatter Muskelzellen verbunden sind, nicht nur bei der spontanen Entstehung der Atherosklerose, sondern auch bei der Restenosierung nach Koronardilatation, aortokoronaren Bypass-Operationen und Herztransplantationen. Bei jeder dieser Indikationen konnte der Nachweis für eine günstige Wirkung der Calciumantagonisten erbracht werden. Dabei wurden die vasoselektiven Calciumantagonisten der zweiten Generation, die eine lang anhaltende Wirkung entfalten, auf diesen Gebieten überraschenderweise noch gar nicht in nennenswertem Umfang eingesetzt.

Endotheliale Funktionsstörung im Frühstadium des atherogenen Prozesses

Die Bildung von Plaques ist ohne Zweifel das letzte Kapitel in der Geschichte der Entstehung einer Atherosklerose. Diese Vorgänge sind am leichtesten festzustellen und daher den Pathologen am besten bekannt. Abgesehen von erhöhten Cholesterinspiegeln im Plasma und Lipidinfiltration ist eines der ersten Ereignisse eine Veränderung der Gefäßreaktivität, die als *Beeinträchtigung der Gefäßerschlaffung* zum Ausdruck kommt (Zeiher et al. 1991, Merkel et al. 1990). Dies gilt für den Menschen (Nabel et al. 1990, Bossaller et al. 1987) und für Labortiere (Kaninchen, Affen und Schweine) und ist nicht nur bei Koronararterien zu beobachten (Yamamoto et al. 1987, Jayakody et al. 1985). Ausgelöst wird diese Erscheinung durch eine Hyperlipidämie.

Die veränderte Gefäßreaktivität hat folgende Merkmale:

I.   Sie wird durch erhöhte Cholesterinspiegel im Plasma hervorgerufen.
II. Sie ist mit einer verstärkten konstriktorischen Wirkung von Substanzen wie Serotonin, Histamin, Ergonovin und Endothelin-1 verbunden (Shimokawa et al. 1983, Kawachi et al. 1984, Lopez et al. 1990).
III. Die vom Endothel ausgehende Gefäßerweiterung ist beeinträchtigt (Merkel et al. 1990).

Die endothelabhängige Relaxation beruht hauptsächlich auf der Freisetzung von Prostazyklinen und des endothelialen relaxierenden Faktors (EDRF) (Furchgott und Zawadzki 1980). Dementsprechend könnte eine Beeinträchtigung der Relaxation im Verlaufe einer Hypercholesterinämie mit folgenden Faktoren zusammenhängen:

I.   Fehlfunktion der endothelialen Rezeptoren,
II. Verlangsamung der EDRF-Synthese (eine Ca^{2+}-abhängige Erscheinung, die mit einer Synthase zusammenhängt) (Hiki et al. 1991),
III. Beeinträchtigung der Diffusion von freigesetztem EDRF,
IV. beschleunigte Zerstörung von freigesetztem EDRF,
V.   veränderte Sensitivität der glatten Muskelzellen,
VI. überschießende konstriktorische Antwort des betroffenen Gefäßes.

Bei einer genaueren Betrachtung dieser Möglichkeiten ergeben sich folgende Tatbestände:

I. Die Funktion der Gefäßerschlaffung bleibt erhalten. Dies zeigt sich zum Beispiel an der Reaktion auf Nitroprussidnatrium (Tagawa et al. 1991) und auf Infusionen von Arginin, der EDRF-Vorstufe (Cooke et al. 1991).

II. Aus folgenden Gründen haben wir es wahrscheinlich mit einer überschießenden konstriktorischen Wirkung zu tun:

a) Die Gefäße reagieren auf Endothelin-1 besonders empfindlich (Lopez et al. 1990). Dabei liegt zirkulierendes Endothelin-1 in erhöhten Konzentrationen vor (Kanno et al. 1990).

b) Azetylcholin löst normalerweise eine Gefäßerweiterung aus, die von der EDRF-Freisetzung abhängig ist. Unter den vorliegenden Umständen kommt es unter dem Einfluß von Azetylcholin zu einer Gefäßkonstriktion (Zeiher et al. 1991).

Daraus ist zu schließen, daß diese Hyperaktivität auf eine gesteigerte Verfügbarkeit von Endothelin-1 (Kanno et al. 1990) in Verbindung mit einer verminderten Verfügbarkeit des EDRF zurückzuführen ist. Da die verschiedenen Wachstumsfaktoren die Bildung von Endothelin-1 fördern (Yanagisawa und Masaki 1989a, 1989b), ist es leicht erklärlich, daß die mRNA für die Endothelin-1-Produktion aktiviert wird. Die genaue Ursache für die verminderte Verfügbarkeit des EDRF konnte noch nicht festgestellt werden. Als mögliche Ursachen kommen sowohl eine Beeinträchtigung der Produktion als auch eine verlangsamte Freisetzung und eine rasche Inaktivierung in Betracht (Tagawa et al. 1991). Das Endergebnis ist jedenfalls ein Ungleichgewicht zwischen der gefäßerweiternden Wirkung des EDRF und dem anhaltenden konstriktorischen Effekt von Endothelin-1.

Es ist eine Binsenwahrheit, daß eine abnorme Gefäßreaktivität schon durch einen erhöhten Cholesterinspiegel im Plasma herbeigeführt werden kann. Dieser Effekt kommt in atheromatösen Arterien noch stärker zur Geltung (Merkel et al. 1990, Ku et al. 1991). Dies hängt möglicherweise damit zusammen, daß die cholesterinbeladenen Zellmembranen eine abnorm hohe Durchlässigkeit für Ca^{2+}-Ionen entwickeln (Kutryk et al. 1991). Unter diesen Umständen muß die Wirksamkeit der Calciumantagonisten in Frage gestellt werden, weil sie die Plasmacholesterinspiegel nicht herabsetzen. Es gibt aber drei Gründe dafür, daß sie sich trotzdem als nützlich erweisen dürften. Erstens verlangsamen sie das Fortschreiten des atherogenen Geschehens. Daher müßten sie auch eine Verlangsamung der progressiven Veränderung der Gefäßreaktivität bewirken (Tagawa et al. 1991). Zweitens wirken sie dem konstriktorischen Effekt von Endothelin-1 entgegen (siebtes Kapitel). Damit müßten sie auch die überschießende Gefäßkonstriktion abschwächen, die von Endothelin-1 hervorgerufen wird, wenn das „Sicherheitsnetz" des EDRF nicht mehr funktioniert. Drittens hemmen manche Calciumantagonisten die Lipidperoxidation und müßten daher auch der durch Oxidation cholesterinbeladener Zellmembranen hervorgerufenen Hyperpermeabilität für Ca^{2+}-Ionen entgegentreten (Kutryk et al. 1991).

Bei den Überlegungen zur Wirkung von Calciumantagonisten auf atherosklerotisch veränderte Koronararterien sind daher zumindest zwei Faktoren in Rechnung zu stellen:

I. die durch die Entstehung und Ruptur atheromatöser Schäden beeinträchtigte Koronarperfusion,

II. Einschränkung der Durchblutung (und Gefäßkrämpfe?) infolge einer lokalisierten Verringerung der EDRF-vermittelten Gefäßerweiterung und aufgrund erhöhter Konzentrationen von zirkulierendem Endothelin-1.

Unter beiden Umständen müßten die Calciumantagonisten sowohl bei akuter Behandlung als auch in der Langzeittherapie wirksam sein. Hier stellt sich wieder das Problem der Verfügbarkeit dieser Pharmaka über einen längeren Zeitraum. Substanzen mit langer Wirkungsdauer oder Retardpräparate von kurzzeitig wirksamen Substanzen könnten eine Lösung sein, vor allem, wenn sie gleichzeitig Koronardilatatoren sind, keine nennenswerte negative Inotropie aufweisen und dem Risikofaktor Hypertonie entgegenwirken.

Zusammenfassung

1. Bei der Entstehung atherogener Plaques handelt es sich um ein komplexes Geschehen. Einer der auslösenden Faktoren ist eine Lipidinfiltration durch die Kontaktzonen zwischen benachbarten Endothelzellen.
2. Danach kommt es zu Lipidperoxidation, Infiltration von Makrophagen und deren Verwandlung in Schaumzellen sowie zur Migration und Proliferation glatter Muskelzellen.
3. Klinische Studien und Laboruntersuchungen haben gezeigt, daß das Fortschreiten atherogener Schäden durch Calciumantagonisten der ersten und zweiten Generation verlangsamt wird.
4. Die antiatherogene Wirkung dieser Pharmaka beruht auf einer Hemmung der langsamen Ca^{2+}-Kanäle und einer direkten Beeinflussung der an der Entstehung solcher Läsionen beteiligten biochemischen Vorgänge.
5. Die Verwendung von Calciumantagonisten zum Schutz vor atherogenen Prozessen kommt nicht nur im Hinblick auf die Langzeitwirkung dieser Pharmaka in Betracht. Hypercholesterinämie und Lipidinfiltration führen zu einer Überempfindlichkeit der Koronararterien und anderer Gefäße gegen konstriktorisch wirkenden Substanzen wie Endothelin-1. Das ist möglicherweise für die Entstehung von Spasmen in atherogenen Gefäßen mitverantwortlich.
6. Langfristig dürfte die Verlangsamung der Atherogenese durch Calciumantagonisten unter anderem auf folgenden Mechanismen beruhen:
    I.   Verringerung der Adhäsion von Monozyten,
    II.   Verlangsamung der Freisetzung von Wachstumsfaktoren,
    III. Verlangsamung der Proliferation glatter Muskelzellen,

IV. Verlangsamung der Aufnahme von Cholesterinestern in die Makro-
phagen,
V.   Verlangsamung der Matrixsekretion,
VI. Einschränkung der Verfügbarkeit von Ca^{2+}-Ionen,
VII. Schutz vor Lipidperoxidation,
VIII. Schutz vor den durch Scherbeanspruchung ausgelösten Endothel-
schäden.

7. Unter solchen Umständen hat die Verwendung von Calciumantagonisten vielleicht noch einen weiteren Vorteil: Unter dem Einfluß einer Hypercholesterinämie kommt es zu einer Überempfindlichkeit der Koronargefäße gegen Substanzen mit vasokonstriktorischer Wirkung wie Serotonin und Endothelin-1. Diese Hypersensibilität hängt wahrscheinlich mit einer Beeinträchtigung der Gefäßerschlaffung zusammen, die durch eine verminderte Verfügbarkeit des endogenen relaxierenden Faktors (EDRF) und einen abnorm hohen Endothelin-1-Spiegel zustande kommt. Endothelin-1 ist ein hochwirksamer Vasokonstriktor, der lokal freigesetzt wird.

12 Verwendung von Calciumantagonisten der zweiten Generation bei Patienten mit Herzinsuffizienz

> „Warum mir das Blut in den Adern gefror, liegt
> auf der Hand. Selbst der Dümmste mußte erken-
> nen, in welch prekärer Lage ich mich befand."
>
> Aus „Aunts Aren't Gentlemen", P. G. WODEHOUSE
> 1974

Zur Zeit gibt es erhebliche Meinungsverschiedenheiten darüber, ob es sinnvoll ist, Calciumantagonisten für die Langzeittherapie der Herzinsuffizienz einzusetzen (Packer et al. 1987, Packer 1990, Francis 1991). Dies ist insofern etwas überraschend, als man von Calciumantagonisten annehmen möchte, daß sie unter solchen Umständen von Nutzen sein müßten, weil sie ja das Herz „entlasten" (Gorlin 1987). Tatsächlich haben manche Untersucher bereits positive Ergebnisse erzielt (Dunselman et al. 1989, Kassis und Amtorp 1990 a, 1990 b, Moe et al. 1990, De Cock et al. 1990). Andere Autoren sind nach wie vor davon überzeugt, daß Pharmaka dieser Art die Herzinsuffizienz nicht verbessern, sondern eher „verschlechtern und demaskieren" (Francis 1991). In bezug auf die Calciumantagonisten der ersten Generation (Nifedipin, Verapamil und Diltiazem) sind diese Bedenken gerechtfertigt. Elkayam et al. (1990) behandelten zum Beispiel Patienten mit mittelgradiger chronischer Herzinsuffizienz (klinischer Schweregrad II und III nach der Einteilung der New York Heart Association) sechs Wochen lang mit Nifedipin und kamen zu dem

Tabelle 12.1. Klinische Prüfungen, in denen eine ungünstige Wirkung einer chronischen Verwendung von Calciumantagonisten der ersten Generation bei der Behandlung von Patienten mit stark eingeschränkter Ventrikelfunktion nachgewiesen werden konnte

Calciumantagonist	Literatur
Verapamil	Chew et al. 1981
	Guazzi et al. 1984
	Ferlinz und Gallo 1984
	Packer et al. 1982
Nifedipin	Elkayam et al. 1985
	Gillmer und Karrk 1980
	Brooks et al. 1980
	Packer et al. 1984
	Anastassiades 1982
Diltiazem	Packer et al. 1985
	Goldstein et al. 1991

In der einschlägigen Literatur gibt es noch zahlreiche andere Arbeiten, in denen über die Wirkungslosigkeit dieser Substanzen oder über eine Verschlechterung der Herzinsuffizienz im Zusammenhang mit ihrer chronischen Anwendung berichtet wurde. Gelegentlich war aber auch ein sofort einsetzender positiver Effekt zu beobachten.

Schluß, daß die Substanz trotz ihrer peripher gefäßerweiternden Wirkung unter diesen Umständen kontraindiziert ist. Nifedipin ist in dieser Hinsicht kein Einzelfall. Ähnliche Schlußfolgerungen wurden auch aus den mit Diltiazem und Verapamil erzielten Ergebnissen gezogen (Tabelle 12.1). Die Anwendung dieser Substanzen beruhte auf der aus physiologischer Sicht vernünftigen Überlegung, daß sie das Herz „entlasten" müßten. Der Mißerfolg dieses Therapieversuchs wirft demnach verschiedene Fragen auf:

I.   Warum erfüllten die Calciumantagonisten der ersten Generation nicht die auf sie gesetzten Erwartungen?
II. Sind die Calciumantagonisten der zweiten Generation in dieser Hinsicht besser?

Bevor wir diese Fragen beantworten, müssen wir uns kurz der Pathophysiologie der Herzinsuffizienz zuwenden.

Pathophysiologie der Herzinsuffizienz

Trotz jahrelanger Forschungsarbeiten gibt es immer noch keine genauen Erkenntnisse über die Pathophysiologie der Herzinsuffizienz. Dies hängt wahrscheinlich mit der komplizierten Ätiologie dieser Erkrankung zusammen (Katz 1990a, 1990b, Morgan und Baker 1991). Herzklappenfehler, lang anhaltende Hypertonie, Myokardinfarkt (Abb. 12.1) sowie genetisch bedingte und durch Arzneimittel hervorgerufene Anomalien kommen als Ursachen in Betracht. Der Krankheitsverlauf ist nicht immer gleich: Eine Hypertrophie kann im Früh- oder im Spätstadium eintreten. Kommt es zur Hypertrophie, besteht bereits ein myokardialer Energiemangel, weil die Größe der mit Myofibrillen besetzten Myozyten zur Größe der als Energielieferanten fungierenden Mitochondrien in einem Mißverhältnis steht (Page und McCalister 1973, Anversa et al. 1980). Dies ist jedoch nur eine der unter solchen Umständen stattfindenden Veränderungen. Darüber hinaus kommt es noch zu folgenden Vorgängen:

I.   Beeinträchtigung der Bereitstellung von Ca^{2+} für die kontraktilen Proteine (Limas et al. 1987)
II.   Verlangsamte Wiederaufnahme von Ca^{2+} aus dem Zytosol, zum Teil wegen der verringerten Dichte der für das Herauspumpen von Ca^{2+}-Ionen verantwortlichen ATPase des sarkoplasmatischen Retikulums (Lompré et al. 1988) und nicht infolge eines unkontrollierten Ausströmens von Ca^{2+} wie bei der manifesten Ischämie (viertes Kapitel)
III. Erschöpfung der endogenen Katecholamin-Bestände (Chidsey et al. 1965), fast sicher im Gefolge einer gleichzeitigen, besonders starken Aktivierung des sympathischen Nervensystems
IV.   Verringerte Dichte der β-Adrenorezeptoren und damit eingeschränkte Empfindlichkeit gegen β-adrenerge Stimulierung (Bristow et al. 1982),

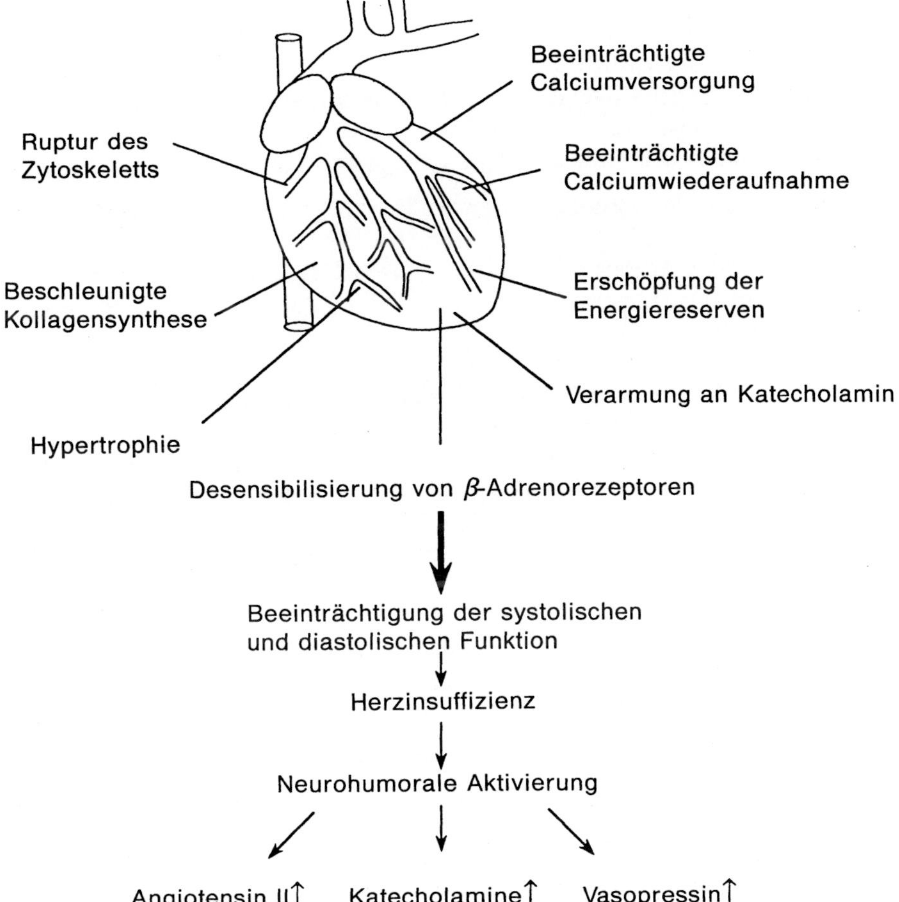

Abb. 12.1. Schematische Darstellung möglicher Ursachen der Herzinsuffizienz

während die Dichte der α-Rezeptoren keine Veränderung erfährt (Bristow et al. 1985)

V.   Abfall der ATP- und Kreatinphosphat-Reserven im Gewebe (Pool et al. 1967)

VI.   Beschleunigte Kollagensynthese (Caspari et al. 1977), was zuweilen zu strukturellen Anomalien führt (Weber et al. 1988)

VII.   Erscheinen abnormer Isoformen der wichtigsten myokardialen Proteine (Cummins 1982, Mercadier et al. 1987, Izumo et al. 1988)

VIII.   Desorganisation des Zytoskeletts, das normalerweise als stabiles Gerüst der verschiedenen Zellorganellen fungiert (Schaper et al. 1991)

Diese Veränderungen erfolgen nicht alle gleichzeitig. Sie treten vielmehr nacheinander ein, so daß das Herz schließlich infolge einer systolischen und diastolischen Fehlfunktion den hämodynamischen Anforderungen des Kreislaufs nicht mehr gerecht werden kann. Zu diesem Zeitpunkt treten die deutlicheren Symptome der Herzinsuffizienz in Erscheinung. Die Situation wird noch dadurch verkompliziert, daß die Ventrikelfunktionsstörung mit einer Aktivierung des sympathischen Systems verbunden ist (Cohn, JN 1990). Daraus resultieren folgende neurohumorale Veränderungen:

I.   Aktivierung des adrenergen und des Renin-Angiotensin-Systems (Francis und Cohn 1986, Kubo 1990, Cohn, JN 1990)
II. Erhöhte Konzentration des antidiuretischen Hormons (ADH) im Plasma
III. Überschießende Endothelin-1-Produktion (Margulies et al. 1990, Cavero et al. 1990)

Die auf diese Weise entstehende Erhöhung der Plasmakonzentrationen von Noradrenalin, Angiotensin II, ADH und Endothelin-1 mag vielleicht zur Aufrechterhaltung des arteriellen Tonus und des venösen Rückstroms beitragen, wenn die Förderleistung des Herzens den Anforderungen nicht genügt. Für das insuffiziente Herz ohne ausreichende Energieversorgung stellt sie jedoch eine zu starke Arbeitsbelastung dar (Abb. 12.2). Darüber hinaus kommt es zu einer erheblichen Beeinträchtigung der neurohumoralen reflektorischen Kreislaufregulation. Dies ist aus den Veränderungen der Noradrenalin- und Reninaktivität im Plasma unter orthostatischer Belastung zu schließen. In der Grup-

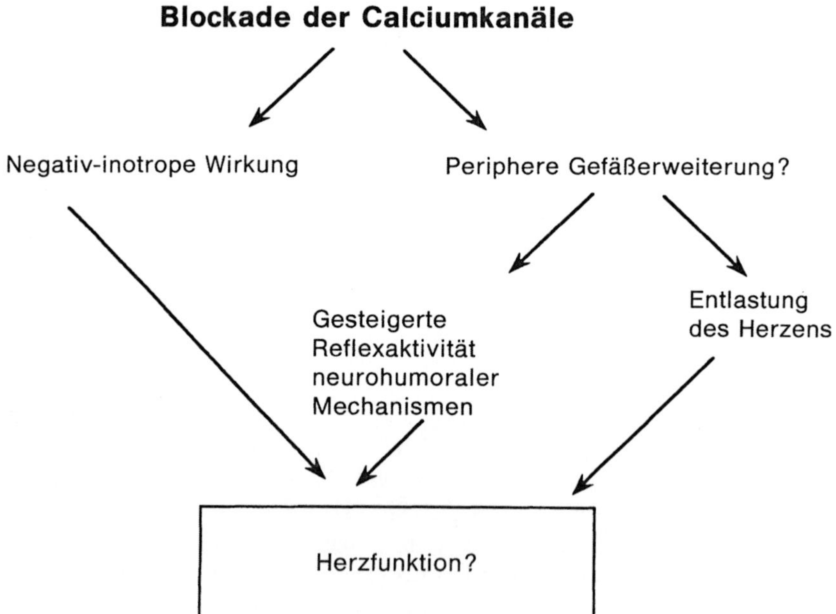

Abb. 12.2. Schematische Darstellung der für die ungünstigen Wirkungen von Calciumantagonisten der ersten Generation verantwortlichen Faktoren

pe von Patienten mit Herzinsuffizienz war stets eine abgeschwächte Antwort zu beobachten (Packer 1988, Marin-Neto et al. 1991, Cohn, JN 1990). Zur Zeit laufen Untersuchungen zur Feststellung der an dieser Beeinträchtigung der baroreflektorischen Sensitivität beteiligten Mechanismen. Folgende Möglichkeiten bieten sich an:

I.   Strukturelle Veränderungen der Barorezeptoren durch chronische Volumenüberlastung
II. Verformung der Arterienwand unter den Barorezeptoren, eventuell durch Anreicherung von Na^+-Ionen
III. Folgeerscheinungen der erhöhten Konzentrationen von Noradrenalin, Angiotensin II und ADH (Cody und Laragh 1988, Packer 1988)

Demnach können an der komplexen Pathophysiologie der Herzinsuffizienz folgende Mechanismen beteiligt sein:

I.   Störungen derjenigen Bestandteile der Myozyten, die für Energieproduktion und Energieausnutzung verantwortlich sind
II. Eingeschränkte Verfügbarkeit von Ca^{2+}-Ionen für die Kopplung von Muskelerregung und Muskelkontraktion und verlangsamte Wiederaufnahme von Ca^{2+} aus dem Zytosol (der letztere Mechanismus ist möglicherweise für die diastolische Ventrikelfunktionsstörung verantwortlich)
III. Abnorm starke Aktivierung des vegetativen Nervensystems
IV. Beeinträchtigung der Kreislaufregulation durch die Barorezeptoren
V.   Entstehung abnormer Isoformen von Myosin

Therapeutische Versorgung des insuffizienten Herzens

Trotz der komplexen Ätiologie der Herzinsuffizienz bieten sich für die Pharmatherapie des insuffizienten Herzens zumindest zwei Möglichkeiten an. Einerseits können Substanzen mit positiv-inotroper Wirkung zum Einsatz kommen, andererseits Pharmaka, die das Herz entlasten. Ein positiv-inotroper Effekt kann zwar kurzfristig eine Besserung herbeiführen, die aber kaum lange anhalten wird, wenn die betreffende Substanz nicht gleichzeitig das Gleichgewicht zwischen Energieverbrauch und Energieproduktion wiederherstellt. Andernfalls kann es nur zu einer Verschlimmerung des bereits bestehenden Energiedefizits kommen (Pool et al. 1967).

Demgegenüber schwächt eine „Entlastung" des insuffizienten Herzens durch Nachlastreduktion nicht nur die Symptome der Herzinsuffizienz ab; sie verlängert auch die Überlebensdauer (Cohn et al. 1986). Damit stellt sich die Frage, warum die Calciumantagonisten der ersten Generation keine anhaltende Linderung der Symptomatik der Herzinsuffizienz bewirkten und zuweilen Hämodynamik und klinisches Erscheinungsbild sogar noch verschlechterten (Packer et al. 1987, Elkayam et al. 1990, Goldstein et al. 1991, in Dänemark durchgeführte Studien (DAVIT II und SPRINT)). Die naheliegendste, wenn auch nicht die zutreffendste Erklärung dafür ist die negativinotrope Wirkung dieser Substanzen. Aber selbst wenn es bei Patienten, die mit dem einen oder anderen Calciumantagonisten der ersten Generation behandelt wurden, zu einer subjektiven Verschlechterung der Herzinsuffizienz kam, blieb die aufgrund des Herzminutenvolumens oder der Auswurffraktion beurteilte Herzfunktion oft unverändert oder sie hatte sogar eine Besserung zu verzeichnen (Ferlinz und Gallo 1984). Die von den Calciumantagonisten hervorgerufene, manchmal sogar lebensbedrohliche Verschlechterung läßt sich also kaum mit der negativen Inotropie dieser Substanzen erklären. Vielmehr dürfte die von den Calciumantagonisten ausgelöste Aktivierung des sympathischen Nervensystems und des Renin-Angiotensin-Systems für eine solche Verschlechterung verantwortlich sein, weil auf diese Weise dem insuffizienten Herzen eine noch größere Belastung aufgebürdet wird (Packer 1990).

Dem therapeutischen Wert von Calciumantagonisten der ersten Generation sind bei der Behandlung von Patienten mit Herzinsuffizienz also Grenzen gesetzt:

I.   Dies hängt zum Teil mit der negativen Inotropie dieser Substanzen zusammen.
II. Hauptverantwortlich ist aber die durch eine Gefäßerweiterung ausgelöste Aktivierung des vegetativen Nervensystems und des Renin-Angiotensin-Systems, die folgende Konsequenzen hat:
     a) Das Herz hat jetzt eine noch höhere Belastung zu bewältigen.
     b) Durch Stimulierung adrenerger Rezeptoren, insbesondere der α-Rezeptoren, welche die positiv-inotrope Antwort und die Konstriktion der Koronargefäße vermitteln, wird der Energieverbrauch des Herzens gesteigert.
     c) Flüssigkeitsretention.

Calciumantagonisten der zweiten Generation

Mehrere Gründe sprechen dafür, daß manche Calciumantagonisten der zweiten Generation für die Behandlung der Herzinsuffizienz besser geeignet sind. Die größte Rolle spielt dabei ihre relative Vasoselektivität (Tabelle 12.2). Aber es gibt noch andere Gründe. Manche Substanzen, zum Beispiel Nisoldipin (Schofer et al. 1990), bewirken eine Wiederherstellung der baroreflektorischen Sensitivität.

Tabelle 12.2. Vasoselektivität einiger Calciumantagonisten der zweiten Generation

Substanz	Gefäßapparat : Myokard
Nitrendipin*	80 : 1
Isradipin**	15 : 1
Felodipin*	118 : 1
Nicardipin*	300 : 1
Nisoldipin*	>1000 : 1

Aus Struyker-Boudier et al. (1990)* sowie Ruegg und Hof (1990)**

Isradipin

Bei Patienten mit Herzinsuffizienz *verbessert* Isradipin trotz einer Herabsetzung des systemischen Blutdrucks das Schlagvolumen und den Herzindex, ohne die Herzfrequenz zu verändern (Broudy et al. 1987). Das Fehlen einer negativ-inotropen Wirkung kommt nicht unerwartet, da die Substanz durch eine relative Vasoselektivität gekennzeichnet ist. Nicht zu erwarten war hingegen das Fehlen einer reflektorisch ausgelösten Steigerung der Herzfrequenz. Hier dürfte der Grund dafür zu suchen sein, daß dieser Calciumantagonist der zweiten Generation bei Patienten mit Herzinsuffizienz eine funktionelle Besserung herbeiführt. Vielleicht ist dies ein Hinweis darauf, daß es zu keiner unangemessenen Aktivierung des neurohumoralen Systems kommt. Das Fehlen einer positiv-chronotropen Wirkung läßt sich vielleicht auch dadurch erklären, daß Isradipin die AV-Überleitung verlangsamt, wenn auch nicht so drastisch wie Verapamil.

Felodipin

Felodipin ist ebenfalls ein vasoselektiver Calciumantagonist der zweiten Generation, der in therapeutischen Dosen keine nennenswerte negativ-inotrope Wirkung entfaltet. Bei Patienten mit Herzinsuffizienz verursacht diese Substanz eine lang anhaltende Erhöhung von Schlagvolumen und Herzminutenvolumen, eine Verringerung der Nachlast sowie eine *geringfügige Herabsetzung* der Herzfrequenz (Kassis und Amtorp 1990 b). Gleichzeitig werden die Plasma-Noradrenalinspiegel herabgesetzt. In einer Untersuchung wurde zum Beispiel ein Absinken der Noradrenalin-Konzentrationen im Plasma von $5,34 \pm 1,11$ nmol/l in der Kontrollgruppe und von $4,01 \pm 1,14$ nmol/l bei den mit Felodipin behandelten Patienten beobachtet. Dies ist ein Hinweis auf ein verbessertes neurohumorales Profil. Regionale Wandbewegungen, diastolische Funktion und der Allgemeinzustand des Patienten werden verbessert. Diese Befunde lassen sich am besten damit erklären, daß Felodipin sowohl einen vasodilatierenden Effekt entfaltet und damit das Herz entlastet, als auch die durch Baroreflexe vermittelte Steuerfunktion wiederherstellt, ohne das neurohumorale System zu aktivieren.

Nicardipin

Auch hier handelt es sich um einen vasoselektiven Calciumantagonisten, der nur eine relativ schwach ausgeprägte negativ-inotrope Wirkung besitzt und dessen selektiver Effekt auf die koronaren und zerebralen Blutgefäße gerichtet ist (Whiting 1987). Im Rahmen einer vierwöchigen Behandlung von Patienten mit mittelgradiger Herzinsuffizienz (klinischer Schweregrad III und IV nach der NYHA-Einteilung) konnte gezeigt werden, daß Nicardipin Auswurffraktion, Herzminutenvolumen und maximale Füllungsgeschwindigkeit verbessert

(Lahiri et al. 1990). Wie bei Felodipin, kommt es auch hier zu einer Verbesserung der diastolischen und der systolischen Ventrikelfunktion.

Nisoldipin

Dieser Calciumantagonist der zweiten Generation zeichnet sich durch eine gute Verträglichkeit aus. Er ist vasoselektiv, wobei sich seine Wirkung bis zu einem gewissen Grad auf die Koronargefäße richtet (Serruys et al. 1985). Bei der Behandlung von Patienten mit myokardialer Ischämie erwies sich Nisoldipin als wirksam (Tzivoni et al. 1991). Die Verwendung dieser Substanz zur akuten Therapie der Herzinsuffizienz vom Schweregrad NYHA III–IV führte zu einer Herabsetzung des systemischen Gefäßwiderstands und des mittleren arteriellen Drucks sowie zu einer Erhöhung des Schlagvolumenindex. Dabei kam es nicht immer zu einer Veränderung der Herzfrequenz und des mit einem Elektromanometer gemessenen pulmonalen Kapillardrucks (Moe et al. 1990, Barjon et al. 1987, Lahiri et al. 1990).

Neuerdings herrscht reges Interesse an der Verwendung von Nisoldipin in der Langzeittherapie von Patienten mit eingeschränkter Linksventrikelfunktion im Gefolge einer ischämischen Herzkrankheit (Schofer et al. 1990, Rousseau et al. 1990, De Cock et al. 1990, Moe et al. 1990). Hier ist aber sorgfältig zwischen dem *akuten* Einsatz dieser Substanz und ihrer Anwendung in der *Langzeitbehandlung* zu unterscheiden. Der günstige akute Effekt ist hauptsächlich auf Nachlastreduktion durch Erweiterung der Arteriolen zurückzuführen. Langfristig hat die Wirksamkeit von Nisoldipin verschiedene Ursachen (Schofer et al. 1990, Rousseau et al. 1990). In beiden Fällen ist die Substanz so zu dosieren, daß sie eine Dilatation der Arteriolen hervorruft, ohne eine negativ-inotrope Wirkung zu entfalten. Schofer et al. (1990) konnten zum Beispiel beobachten, daß sich mit zweimal täglich 10 mg zufriedenstellende Erfolge erzielen lassen. In anderen Studien brachten höhere Dosen (zum Beispiel 40–60 mg/die) keine ausreichende Wirkung.

Die Ergebnisse zumindest zweier bereits abgeschlossener Langzeitstudien (Schofer et al. 1990, Rousseau et al. 1990) lassen darauf schließen, daß Nisoldipin bei Patienten mit gestörter Linksherzfunktion eine lang anhaltende Besserung der systolischen und diastolischen Funktion des linken Ventrikels herbeiführen kann. Für eine solche Wirkung sprechen folgende Befunde:

I. Verbesserung des Herzindex und des Schlagvolumenindex unter Belastung
II. Gleichzeitig Erhöhung der zentralvenösen O_2-Sättigung
III. Keine Veränderung der Herzfrequenz
IV. Herabsetzung des enddiastolischen Drucks
V. Anstieg des maximalen Füllungsdrucks des linken Ventrikels
VI. Wiederherstellung der ellipsoiden und damit normalen Geometrie in der Form des linken Ventrikels bei der Diastole. In den zur Kontrolle überwachten Bereichen zeigte sich kaum eine Veränderung der Wandfunktion,

während in den Arealen um das infarzierte Gebiet eine signifikante Besserung zu erkennen war (Rousseau et al. 1990, Schofer et al. 1990).

Aufgrund dieser und ähnlicher Beobachtungen kamen Rousseau et al. (1990) zu dem Schluß, daß „die Linksherzfunktion bei einer Vielzahl asymptomatischer Patienten mit ischämischer Herzkrankheit eine spontane Verschlechterung erfährt, ... während Nisoldipin nicht nur in der Lage ist, dies zu verhindern, sondern die globale und die *regionale Funktion des linken Ventrikels* sogar verbessert".

Aus welchem Grund Nisoldipin eine anhaltende Besserung der Ventrikelfunktion verursacht, ist noch nicht geklärt und läßt sich auch nicht mit einer signifikanten und anhaltenden Aktivierung des sympathischen Nervensystems erklären (Rousseau et al. 1990), da der Noradrenalin-Spiegel im Plasma auch nach dreimonatiger Behandlung nur unerhebliche Veränderungen aufweist. Ferner sind keine nennenswerten Veränderungen der Herzfrequenz zu beobachten. Eine langfristige Wirkung auf den peripheren Gefäßwiderstand wurde als mögliche Ursache ebenfalls verworfen. Unter anderem kommen folgende Mechanismen in Betracht:

I.   Verbesserung der regionalen Blutversorgung und des Stoffwechsels im betroffenen Bereich (Rousseau et al. 1987)
II.   Verringerung der Calcium-Überladung (Lorell und Grossman 1987)
III. Verminderung der kardialen Hypertrophie durch Nachlastreduktion
IV. Hemmung der ventrikulären Umformung und der damit verbundenen Kollagenproduktion (McKay et al. 1986)
V.   Eventuell direkte Wirkung auf die kontraktilen Strukturen

Klinische Prüfungen haben also Hinweise darauf gebracht, daß der vasoselektive Calciumantagonist Nisoldipin bei Patienten mit persistierender Linksherzinsuffizienz im Gefolge einer ischämischen Herzkrankheit die systolische und diastolische Linksventrikelfunktion verbessert, sofern es noch nicht zu manifesten Insuffizienzerscheinungen gekommen ist. Anzustreben wäre also die langfristige Verwendung von niedrig dosiertem Nisoldipin, um zu verhindern, daß sich Linksherzdysfunktionen jeglichen Schweregrades zu einer Herzinsuffizienz entwickeln und um die Funktion des linken Ventrikels zu verbessern. In diesem Zusammenhang ist ein Vergleich zwischen der Wirkung von Nisoldipin und dem Effekt von ACE-Hemmern wie Captopril von Interesse (Schofer et al. 1990). Bei Patienten mit eingeschränkter Linksventrikelfunktion infolge einer vorausgehenden ischämischen Phase führen beide Substanzen zu einer Besserung der diastolischen Funktion. Während aber die lang anhaltende Schutzwirkung der ACE-Hemmer mit einer langsam entstehenden und dauerhaften Nachlastreduktion einhergeht, hängt die Wirkung von Nisoldipin nicht nur von der Verringerung der Nachlast ab, die sofort in Erscheinung tritt und dann abklingt. Nisoldipin dürfte vielmehr auch einen direkten Einfluß auf die diastolische Linksventrikelfunktion ausüben, der schon in einer Dosierung zur Geltung kommt, die weit unter den für eine Abschwächung der Kontraktilität erforderlichen Dosen liegt.

Zusammenfassung

1. Calciumantagonisten der ersten Generation sind aus folgenden Gründen für die Behandlung von Patienten mit Herzinsuffizienz kontraindiziert:
   I.   Alle diese Substanzen haben eine negativ-inotrope Wirkung.
   II. Sie aktivieren das sympathische Nervensystem.
2. Calciumantagonisten der zweiten Generation können zu diesem Zweck verwendet werden, allerdings mit Vorsicht. Ihre gegenüber den Prototypen verbesserte Wirksamkeit ist wahrscheinlich auf folgende Eigenschaften zurückzuführen:
   I.   ihre relative Vasoselektivität,
   II. bei einigen Substanzen auf die Wiederherstellung der baroreflektorischen Sensibilität,
   III. bei Nisoldipin auf eine direkte Beeinflussung der diastolischen Funktion.

13 Calciumantagonisten der zweiten Generation als Blutdruckzügler: Prophylaxe der kardialen Hypertrophie

> „Ich fand das wirklich so schwierig, daß ich wie Fracastorius fast glaubte, so etwas könne nur Gott verstehen."
>
> WILLIAM HARVEY in „De Motu Cordis", 1628

William HARVEY hatte völlig recht. Bluthochdruck ist ein komplexer Vorgang. Selbst heute, nach so vielen Jahren intensiver Forschungsarbeit, ist seine Ätiologie und Pathophysiologie immer noch nicht ganz geklärt. Fest steht jedenfalls, daß die Erhöhung des systemischen Gefäßwiderstands ein Grundmerkmal der Hypertonie ist (Page 1987) und daß eventuelle Veränderungen des Herzminutenvolumens als Folge und nicht als Ursache dieser Erhöhung anzusehen sind. Daraus ist natürlich zu schließen, daß pharmakologische Maßnahmen zur Normalisierung des Blutdrucks in erster Linie

I. auf den Gefäßapparat selbst oder
II. auf neurohumorale oder sonstige Mechanismen gerichtet sein müssen, die einen Einfluß auf das Gefäßsystem ausüben.

Die Ziele einer wirksamen Behandlung des Bluthochdrucks sind jedoch weiter gesteckt: Sie muß auch auf die Folgeerscheinungen der zugrunde liegenden Erkrankung einwirken, also auf

I.   die Apoplexie (vierzehntes Kapitel),
II. die Atherosklerose (elftes Kapitel),
III. den Nierenschaden und
IV. die ventrikuläre Hypertrophie.

Daß die Calciumantagonisten der zweiten Generation in der Lage sind, einen günstigen Einfluß auf einige Folgeerscheinungen der Hypertonie auszuüben (Atherosklerose und apoplektischer Insult), wird in einem anderen Kapitel erläutert. Im vorliegenden Kapitel befassen wir uns hauptsächlich mit dem blutdrucksenkenden Effekt dieser Pharmaka. Theoretisch müßten sich manche dieser Substanzen wegen ihrer Vasoselektivität und ihrer langen Wirkungsdauer in dieser Hinsicht als außerordentlich wirksam erweisen. Bevor wir auf dieses Thema näher eingehen, sind folgende Fragen kurz zu erörtern:

I. Welche Rolle spielt Ca^{2+} bei der Kontraktion der glatten Muskulatur?
II. Welche Mechanismen sind an der Entstehung der Hypertonie beteiligt?

Calcium und die Kontraktion der glatten Gefäßmuskulatur

Wie bei Herz- und Skelettmuskulatur, kommt Calcium auch bei der Kontraktion der glatten Muskelzelle eine Schlüsselrolle zu. In der glatten Gefäßmuskulatur stammen die aktivierenden Ca^{2+}-Ionen aus zwei Quellen, einer extra- und einer intrazellulären. Ca^{2+}-Ionen können auf verschiedenen Wegen aus dem Extrazellulärraum in das Zytosol gelangen, zum Beispiel

I.   über die Calciumantagonisten-sensitiven Ca^{2+}-Kanäle vom L-Typ und
II. in geringerem Maße über den $Na^+:Ca^{2+}$-Austauschmechanismus.

Im Zellinnern werden die Ca^{2+}-Ionen aus dem sarkoplasmatischen Retikulum freigesetzt. Dies geschieht praktisch genauso wie im Herzmuskel (viertes Kapitel) (Hathaway et al. 1991). Allerdings sind die glatten Muskelzellen nicht alle in gleichem Maße mit sarkoplasmatischem Retikulum ausgestattet. Die großen Gefäßstämme enthalten zum Beispiel mehr sarkoplasmatisches Retikulum als die kleinen Widerstandsgefäße (Somlyo 1985). Dementsprechend dürften die kleinen Widerstandsgefäße auf den Einstrom von Ca^{2+} aus dem Extrazellulärraum stärker angewiesen sein als die großen Gefäße.

Die Physiologie der Kontraktion glatter Muskelzellen ist zwar ebenfalls Ca^{2+}-abhängig, unterscheidet sich aber in wesentlichen Punkten von der Physiologie der Kontraktion in der Herz- und Skelettmuskulatur. Sogar die kontraktilen Proteine sind anders angeordnet. In der quergestreiften Muskulatur sorgen die Z-Streifen und andere Bestandteile des Zytoskeletts (Schaper et al. 1991) für die ordnungsgemäße Ausrichtung der wichtigsten Komponenten des kontraktilen Systems. In der glatten Muskelzelle laufen diese Vorgänge ganz anders ab. Hier sind die kontraktilen Proteine praktisch desorganisiert. Doch die aktive Spannungsentwicklung ist in jedem Fall Ca^{2+}-abhängig (Huxley 1990, Hathaway und Watanabe 1989). Im quergestreiften Muskelgewebe kommt es zu einer Wechselwirkung zwischen Ca^{2+} und Troponin, einem regulatorisch wirksamen Protein. Dadurch wird die von Troponin ausgehende Hemmung der Aktin-induzierten Aktivierung der Myosin-ATPase aufgehoben. Im glatten Muskelgewebe und damit auch in der glatten Gefäßmuskulatur herrschen völlig andere Verhältnisse. Hier werden die Drehbewegungen der Querbrücken durch Phosphorylierung von Myosin oder, besser gesagt, der leichten Ketten dieses Proteins, aktiviert. Bei dieser Phosphorylierung kommt es

I.   zu einer Aktivierung der Ca^{2+}-abhängigen Kinase der leichten Myosin-Ketten
II. in Anwesenheit von Calmodulin, eines Ca^{2+}-bindenden Proteins (Hathaway und Watanabe 1989, Huxley 1990).

Alle diese Vorgänge bewirken eine Kontraktion der glatten Muskelzelle (Abb. 13.1).

Wie bereits erwähnt, stammen die Ca^{2+}-Ionen, die für den Ablauf der in Abb. 13.1 dargestellten Vorgänge erforderlich sind, aus zwei Quellen: aus dem

Extrazellulärraum und dem Zellinnern. Die intrazelluläre Ca^{2+}-Quelle ist das sarkoplasmatische Retikulum. Es nimmt nur einen relativ kleinen Teil der Muskelzelle ein (nach Somlyo (1985) 1,5 % – 7,5 %). Sein Na^+- und Cl^--Gehalt ist mit dem des Zytosols vergleichbar. Sein Calciumgehalt ist jedoch höher als im Zytosol oder im Longitudinalsystem des sarkoplasmatischen Retikulums der quergestreiften Muskulatur (Tabelle 13.1 und viertes Kapitel). Dadurch ist es vermutlich in der Lage, einen wesentlichen Teil der für die Kontraktion erforderlichen Ca^{2+}-Ionen bereitzustellen. Außerdem verfügt es über die Apparatur für das kontrollierte Ausströmen von Ca^{2+}-Ionen durch die Freisetzungskanäle. Hier besteht eine Ähnlichkeit mit den entsprechenden Strukturen des quergestreiften Muskelgewebes (viertes Kapitel). Es gibt zumindest zwei Auslösemechanismen. An einem dieser Mechanismen ist Ca^{2+}, am anderen Inositoltriphosphat (IP_3) beteiligt (Abb. 13.1). Selbstverständlich

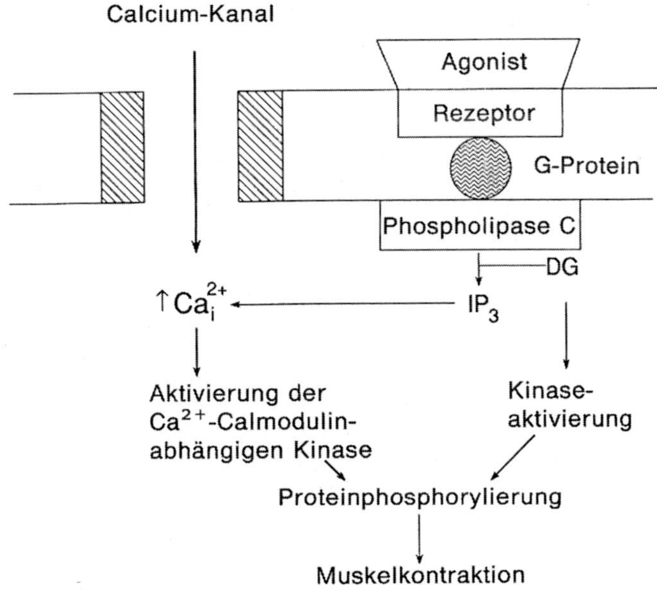

Abb. 13.1. Schematische Darstellung der Vorgänge, die an der Kontraktion der glatten Muskelzelle beteiligt sind

Tabelle 13.1. Calciumgehalt des sarkoplasmatischen Retikulums in der glatten Gefäßmuskulatur und im quergestreiften Muskel

Sarkoplasmatisches Retikulum	Calciumgehalt (nmol/Trockengewicht)
Glatte Gefäßmuskulatur	30–50
Quergestreifte Muskulatur	
I. Transversalsystem	~120
II. Longitudinalsystem	8

Aus Somlyo 1985

können die Ca^{2+}-Ionen durch eine ATPase aus dem Zytosol in das sarkoplasmatische System zurückgepumpt werden. Andernfalls würde es innerhalb kürzester Zeit zu einer Ca^{2+}-Überladung des Zytosols kommen. Allerdings unterscheidet sich diese ATPase-Pumpe durch ihren Aminosäuregehalt von den entsprechenden Strukturen in der Skelett- und Herzmuskulatur. In der glatten Muskelzelle besitzen die terminalen Carboxigruppen der Aminosäuresequenz nämlich weitere 49 Aminosäuren (Lytton et al. 1989).

Es gibt noch andere Unterschiede zwischen der Mikrophysiologie der glatten Gefäßmuskulatur und des Skelett- bzw. Herzmuskels. Zwei Unterschiede sind in diesem Zusammenhang insofern von Bedeutung, als sie für die Vasoselektivität einiger Calciumantagonisten mitverantwortlich sein dürften:

I.   relativ niedriges transmembranäres Ruhepotential (-50 mV in der glatten Muskulatur, im Vergleich zu -85 bis -90 mV in den meisten quergestreiften Muskelzellen) (Hirst und Edwards 1989),
II.   ungewöhnlicher Aminosäuregehalt der α_1-Untereinheiten des Ca^{2+}-Kanalkomplexes (drittes Kapitel).

Zusammenfassend kann gesagt werden, daß die glatte Gefäßmuskelzelle insofern eine Ähnlichkeit mit der quergestreiften Muskelzelle aufweist, als in beiden Geweben Ca^{2+}-Ionen für die elektromechanische Kopplung von Muskelerregung und Muskelkontraktion benötigt werden. Allerdings gibt es zwischen den beiden Systemen erhebliche Unterschiede, die folgende Merkmale betreffen:

I.   die Ultrastruktur,
II.   die Speicherkapazität des sarkoplasmatischen Retikulums für Ca^{2+}-Ionen,
III.   die an der aktiven Spannungsentwicklung beteiligten, Ca^{2+}-vermittelten Vorgänge,
IV.   das transmembranäre Ruhepotential,
V.   die chemische Zusammensetzung der α_1-Untereinheiten des Kanalkomplexes.

Pathophysiologie der Hypertonie

Nach Shepherd (1990) lassen sich die wichtigsten Ursachen des Bluthochdrucks in vier Gruppen einteilen:

I.   humorale Vasokonstriktoren,
II.   druckinduzierte Strukturveränderungen der Widerstandsgefäße,
III.   Übersteuerung des sympathischen Systems,
IV.   mit den Blutgefäßen zusammenhängende Autocoide, Paracoide und Mitogene.

Diese Aufstellung erhebt keinesfalls Anspruch auf Vollständigkeit. So soll zum Beispiel der Anteil der Ca^{2+}-Kanäle vom L- und T-Typ in den Gefäßen nicht immer gleich groß sein. Bei Blutdruckwerten oberhalb des Normbereichs soll es zu einem Überwiegen der L-Kanäle kommen (Rusch und Hermsmeyer 1988). Ferner gibt es Hinweise auf eine Beeinträchtigung der endothelabhängigen Relaxation (Panza et al. 1990), auf eine Nachkontraktion durch verlängerte Stimulierung der L-Kanäle (Godfraind et al. 1991) und auf eine Überempfindlichkeit gegen Agonisten, die eine kontraktile Antwort auslösen (Winquist et al. 1982, Papageorgiou und Morgan 1991). Eine Vielzahl weiterer Faktoren trägt zur Entstehung des Bluthochdrucks bei. Einige davon sind in Tabelle 13.2 und in Abb. 13.2 zusammengestellt. Dazu gehören strukturelle Veränderungen in den Widerstandsgefäßen und Überladung des Plasmavolumens.

Ganz allgemein drängt sich die Schlußfolgerung auf, daß es sich bei der Ätiologie der Hypertonie im Zellbereich um einmultifaktorielles Ereignis handeln muß. Bluthochdruck wird demnach nicht nur durch einen ätiologischen Faktor ausgelöst. Wenden wir uns nun den eventuell an diesen Vorgängen beteiligten molekularen Mechanismen zu. Hier zeichnet sich ein deutlicher Trend ab, nämlich eine erhöhte Ca^{2+}-Konzentration im Zellinnern (Ca_i^{2+}) und eine überschießende Aktivierung der Proteinkinase C, die an der Phosphorylierung der leichten Ketten des Myosin-Moleküls beteiligt ist. Hierbei handelt es sich um einen für die Kontraktion von glattem Muskelgewebe und für die Antwort auf eine Vielfalt von Agonisten wichtigen Schritt (Abb. 13.1). Einige der Angaben, auf denen diese Schlußfolgerung beruht, sind in Tabelle 13.3 aufgeführt.

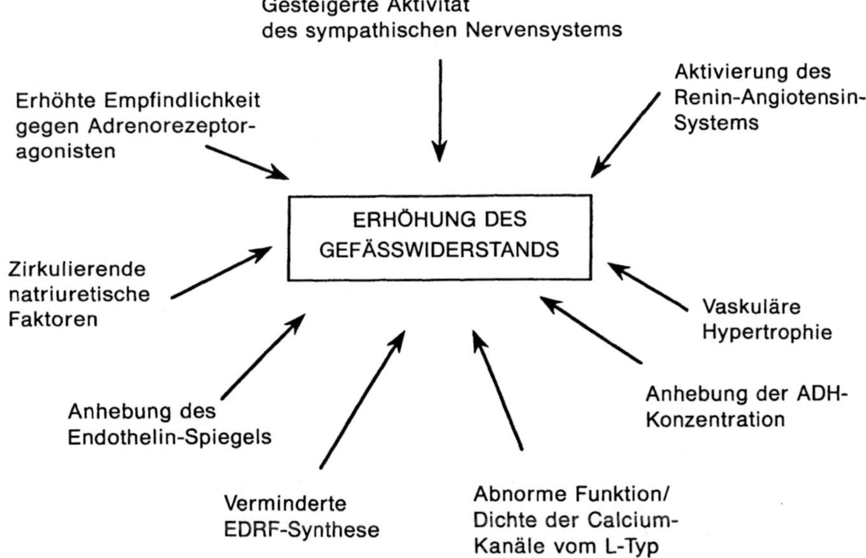

Abb. 13.2. Schematische Darstellung einiger Faktoren, die zu der dem Bluthochdruck zugrunde liegenden Erhöhung des Gefäßwiderstands beitragen

Tabelle 13.2. Möglicherweise an der Entstehung des Bluthochdrucks beteiligte Faktoren

A. *Primäre Faktoren*
1. Genetisch bedingte Prädisposition
2. Zirkulierende humorale Vasokonstriktoren
   I.   Angiotensin II
   II. ADH
   III. Digitalis-ähnlicher Faktor
3. Übersteuerung des sympathischen Systems
   I.   gesteigerte Synthese von Noradrenalin
   II. Überempfindlichkeit gegen Katecholamine
4. Lokal freigesetzte Autocoide und Paracoide
   I.   Angiotensin II
   II. Endothelin-1
   III. verminderte Freisetzung des EDRF
5. Funktionsstörungen der L-Kanäle
   I.   Erhöhung der relativen Dichte von L-Kanälen
   II. anhaltende Aktivierung der Kanäle vom L-Typ

B. *Sekundäre Faktoren*
Hypertrophie der Blutgefäße

Tabelle 13.3. Hinweise auf eine Beteiligung des erhöhten intrazellulären Ca^{2+}-Spiegels sowie der überschießenden Aktivierung von Proteinkinase C am Mechanismus der Entstehung einer Hypertonie

Präparat	Literatur
A. *Erhöhter intrazellulärer Ca^{2+}-Spiegel (Ca_i^{2+}) in Ruhe*	
Glatte Muskelzellkulturen der SHR-Ratte	Sugiyama et al. 1986
Glatte Muskelzellen hypertonischer Ratten	Papageorgiou und Morgan 1990
Gesteigerte Aktivität der Calcium-Kanäle vom L-Typ bei der SHR-Ratte	Rusch und Hermsmeyer 1988
B. *Aktivierung der Proteinkinase C*	
Gesteigerte Proteinkinase C-Aktivität in den Erythrozyten aller Patienten mit primärer Hypertonie	Kravtsov et al. 1988
Erhöhte basale Proteinkinase C-Aktivität bei der SHR-Ratte	Murakawa et al. 1988

Weitere Angaben bei Morgan und Suematsu 1990

Aufgrund dieser Überlegungen kann man davon ausgehen, daß eine erhöhte Ca^{2+}-Konzentration im Zytosol in Verbindung mit einer überschießenden Proteinkinase C-Aktivität zur Pathophysiologie der primären Hypertonie zumindest einen erheblichen Beitrag leistet. Der erhöhte zytosolische Ca_i^{2+}-Spiegel ist eine Erklärung für die Überempfindlichkeit des Gewebes gegen manche Agonisten, zum Beispiel gegen die Agonisten der adrenergen α-Rezeptoren (Papageorgiou und Morgan 1991). Warum es überhaupt zu einer Anhebung der zytosolischen Ca^{2+}-Konzentration kommt, ist noch nicht geklärt. Folgende Ursachen kommen in Betracht:

I.   gesteigerter Einstrom von Ca^{2+}-Ionen im Austausch gegen Na^+-Ionen,
II.   verstärkter $Na^+:H^+$-Austausch und darauffolgender $Na^+:Ca^{2+}$-Austausch,
III.   durch Agonisten hervorgerufener, erhöhter Ca^{2+}-Einstrom,
IV.   gesteigerte Freisetzung von Ca^{2+} aus intrazellulären Speichern unter der Wirkung von Agonisten wie Endothelin-1, Angiotensin II und ADH),
V.   erhöhte Dichte der Ca^{2+}-Kanäle vom L-Typ,
VI.   verlängerte Öffnungsdauer der einzelnen Ca^{2+}-Kanäle,
VII.   Beeinträchtigung der Anreicherung von Ca^{2+}-Ionen im sarkoplasmatischen Retikulum,
VIII.   unkontrolliertes Ausströmen von Ca^{2+} aus dem sarkoplasmatischen Retikulum usw.

Allerdings hat der zytosolische Ca^{2+}-Spiegel nicht nur unter Ruhebedingungen einen Anstieg zu verzeichnen. Papageorgiou und Morgan konnten kürzlich nachweisen, daß Vasokonstriktoren, deren Wirkung auf einer Mobilisierung des intrazellulären Ca^{2+} beruht, in den Blutgefäßen des Hypertonikers relativ hohe Konzentrationen von Ca_i^{2+} (Ca^{2+}-Spiegel im Zellinnern) hervorrufen. Dies im Vergleich zu den bei normalem Blutdruck ermittelten Werten (Papageorgiou und Morgan 1991).

Calciumantagonisten als Blutdruckzügler

Calciumantagonisten der ersten Generation

Die Verwendung von Calciumantagonisten der ersten Generation (Verapamil, Nifedipin und Diltiazem) zur Herabsetzung des systemischen Gefäßwiderstands von Hochdruckpatienten beruhte auf folgenden Überlegungen:

I.   Die Hypertonie wird durch einen erhöhten systemischen Gefäßwiderstand hervorgerufen.
II.   In den glatten Muskelzellen solcher Patienten ist ein erhöhter Ca_i^{2+}-Spiegel zu erkennen.
III.   Die glatten Gefäßmuskelzellen besitzen funktionelle, auf Calciumantagonisten ansprechende, spannungsempfindliche Kanäle, die im depolarisierten Zustand für Ca^{2+}-Ionen durchlässig sind (Bolton et al. 1988).

Da sich diese Überlegungen als richtig erwiesen, kann man ohne weiteres davon ausgehen, daß Calciumantagonisten wirksame Blutdruckzügler sein müssen. Dies gilt auch für viele andere Pharmaka (Tabelle 13.4). Die blutdrucksenkende Wirkung der Calciumantagonisten der ersten Generation, insbesondere von Verapamil und Nifedipin, fand in einer Vielzahl von Untersuchungen ihre Bestätigung (Olivari et al. 1979, Pedersen 1981, Buhler 1983, Muller et al. 1984, Agabiti-Rosei et al. 1986). Sowohl Verapamil als auch

Tabelle 13.4. Unerwünschte Nebenwirkungen anderer Antihypertensiva

Substanz	Nachteil
Diuretika	*Stoffwechsel*
	Hypokaliämie
	Blutzucker ↑
	Plasmalipide ↑
β-Rezeptoren-Blocker	*Stoffwechsel*
	Blutzuckerspiegel (nüchtern) ↑
	Glucosetoleranz ↑
	LDL-Cholesterin ↓
	Gesamtcholesterin ↑
	Physiologie
	Herzminutenvolumen ↓
	Systemischer Gefäßwiderstand ↑
	Bronchokonstriktion
	Lethargie
α₁-Rezeptoren-Blocker	*Stoffwechsel*
	Natrium- und Flüssigkeitsretention
	Physiologie
	Orthostatische Hypotonie
Zentralwirksame Pharmaka	*Stoffwechsel*
	LDL-Cholesterin im Plasma ↑
	Insulinfreisetzung ↓
	Physiologie
	Depression
ACE-Hemmer	*Stoffwechsel*
	Insulin-vermittelte Glucose-Verfügbarkeit ↑
	Physiologie
	Husten

↑ bedeutet Erhöhung, ↓ Abnahme

Nifedipin vermindern den peripheren Gefäßwiderstand, ohne das Renin-Aldosteron-System zu stimulieren (Agabiti-Rosei et al. 1986) und ohne die Plasmalipide zu verändern. Diese Substanzen sind arterioläre Vasodilatatoren, die das Herzminutenvolumen nur leicht steigern oder überhaupt nicht beeinflussen (Lund-Johansen 1983, Agabiti-Rosei et al. 1988). Dazu kommt noch, daß alle drei Prototypen von Calciumantagonisten der ersten Generation (Verapamil, Diltiazem und Nifedipin) einen Rückgang der durch die Hypertonie verursachten Linksventrikelhypertrophie bewirken (Agabiti-Rosei et al. 1988, Frohlich 1987). Diese Eigenschaft haben sie mit den ACE-Hemmern gemein (Muiesan et al. 1988). Neben der Herabsetzung des peripheren Gefäßwiderstands und der Abschwächung der Linksherzhypertrophie besitzt die Gruppe der Calciumantagonisten der ersten Generation noch andere günstige Eigenschaften. So üben diese Substanzen zum Beispiel keinen deutlichen Einfluß auf die Aldosteron-Sekretion aus und bewirken in der Regel keine anhaltende Erhöhung des Plasmareninspiegels. Dies im Gegensatz zu anderen Vasodilatatoren wie Hydralazin. Ferner besitzen sie einen akuten diuretischen Effekt.

Trotz dieser Vorzüge sind einer Verwendung der Calciumantagonisten der ersten Generation als Antihypertensiva Grenzen gesetzt.

I. Alle diese Substanzen sind durch eine negative Inotropie gekennzeichnet, die bei Verapamil und Nifedipin stärker ausgeprägt ist als bei Diltiazem. Damit kommt ihre Anwendung bei Patienten mit Linksventrikelfunktionsstörung nicht in Betracht (Chew et al. 1981, Elkayam et al. 1985).

II. Verapamil beeinträchtigt die Erregungsleitung im Sinusknoten und die AV-Überleitung und kann damit eine schwere Bradykardie auslösen.

III. Der rasche Abfall des Blutdrucks unter Nifedipin führt gewöhnlich zu einer reflektorischen Tachykardie.

IV. Wegen ihrer relativ kurzen Halbwertszeiten im Plasma müssen diese Substanzen in kurzen Zeitabständen verabreicht werden, sofern nicht die neueren retardierten Präparate oder GITS-Formen zur Anwendung kommen.

V. Bei den für eine dauerhafte Herabsetzung des systemischen Blutdrucks erforderlichen Dosen kann es selbst bei Diltiazem zu unangenehmen Nebenwirkungen kommen.

Zu diesen Nebenwirkungen gehören Knöchelödem, Kopfschmerzen, Gesichtsrötung und (bei Verapamil) Obstipation.

Calciumantagonisten der zweiten Generation

Wie bereits eingangs erwähnt, besitzen die Calciumantagonisten der zweiten Generation eine noch kompliziertere chemische Struktur als ihre Prototypen. Die Vertreter der zweiten Generation lassen sich in drei Gruppen unterteilen:

I. neue Derivate der Prototypen,

II. neue Retardformen der Prototypen, zum Beispiel ein retardiertes Verapamil und Nifedipin,

III. neue Substanzen, die außer den Calcium-Kanälen auch noch andere Rezeptoren blockieren.

Zu den neuen Derivaten der Prototypen gehören Substanzen, die in der Klinik bereits als Antihypertensiva eingesetzt werden. Dabei handelt es sich um Felodipin, Nitrendipin, Isradipin, Amlodipin und Nicardipin. Diese Gruppe hat mit den Prototypen folgende Eigenschaften gemein:

I. Alle diese Substanzen bewirken eine anhaltende Blutdrucksenkung, die mit einer Herabsetzung des peripheren Gefäßwiderstands einhergeht.

II. Die Herabsetzung des peripheren Gefäßwiderstands ist in der Regel nicht mit ausgeprägten Veränderungen der Herzfrequenz oder des Plasmareninspiegels verbunden.

III. Die Plasmalipide bleiben entweder unverändert oder es kommt zu einer geringfügigen Anhebung der HDL-Cholesterin-Konzentration.

Tabelle 13.5. Tagesdosen und Plasmaspiegel von Calciumantagonisten der zweiten Generation, die zur Behandlung der primären Hypertonie eingesetzt wurden

Substanz	Tagesdosis (mg/die)	Plasmaspiegel (ng/ml)
Amlodipin*	5–10	2–12
Felodipin	20	5–40
Isradipin	20	10
Nicardipin	30	30–110
Nitrendipin	5–40	9–42

* Amlodipin ist ein interessanter Calciumantagonist der zweiten Generation, nicht nur wegen seiner langen Halbwertszeit (36 Stunden), sondern auch wegen der langsam einsetzenden Wirkung. Diese Eigenschaft ist teilweise darauf zurückzuführen, daß es fünf Stunden dauert, bis es zu einer Sättigung der Bindungsstellen am α_1-Komplex des Kanals kommt.

IV. Die Linksventrikelhypertrophie geht zurück, vermutlich infolge der relativen Vasoselektivität dieser Substanzen.

V. Durch den natriuretischen Effekt dieser Pharmaka kommt es zu keiner Na^+-Rückresorption. Dies ist ein wichtiger Vorteil dieser Präparate.

Allerdings gibt es hinsichtlich der Behandlung des Bluthochdrucks deutliche Unterschiede zwischen den Calciumantagonisten der ersten und der zweiten Generation. *Erstens* weisen die hier besprochenen Calciumantagonisten der zweiten Generation eine relativ stark ausgeprägte Vasoselektivität auf und erweisen sich damit bei drohender oder bereits eingetretener Ventrikelfunktionsstörung als besser verträglich. *Zweitens* eignen sie sich wegen ihrer langen Halbwertszeiten für die Behandlung des Bluthochdrucks bei einmaliger täglicher Gabe. *Drittens* kann die Tagesdosis bei diesen Substanzen wegen ihrer Gefäßspezifität, des langsamen Einsetzens ihrer Wirkung und ihrer hohen Wirksamkeit niedriger angesetzt werden, was zu einer Verringerung der Häufigkeit und des Schweregrades von Nebenwirkungen führt. Tabelle 13.5 zeigt einige der üblichen Dosierungen.

Retardpräparate

Wenn Calciumantagonisten zur Behandlung der Hypertonie als Retardkapseln verabreicht werden, erweisen sie sich als noch wirksamer. Bei der retardierten Form von Felodipin (FER) kommt es zum Beispiel nach täglich einmaliger Verabreichung von 10 mg als Monosubstanz zu einer 24 Stunden anhaltenden Blutdrucksenkung (Liedholm und Melander 1989). Aber nicht nur die Calciumantagonisten der zweiten Generation können als Retardformen gegeben werden. Retardiertes Nifedipin und Verapamil und die GITS-Form von Nifedipin (Geizhals et al. 1990) ermöglichen ebenfalls eine gut verträgliche und wirksame Monotherapie bei Verabreichung der Tagesdosis in einer Gabe. Die Ergebnisse einer GITS-Nifedipin-Studie sind in Abb. 13.3 veranschaulicht.

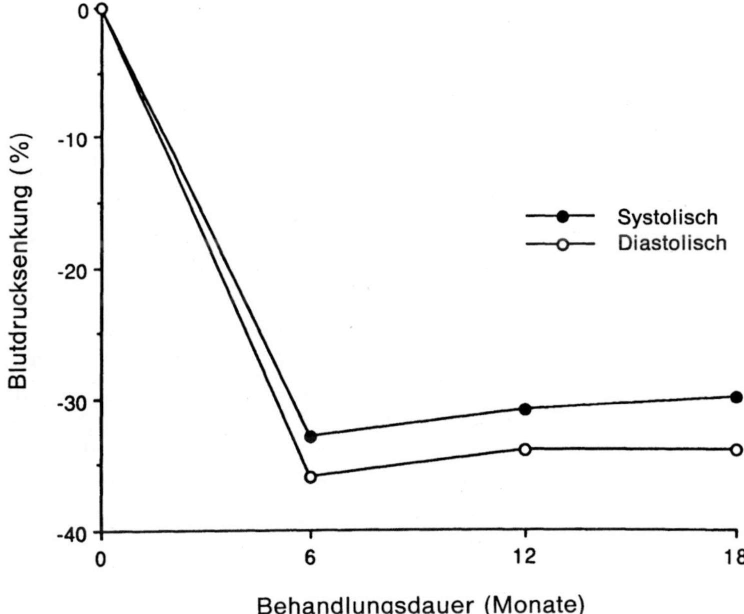

Abb. 13.3. Wirkung einer GITS-Form (Retardpräparat) von Nifedipin auf den systolischen und diastolischen Blutdruck im Verlaufe einer 18monatigen Behandlung (aus Geizhals et al. 1990)

Tabelle 13.6. Wirkung von Calciumantagonisten der zweiten Generation auf die Na^+-Ausscheidung und die Plasmalipid-Spiegel

	Na^+-Ausscheidung	Plasmalipide	Plasma-K^+
Amlodipin	↑	—	—
Felodipin	↑	—	—
Isradipin	↑	—	—
Nitrendipin	↑	—	—

↑ bedeutet Zunahme, — bedeutet keine Veränderung

Wirkungsweise

Bei allen Calciumantagonisten, auch bei denen der zweiten Generation, steht die Modulation der Aktivität der Calcium-Kanäle im Vordergrund ihrer Wirkungen. Das war ursprünglich auch der Anlaß für ihre Verwendung als Antihypertonika. Allerdings sind für die von ihnen ausgehende Blutdrucksenkung auch Wirkungen auf andere Systeme als die peripheren Gefäße verantwortlich. So entfalten viele dieser Substanzen einen direkten natriuretischen Effekt (Tabelle 13.6) (Carter et al. 1988, Persson et al. 1989, DiBona 1990). Im Gegensatz zur Wirkungsweise der Thiazide, geht dieser Effekt nicht mit einem Verlust von K^+ einher. Auch die Plasmalipide erfahren keine Veränderung. Der natriuretische Effekt der Calciumantagonisten bleibt auch im Verlaufe einer Langzeittherapie erhalten und ist nicht auf Calciumantagonisten der zweiten Generation beschränkt. Er konnte vielmehr auch für Nifedipin nachgewiesen werden (Ruilope et al. 1990).

Warum Calciumantagonisten, auch solche der zweiten Generation, bei Blutdruckwerten oberhalb des Normbereichs eine stärker ausgeprägte Blutdrucksenkung bewirken als bei Normotonie, ist rätselhaft und konnte bis heute noch nicht völlig geklärt werden (MacGregor et al. 1982). In diesem Zusammenhang wurden schon verschiedene Hypothesen aufgestellt: So wird zum Beispiel von Zellanomalien gesprochen, die den Ca^{2+}-Stoffwechsel und die Kopplung von Muskelerregung und Muskelkontraktion betreffen, ferner von einer abnormen Sensitivität der Calcium-Kanäle, vor allem der rezeptorgesteuerten Kanäle (Kazda et al. 1985). Erst vor kurzem konnte der Arbeitskreis um Godfraind (Godfraind et al. 1991) den Nachweis dafür erbringen, daß die Calcium-Kanäle in den Arterien hypertonischer Ratten eine verlängerte Aktivierungsdauer aufweisen. Nimodipin, ein Calciumantagonist der zweiten Generation aus der Dihydropyridin-Gruppe, wirkt dieser Anomalie entgegen (Godfraind et al. 1991). Hier haben wir es also mit einer für die Hypertonie charakteristischen Wechselwirkung zwischen Calciumantagonisten und Calcium-Kanälen zu tun, wobei es zu einer Verminderung des durch die Membrandepolarisation ausgelösten Einstroms von Ca^{2+}-Ionen kommt, allerdings nur bei Patienten mit Bluthochdruck.

Ferner können Calciumantagonisten indirekt dem für die Hypertonie typischen Anstieg des Gefäßtonus entgegenwirken, zum Beispiel durch Hemmung der von Endothelin-1 ausgehenden Vasokonstriktion. Endothelin-1 ist ein hochwirksamer Vasokonstriktor, und Hypertonie ist mit erhöhten Plasmaspiegeln dieser Substanz vergesellschaftet (Saito 1990, Shichiri et al. 1990). Gleichzeitig ist anscheinend der als natürlicher Schutzfaktor fungierende EDRF beeinträchtigt (Shepherd 1990). Daß die Abschwächung des vasokonstriktorischen Effekts von Endothelin-1 (siebtes Kapitel) zur blutdrucksenkenden Wirkung der Calciumantagonisten beiträgt, liegt also durchaus im Bereich des Möglichen.

Calciumantagonisten sind zwar hochwirksame Antihypertonika, die den peripheren Gefäßwiderstand herabsetzen und die mit dem Bluthochdruck einhergehende Linksventrikelhypertrophie günstig beeinflussen; die Wirkungsweise dieser Substanzen dürfte aber doch komplizierter sein, als man sich dies zuerst vorgestellt hatte. Andere Wirkungen wie die Normalisierung der Funktion der Calcium-Kanäle und der eine Na^+-Rückresorption ausschließende diuretische Effekt, spielen hier ohne Zweifel ebenfalls eine Rolle.

Zusammenfassung

1. Calciumantagonisten sind wirksame Mittel für die Behandlung der Hypertonie.

2. Neben ihrem blutdrucksenkenden Effekt wirken sie auch anderen bekannten Risikofaktoren entgegen, zum Beispiel der Atherosklerose und der Linksventrikelhypertrophie.
3. Die neueren galenischen Formen der Prototypen wie auch die vasoselektiven Calciumantagonisten der zweiten Generation, die relativ lange Halbwertszeiten besitzen, sind wirksame Blutdruckzügler und verursachen weniger ausgeprägte Begleiteffekte als ihre Prototypen.
4. Calciumantagonisten der zweiten Generation besitzen wie die Prototypen eine natriuretische Wirkung und rufen daher keine Na^+-Akkumulation hervor.

14 Calciumantagonisten der zweiten Generation und die Behandlung der zerebralen Ischämie

Die Vorzüge der Calciumantagonisten der zweiten Generation gegenüber ihren Prototypen kann man auch am Beispiel der Behandlung der zerebralen Ischämie veranschaulichen. Bei dieser Indikation beruht ihre Verwendung nämlich weitgehend auf ihrer Gewebeselektivität. Bei Durchsicht der einschlägigen Literatur zeigt sich, daß die in dieser Hinsicht wirksamsten Substanzen zwei Eigenschaften besitzen:

I. Vasoselektivität mit spezifischem Effekt auf die Hirngefäße,
II. Überwindung der Blut-Liquor-Schranke.

Diese Eigenschaften wurden an den Dihydropyridin-Abkömmlingen Nimodipin (Gelmers und Hennerici 1990) und Isradipin (Sauter und Ruden 1990a, 1990b) sowie an (S)-Emopamil (Morikawa et al. 1991), einem vor kurzem entwickelten Phenylalkylamin-Derivat, nachgewiesen. (S)-Emopamil ist der bereits im zweiten Kapitel besprochene, kombinierte 5-Hydroxytryptamin-Calciumantagonist. Umfangreiche klinische Prüfungen bei der Behandlung der zerebralen Ischämie wurden bisher lediglich mit Nimodipin durchgeführt. Bei dieser Substanz wurde auch zuerst eine Selektivität für die Hirngefäße beobachtet (Towart und Kazda 1979, Kazda und Towart 1982). Diese Eigenschaft ist bei der Behandlung von Patienten mit zerebraler Ischämie von erheblicher Bedeutung. Sie ermöglicht nämlich eine Verbesserung der Hirndurchblutung ohne gleichzeitigen Abfall des systemischen Perfusionsdrucks. Dies würde den durch das ursprüngliche ischämische Ereignis entstandenen Schaden noch verschlimmern, weil es auch im Hirn zum Absinken des Perfusionsdrucks käme.

Das ischämische Hirn

Bevor wir uns der Frage zuwenden, warum diese Calciumantagonisten die durch eine zerebrale Ischämie entstandenen Schäden abzuschwächen vermögen, müssen wir uns darüber im klaren sein, wie das Gehirn auf eine Minderdurchblutung reagiert. Im Gefolge einer solchen Minderdurchblutung kommt es zu ähnlichen Zuständen wie in anderen Organen, zum Beispiel im Herz.

Tabelle 14.1. Wirkung der zerebralen Durchblutung auf die Hirnfunktion

Zerebrale Durchblutung	Wirkung
50 ml/100 g Gewebe/min	Normale Funktion
15–17 ml/100 g Gewebe/min	Labilität der elektrischen Aktivität
< 10 ml/100 g Gewebe/min	Zelluntergang

Aus Spetzler und Hadley (1989)

Allerdings treten diese Zustände rascher ein. Dies hängt vermutlich damit zusammen, daß das Gehirn keine nennenswerten Energiereserven besitzt. Wie in anderen Bereichen des Körpers, ist auch im Gehirn zur Aufrechterhaltung von Struktur und Funktion eine ununterbrochene Zufuhr von Energie (als ATP) erforderlich. ATP entsteht im oxidativen Metabolismus. Der durchschnittliche Sauerstoffbedarf des Gehirns liegt bei ca. 3,5 ml/100 g/min. Zur Deckung dieses Bedarfs sind pro Minute etwa 50 ml Blut pro 100 g Gewebe erforderlich (Fieschi et al. 1990). Sinkt die Durchblutung auf ca. 15–17 ml/100 g Gewebe/min ab, sind im EEG bereits Zeichen einer beeinträchtigten Zellaktivität zu erkennen. Das betroffene Gewebe ist aber nach wie vor lebensfähig. Vermutlich ist die Energieversorgung unter diesen Bedingungen noch für die Aufrechterhaltung der Ultrastruktur und einer selektiven Ionenpermeabilität ausreichend. Erst ein weiterer Abfall der Durchblutung unter 10 ml/100 g Gewebe/min führt in der Regel zum Verlust der Zellintegrität, zum Versagen der Ionenpumpe und schließlich zu Zelluntergang, Ca^{2+}-Überladung und Gewebsnekrose (Tabelle 14.1) (Astrup et al. 1977).

Ursachen der zerebralen Ischämie

Für die Entstehung einer zerebralen Ischämie gibt es verschiedene Gründe:

I.   plötzliches Absinken des systemischen Blutdrucks,
II. Embolie durch Thromben oder ulzerierte und aufgebrochene atherogene Plaques,
III. anhaltende zerebrale Gefäßspasmen,
IV. Gehirnblutung, die überall entstehen kann, im Großhirn, Kleinhirn und im Stammhirn.

Ein plötzliches Absinken des Blutdrucks kann durch eine zu radikale, antihypertensive Therapie, massive Blutungen jeglicher Ursache (Trauma, Aneurysma usw.) oder durch Herzstillstand zustande kommen. Bei Embolien und Gehirnblutungen haben wir es mit einer wesentlich komplizierteren Ätiologie zu tun. Wie bereits erwähnt, können Gehirnblutungen sämtlicher Schweregrade in allen zerebralen Bereichen auftreten. Meistens sind sie Folgeerscheinungen einer unbehandelten Hypertonie. Wird das ischämische Ereignis durch einen Thrombus ausgelöst, kann es im günstigsten Fall zu einer spontanen Thrombolyse kommen. Andernfalls entstehen unter Umständen weitere

Thromboembolien, was mit dem Fortschreiten der Gefäßokklusion und entsprechenden Zellschäden verbunden ist. Zerebrale Gefäßspasmen können die verschiedensten Ursachen haben, zum Beispiel eine überschießende Sekretion unterschiedlicher Vasokonstriktoren oder Überempfindlichkeit gegen konstringierende Substanzen wie Thromboxan A_2, 5-Hydroxytryptamin (Serotonin), Endothelin-1 (de Aguilera et al. 1990, Yoshimoto et al. 1991) und Noradrenalin.

Apoplektischer Insult und Subarachnoidalblutung

Ein apoplektischer Insult ist offenbar ein akutes Ereignis, das sofort zu einer Hirnschädigung führt. Eine solche Schädigung ist nicht mit den Folgeerscheinungen einer Subarachnoidalblutung zu verwechseln (Abb. 14.1). Bei Patienten mit Subarachnoidalblutung kommt es zunächst zur Genesung und dann zu Spätschäden im Gehirn (Ljunggren et al. 1984), die höchstwahrscheinlich mit einer durch *sekundäre Gefäßspasmen* ausgelösten zerebralen Ischämie zusammenhängen (Tettenborn und Dycka 1990). Die als Spätfolge der Subarachnoidalblutung entstehende, Vasospasmus-induzierte Ischämie ist recht häufig zu

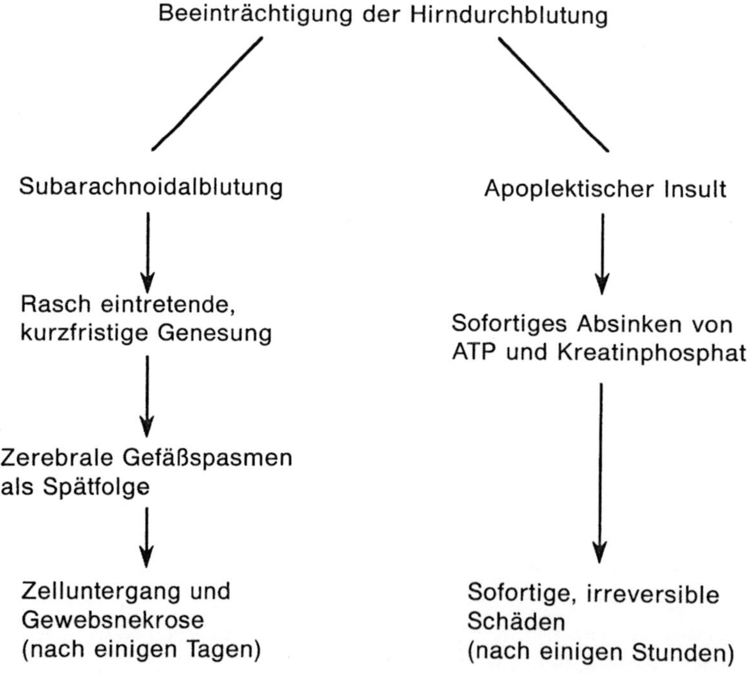

Abb. 14.1. Schematische Darstellung des zeitlichen Verlaufs der zerebralen Ischämie nach Subarachnoidalblutung oder apoplektischem Insult. Man beachte, daß die apoplektisch bedingten Schäden sofort auftreten, während die durch Subarachnoidalblutung entstandene Schädigung manchmal erst nach einigen Tagen zur Geltung kommt

beobachten. Sie tritt in 50–70% aller Fälle auf und führt bei etwa 15% aller Patienten zum Tode. Diese Folgeerscheinung der Subarachnoidalblutung ist gewissermaßen mit der myokardialen Hibernation (neuntes Kapitel) zu vergleichen, bei der es unter der Wirkung einer Minderdurchblutung zu einer anhaltenden Funktionsstörung des Herzens kommt. Im Gehirn ist diese Minderdurchblutung auf lang dauernde Vasospasmen zurückzuführen.

Ätiologie der akuten zerebralen Ischämie (Apoplexie) und der Subarachnoidalblutung

Akute zerebrale Ischämie

Wie bereits erwähnt, kann eine zerebrale Ischämie durch ein akutes und erhebliches Absinken des systemischen Blutdrucks, durch Hirnblutungen oder Gefäßverschlüsse entstehen. Die Hypertonie gehört zu den bekannten Risikofaktoren. Daß ein lang anhaltender Bluthochdruck zu intrazerebralen Blutungen führen kann, ist leicht verständlich. Durch die Ruptur einer atherosklerotischen Plaque oder durch eine Mikroembolie kann es offenbar zu einem Gefäßverschluß kommen. Auch der Zusammenhang zwischen systemischer Hypotonie und zerebraler Ischämie liegt auf der Hand.

Ischämie im Gefolge einer Subarachnoidalblutung

Die Umstände, unter denen eine solche Ischämie zustande kommt, unterscheiden sich grundsätzlich von der Ätiologie der akuten zerebralen Ischämie. In der Regel kommt es zunächst zur Ruptur eines zerebralen Aneurysmas (Solomon und Correll 1988). Nach dem vorübergehenden Sistieren der Blutung besteht die Gefahr eines zum Tode führenden Rezidivs. Mit dem Auftreten ischämischer Spätschäden muß fast sicher gerechnet werden. Diese Spätfolgen laufen gewöhnlich in drei Phasen ab:

I.   In der *ersten Phase* kommt es zum Absinken des zerebralen Perfusionsdrucks. Die Gründe dafür sind
a) eine gleichzeitige Erhöhung des Intrakranialdrucks,
b) die Verabreichung von Antihypertensiva.

II.   In der *zweiten Phase* ist eine akute, jedoch nur *vorübergehende* Konstriktion der intrakraniellen Arterien zu beobachten.

III.   Die *dritte Phase* tritt manchmal erst nach einigen Tagen ein und kann wochenlang anhalten. Diese Phase wird fast sicher durch lokal freigesetzte, vasoaktive Substanzen ausgelöst, zum Beispiel durch
a) Thromboxan A_2,
b) das Polypeptid Endothelin-1 (siebtes Kapitel),
c) 5-Hydroxytryptamin,

d) Prostaglandin $F_{2\alpha}$,
e) Histamin,
f) Noradrenalin.

Die Intensität der konstringierenden Wirkung dieser Substanzen auf die Hirnarterien entspricht folgender Reihenfolge: Thromboxan A_2 > Endothelin > 5-Hydroxytryptamin > Prostaglandin $F_{2\alpha}$ > Histamin > Noradrenalin (Asano et al. 1990). In diesem Zusammenhang ist aber die *Kombination* der Wirkungen dieser Substanzen in Rechnung zu stellen. So wird der konstriktorische Effekt von Noradrenalin zum Beispiel durch Endothelin-1 potenziert (siebtes Kapitel). Endothelin-1 regt auch die Bildung von Thromboxan A_2 an (Reynolds und Mok 1990). Die *lang anhaltende* Konstriktion zerebraler Arterien, auch der des Menschen, ist allerdings auf Endothelin selbst zurückzuführen (Abb. 14.2) (Hardebo et al. 1989, de Aguilera et al. 1990).

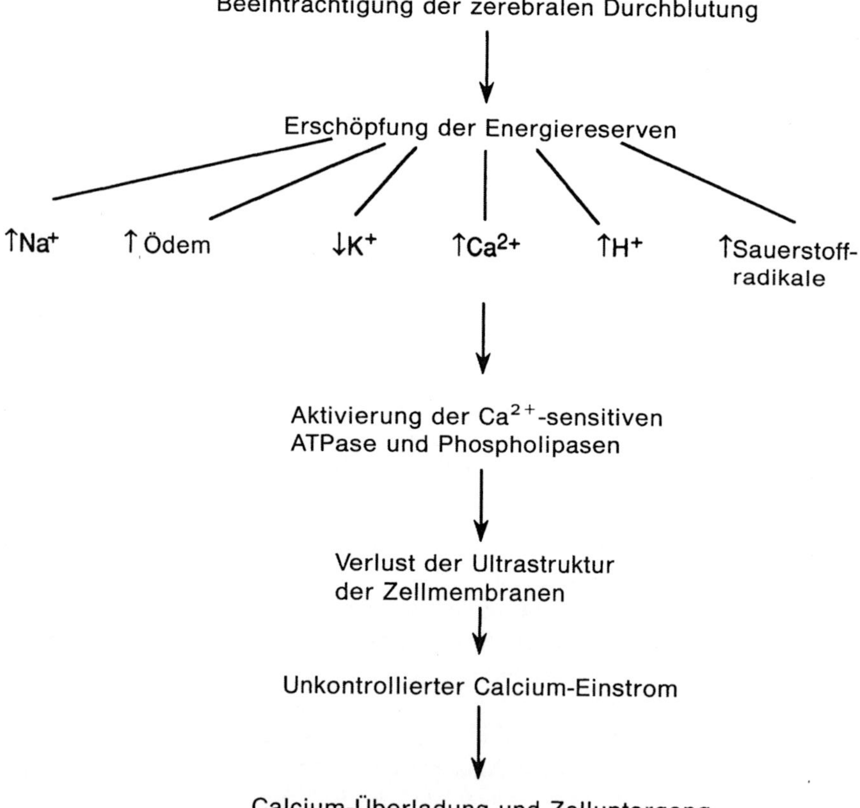

Abb. 14.2. Wirkung von Endothelin-1 auf die Hirnarterien des Menschen. Man beachte, daß die entwickelte Spannung in g ausgedrückt ist. Der konstringierende Effekt von Endothelin-1 wurde durch Nimodipin (10^{-6} mol) abgeschwächt (p < 0,001)

Folgeerscheinungen der zerebralen Ischämie

Unabhängig davon, ob die zerebrale Ischämie durch einen plötzlichen Gefäßverschluß, einen starken Blutdruckabfall, eine primäre intrazerebrale Blutung,
eine Embolie oder eine Subarachnoidalblutung mit darauffolgendem, lang
anhaltendem Vasospasmus ausgelöst wurde, kommt es in solchen Fällen stets
zu Störungen des Energiestoffwechsels (Siesjo und Bengtsson 1989). Durch die
Umstellung von einem aeroben auf einen anaeroben Metabolismus entsteht
eine extrazelluläre und intrazelluläre Azidose, die hauptsächlich auf die Anreicherung von Laktat-Ionen zurückzuführen ist. Im Extrazellulärraum werden
K^+-Ionen, im Zellinnern Na^+-Ionen angereichert. Die Adenosintriphosphat-
und Kreatinphosphat-Bestände im Gewebe kommen zum Verschwinden. Ferner ist die Bildung und Akkumulation von Sauerstoffradikalen zu beobachten
(Siesjo et al. 1989). Es kommt zur Entstehung von Ödemen und, genau wie im
Herzmuskel (zehntes Kapitel), zu einer Anhebung der zytosolischen Ca^{2+}-
Spiegel (Greenberg et al. 1990). Dies alles führt im betroffenen Bereich schließlich zu einer Ca^{2+}-Überladung der Zelle, zum Zelluntergang und zur Gewebsnekrose (Abb. 14.3). Neben diesen katastrophalen Folgeerscheinungen finden
noch andere potentiell gefährliche Veränderungen statt. So werden zum Bei-
spiel verschiedene Neurotransmitter wie Noradrenalin freigesetzt. Durch die
Akkumulation von Thromben und die Freisetzung von Thrombozyten-
Wachstumsfaktor wird die weitere Bildung von Endothelin-1 ausgelöst. Damit
vergrößert sich zwangsläufig der von dem ursprünglichen Insult betroffene
Bereich.

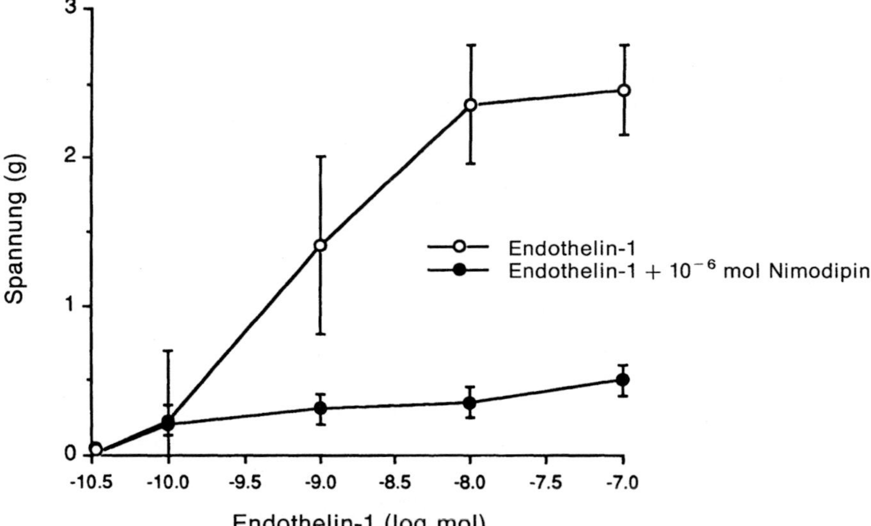

Abb. 14.3. Schematische Darstellung der Wirkung einer zerebralen Minderdurchblutung auf
den Hirnstoffwechsel. Man beachte, daß es erst nach dem Anstieg der Ca^{2+}-Konzentration
im Zytosol (Ca^{2+}_i) zur Ca^{2+}-Überladung und zum Zelluntergang kommt. ↑ bedeutet Zunahme, ↓ Herabsetzung

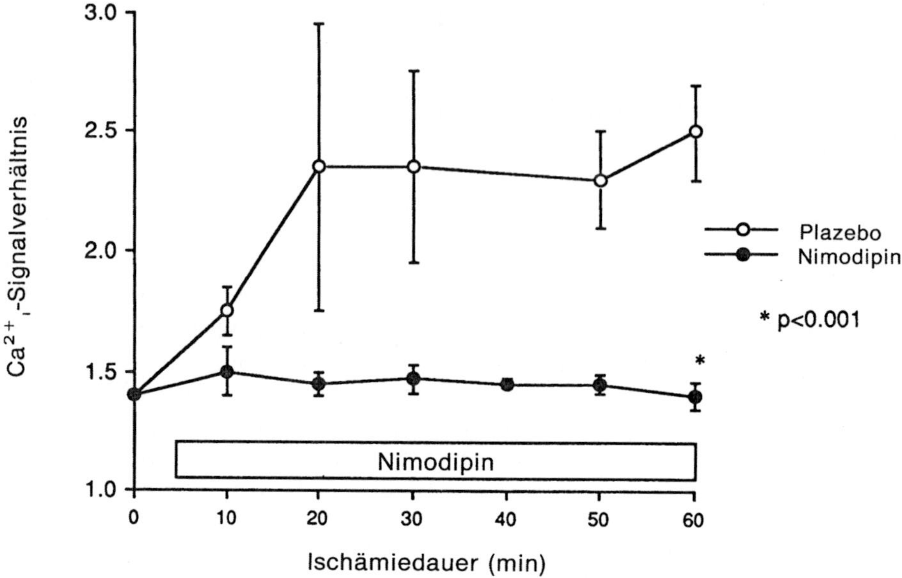

Abb. 14.4. Wirkung einer zehn Minuten vor Gefäßokklusion verabreichten Nimodipin-Infusion auf den zytosolischen Ca^{2+}-Spiegel im Gehirn. Die Messung der Ca^{2+}-Konzentration erfolgte mit dem Ca^{2+}-Indikator Indo-1-AM (nähere Angaben über die Methodik bei Greenberg et al. 1990). Der Gefäßverschluß wurde in der Arteria cerebri media der Katze ausgelöst (aus Greenberg et al. 1990). Nimodipin wurde mit einer Geschwindigkeit von 1 μg/kg/min infundiert

Ganz allgemein ist festzustellen, daß es letztendlich zu einer Erschöpfung der Energiereserven, zum Verlust des Ionengleichgewichts, zu erhöhten Ca^{2+}-Spiegeln im Zytosol mit darauffolgender Ca^{2+}-Überladung der Zelle sowie zum Zelluntergang und zur Gewebsnekrose kommt, unabhängig davon, ob die Ursache in einem apoplektischen Insult oder in Spätschäden nach einer Subarachnoidalblutung zu suchen ist (Abb. 14.2). Das Gehirn reagiert auf eine Mangeldurchblutung also ähnlich wie das Herz (zehntes Kapitel). In beiden Fällen kommt es schon nach ziemlich kurzer Zeit zu einer Erhöhung der zytosolischen Ca^{2+}-Spiegel (Abb. 14.4).

Schutz des ischämisch geschädigten Gehirns

Wenn es sich bei der akuten zerebralen Ischämie um ein Ungleichgewicht zwischen den Anforderungen des Stoffwechsels der einzelnen Zelle und der Verfügbarkeit von Substrat handelt, müßten folgende Maßnahmen theoretisch eine Schutzwirkung ausüben:

I.   Verbesserung der zerebralen Durchblutung im betroffenen Bereich,
II.   Herabsetzung des Energiebedarfs der betroffenen Zellen,

III. Abschwächung der Folgeerscheinungen der Umstellung auf einen anaeroben Stoffwechsel und damit Reduktion der Anreicherung von Laktat und der Ödembildung,

IV. Verhütung oder Verminderung
   a) einer überschießenden Zunahme der Ca^{2+}-Konzentration (Greenberg et al. 1990) (Abb. 14.4),
   b) der Bildung und Akkumulation von Sauerstoffradikalen oder von Schäden, die durch Sauerstoffradikale vermittelt werden (Siesjo et al. 1989) (sechstes Kapitel).

Als Therapiemaßnahmen bieten sich an: chirurgisches Vorgehen (Embolektomie, Endarteriektomie, Anastomosierung einer extrakraniellen Arterie mit dem verschlossenen Hirngefäß), Verringerung des Energieverbrauchs (Barbiturate), Maßnahmen zur Erhaltung der Membranintegrität (Barbiturate, Kortikosteroide und Dimethylsulfoxid) und zur Steigerung der Durchblutung im betroffenen Bereich (Calciumantagonisten), Verabreichung von Substanzen, welche Schäden durch neu gebildete Sauerstoffradikale verhindern oder auf ein Mindestmaß einschränken (Scavenger-Moleküle, Calciumantagonisten) sowie von Pharmakawelche die im Gefolge der Ischämie enstandene Ca^{2+}-Überladung der Zellen abzuschwächen vermögen (Calciumantagonisten).

Wirksamkeit von Calciumantagonisten der zweiten Generation bei der Behandlung der akuten zerebralen Ischämie

Tierversuche

Die chirurgische Okklusion der Arteria cerebri media der Ratte (Sauter und Rudin 1990 a, 1990 b) ist ein brauchbares Modell für den emboliebedingten Insult. Bei diesem Modell kommt es innerhalb kurzer Zeit zum Untergang neuronaler Zellen und zur Nekrose. Diese Erscheinungen lassen sich ohne weiteres quantitativ erfassen. Im Rahmen von Untersuchungen zur Wirkung von Calciumantagonisten, auch solcher der zweiten Generation, auf die Infarktgröße, kam dieses Modell bereits zur Anwendung. In den meisten Studien wurden die Calciumantagonisten unmittelbar nach dem Gefäßverschluß subkutan verabreicht. Ihre Wirkung wurde mit Hilfe der Kernspinresonanz (Sauter und Rudin 1990 a) sowie unter Berücksichtigung der Reduktion des neurologischen Defizits und der bei der Autopsie histologisch ermittelten Infarktgröße quantifiziert. Dabei wurden eindrucksvolle Ergebnisse erzielt. Isradipin und Nimodipin verursachten eine erhebliche Herabsetzung der Infarktgröße (Tabelle 14.2). Tabelle 14.3 zeigt weitere Untersuchungen, deren Ergebnisse darauf hindeuten, daß diese beiden Calciumantagonisten der zweiten Generation in der Lage sind, die durch eine akute zerebrale Ischämie ausgelösten Schäden günstig zu beeinflussen.

Tabelle 14.2. Wirkung von Calciumantagonisten der zweiten Generation (Isradipin, Nimodipin und Nicardipin) auf die Größe zerebraler Infarkte bei der Ratte

Calciumantagonist	Dosis (mg/kg s.c.)	Reduktion der Infarktgröße (%)
Calciumantagonisten der ersten Generation		
Nifedipin	>30	<10
Calciumantagonisten der zweiten Generation		
Isradipin	2,5	60
Nimodipin	5	40
Nitrendipin	10	40
Nicardipin	15	20

Aus Sauter und Rudin (1990a). Die Substanzen wurden unmittelbar nach Okklusion der Arteria cerebri media subkutan verabreicht.

Tabelle 14.3. Nachweis einer Schutzwirkung von Calciumantagonisten der zweiten Generation bei akuter zerebraler Ischämie

Calciumantagonist	Spezies	Literatur
Nimodipin	Ratte	Hara et al. 1990
	Ratte	Welsch et al. 1990
	Ratte	Bielenberg et al. 1990
	Ratte	Teasdale et al. 1990
	Hund	Steen et al. 1983
	Kaninchen	Lazarewicz et al. 1990
	Katze	Uematsu et al. 1989
	Rennmaus	Fujisawa et al. 1986
	Pavian	Hadley et al. 1987
Isradipin	Ratte	Sauter und Rudin 1990a
		Sauter und Rudin 1990b

Nimodipin, Nicardipin und Isradipin sind in der Lage, die Blut-Liquor-Schranke zu überwinden. Damit haben sie Zugang zu den Zellen im betroffenen Bereich. Im übrigen ist ihre Wirkung bis zu einem gewissen Grad selektiv auf die Hirngefäße gerichtet. In diesem Bereich sind sie hochwirksame Vasodilatatoren. Dieser spezifische Effekt auf die zerebralen Gefäße ist für Nimodipin besonders gut dokumentiert (Towart und Kazda 1979). Nimodipin könnte geradezu als Prototyp der Calciumantagonisten mit spezifischer Wirkung auf die Blutgefäße des Gehirns bezeichnet werden. (S)-Emopamil, ein Calciumantagonist auf 5-Hydroxytryptamin-Phenylalkylamin-Basis (zweites Kapitel), ist ebenfalls in der Lage, die Blut-Liquor-Schranke zu durchqueren (Morikawa et al. 1991). Ähnlich wie Nimodipin, Nicardipin und Isradipin ist auch diese Substanz ein besonders wirksamer zerebraler Vasodilatator, der die zerebrale Durchblutung um bis zu 50% zu erhöhen vermag, ohne die lokale Glucoseausnutzung zu verändern (Szabo 1989).

Wahrscheinlich hängt die Reduktion der Infarktgröße mit den vier am wenigsten hervortretenden pharmakologischen Eigenschaften dieser Substan-

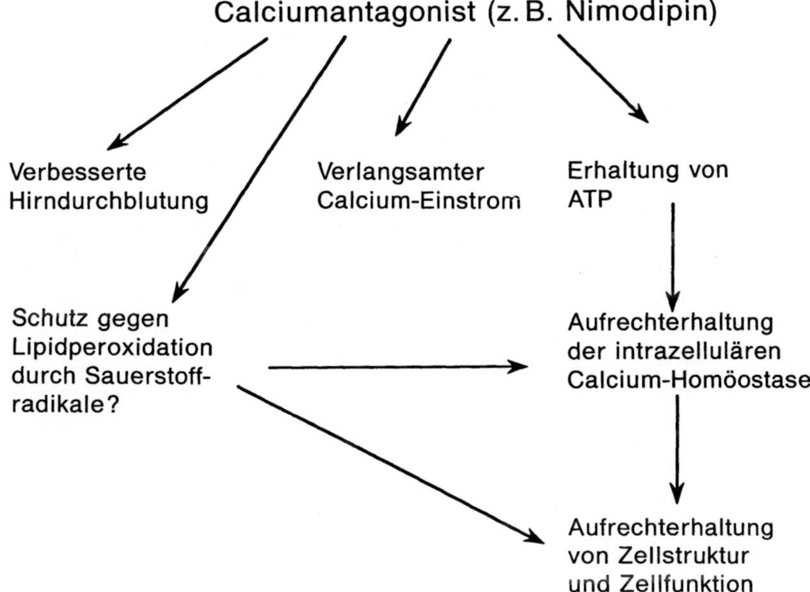

Abb. 14.5. Schematische Darstellung der Mechanismen, die dafür verantwortlich sind, daß manche Calciumantagonisten (Nimodipin, Isradipin und (S)-Emopamil) ischämiebedingte Hirnschäden günstig beeinflussen

zen zusammen. Wie aus Abb. 14.5 zu ersehen ist, handelt es sich dabei um folgende Eigenschaften:

I.   Verlangsamung des Ca^{2+}-Einstroms durch die spannungsempfindlichen Kanäle in den ischämischen Zellmembranen. Damit werden Zellen mit auf Calciumantagonisten ansprechenden Ca^{2+}-Kanälen (L-Kanälen) vor einer Ca^{2+}-Überladung geschützt.
II. Energiesparende Wirkung
III. *Direkte*, Calciumantagonisten-abhängige Erweiterung der betroffenen Hirngefäße
IV. Hemmung der lokal vermittelten, Ca^{2+}-abhängigen Konstriktion der zerebralen Blutgefäße, wie sie zum Beispiel von Endothelin-1, Histamin oder Prostaglandin $F_{2\alpha}$ hervorgerufen wird.

Bei (S)-Emopamil kommt noch ein 5-Hydroxytryptamin-Antagonismus dazu, der sich eventuell günstig auswirkt und der dafür verantwortlich ist, daß diese Substanz sogar noch einen positiven Effekt ausübt, wenn sie erst ein oder zwei Stunden *nach* Eintreten des ischämischen Ereignisses verabreicht wird, also zu einem Zeitpunkt, zu dem bereits sekundäre Vasospasmen in Erscheinung getreten sind.

Nimodipin hat noch eine weitere Eigenschaft, die zu der unter diesen Bedingungen beobachteten Schutzwirkung beitragen dürfte, nämlich die bereits im sechsten Kapitel beschriebene Verhinderung einer Lipidperoxidation durch Sauerstoffradikale.

Klinik

Die klinischen Untersuchungen zur Wirksamkeit von Calciumantagonisten bei der Behandlung der zerebralen Ischämie sind hauptsächlich auf Nimodipin beschränkt. Ohne Zweifel werden aber weitere Studien zur Zeit vorbereitet oder bereits durchgeführt. Dazu gehört die ASCLEPIOS-Studie über Isradipin (Azcona und Lataste 1990). Die aus den fünf bisher abgeschlossenen, Plazebo-kontrollierten Doppelblinduntersuchungen zur Behandlung des akuten ischämischen Insults mit Nimodipin zusammengetragenen Daten (Gelmers und Hennerici 1990) brachten eine Bestätigung dafür, daß sich diese Substanz bei apoplektischen Störungen als wirksam erweist. Allerdings ist die Anzahl der untersuchten Fälle noch sehr gering. Es zeigte sich, daß die mit Nimodipin behandelten Patienten neurologisch weniger stark beeinträchtigt waren. In dieser Gruppe war auch eine um 51 % niedrigere Mortalität zu verzeichnen.

Wirkungsweise

Wie bereits erwähnt, ist Nimodipin der bei der herdförmigen zerebralen Ischämie am weitgehendsten geprüfte Calciumantagonist. Gegenstand dieser Studien waren Wirksamkeit und Wirkungsweise dieser Substanz (Scriabine et al. 1989). Bei diesen Untersuchungen konnte nachgewiesen werden, daß folgende Faktoren zu der von Nimodipin ausgehenden Schutzwirkung beitragen (Abb. 14.5):

I.   Verlangsamung des ischämiebedingten Absinkens der zerebralen ATP-Spiegel (Heffez und Passonneau 1985)
II.   Abschwächung der ischämiebedingten Herabsetzung des intrazellulären pH-Werts (Meyer et al. 1986, Meyer 1990)
III. Verminderung der ischämiebedingten Erhöhung der zytosolischen Ca^{2+}-Konzentration (Greenberg et al. 1990) (Abb. 14.4)
IV.   Verstärkte Durchblutung des ischämischen Bereichs (Meyer et al. 1986), eventuell auch durch eine direkte Vasodilatation und durch die Verringerung der durch lokal freigesetzte, konstringierend wirkende Substanzen wie Endothelin-1 hervorgerufenen Vasokonstriktion
V.   Abschwächung des ischämiebedingten Ödems (Bielenberg et al. 1990, Uematsu et al. 1989).

Im Zellbereich ist die *Verlangsamung des Anstiegs des zytosolischen Ca^{2+}-Spiegels* (Abb. 14.4) wahrscheinlich von *entscheidender Bedeutung*. Auf diese Weise kommt es nämlich zu keiner so starken Aktivierung verschiedener Ca^{2+}-abhängiger Phospholipasen und Proteasen. Damit bleibt die Struktur und Funktion der Zellmembran erhalten. Gleichzeitg kommt es zu einer Energieeinsparung, weil zur Aufrechterhaltung des Ionengleichgewichts (Ca^{2+}- und andere Ionen) weniger ATP benötigt wird. Vielleicht sorgen diese Substanzen gerade wegen ihrer energiesparenden Wirkung auf den Hirnstoffwechsel (Heffez und Passonneau 1985) für niedrige Ca^{2+}-Konzentrationen im Zytosol. Dies liegt durchaus im Bereich des Möglichen, weil neuronale Zellen hauptsächlich mit Ca^{2+}-Kanälen vom N-Typ ausgestattet sind, die auf Calciumantagonisten nicht ansprechen, und weil Ca^{2+}-Ionen auch noch auf anderen Wegen in die Zelle gelangen können, zum Beispiel im Austausch gegen Na^+. Daß (S)-Emopamil in der Lage ist, 5-Hydroxytryptamin-Rezeptoren zu blockieren, dürfte sich noch als zusätzlicher Vorteil erweisen. 5-Hydroxytryptamin ist ja ein relativ wirksamer Konstriktor der zerebralen Blutgefäße. Ob dieser Effekt eine Rolle spielt, hängt davon ab, welcher Vasokonstriktor lokal freigesetzt wird. Handelt es sich um Endothelin-1, so erweist sich Nimodipin als ebenso wirksam wie (S)-Emopamil.

Subarachnoidalblutung

Von der akuten ischämischen Blutung (Insult) ist die Subarachnoidalblutung zu unterscheiden. Beide Zustände haben allerdings die gleichen Folgen: Im Zellbereich werden die Energiereserven aufgebraucht. Binnen kurzer Zeit kommt es zur Ca^{2+}-Überladung, zum Zelluntergang und zur Nekrose (Robinson und Teasdale 1990). Der Unterschied ist im zeitlichen Ablauf der einzelnen Ereignisse zu suchen. Beim apoplektischen Insult oder beim Schlaganfall infolge einer größeren intrazerebralen Blutung tritt die Schädigung des Gehirns schon früh, nämlich zum Zeitpunkt des Schlaganfalls ein. Demgegenüber kommt es bei Patienten mit Subarachnoidalblutung zunächst zur Erholung; Hirnschäden treten erst später in Erscheinung (Robinson und Teasdale 1990). Diese erst spät eintretende Verschlechterung kann mit verschiedenen Mechanismen zusammenhängen:

I. Absinken des zerebralen Perfusionsdrucks wegen
   a) eines erhöhten Intrakranialdrucks im Gefolge eines akuten Hydrozephalus oder eines raumfordernden intrakranialen Hämatoms,
   b) einer systemischen Blutdrucksenkung, die oft bewußt herbeigeführt wird.
II. Spasmen in den zerebralen Widerstandsgefäßen durch 5-Hydroxytryptamin- oder Endothelin-1-induzierte Vasokonstriktion (Abb. 14.2). Unter solchen Bedingungen ist eine erhebliche Steigerung der Endothelin-1-Produktion zu beobachten (Masaoka et al. 1989). Endothelin-1 ist zwar ein hochwirksamer Vasokonstriktor, muß aber deswegen nicht unbedingt für die spät eintretende Vasokonstriktion hauptverantwortlich sein. Eine Vielzahl anderer vasoaktiver Substanzen wie Katecholamine, Serotonin, Histamin, Hämoglobin und sogar K^+-Ionen wurde bereits dafür verantwortlich gemacht. Jedenfalls darf nicht außer acht gelassen werden, daß es sich bei der resultierenden zerebralen Vasokonstriktion um einen Ca^{2+}-abhängigen Vorgang handelt, wobei Ca^{2+}-Ionen durch die spannungsempfindlichen Ca^{2+}-Kanäle vom L-Typ in die Zelle gelangen.

Wirkung der Calciumantagonisten der zweiten Generation auf den Verlauf der Genesung nach Subarachnoidalblutungen

Vor kurzem veröffentlichten Robinson und Teasdale (1990) die derzeit verfügbaren Daten zur Wirkung von Nimodipin auf Patienten mit nachgewiesener Subarachnoidalblutung. Tabelle 14.4 zeigt nähere Angaben über diese Untersuchungen. Die Autoren kamen zu der Schlußfolgerung, daß „Nimodipin die Häufigkeit spät eintretender ischämischer Defizite verringert und damit das Therapieresultat verbessert" (Robinson und Teasdale 1990). Anlaß zur Durchführung dieser Studien waren die Ergebnisse experimenteller Untersuchungen, denenzufolge dieser Calciumantagonist die beim Menschen durch eine Vielzahl konstringierender Substanzen ausgelöste zerebrale Vasokonstriktion verhindern kann. Diese Wirkung ist insofern nicht überraschend, als es in einem zentral zur

Tabelle 14.4. Klinische Behandlung der Subarachnoidalblutung mit Nimodipin. Kriterium für die Beurteilung des Therapieeffekts war das neurologische Restdefizit.

Jahr	Neurologisches Defizit	Signifikanz	Literatur
1983	Verringert	p = 0,03	Allen et al. 1983
1986	Verringert	p = 0,03	Philippon et al. 1986
1987	Verringert	p = 0,04	Neil-Dwyer et al. 1987
1988	Verringert	p = 0,05	Petruk et al. 1988
1989	Verringert	p > 0,001 (34%)	Pickard et al. 1989 (BRANT-Studie)

Von besonderem Interesse ist die BRANT-Studie. Hier konnte eine 34%ige Reduktion des neurologischen Defizits nachgewiesen werden. Die Patienten erhielten alle vier Stunden 60 mg Nimodipin. Auf diese Weise konnten die bei Verabreichung in längeren Abständen beobachteten Schwankungen des Plasmaspiegels vermieden werden. Vielleicht sollte Nimodipin in GITS-Form hergestellt werden.

Konstriktion lokalisierten Bereich zu einem verstärkten Ca^{2+}-Einstrom durch die spannungsempfindlichen Ca^{2+}-Kanäle vom L-Typ kommt (Fleckenstein-Grun und Fleckenstein 1990). Demnach tragen zumindest vier Faktoren dazu bei, daß Nimodipin (und vermutlich auch andere Substanzen) den durch eine Subarachnoidalblutung hervorgerufenen Hirnschaden abzuschwächen vermag:

I.   allgemeine Steigerung der zerebralen Durchblutung,
II. Überwindung der Blut-Liquor-Schranke,
III. direkte, beim akuten Insult beschriebene Schutzwirkung im Zellbereich (Abb. 14.5),
IV. Abschwächung der sekundären, vasokonstriktorischen Antwort auf lokal freigesetzte vasotrope Substanzen.

Zusammenfassung

1. Es gibt Hinweise darauf, daß sich Nimodipin, Isradipin und (S)-Emopamil, also Calciumantagonisten der zweiten Generation, bei der Behandlung der zerebralen Ischämie als wirksam erweisen, unabhängig davon, ob diese Ischämie auf einen akuten Insult oder auf eine Subarachnoidalblutung zurückzuführen ist.
2. Diese Substanzen haben einige Eigenschaften gemein, zum Beispiel ihre Wirkung als Calciumantagonisten und eine relative, auf die zerebralen Blutgefäße gerichtete Vasoselektivität. Außerdem vermögen sie die Blut-Liquor-Schranke zu überwinden und gelangen so in den gefährdeten Bereich.
3. Klinische Untersuchungen mit Nimodipin brachten eine Bestätigung dafür, daß die im Tiermodell nachgewiesene Schutzwirkung gegen zerebrale Ischämie auch bei der spontan entstandenen Hirndurchblutungsstörung des Menschen in Erscheinung tritt.
4. Im Zellbereich beruht diese Schutzwirkung auf folgenden Faktoren:
   I.   Steigerung der zerebralen Durchblutung und damit Abschwächung des Perfusionsdefizits.
   II. Erhaltung der metabolischen Funktionsfähigkeit der betroffenen Zellen und damit Einsparung der ATP-Reserven des Gewebes, Aufrechterhaltung niedriger Ca^{2+}-Spiegel im Zytosol und Hemmung der Herabsetzung des intrazellulären pH-Werts.
5. Durch folgende Mechanismen sind diese vasotropen Substanzen in der Lage, die Blutversorgung des ischämischen Bereichs zu verbessern:
   I.   durch einen direkten gefäßerweiternden Effekt, der durch Blockierung der Ca^{2+}-Kanäle vom L-Typ in den Gefäßen zustande kommt,
   II. durch Abschwächung der konstringierenden Wirkung lokal freigesetzter Vasokonstriktoren.

15 Calciumantagonisten der zweiten Generation und der Koronarkreislauf

> „Mehr gibt's darüber nicht zu sagen, und ich bin
> wirklich froh, daß jetzt Schluß ist. Wenn ich geahnt
> hätte, wie mühsehlig Bücherschreiben ist, hätte ich
> es erst gar nicht angefangen."
>
> Huckleberry Finn in „Tom Sawyer"
> von MARK TWAIN

Glücklicherweise hatte Huckleberry Finn keinesfalls die Absicht, ein Buch über Calciumantagonisten oder über den Koronarkreislauf zu schreiben, als er diesen berühmten Satz sprach. Über diese beiden Themen gibt es nämlich sehr wohl noch viel zu sagen. Wir haben uns jetzt mit dem therapeutischen Wert von Calciumantagonisten der zweiten Generation sowie der Retardformen ihrer Prototypen bei der Behandlung von Patienten mit beeinträchtigter oder insuffizienter Koronardurchblutung zu befassen. Die folgenden Ausführungen betreffen demnach Fälle von Prinzmetal-Angina, Ruhe- oder Belastungsangina und stummer Myokardischämie.

Bei unseren Überlegungen zum therapeutischen Wert von Calciumantagonisten bei der Behandlung solcher Patienten muß die

I. langfristige und die
II. kurzfristige

Wirkung dieser Medikamente Berücksichtigung finden.

Auf lange Sicht kann sich die Verabreichung von Calciumantagonisten aufgrund folgender Wirkungen als vorteilhaft erweisen:

I. Verlangsamung des Fortschreitens atheromatöser Schäden (elftes Kapitel),
II. Rückgang der kardialen Hypertrophie (dreizehntes Kapitel),
III. Verringerung der Nachlast (dreizehntes Kapitel).

Bei den Sofortwirkungen sind drei Aspekte der Aktivität von Calciumantagonisten zu beachten:

I. *Direkte* Dilatation der Koronargefäße in Verbindung mit einer erhöhten Koronarreserve (Cohn, PF 1990). Dieser vasodilatatorische Effekt erfaßt sowohl die größeren Gefäße als auch die kleinen Widerstandsgefäße (Chew et al. 1980).
II. Abschwächung der durch lokal freigesetzte und zirkulierende Konstriktoren wie Endothelin-1 (Luscher 1991) (siebtes Kapitel), Noradrenalin und 5-Hydroxytryptamin ausgelösten Vasokonstriktion.

III. Verbesserung der diastolischen Funktion (Fujibayashi et al. 1985, Applegate et al. 1987).

Die Tatsache, daß Calciumantagonisten der zweiten Generation in diesen Bereich der Medizin Eingang gefunden haben, soll nicht etwa bedeuten, daß Verapamil, Nifedipin und Diltiazem, ihre Prototypen, hier wirkungslos sind. Ganz im Gegenteil, alle drei Prototypen erwiesen sich sogar als hochwirksam. Kriterien für die Beurteilung ihrer Wirksamkeit waren die Wiederherstellung der Koronardurchblutung, die Schaffung einer Koronarreserve und die Verbesserung der Linksventrikelfunktion (Schwartz und Bache 1988, Fujibayashi et al. 1985, Heusch et al. 1987). Trotzdem spricht manches dafür, daß die Calciumantagonisten der zweiten Generation für diese Aufgabe noch besser geeignet sind:

I.   Da diese Substanzen keinen nennenswerten negativ-inotropen Effekt besitzen, ist es weniger wahrscheinlich, daß eine bereits bestehende Beeinträchtigung der Linksherzfunktion so stark verschlimmert wird, daß es zur Herzinsuffizienz kommt.

II. Infolge ihrer lang anhaltenden Wirkung liegt eine ausreichende Blockierung der Calcium-Kanäle über eine Zeitspanne von 24 Stunden durchaus im Bereich des Möglichen. Angesichts der tagesrhythmischen Schwankungen der Ischämie ist diese Eigenschaft von besonderer Bedeutung (Fox et al. 1989).

III. Eine selektive Erweiterung der Koronargefäße erweist sich als Vorteil. Dies trifft auf Nisoldipin, möglicherweise auch auf Nicardipin zu (Kazda et al. 1980, Pepine 1989).

IV. Die relativ höhere Wirksamkeit dieser Substanzen dürfte mit einer verringerten Häufigkeit von Nebenwirkungen verbunden sein.

V.   Nach Verabreichung der retardierten Formen der Prototypen, zum Beispiel der Nifedipin-Retardform (Waller und Challenor 1990) und der neuen Derivate mit langsam einsetzender Wirkung, dürfte die erst allmählich eintretende Blockierung der Calcium-Kanäle dazu führen, daß es nicht mehr so oft zu einer durch die Vasodilatation hervorgerufenen Reflextachykardie kommt. Die Barorezeptoren haben in diesem Fall mehr Zeit für eine Neueinstellung.

Koronarspasmus

In einer Studie neueren Datums kamen Maseri et al. (1989) zu dem Schluß, daß Koronarspasmen immer entstehen, wenn

I.   eine herdförmige Konstriktion der Koronargefäße vorliegt,

II. die Engstellung der Koronararterien so stark ausgeprägt ist, daß es vorübergehend zur Okklusion kommt,

III. infolge der Koronarkonstriktion unter Ruhebedingungen reversible pektanginöse Zustände auftreten.

Glücklicherweise ist diese Erscheinung relativ selten, wenn man von Patienten mit Ruheangina absieht (Tabelle 15.1). Als wahrscheinliche Ursache wird eine übersteigerte Reaktion auf lokal freigesetzte Vasokonstriktoren wie Endothelin-1 angenommen (Luscher 1991). Unabhängig von der jeweiligen Ursache dieser anhaltenden Steigerung des vasomotorischen Tonus, die zur Entstehung einer vasospastischen Angina pectoris führt, gibt es genügend Hinweise darauf, daß sich diese Zustände durch Calciumantagonisten der zweiten Generation beeinflussen lassen, auch durch die Retardformen einiger Prototypen (Tabelle 15.2). Die Wirksamkeit der Behandlung kommt gewöhnlich durch eine verringerte Häufigkeit von Angina-pectoris-Anfällen und durch ein günstigeres Ergebnis in dem von Lablanche et al. (1990) verwendeten Ergometrin-Provokationstest zum Ausdruck. Wie wirksam die Vertreter der zweiten Generation, insbesondere Amlodipin, Nisoldipin und retardiertes Nifedipin, hier sein können, läßt sich durch einen Vergleich der in Tabelle 15.2 aufgeführten Dosen mit der Dosierung der Originalpräparate der Prototypen veranschaulichen, die auch für diesen Zweck verwendet werden. Bei diesen Substanzen liegt der Dosisbereich zwischen 120 und 360 mg/die (Diltiazem), 40 und 80 mg/die (Nifedipin) bzw. 120 und 360 mg/die (Verapamil) (Kloner und Przyklenk 1990). Daraus ist zu schließen, daß die neueren, vasoselektiven Antagonisten aus der Dihydropyridin-Gruppe auf Milligrammbasis eine wirksamere Behandlung der vasospastischen Angina pectoris ermöglichen als ihre Prototypen. Die Verwendung der neueren Calciumantagonisten mit verlängerter Wirkungsdauer (Amlodipin) sowie der retardierten Formen der Prototypen, zum Beispiel der Nifedipin-Retardform (Yasue und Morikama 1990) erweist sich ebenfalls als vorteilhaft. Vasospastische Angina-pectoris-Anfälle treten näm-

Tabelle 15.1. Häufigkeit der vasospastischen Angina pectoris (Auftreten Ergonovin-induzierter Spasmen)

Symptomatik	%
Atypische Schmerzen im Thoraxbereich	2
Chronische stabile Angina pectoris	4
Alter Myokardinfarkt	6
Frischer Myokardinfarkt	20
Angina pectoris unter Ruhebedingungen	38

Aus Maseri et al. 1989

Tabelle 15.2. Calciumantagonisten der zweiten Generation und Behandlung der vasospastischen Angina pectoris

Calciumantagonist	Dosis	Literatur
Nifedipin-Retardform	20 mg um 22 Uhr oder 2mal täglich	Yasue und Morikami 1990
Amlodipin	1mal täglich 10 mg	Taylor 1989
		Chahine et al. 1989
Nisoldipin	20 mg (Provokationam Ergometer)	Lablanche et al. 1990
Nicardipin	40–160 mg/die	Gelman et al. 1985

lich meistens zwischen Mitternacht und Morgen auf, also zu einer Zeit, in der die Plasmaspiegel bei einer Behandlung mit herkömmlichen Formen der Prototypen unter die für eine Verhinderung solcher Anfälle erforderlichen Werte abgesunken sind. Nisoldipin besitzt einen relativ gefäßspezifischen Effekt und kann in der gleichen Dosis verabfolgt werden wie die Retardform von Nifedipin (Tabelle 15.2).

Angina pectoris

Bei dieser Indikation finden Calciumantagonisten weitgehend Verwendung. Wie bei der Prinzmetal-Angina, beruht ihre Wirkung auch hier unter anderem auf einer Relaxation kontrahierter Koronararterien und damit auf einer Verbesserung der Koronardurchblutung. Bei jedem Prototyp wurde eine dosisabhängige Steigerung der Durchblutung des Epikards beobachtet (Bache 1989). Bei bewußter Provokation einer Konstriktion der Koronargefäße, zum Beispiel durch den Handgriffversuch, trat dieser Effekt noch deutlicher in Erscheinung. Die myokardiale Durchblutung wird normalerweise durch die vasomotorische Aktivität der koronaren Widerstandsgefäße geregelt. Durch diese Gefäße wird die Blutversorgung den wechselnden metabolischen Anforderungen angeglichen. Sie sind auch in erster Linie für die normale Verteilung des einströmenden Blutes in der Ventrikelwand verantwortlich. Glücklicherweise sind die Prototypen der Calciumantagonisten in der Lage, die koronaren Widerstandsgefäße zu erweitern (Bache 1989).

Angesichts der wirksamen Steigerung der Koronardurchblutung und der damit verbundenen Abschwächung von Angina-pectoris-Anfällen durch die Prototypen stellt sich aber die Frage, wozu Calciumantagonisten der zweiten Generation auf ihre Wirksamkeit bei dieser Indikation geprüft werden. Zur Beantwortung dieser Frage müssen wir auf die Grenzen zurückkommen, die der Anwendung von Calciumantagonisten der ersten Generation gesetzt sind:

I.   Alle Vertreter der ersten Generation sind durch eine negativ-inotrope Wirkung gekennzeichnet.

II.   Infolge ihrer kurzen Wirkungsdauer läßt sich kaum ein 24 Stunden anhaltender Effekt erzielen.

III.   Bei Verabreichung von nicht retardiertem Nifedipin kann das gleichzeitige Absinken des peripheren Gefäßwiderstands die bereits bestehende Mangeldurchblutung noch verschlimmern. Durch die dadurch ausgelöste Reflextachykardie können Angina-pectoris-Anfälle sogar noch häufiger auftreten.

IV.   Bei der Behandlung mit Verapamil kann eine unerwünschte Bradykardie entstehen.

Diese Probleme wurden durch die Entwicklung der Calciumantagonisten der zweiten Generation und von Retardformen der Prototypen weitgehend gelöst.

Nifedipin-Retard

Durch Verabreichung retardierter Nifedipin-Tabletten entstehen relativ gleich-
mäßige Plasmaspiegel. Der günstige Effekt einer solchen Behandlung kommt
in einer bis zu acht Stunden nach der letzten Gabe anhaltenden Erhöhung der
maximalen Belastungstoleranz zum Ausdruck. Ferner verzögert diese Therapie das Auftreten von Angina-pectoris-Anfällen (Gibelli et al. 1983, Waller
und Challenor 1990).

Amlodipin

Dieser Calciumantagonist der zweiten Generation besitzt einen lang anhaltenden Effekt und erwies sich bei der Behandlung der Angina pectoris als wirksam. Als Kriterien für die Beurteilung seiner Wirksamkeit wurden Belastungsversuche und Angaben der Patienten herangezogen. Das Präparat wurde in
einer Dosierung von 2,5–10 mg täglich einmal verabreicht (Kinnard et al.
1988, Taylor et al. 1989). Über die erfolgreiche Anwendung der Substanz wird
in einer Vielzahl von Studien berichtet (Tabelle 15.3). Aus diesen Untersuchungen können drei Schlußfolgerungen gezogen werden:

I.   Die Wirkung von Amlodipin kommt schon in einer relativ niedrigen
     Dosierung zur Geltung (10 mg/die).
II. Nennenswerte Nebenwirkungen sind nicht zu beobachten.
III. Der Therapieeffekt hält 24 Stunden lang an.

Felodipin

Die Wirkung von Felodipin ist hauptsächlich auf die peripheren Gefäße gerichtet (Ljung und Nordlander 1987). Daher wird die Substanz in erster Linie
zur Behandlung des Bluthochdrucks eingesetzt. Felodipin hat keinerlei Einfluß auf die AV-Überleitung. Zur Prophylaxe einer Reflextachykardie wird die
Substanz häufig in Kombination mit β-Blockern gegeben. Ihre Wirksamkeit
gegen Angina pectoris beruht wahrscheinlich auf einer Nachlastreduktion und
nicht auf einer direkten oder selektiven Erweiterung der Koronargefäße (Emanuelsson et al. 1986). Eine flankierende β-Blockierung ist in vielen Fällen
erforderlich.

Tabelle 15.3. Wirkung von Amlodipin bei der Behandlung der Angina pectoris

Indikation	Tagesdosis	Ergebnis	Literatur
Stabile Angina pectoris	2,5–10 mg	Positiv	Deedwania et al. 1989
Stabile Angina pectoris	7,7 mg	Positiv	Singh et al. 1989
Angina pectoris	10 mg	Positiv	Kinnard et al. 1989
			Thadani et al. 1989
Belastungsangina	10 mg	Positiv	Taylor et al. 1989

Kriterien für die Beurteilung des Therapieerfolgs: Dauer der Belastbarkeit und Häufigkeit
von Angina-pectoris-Anfällen

Isradipin

Auch hier handelt es sich um einen vasoselektiven Calciumantagonisten der zweiten Generation, der keine nennenswerte negativ-inotrope Aktivität besitzt und dessen Wirkung vor allem an den peripheren Gefäßen zur Geltung kommt. Hinsichtlich des Nebenwirkungsprofils besteht eine Ähnlichkeit mit Nifedipin und den anderen Dihydropyridinen (Knöchelödem und Gesichtsrötung). Im Vergleich zu anderen Calciumantagonisten der zweiten Generation ist der antianginöse Effekt von Isradipin von relativ kurzer Dauer. Die Verabreichung von 7,5 mg ist zum Beispiel nur mit einer neunstündigen Schutzwirkung verbunden (Parker et al. 1988).

Nicardipin

Mit Ausnahme der im folgenden aufgeführten Unterschiede besteht zwischen Nicardipin und Nifedipin eine große Ähnlichkeit.

I. Die negativ-inotrope Wirkung von Nicardipin ist schwächer ausgeprägt.
II. Nicardipin wirkt selektiver auf die Koronargefäße.
III. Die Substanz verursacht *anscheinend* weniger starke Nebenwirkungen.

Zur Behandlung der Belastungsangina muß die Substanz allerdings in einer Dosierung von dreimal täglich 30–40 mg verabreicht werden (Scheidt et al. 1986). Bei chronischer Belastungsangina sind dreimal täglich 40 mg erforderlich (Thomassen et al. 1987).

Nisoldipin

Nisoldipin erweist sich bei belastungsinduzierter Angina pectoris als wirksam. Allerdings kann es unter dieser Substanz zu einer relativ geringfügigen Anhebung der Herzfrequenz und des Produkts aus Herzfrequenz und Blutdruck kommen (Lam et al. 1985). Nisoldipin ist in Tagesdosen von 10 mg ebenso wirksam wie Nifedipin bei Verabreichung von dreimal täglich 10 mg (Reicher-Reiss et al. 1987). Zur Beurteilung des Nisoldipin-Effekts wurden folgende Kriterien herangezogen (Tzivoni et al. 1990):

I. Verlängerung der Dauer der Belastbarkeit (16%),
II. Verlängerung der Zeitspanne bis zum Eintreten einer ST-Senkung von 1 mm (49%),
III. Verlängerung der Zeitspanne bis zum Auftreten von Schmerzen (37%).

Ähnliche Ergebnisse wurden auch in anderen Untersuchungen erzielt. So berichten zum Beispiel Deeg et al. (1987) über eine 61%ige Reduktion der Häufigkeit der pro Woche auftretenden pektanginösen Anfälle und über eine 18%ige Verlängerung der Dauer der Belastbarkeit.

Tabelle 15.4. Wirkung von Nisoldipin

Indikation	Tagesdosis	Ergebnis	Literatur
Stabile Angina pectoris	5–10 mg*	Positiv	Rousseau et al. 1987
Stabile Angina pectoris	10–20 mg	Positiv	Klein et al. 1987
Stabile Angina pectoris	10 mg	Positiv	Reicher-Reiss et al. 1987
Belastungsangina	10 mg	Positiv	Von Arnim et al. 1987
Belastungsangina	20 mg	Positiv	Marra et al. 1990
Belastungsangina	10 mg	Positiv	Tzivoni et al. 1990

* Gleichzeitige β-Blockade
Diese Tabelle zeigt nur einen kleinen Teil der mit Nisoldipin durchgeführten Untersuchungen.

Stumme Ischämie

Besonders stark gefährdete Patienten leiden häufig unter einer stummen Ischämie. Der Nachweis kann oft durch nicht invasive Belastungstests und ambulante Überwachung des Elektrokardiogramms geführt werden. Nifedipin verringert zuverlässig die Häufigkeit dieser schmerzfreien ischämischen Episoden (Nesto 1990). Vermutlich vermag die Substanz das Gleichgewicht zwischen Sauerstoffangebot und Sauerstoffverbrauch des Herzens wiederherzustellen. Dabei dürften eine Erweiterung der Koronargefäße und die Verminderung der Herzarbeit eine Rolle spielen. Als ebenso wirksam hat sich Nisoldipin erwiesen (Salmasi 1990, Glasser et al. 1987). Dies hängt wahrscheinlich mit der relativ starken Vasoselektivität dieser Substanz zusammen. Die hierzu erforderlichen Dosen haben keinen nennenswerten Einfluß auf die Herzfrequenz.

Zusammenfassung

1. Die Calciumantagonisten der zweiten Generation erweisen sich bei der Behandlung der Prinzmetal-Angina, der Angina pectoris und der stummen Ischämie als wirksam.
2. Neue galenische Formen der Prototypen und neue Derivate wurden ebenfalls mit Erfolg eingesetzt.
3. Infolge der stärkeren Wirkung einiger neuer Derivate lassen sich die unerwünschten, bei den Standardpräparaten der Prototypen beobachteten reflektorischen Veränderungen vermeiden.
4. Die Wirksamkeit dieser Substanzen beruht auf der Wiederherstellung des Gleichgewichts zwischen Sauerstoffangebot und Sauerstoffverbrauch. Dies geschieht durch

    I.   Erweiterung der Koronargefäße,
    II. Einschränkung der Herzarbeit.

16 Calciumantagonisten der zweiten Generation

> „Irgend etwas daran ist mehr als natürlich, wenn
> die Philosophie es nur herausfinden könnte."
>
> W. SHAKESPEARE, in „Hamlet"

Im ersten Kapitel dieses Buches stellten wir uns die Frage, ob sich die Calciumantagonisten der zweiten Generation in ihrem therapeutischen Wert von den Prototypen unterscheiden. Solche Unterschiede wurden in den darauffolgenden Kapiteln herausgearbeitet. Sie beruhen hauptsächlich auf

I.   einer verbesserten Gewebeselektivität,
II. einer längeren Wirkungsdauer,
III. weniger störenden Nebenwirkungen.

Verbesserte Gewebeselektivität

Zur Gewebeselektivität von Calciumantagonisten tragen eine ganze Reihe von Faktoren bei. Die wichtigsten sind:

I. *Herkunft der aktivierenden Ca^{2+}-Ionen in einem spezifischen Gewebe*
    In der Skelettmuskulatur (viertes Kapitel) spielt zum Beispiel die Freisetzung von Ca^{2+} aus dem sarkoplasmatischen Retikulum die Hauptrolle. Die Aktivierung des Freisetzungsmechanismus ist hier nicht Ca^{2+}-abhängig. Demgegenüber steht in der glatten Gefäßmuskulatur und im Herzmuskelgewebe die Aktivierung der Ca^{2+}-Freisetzung aus dem sarkoplasmatischen Retikulum durch den Ca^{2+}-Einstrom in die L-Kanäle im Vordergrund. Die Modulation der Aktivität der Ca^{2+}-Kanäle vom L-Typ hat daher einen starken Einfluß auf Herzmuskel und glatte Muskulatur, nicht aber auf die Funktion des Skelettmuskels.

II. *Verteilung von Ca^{2+}-Kanälen*
    Calciumantagonisten stehen in Wechselwirkung mit den Ca^{2+}-Kanälen vom L-Typ, die α_1-Untereinheiten enthalten (drittes Kapitel). Gewebe, in denen der Ca^{2+}-Einstrom über Kanäle vom T- oder N-Typ erfolgt, sprechen daher auf Calciumantagonisten nicht an, unabhängig davon, ob es sich um Vertreter der ersten oder der zweiten Generation handelt.

III. *Zustandsabhängige Wechselwirkungen*
    Die Wechselwirkungen mit Ca^{2+}-Kanälen vom L-Typ hängen vom jeweiligen Zustand des Kanals ab: Bei zunehmender Depolarisierung und Sti-

mulierungsrate wird die pharmakologische Aktivität verstärkt. So wird zum Beispiel die Bindung von Dihydropyridinen durch eine ansteigende Depolarisierung der Zellmembran gefördert (Glossmann und Striessnig 1990). Dies dürfte auch eine Erklärung für die Vasoselektivität der Calciumantagonisten der Dihydropyridin-Gruppe sein. Das Potentialgefälle in den glatten Gefäßmuskelzellen begünstigt nämlich die Bindung von Dihydropyridinen. Bei den mit Verapamil und Diltiazem verwandten Substanzen ist die Wechselwirkung von der Stimulierungsrate abhängig. Die Aktivität dieser Substanzen wird mit zunehmender Häufigkeit der Depolarisation verstärkt (Talajic et al. 1989). Eine Erklärung dafür ist der Umstand, daß die elektrisch geladenen und mehr hydrophilen Moleküle der Calciumantagonisten vom Verapamil- und Diltiazem-Typ nur bei geöffnetem Kanal an ihre Bindungsstellen in der α_1-Untereinheit gelangen, während die hydrophoben Dihydropyridine durch die Lipidphase der Zellmembran dauernd Zugang zu ihren Bindungsstellen haben.

IV. *Gewebespezifische Chemie der α_1-Untereinheit im Ca^{2+}-Kanalkomplex*
Dieses Thema wurde im dritten Kapitel behandelt. Die α_1-Untereinheiten weisen in den verschiedenen Geweben etwas voneinander abweichende chemische Zusammensetzungen auf. Solche Unterschiede sind zum Beispiel zwischen dem Skelettmuskelgewebe und der glatten Gefäßmuskulatur zu erkennen und haben höchstwahrscheinlich einen Einfluß auf die Wechselwirkungen der verschiedenen chemischen Konfigurationen mit ihren Bindungsstellen.

V. *Pathologischer Zustand des Gewebes*
Bei pathologischen Zuständen wie Hypertonie, Ischämie und Hyperthyreose und vielen anderen Anomalien kommt es zu einer Veränderung der Anzahl von Calcium-Kanälen und damit von α_1-Untereinheiten, die für die Wechselwirkung mit Calciumantagonisten zur Verfügung stehen (fünftes Kapitel). Die Reagibilität gegenüber Calciumantagonisten kann auch unter anderen Bedingungen verändert sein, zum Beispiel bei Kardiomyopathie oder bei übermäßigem Alkoholgenuß. Sogar durch das Lebensalter wird die Dichte der Bindungsstellen (fünftes Kapitel) und damit vermutlich auch die Ansprechbarkeit des Gewebes beeinflußt.

VI. *Chemie der verschiedenen Substanzen*
Die chemische Struktur der verschiedenen Substanzen spielt wegen der gewebespezifischen Chemie der α_1-Untereinheiten, mit denen sie in Wechselwirkung stehen, offenbar eine erhebliche Rolle.

Bedeutung der verbesserten Gewebeselektivität

Die Gewebeselektivität der Calciumantagonisten der zweiten Generation ist aus folgenden Gründen ohne Zweifel von erheblicher Bedeutung:

Die gesamte Gruppe dieser Pharmaka entfaltet eine weniger stark ausgeprägte negativ-inotrope Wirkung als ihre Prototypen. Aus diesem Grunde können sie, im Gegensatz zu den Prototypen, unter entsprechenden Kautelen auch bei drohender oder bereits bestehender Linksventrikelfunktionsstörung zur Anwendung kommen. Als Beispiel für die Vorteile der verbesserten Gewebespezifität der neueren Substanzen (unter anderem Nisoldipin) sei hier nur ihre Verwendung zur „Entlastung" des Herzens von Patienten mit Herzinsuffizienz angeführt. Auch die Verwendung von Calciumantagonisten mit einer relativ spezifischen Wirkung auf den zerebralen Kreislauf (zum Beispiel Nimodipin) zur Behandlung von Patienten mit zerebraler Ischämie (vierzehntes Kapitel) ist nur durch die Gewebeselektivität dieser Pharmaka möglich, da in solchen Fällen ein Absinken des systemischen Perfusionsdrucks die Situation noch verschlimmern würde. Auch der zunehmende Einsatz neuerer Calciumantagonisten als Antihypertensiva bei Patienten mit erhöhtem peripherem Gefäßwiderstand (dreizehntes Kapitel) (Tabelle 16.1 und 16.2) beruht auf der Gewebeselektivität dieser Substanzen. Auf diese Weise kann das Gefäßbett ohne Beeinträchtigung der Ventrikelfunktion oder der AV-Überleitung erweitert werden. Tabelle 16.1 zeigt die bevorzugten Angriffspunkte einiger Calciumantagonisten der zweiten Generation.

Tabelle 16.1. Bevorzugte Angriffspunkte von Calciumantagonisten der zweiten Generation

Substanz	Bevorzugtes Gewebe
Amlodipin	Periphere Gefäße (Kapazitäts- und Widerstandsgefäße)
Anipamil	Periphere Gefäße (Kapazitäts- und Widerstandsgefäße)
Felodipin	Periphere Gefäße (Kapazitäts- und Widerstandsgefäße)
Isradipin	Periphere Gefäße (Kapazitäts- und Widerstandsgefäße)
Nitrendipin	Periphere Gefäße (Kapazitäts- und Widerstandsgefäße)
Nicardipin	Periphere Gefäße (Kapazitäts- und Widerstandsgefäße)
Nimodipin	Zerebrale Gefäße
Nisoldipin	Koronargefäße

Tabelle 16.2. Dosierung, Plasmaspiegel und Hauptindikation von Calciumantagonisten der zweiten Generation

Substanz	Tagesdosis (mg)	Maximale Plasmaspiegel (ng/ml)	Hauptindikation
Amlodipin	10	2–12	Hypertonie
Felodipin	17,5–30	5–40	Hypertonie
Isradipin	5–20	10	Hypertonie
Nicardipin	90	30–110	Hypertonie
Nimodipin	90–120	80	Zerebrale Ischämie
Nisoldipin	20	1–4	1. Koronare Herzkrankheit 2. Herzinsuffizienz
Nitrendipin	21–40	9–42	Hypertonie

Aus Opie 1990

Wirkungsdauer

Neben ihrer verbesserten Gewebeselektivität haben die Calciumantagonisten der zweiten Generation noch andere Vorzüge:

I. Ihre Wirkung setzt langsamer ein.
II. Sie ist von längerer Dauer.

Langsamer einsetzende Wirkung

Um eine langsamer einsetzende Wirkung zu erzielen, wurden zwei verschiedene Wege beschritten: Verwendung von Retardpräparaten (zum Beispiel Retardformen von Felodipin, Nifedipin und Verapamil sowie GITS-Form von Nifedipin) und Entwicklung von Substanzen, die an ihre Rezeptoren nur langsam gebunden werden oder eine niedrige Resorptionsrate aufweisen (zum Beispiel Amlodipin). Der Vorteil einer langsam einsetzenden Wirkung kommt bei Patienten mit primärer Hypertonie besonders deutlich zur Geltung. Hier bleibt durch die nur allmählich einsetzende Gefäßerweiterung genügend Zeit für eine Neueinstellung der Barorezeptoren, so daß starke, reflektorisch bedingte Veränderungen der Herzfrequenz vermieden werden können (dreizehntes Kapitel). Der durch diese Pharmaka herbeigeführte Rückgang der Linksventrikelhypertrophie bleibt jedoch erhalten.

Verlängerte Wirkungsdauer

Für die verlängerte Wirkungsdauer gibt es zwei Gründe:

I. Manche Substanzen (zum Beispiel Amlodipin) (Nayler und Gu 1991) werden nach ihrer Bindung nur langsam abgebaut.
II. Durch die Retardpräparate wird die Verabreichung der gesamten Tagesdosis als einmalige Gabe möglich. Das hat den zusätzlichen Vorteil, daß sich ein plötzliches Ansteigen der Blutspiegel vermeiden läßt. Dadurch kommt es zu einer Abschwächung von Nebenwirkungen wie Reflextachykardie und Ödem außerhalb des kardialen Bereichs.

Zukunftsperspektiven

Die Verwendung von Calciumantagonisten zur Behandlung von Herz-Kreislauf-Erkrankungen steckt wahrscheinlich noch in den Kinderschuhen. Durch die Entwicklung gewebeselektiver Substanzen mit langer Wirkungsdauer konnten unerwünschte Begleiteffekte weitgehend ausgeschaltet werden. Gleichzeitig zeichnen sich neue Indikationen ab. Ein Beispiel dafür ist die Verwendung dieser Präparate zur Verlangsamung der Entstehung atherosklerotischer Plaques (Lichtlen et al. 1990, Waters et al. 1990) (elftes Kapitel). Zu diesem Zweck sind Substanzen mit langer Wirkungsdauer erforderlich, die keine Tachyphylaxie hervorrufen. Bei den Calciumantagonisten der ersten und zweiten Generation ist glücklicherweise keine nennenswerte Tachyphylaxie zu beobachten. Bei der Klärung der komplizierten Vorgänge, durch die dem Fortschreiten des atherosklerotischen Geschehens Einhalt geboten wird, traten noch weitere Eigenschaften der Calciumantagonisten in Erscheinung, zum Beispiel die Verlangsamung der Migration und Proliferation glatter Muskelzellen. Dies läßt darauf schließen, daß die Zukunft vielleicht noch spannender sein wird als die Vergangenheit. Gewebeselektive Calciumantagonisten, die zum Teil zusätzliche, klinisch bedeutsame Eigenschaften besitzen, werden verfügbar sein. Substanzen wie (S)-Emopamil sind in der Lage, in Dosen, die für eine Blockierung der Calcium-Kanäle ausreichen, auch mit anderen Rezeptoren Wechselwirkungen einzugehen. So können nicht einmal die schlimmsten Pessimisten daran zweifeln, daß die Entwicklung der Calciumantagonisten der zweiten Generation einen erheblichen und klinisch relevanten Fortschritt darstellt.

Literaturverzeichnis

Agabiti-Rosei E, Muiesan ML, Romanelli G, Beschi M, Castellano M, Muiesan G (1988) Reversal of cardiac hypertrophy by long-term treatment with calcium antagonists in hypertensive patients. J Cardiovasc Pharmacol 12 (Suppl 6):S75–S78

Agabiti-Rosei E, Muiesan ML, Romanelli G, Castellano M, Beschi M, Corea L, Muiesan G (1986) Similarities and differences in the antihypertensive effect of two calcium antagonist drugs, verapamil and nifedipine. J Am Cell Cardiol 7:916–926

Agnew WS (1989) Cloning of the SR foot. Nature 339:422–423

Agnew WS, Levinson SR, Brabson JS, Raftery MA (1978) Purification of the tetrodotoxin-binding component associated with the voltage-sensitive sodium channel from Electrophorus electricus electroplax membrane. Proc Natl Acad Sci USA 75:2606–2610

Akins CW, Pohost GM, DeSanctis RW, Block PC (1980) Selection of angina-free patients with severe left ventricular dysfunction after myocardial revascularization. Am J Cardiol 46:695–699

Allen GS, Ahn HS, Preziosi TJ, Battye R, Boone SC, Chou SN, Kelly DL, Weir BK, Crabbe RA, Lavik PJ, Rosenbloom SB, Dorsey FC, Ingram CR, Mellits DE, Bertsch LA, Boisvert DPJ, Hundley MB, Johnsson RK, Strom JA, Transou CR (1983) Cerebral arterial spasm a controlled trial of nimodipine in patients with subarachnoid hemorrhage. N Eng J Med 308:619–624

Allen DG, Orchard CH (1984) Measurements of intracellular calcium concentration in heart muscle; the effects of inotropic interventions and hypoxia. J Mol Cell Cardiol 16:117–128

Almers W, McCleskey EW, Palade PT (1985) The mechanism of ion selectivity in calcium channels of skeletal muscle membranes. Prog Zool 33:61–73

Ambrosio G, Jacobus WE, Bergman CA, Weisman HF, Becker LC (1987) Preserved high energy phosphate metabolic reserve in globally 'stunned' hearts despite reduction of basal ATP content and contractility. J Mol Cell Cardiol 19:953–964

American Heart Association (1990) Heart and Stroke Facts. American Heart Association, Dallas, Texas, 1989

Anastassiades C (1982) Nifedipine and beta-blockade as a cause of cardiac failure. Br Med J 284:506

Anderson JL, Marshall HW, Bray BE, Lutz JR, Frederick PR, Yanowitz FG, Datz FL, Klausner SC, Hagan AD (1983) A randomized trial of intracoronary streptokinase treatment of acute myocardial infarction. N Eng J Med 308:1313–1318

Anversa P, Olivetti G, Melissari M, Loud AU (1980) Stereological measurement of cellular and subcellular hypertrophy and hyperplasia in the papillary muscle of adult rat. J Mol Cell Cardiol 12:781–795

Applegate RJ, Walsh RA, O'Rourke RA (1987) Effects of nifedipine on diastolic function during brief episodes of flow-limiting ischemia in the conscious dog. Circulation 76:1409–1421

Apstein CS, Wexler LF, Vogell WM, Weinberg EO, Ingwall JS (1988) Comparative effects of ischemia and hypoxia on ventricular relaxation in isolated perfused hearts. In: Grossman W, Lorell BH (eds) Diastolic Relaxation of the Heart. Nijhoff, Boston pp169–184

Arai H, Hori S, Aramori I, Ohkubo H, Nakanishi S (1990) Cloning and expression of a cDNA encoding an endothelin receptor. Nature 348:730–732

Arnold G, Kosche F, Meissner E, Neitzert A, Lochner W (1968) The importance of the perfusion pressure in the coronary arteries for the contractility and oxygen consumption of the heart. Pflugers Arch 299:339–356

Arnold JMO, Braunwald E, Sandor T, Kloner RA (1985) Inotropic stimulation of reperfused myocardium with dopamine: effects on infarct size and myocardial function. J Am Coll Cardiol 6:1026–1034

Asano T, Ikegaki I, Satoh S, Suzuki Y, Shibuya M, Sugita K, Hidaka H (1990) Endothelin: a potential modulator of cerebral vasospasm. Eur J Pharmacol 190:365–372

Ascher EK, Stauffer JC, Barchi RL (1983) Biochemical studies of the excitable membrane sodium channel. J Neurochem 40:1377–1385

Ascher EK, Stauffer JC, Gaasch WH (1988) Coronary artery spasm, cardiac arrest, transient electrocardiographic Q waves and stunned myocardium in cocaine-associated acute myocardial infarction. J Am Coll Cardiol 11:744–751

Astrup J, Symon L, Branston NM, Lassen NA (1977) Cortical evoked potential and extracellular K^+ and H^+ levels of brain ischaemia. Stroke 8:51–57

Azcona A, Lataste X (1990) Isradipine in patients with acute ischaemic cerebral infarction: an overview of the ASCLEPIOS programme. Drugs 40 (Suppl 2):52–57

Bache RJ (1989) Effects of calcium entry blockade on myocardial blood flow. Circulation 80 (Suppl IV):IV-40–IV-46

Bagchi D, Prasad R, Das DK (1989) Direct scavenging of free radicals by captopril, an angiotensin converting enzyme inhibitor. Biochem Biophys Res Comm 158:52–57

Ballantyne CM, Vernai MS, Short HD, Hyatt C, Noon GP (1987) Delayed recovery of severely 'stunned' myocardium with the support of a left ventricular assist device after coronary artery bypass surgery. J Am Coll Cardiol 10:710–712

Banka VS, Bodenheimer MM, Shah R, Helfant RH (1976) Intervention ventriculography: comparative value of nitroglycerin, post-extrasystolic potentiation and nitroglycerin plus post-extrasystolic potentiation. Circulation 53:632–637

Barchi RL (1983) Biochemical studies of the excitable membrane sodium channel. J Neurochem 40:1377–1385

Barjon J-N, Rouleau JL, Bichet D, Juneau C, De Champlain J (1987) Chronic renal and neurohumoral effects of the calcium entry blocker nisoldipine in patients with congestive heart failure. J Am Coll Cardiol 9:622–630

Barrett RJ, Appell KC, Kilpatrick BF, Proakis AG, Nolan JC, Walsh DA (1991a) AHR-16303B, a novel antagonist of 5-HT$_2$ receptors and voltage-sensitive calcium channels. J Cardiovasc Pharmacol 17:41–53

Barrett RJ, Wright KF, Allen AD, Taylor DR (1991b) Cardiovascular and renal actions of AHR-16303B, and antagonist of 5-HT$_2$ receptors and calcium channels, in hypertensive and normotensive rats. J Cardiovasc Pharmacol 17:134–144

Beam KG, Knudson CM, Powell JA (1986) A lethal mutation in mice eliminates the slow calcium current in skeletal muscle cells. Nature 320:168–170

Bean BP (1989) Classes of calcium channels in vertebrae cells. Annu Rev Physiol 51:367–384

Becker LC, Levine JH, Dipaula AT, Guarnieri T, Aversano T (1986) Reversal of dysfunction in postischaemic stunned myocardium by epinephrine and postextrasystolic potentiation. J Am Coll Cardiol 7:580–589

Berbinschi A, Ketelslegers JM (1989) Endothelin in urine. Lancet ii: 46

Bernier M, Hearse DJ (1988) Reperfusion-induced arrhythmias: mechanisms of protection by glucose and mannitol. Am J Physiol 254:H862–H870

Betocchi S, Bonow RO, Cannon RO, Lesko LJ, Ostrow HG, Watson RM, Rosing DR (1988) Relation between serum nifedipine concentration and hemodynamic effects in non-obstructive hypertrophic cardiomyopathy. Am J Cardiol 61:830–835

Bielenberg GW, Burniol M, Rosen R, Klaus W (1990) Effects of nimodipine on infarct size and cerebral acidosis after middle artery occlusion. Stroke 21 (Suppl IV): IV-90–IV-92

Blanchard EM, Solaro RJ (1984) Inhibition of the activation and troponin calcium binding of dog cardiac myofibrils by acidic pH. Circ Res 55:382–391

Blaustein AS, Schine L, Brooks WW, Fanburg BL, Bing OHL (1986) Influence of exogenously generated oxidant species on myocardial function. Am J Physiol 250:H595–H599

Bloch KD, Friedrich SP, Lee ME, Eddy RL, Shows TB, Quertermous T (1989) Structural organization and chromosomal assignment of the gene encoding endothelin. J Biol Chem 264:10851–10857

Blumein S, Sievers R, Kidd P, Parmley WW (1984) Mechanisms of protection from atherosclerosis by verapamil in cholesterol-fed rabbit. Am J Cardiol 54:884–889

Bodenheimer MM, Banka VS, Hermann GA, Trout RG, Pasdar H, Helfant RH (1976) Reversible asynergy. Histopathologic and electrographic correlations in patients with coronary artery disease. Circulation 53:792–796

Bodenheimer MM, Banka VS, Fooshee C, Hermann GA, Helfant RH (1978) Relationship between regional myocardial perfusion and the presence, severity and reversibility of asynergy in patients with coronary heart disease. Circulation 58:789–795

Bolger GT, Basile AS, Janowsky AJ, Paul SM, Skolnick P (1987) Regulation of dihydropyridine calcium antagonist binding sites in the rat hippocampus following neurochemical lesions. J Neurol Res 17:285–290

Bolli R (1990) Mechanism of myocardial 'stunning'. Circulation 82:723–738

Bolli R, Jeroudi MO, Patel BS, DuBose CM, Lai EK, Roberts R, McCay PB (1989) Direct evidence that oxygen-derived free radicals contribute to postischemic myocardial dysfunction in the intact dog. Proc Natl Acad Sci USA 86:4695–4699

Bolli R, Zhu WX, Hartley CJ, Michael LH, Repine JE, Hell ML, Kukreia RC, Roberts R (1987) Attenuation of dysfunction in postischemic 'stunned' myocardium by dimethylthiourea. Circulation 76:458–468

Bolli R, Zhu WX, Myers ML, Hartley CJ, Roberts R (1985) Beta-adrenergic stimulation reverses post-ischemic myocardial dysfunction without producing subsequent function deterioration. Am J Cardiol 56:964–968

Bolli R, Zhu WX, Thornby JI, O'Neill PG, Roberts R (1988) Time-course and determinants of recovery of function after reversible ischemia in conscious dogs. Am J Physiol 254:H102–H114

Bolton TB, MacKenzie I, Aaronson PI (1988) Voltage-dependent calcium channels in smooth muscle cells. J Cardiovasc Pharmacol 12 (Suppl 6):S3–S7

Borhani NO, Brugger SB, Byington RP (1990) Multicenter study with isradipine and diuretics against atherosclerosis. J Cardiovasc Pharmacol 15 (Suppl 1):S23–S29

Borsotto M, Barhanin J, Norman RI, Lazdunski M (1984) Purification of the dihydropyridine receptor of the voltage-dependent Ca^{2+} channel from skeletal muscle transverse tubules using (+)-[^{3}H]PN200-110. Biochem Biophys Res Commun 122:1357–1366

Bossaller C, Habib GB, Yamamoto H, Williams C, Henry PD (1987) Impaired muscarinic endothelium-dependent relaxation and cyclic guanosine 5′-monophosphate formation in atherosclerotic human coronary artery and rabbit aorta. J Clin Invest 79:170–174

Boulanger CM, Tanner FC, Hahn AWA, Luscher TF (1990) Release of endothelin from the porcine aortic endothelium by oxidized low-density lipoproteins. J Vasc Med Biol 2:185

Braunwald E, Kloner RA (1982) The stunned myocardium: prolonged postischemic ventricular dysfunction. Circulation 66:1146–1149

Braunwald E, Rutherford JD (1986) Reversible ischemic left ventricular dysfunction: evidence for the 'hibernating myocardium'. J Am Coll Cardiol 8:1467–1470

Breisblatt WM, Brown DL, Weiland FL (1986) Reversibility of long-standing left ventricular aneurysm predicted by thallium–201 imaging. J Am Coll Cardiol 7:1162–1168

Breisblatt WM, Stein KL, Wolfe CJ, Follansbee WP, Capozzi J, Armitage JM, Hardesty RL (1990) Acute myocardial dysfunction and recovery: a common occurrence after coronary bypass surgery. J Am Coll Cardiol 15:1261–1269

Brennan CH, Guppy LJ, Littleton JM (1989) Chronic exposure to ethanol increases dihydropyridine-sensitive calcium channels in excitable cells. Proc Natl Acad Sci USA 560:467–479

Bristow MR, Ginsburg R, Minobe W, Cubicciotti RS, Sageman WS, Lurie K, Billingham ME, Harrison DC, Stinson EB (1982) Decreased catecholamine sensitivity and β-adrenergic receptor density in failing human hearts. New Eng J Med 307:205–211

Bristow MR, Minobe W, Rasmussen R (1985) Differential regulation of alpha and beta-adrenergic receptor in the failing human heart. Circulation 72 (Suppl III):III-329

Brooks N, Cattell M, Pidgeon J, Balcon R (1980) Unpredictable response to nifedipine in severe cardiac failure. Br Med J 281:1324

Broudy DR, Greenberg BH, Siemienczuk D (1987) Beneficial effects of the calcium antagonist PN200-110 in patients with congestive heart failure. J Cardiovasc Pharmacol 10:190–195

Brown G, Albers JJ, Fisher LD, Schaefer SM, Lin JT, Kaplan C, Zhao XQ, Bisson BD, Fitzpatrick VF, Dodge HT (1990) Regression of coronary artery disease as a result of intensive lipid-lowering therapy in man with high levels of apolipoprotein B. N Eng J Med 323:1289–1298

Brundage BH, Massie BM, Botvinick EH (1984) Improved regional ventricular function after successful surgical revascularization. J Am Coll Cardiol 3:902–908

Buchwald A, Klein HH, Lindert S, Pich S, Nebendahl K, Wiegand V, Kreuzer H (1989) Effect of intracoronary superoxide dismutase on regional function in stunned myocardium. J Cardiovasc Pharmacol 13:258–264

Buhler FR (1983) Age and cardiovascular response adaptation. Determination of an antihypertensive treatment concept primarily based on beta blockers and calcium entry blockers. Hypertension 5 (Suppl III): III-94–III-100

Burton KP, McCord JM, Ghai G (1984) Myocardial alterations due to free radical generation. Am J Physiol 246:H776–H783

Cade C, Lumma WC, Mohan R, Rubanyi GB, Parker-Botelho LH (1990) Lack of biological activity of preproendothelin (110–130) in several endothelin assays. Life Sci 47:2097–2103

Camici P, Araujo LI, Spinks T, Lammertsma AA, Kaski JC, Shea MJ, Selwyn AP, Jones T, Maseri A (1986) Increased uptake of ^{18}F-fluorodeoxyglucose in postischemic myocardium of patients with exercise-induced angina. Circulation 74:81–88

Carew TE, Schwenke DC, Steinberg D (1987) Antiatherogenic effect of probucol unrelated to its hypocholesterolemic effect: evidence that antioxidants *in vivo* can selectively inhibit low density lipoprotein degradation in macrophage-rich fatty streaks slowing the progression of atherosclerosis in WHHL rabbits. Proc Natl Acad Sci USA 84:7725–7729

Carter AJ, Gardiner DG, Burges RA (1988) Natriuretic activity of amlodipine, diltiazem, and nitrendipine in saline-loaded anesthetized dogs. J Cardiovasc Pharmacol 12 (Suppl 7):S34–S38

Caspari PG, Newcomb M, Gibson K, Harris P (1977) Collagen in normal and hypertrophied human ventricle. Cardiovasc Res 11:554–558

Castelli WP (1984) Epidemiology of coronary heart disease: the Framingham Study. Am J Med 76(2A):4–12

Catapano AL, Maggi FM, Cicerano U (1988) The antiatherosclerotic effect of anipamil in cholesterol-fed rabbits. Ann NY Acad Sci 522:519–521

Catterall WA, Seagar MJ, Takahashi M, Nunoki K (1989) Molecular properties of dihydropyridine-sensitive calcium channels. Ann NY Acad Sci 560:1–14

Cavero PG, Miller WY, Heublein DM, Margulies KB, Burnett JC (1990) Endothelin in experimental congestive heart failure in anesthetized dogs. Am J Physiol 259:F312–F317

Cernacek P, Stewart DJ (1989) Immunoreactive endothelin in human plasma: marked elevations in patients in cardiogenic shock. Biochem Biophys Res Commun 161:562–567

Chabrier PE, Auget M, Roubert P, Onchampt MO, Gillard V, Guillon JM, Delaflotte S, Braquet P (1989) Vascular mechanisms of action of endothelin-1: Effects of Ca^{2+}-antagonists. J Cardiovasc Pharmacol 13 (Suppl 5):218–219

Chahine RA, Feldman RL, Giles TD, Raizner AE, Weiss RJ, Nicod P, and the Investigators of Study 160 (1989) Efficacy and safety of amlodipine in vasospastic angina: an interview report of a multicenter placebo-controlled trial. Am Heart J 118:1128–1129

Charney RH, Takahashi S, Zhao M, Sonnenblick EH, Factor SM, Eng C (1989) Collagen loss in the stunned myocardium. Circulation 80 (Suppl II):II-99 (abstract)

Chatelain P, Demol D, Roba J (1984) Comparison of [^{3}H]nitrendipine binding to heart membranes of normotensive and spontaneously hypertensive rats. J Cardiovasc Pharmacol 6:220–223

Chatterjee K, Swan HJC, Parmley WW, Sustaita H, Marcus H, Matloff J (1972) Depression of left ventricular function due to acute myocardial ischemia and its reversal after aortocoronary saphenous vein bypass. N Engl J Med 286:1117–1122

Chatterjee K, Swan HJC, Parmley WW, Sustaita H, Marcus HS, Matloff J (1973) Influence of direct myocardial revascularization on left ventricular asynergy and function in patients with coronary heart disease. Circulation 47:276–286

Chew CYC, Brown BG, Singh BN, Hecht HS, Schnugg SJ, Wong M, Shah PM, Dodge HT (1980) Mechanism of action of verapamil in ischemic heart disease: observations on changes in systemic and coronary hemodynamics and coronary vasomobility. Clin Invest Med 3:151–158

Chew CYC, Hecht HS, Collett JT, McAllister RG, Singh BN (1981) Influence of severity of ventricular dysfunction on hemodynamic responses to intravenously administered verapamil in ischemic heart disease. Am J Cardiol 47:917–922

Chidsey CA, Braunwald E, Morrow AG (1965) Catecholamine excretion and cardiac stores of norepinephrine in congestive heart failure. Am J Med 39:442–451

Chierchia S, Lazzari M, Freeman B, Brunell B, Maseri A (1983) Impairment of myocardial perfusion and function during painless myocardial ischemia. J Am Coll Cardiol 1:924–930

Christian TF, Behrenbeck T, Pellika PA, Huber KC, Chesebro JH, Gibbons RJ (1990) Mismatch of left ventricular function and infarct size demonstrated by technetium-99m isonitrile imaging after reperfusion therapy for acute myocardial infarction: identification of myocardial stunning and hyperkinesia. J Am Coll Cardiol 16:1632–1638

Chuang DM, Kinnier WJ, Farber L, Costa E (1980) A biochemical study of receptor internalization during β-adrenergic receptor desensitization in frog erythrocytes. Mol Pharmacol 18:348–355

Clarke JG, Benjamin N, Larkin SW, Webb DJ, Davies GJ, Maseri A (1989) Endothelin is a potent long-lasting vasoconstrictor in men. Am J Physiol 257:H2033–H2035

Cleemann L, Morad M (1991) Role of Ca^{2+} channel in cardiac excitation-contraction coupling in the rat: evidence from Ca^{2+} transients and contraction. J Physiol 432:283–312

Clozel JP, Banken L, Osterrieder W (1989) Effects of R040-5967, a novel calcium antagonist, on myocardial function during ischemia induced by lowering coronary perfusion pressure in dogs: comparison with verapamil. J Cardiovasc Pharmacol 14:713–721

Cody RJ, Laragh JH (1988) The renin angiotensin aldosterone system in chronic heart failure. Pathophysiology and implications for treatment. In: Cohn JN (ed) Drug Treatment of Heart Failure, New Jersey Advanced Therapeutic Communications Inc, pp79–104

Cohn JN (1990) Abnormalities of peripheral sympathetic nervous system control in congestive heart failure. Circulation 82(Suppl I):I-59–I-67

Cohn JN, Archibald DG, Ziesche S, Franciosa JA, Hartson WE, Tristani FE, Dunkman WB, Jacobs W, Rancis GS, Flohr KH, Goldman S, Cobb FR, Shah PM, Saunders R, Fletcher RD, Loeb HS, Hughes VC, Baker B (1986) Effect of vasodilator therapy on mortality in chronic congestive heart failure. Results of a Veterans Administrative Cooperative Study (V-HEFT). N Eng J Med 314:1547–1558

Cohn PF (1990) Effects of calcium channel blockers on the coronary circulation. Am J Hypertens 3:299S–304S

Cook NS, Rudin M, Zerwes HG, Pally C, Lekoape K, Tschopp K, Peter J, Hof R (1991) Antiproliferative effect of spirapril and isradipine following balloon catheter injury of the rat carotid artery. Abstract 81: 2nd International Symposium on Calcium Antagonists in Cardiovascular Care. Basel, Switzerland, 1991

Cooke JP, Andon NA, Girerd XJ, Hirsch AT, Creager MA (1991) Arginine restores cholinergic relaxation of hypercholesterolemic rabbit thoracic aorta. Circulation 83:1057–1062

Cooper CL, Vandaele S, Barhanin J, Fosset M, Lazdunski M, Hosey MM (1987) Purification and characterization of the dihydropyridine-sensitive voltage-dependent calcium channel from cardiac tissue. J Biol Chem 262:509–512

Corr PB, Shayman JA, Kramer JB (1981) Increased α adrenergic receptors in ischemic cat myocardium. J Clin Invest 67:1232–1236

Cummins P (1982) Transition in human atrial and ventricular myosin light-chain isoenzymes in response to cardiac pressure-overload-induced hypertrophy. Biochem J 205:195–204

Curtis BM, Catterall WA (1983) Solubilization of the calcium antagonist receptor from rat brain. J Biol Chem 258:7280–7283

Curtis BM, Catterall WA (1984) Purification of the calcium antagonist receptor of the voltage-sensitive calcium channel from skeletal muscle transverse tubules. Biochemistry 23:2113–2118

Curtis BM, Catterall WA (1986) Reconstitution of the voltage-sensitive calcium channel purified from skeletal muscle transverse tubules. Biochemistry 25:3077–3083

Daemen MJAP, Lombardi DM, Bosman FT, Schwartz SM (1991) Angiotensin II induces smooth muscle cell proliferation in the normal and injured rat arterial wall. Circ Res 68:450–456

Daugherty A, Rateri DL, Schonfeld G, Sobel BE (1987) Inhibition of cholesteryl ester deposition in macrophages by calcium entry blockers: an effect dissociable from calcium entry blockade. Br J Pharmacol 91:113–118

Davenport AP, Nunez DJ, Hall JA, Kaumann AJ, Brown MJ (1989) Autoradiographical localization of binding sites for porcine [^{125}I]endothelin-1 in humans, pigs and rats: functional relevance in humans. J Cardiovasc Pharmacol 13 (Suppl 5):S166–S170

Davies KJA (1987) Protein damage and degradation by oxygen radicals. 1. General aspects. J Biol Chem 262:9895–9901

Davies MJ (1990) A macro and micro view of coronary vascular insult in ischaemic heart disease. Circulation 82 (Suppl II):II-38–II-46

De Aguilera ME, Irurzun A, Vila JM, Aldasoro M, Galeote MS, Lluch S (1990) Role of endothelium and calcium channels in endothelin-induced contraction of human cerebral arteries. Br J Pharmacol 99:439–440

De Cock CC, Visser FC, Peels KH, Van Eenige MJ, Roos JP (1990) Nisoldipine in patients with reduced left ventricular function following myocardial infarction. A randomized double-blind, placebo-controlled study. In: Lichtlen PR, Krayenbuhl HP (eds) New Aspects of Nisoldipine, Schattauer Press, Stuttgart, pp85–94

De Jongh KS, Merrick DK, Catterall WA (1989) Subunits of purified calcium channels: a 212 kDa form of α_1 and partial amino acid sequence of a phosphorylation site of an independent β subunit. Proc Natl Acad Sci USA 86:8585–8589

De Jongh KS, Warner C, Catterall WA (1990) Subunits of purified calcium channels α_2 and δ are encoded by the same gene. J Biol Chem 265:14738–14741

De Meis L, Inesi G (1982) The transport of calcium by sarcoplasmic reticulum and various microsomal preparations. In: Carafoli E (ed) Membrane Transport of Calcium, Academic Press, London, pp141–186

De Nucci G, Thomas R, D'Orleans-Juste P, Walder C, Antune SE, Warner D, Vane JR (1988) Pressor effects of circulating endothelin are limited by its removal in the pulmonary circulation and by the release of prostacyclin and endothelium-derived relaxing factor. Proc Natl Acad Sci USA 85:9797–9800

Deedwania P, Cheitlin M, Das S, Pool P, Singh J, Pasternak R, Carabello B (1989) Double-blind crossover comparison of amlodipine at three dose levels and placebo in chronic stable angina. Am Heart J 118 (Suppl 5):1132–1133

Deeg P, Weiss KH, Schmitz H (1987) Anti-ischemic effect of nisoldipine in patients with stable angina pectoris. In: Hugenholtz PG, Meyer J (eds) Nisoldipine. Springer-Verlag, Berlin, pp244–248

Defeudis FV (1989) The Ca^{2+} channel and 5-HT$_2$ receptor antagonists (s)-emopamil in cerebral ischaemia. Trends Pharmacol Sci 10:215–223

Demopoulos HB, Flamm ES, Pietronigro DD, Seligman ML (1980) The free radical pathology and the microcirculation in the major central nervous system disorders. Acta Physiol Scand (Suppl) 492:91–120

Diaz-Munoz M, Hamilton SL, Kaetzel MA, Hazarika P, Dedman JR (1990) Modulation of Ca^{2+} release channel activity from sarcoplasmic reticulum by annexin VI (67-kDa calcimedin). J Biol Chem 265:15894–15899

DiBona GF (1990) Renal effects of felodipine: A review of experimental evidence and clinical data. J Cardiovasc Pharmacol 15 (Suppl 4):S29–S32

Dillon JS, Gu XH, Nayler WG (1989) Effect of age and hypertrophy on cardiac Ca^{2+} antagonist binding sites. J Cardiovasc Pharmacol 14:233–240

Dillon JS, Nayler WG (1987) [^{3}H]Verapamil binding to rat cardiac sarcolemmal membrane fragments: an effect of ischaemia. Br J Pharmacol 90:99–109

Dillon JS, Nayler WG (1988) The Ca^{2+}-antagonist and binding properties of the phenylalkylamine, Anipamil. Br J Pharmacol 94:253–263

Dolin S, Little H, Hudspith M, Pagonis C, Littleton J (1987) Increased dihydropyridine-sensitive calcium channels in rat brain may underlie ethanol physical dependence. Neuropharmacology 26:275–279

Downing SE, Chen V (1990) Myocardial hibernation in the ischaemic neonatal heart. Circ Res 66:763–772

Dulhunty AF (1989) Feet, bridges, and pillars in triad junctions of mammalian skeletal muscle: the possible relationship to calcium buffers in terminal cisternae and T–tubules and to excitation contraction coupling. J Membr Biol 109:73–83

Dunselman PHJM, Edgar B, Scaf AHJ, Kuntze CEE, Van Bruggen A, Lie KI, Wesseling H (1989) Plasma concentration-effect relationship of felodipine intravenously in patients with congestive heart failure. J Cardiovasc Pharmacol 14:438–443

Dyke SH, Cohn PF, Gorlin R, Sonnenblick EH (1974) Detection of residual myocardial function in coronary artery disease using post-extrasystolic potentiation. Circulation 50:694–699

Elkayam U, Amin J, Mehra A, Vasquez J, Weber L, Rahimtoola SH (1990) A prospective, randomized, double-blind crossover study to compare the efficacy and safety of chronic nifedipine therapy with that of isosorbide dinitrate and their combination in the treatment of chronic congestive heart failure. Circulation 82:1954–1961

Elkayam U, Weber L, McKay C, Rahimtoola S (1985) Spectrum of acute hemodynamic effects of nifedipine in severe congestive heart failure. Am J Cardiol 56:560–566

Elliot H, Meredith PA, Reid JL, Faulkner JK (1988) A comparison of the disposition of single oral doses of amlodipine in young and elderly subjects. J Cardiovasc Pharmacol 12 (Suppl 7):S64–S66

Ellis SG, Henschke CI, Sandor T, Wynne J, Braunwald E, Kloner RA (1983) Time course of functional and biochemical recovery of myocardium salvaged by reperfusion. J Am Coll Cardiol 1:1047–1055

Ellis SB, Williams ME, Ways NR, Brenner R, Sharp AH, Leung AT, Campbell KP, McKenna E, Koch WJ, Hui A, Schwartz A, Harpold MM (1988) Sequence and expression of mRNA's encoding the α_1 and α_2 subunits of a DHP-sensitive calcium channel. Science 241:1661–1664

Emanuelsson H, Hjalmarson A, Holmberg S, Waagstein F (1986) Effects of felodipine on pacing-induced angina pectoris. J Cardiovasc Pharmacol 8:500–506

Engler RL, Covell JW (1987) Granulocytes cause reperfusion ventricular dysfunction after 15 minutes ischaemia in the dog. Circ Res 61:20–28

Eskinder H, Hillard CJ, Gross GJ (1989) Effect of KT-362, a new intracellular calcium antagonist, on norepinephrine-induced contraction and inositol monophosphate accumulation in canine femoral artery. J Cardiovasc Pharmacol 13:502–507

Fabiato A (1983) Calcium-induced release of calcium from the cardiac sarcoplasmic reticulum. Am J Physiol 245:C1–C14

Fabiato A (1985) Time and calcium dependence of activation and inactivation of calcium-induced release of calcium from the sarcoplasmic reticulum of a skinned canine cardiac Purkinje cell. J Gen Physiol 85:247–289

Fabiato A, Fabiato F (1978) Effects of pH on the myofilaments and the sarcoplasmic reticulum of skinned cells from cardiac and skeletal muscles. J Physiol 276:233–255

Fabiato A, Fabiato F (1979) Calcium and cardiac excitation-contraction coupling. Annu Rev Physiol 41:473–484

Farber NE, Gross GJ (1989) Collateral blood flow following acute coronary artery occlusion: comparison of a new intracellular calcium antagonist (KT-362) and diltiazem. J Cardiovasc Pharmacol 14:66–72

Farber NE, Vercellotti GM, Pieper GM, Gross GJ (1987) Enhancement of postischemic metabolic and functional recovery in the stunned canine myocardium by desferrioxamine (DF). Circulation 76 (Suppl IV):IV-230 (abstract)

Feher J, Csomos G, Vereckei A (1987) Free Radical Reactions in Medicine. Springer Verlag, Berlin, p138–140

Feher JJ, LeBolt WR, Manson NH (1989) Differential effect of global ischemia on the ryanodine-sensitive and ryanodine-insensitive calcium uptake of cardiac sarcoplasmic reticulum. Circ Res 65:1400–1408

Ferlinz J, Gallo CT (1984) Responses of patients in heart failure to long-term oral verapamil administration. Circulation 70 (Suppl II):II-305 (abstract)

Fernandes VB, Freedman B, Allman KC, Bautovich GJ, Hutton BF, McLaughlin AF, Whitehead EK, Kelly DT, Harris PJ, Morris JG (1991) Detection of myocardial viability in stunned or hibernating myocardium by delayed emptying on radionuclide ventriculography. Am J Cardiol 67:529–532

Ferrante J, Triggle DJ (1990) Drug and disease-induced regulation of voltage-dependent calcium channels. Pharmacol Rev 42:29–44

Ferrari R, Alferi O, Curello S, Ceconi C, Cargnoni A, Marzollo P, Pardini A, Caradonna E, Visioli O (1990) Occurrence of oxidative stress during reperfusion of the human heart. Circulation 81:201–211

Ferrari R, Ceconi C, Curello S, Guarnieri C, Caldarera CM, Albertini A, Visioli O (1985) Oxygen mediated myocardial damage during ischaemia and reperfusion. Role of the cellular defence against oxygen toxicity. J Mol Cell Cardiol 17:937–945

Fieschi C, Piero VD, Lenzi GL, Pantano P, Giubilei F, Buttinelli C, Carolei A (1990) Pathophysiology of ischemic brain disease. Stroke 21 (Suppl IV):IV-9–IV-11

Fill M, Coronado R (1988) Ryanodine receptor channel of sarcoplasmic reticulum. Trends Neurosci 11:453–457

Fill M, Ma J, Knudson CM, Imagawa T, Campbell KP, Coronado R (1989) Role of the ryanodine receptor of skeletal muscle in excitation-contraction coupling. Ann NY Acad Sci 560:155–162

Fine DG, Clements IP, Callahan MJ (1989) Myocardial stunning in hypertrophic cardiomyopathy: recovery predicted by single photon emission computed tomographic thallium-201 scintigraphy. J Am Coll Cardiol 13:1415–1418

Finkel MS, Marks ES, Patterson RE, Speir EH, Steadman KA, Keiser HR (1987a) Correlation of changes in cardiac calcium channels with hemodynamics in Syrian hamster cardiomyopathy and heart failure. Life Sci 41:153–159

Finkel MS, Marks ES, Patterson RE, Speir EH, Steadman KA, Keiser HR (1987b) Increased cardiac calcium channels in hamster cardiomyopathy. Am J Cardiol 57:1205–1206

Finkel MS, Patterson RE, Roberts WC, Smith TD, Keiser HR (1988) Calcium channel binding characteristics in the human heart. Am J Cardiol 62:1281–1284

Fleckenstein A (1983) History of calcium antagonists. Circ Res 52 (Suppl I):I3–I16

Fleckenstein A, Frey M, Thimm F, Fleckenstein-Grun G (1990) Excessive mural calcium overload – a predominant causal factor in the development of stenosing coronary plaques in humans. Cardiovasc Drugs Ther 4:1005–1014

Fleckenstein-Grun G, Fleckenstein A (1990) Prevention of cerebrovascular spasm with nimodipine. Stroke 21 (Suppl IV):IV-64–IV-71

Flockerzi V, Oeken HJ, Hofmann F, Pelzer D, Cavalie A, Trautwein W (1986) Purified dihydropyridine-binding site from skeletal muscle T-tubules is a functional calcium channel. Nature 323:66–68

Fosset M, Jaimovich E, Delpont E, Lazdunski M (1983) [³H]Nitrendipine receptors in skeletal muscle. Properties and preferential localization in transverse tubules. J Biol Chem 258:6086–6092

Fowler MB, Schroeder JS, Gao S-Z, Valantine HA, Alderman EA, Hunt SA, Stinson EB (1991) Vascular protection: influence of diltiazem on accelerated graft atherosclerosis in heart transplantation. Abstract 62: 2nd International Symposium on Calcium Antagonists in Cardiovascular Care. Basel, Switzerland 1991

Fox K, Mulcahy D, Keegan J, Wright C (1989) Circadian patterns of myocardial ischaemia. Am Heart J 118:1084–1086

Francis GS (1991) Calcium channel blockers and congestive heart failure. Circulation 83:336–338

Francis GS, Cohn JN (1986) The autonomic nervous system in congestive heart failure. Annu Rev Med 37:235–247

Franzini-Armstrong C (1970) Studies of the triad.11. Penetration of tracers into the junctional gap. J Cell Biol 47:488–499

Franzini-Armstrong C, Wunzi C (1983) Junctional feet and particles in the triads of a fast-twitch muscle fibre. J Muscle Res Cell Motil 4:233–252

Frohlich ED (1987) Correction of physiological alterations of hypertension. Cardiovasc Drugs Therap 1:345–348

Fronek K (1988) Effects of nisoldipine on diet-induced atherosclerosis in rabbits. Ann NY Acad Sci 522:525–526

Fujibayashi Y, Yamazaki S, Chang BL, Rajagopalan RE, Meerbaum S, Corday E (1985) Comparative echocardiographic study of recovery of diastolic versus systolic function after brief periods of coronary occlusion: differential effects of intravenous nifedipine administered before and during occlusion. J Am Coll Cardiol 6:1289–1298

Fujisawa A, Matsumoto M, Matsuyama T, Ueda H, Wanaka A, Yoneda S, Kimura K, Kamada T (1986) The effect of the calcium antagonist nimodipine on the gerbil model of experimental cerebral ischaemia. Stroke 17:748–752

Furchgott RF, Zawadzki JV (1980) The obligatory role of endothelial cells in the relaxation of arterial smooth muscle by acetylcholine. Nature 288:373–376

Fuster V, Stein B, Ambrose JA, Badimon L, Badimon JJ, Chesbro JH (1990) Atherosclerotic plaque rupture and thrombis: evolving concepts. Circulation 82 (Suppl II):II-47–II-59

Gaab MR, Haubitz I, Brawanski A, Korn A, Czech TH (1985) Acute effects of nimodipine on the cerebral blood flow and intracranial pressure. Neurochirurgia 28:93–99

Ganote CE, Vander Heide RS (1987) Cytoskeletal lesions in anoxic myocardial injury. A conventional and high-voltage electronmicroscopic and immunofluorescence study. Am J Pathol 129:327–344

Garlick PB, Davies MJ, Hearse DJ, Slater TF (1987) Direct detection of free radicals in the reperfused rat heart using electron spin resonance spectroscopy. Circ Res 61:757–760

Geizhals M, Phillips RA, Ardeljan M, Krakoff LR (1990) Sustained calcium channel blockade in the treatment of severe hypertension. A two year experience. Am J Hypertens 3:313S–317S

Gelman JS, Feldman RL, Scott E, Pepine CJ (1985) Nicardipine for angina pectoris at rest and coronary arterial spasm. Am J Cardiol 56:232–236

Gelmers HJ, Corter K, De Weerdt CJ, Wiezer HJA (1988) A controlled trial of nimodipine in acute ischemic stroke. N Eng J Med 318:203–207

Gelmers HJ, Hennerici M (1990) Effect on nimodipine on acute ischemic stroke: pooled results from five randomized trials. Stroke 21 (Suppl IV):IV-81–IV-84

Gengo P, Bowling N, Wyss VL, Hayes JS (1988a) Effects of prolonged phenylephrine infusion on cardiac adrenoceptors and calcium channels. J Pharmacol Exp Ther 244:100–105

Gengo P, Skattebol A, Moran JF, Gallant S, Hawthorn M, Triggle DJ (1988b) Regulation by chronic drug administration of neuronal and cardiac calcium channel, beta-adrenoceptor and muscarinic receptor levels. Biochem Pharmacol 37:627–633

Gibelli G, Carnovali M, Orvieni C (1983) Effect and duration of action of nifedipine 20mg tablets: double blind ergometric evaluation versus placebo. Curr Ther Res 33:244–245

Gillmer D, Karık P (1980) Pulmonary oedema precipitated by nifedipine. Br Med J 280:1420–1421

Ginsburg R, Davis K, Bristow MR, McKennett K, Kodsi SR, Billingham EM, Schroeder JS (1983) Calcium antagonists suppress atherogenesis in aorta but not in the intramural coronary arteries of cholesterol-fed rabbits. Lab Invest 49:154–158

Glasser SP, Arce-Weston B, Clark PI (1987) Improvement in silent myocardial ischemia with nisoldipine. In: Hugenholtz PG, Meyer J (eds) Nisoldipine. Springer-Verlag, Berlin, pp296–298

Glossmann H, Ferry DR, Boschek, CB (1983) Purification of the putative calcium channel from skeletal muscle with the aid of [^{3}H]-nimodipine binding. Naunyn Schmiedebergs Arch Pharmacol 323:1–11

Glossmann H, Striessnig J (1990) Molecular properties of calcium channels. Rev Physiol Biochem Pharmacol 114:1–105

Glower DD, Spratt JA, Newton JR, Wolfe JA, Ranking JS, Swain JL (1987) Dissociation between early recovery of regional function and purine nucleotide content in postischaemic myocardium of conscious dogs. Cardiovasc Res 21:328–336

Godfraind T, Kazda S, Wibo M (1991) Effects of a chronic treatment by nisoldipine, a calcium antagonistic dihydropyridine, on arteries of spontaneously hypertensive rats. Circ Res 68:674–682

Goldstein RE, Boccuzzi SJ, Cruess D, Nattel S (1991) Diltiazem increases late-onset congestive heart failure in postinfarction patients with early reduction in ejection fraction. Circulation 83:52–60

Golino P, Ashton JH, Buja LM, Rosolowsky M, Taylor AL, McNatt A, Campbell WB, Willerson JT (1989) Local platelet activation causes vasoconstriction of large epicardial canine coronary arteries in vivo. Thromboxane.A2 and serotonin are possible mediators. Circulation 79:154–166

Gordon EE, Morgan HE (1986) Principles of metabolic regulation. In: Fozzard HA, Haber E, Jennings RB, Katz AM, Morgan HE (eds) The Heart and Cardiovascular System: Scientific Foundations. Raven Press, New York, pp51–60

Gorlin R (1987) Treatment of congestive heart failure: where are we going. Circulation 75 (Suppl IV): IV108–IV111

Gottlieb SO, Brinker JA, Mellits ED, Achuff SC, Baughman KL, Traill TA, Weiss JL, Reitz BA, Weisfeldt ML, Gerstenblith G (1989) Effect of nifedipine on the development of coronary bypass graft stenosis in high-risk patients: a randomized double-blind, placebo-controlled trial. Circulation 80 (Suppl 2): II-228 (abstract 0909)

Grassegger A, Striessnig J, Weiler M, Knaus HG, Glossmann H (1989) [^{3}H]HOE166 defines a novel calcium antagonist drug receptor – distinct from the 1,4 dihydropyridine binding domain. Naunyn-Schmiedebergs Arch Pharmacol 340:752–759

Greenberg JH, Uematsu D, Araki N, Hickey WF, Reivich M (1990) Cytosolic free calcium during focal cerebral ischemia and the effects of nimodipine on calcium and histological damage. Stroke 21 (Suppl IV):IV-72–IV-77

Greenfield RA, Swain JL (1987) Disruption of myofibrillar energy use: dual mechanism that may contribute to postischemic dysfunction in stunned myocardium. Circ Res 60:283–289

Gross GJ, Farber NE, Hardman HF, Waritier DC (1986) Beneficial actions of superoxide dismutase and catalase in stunned myocardium in dogs. Am J Physiol 250:H372–377

Grover GJ, Dzwonczyk S, Sleph PG (1990) Ruthenium red improves postischemic contractile function in isolated rat hearts. J Cardiovasc Pharmacol 16:783–789

Grum CM, Gallagher KP, Kirsh MM, Shlafer M (1989) Absence of detectable xanthine oxidase in human myocardium. J Mol Cell Cardiol 21:263–267

Gu XH, Dillon JS, Nayler WG (1989a) The effect of hypoxia and energy depletion on 1,4 dihydropyridine binding sites in rat cardiac membranes. Biochem Pharmacol 38:1897–1907

Gu XH, Liu JJ, Dillon JS, Nayler WG (1989b) The failure of endothelin to displace radioactively labelled calcium antagonists (PN200-110, D888 and diltiazem). Br J Pharmacol 96:262–264

Guarnieri C, Flamigni F, Caldarera CM (1980) Role of oxygen in the cellular damage induced by reoxygenation of hypoxic heart. J Mol Cell Cardiol 12:797–805

Guazzi MD, Cipolla C, Bella PD, Fabbiocchi F, Montorsi P, Sganzerla P (1984) Disparate unloading efficacy of the calcium channel blockers, verapamil and nifedipine, on the failing hypertensive left ventricle. Am Heart J 108:116–123

Habib JB, Bossaller C, Henry PD (1986a) Suppression of atherogenesis in cholesterol-fed rabbit with low-dosed calcium antagonist (PN200-110). J Am Coll Cardiol 7:58A (abstract)

Habib JB, Bossaller C, Wells S, Williams C, Morrissett JD, Henry PD (1986b) Preservation of endothelium-dependent vascular relaxation in cholesterol-fed rabbits by treatment with the calcium channel blocker PN200-110. Circ Res 58:305–309

Hadley MN, Spetzler RF, Fitfield MS, Bichard WD, Hodak JA (1987) Nimodipine reduced intracranial pressure. Volume-pressure studies in primate model. N Neurosurg 678:387–393

Hammond B, Hess ML (1985) The oxygen free radical system: Potential mediator of myocardial injury. J Am Coll Cardiol 6:215–220

Hara H, Nagagawa H, Kogure K (1990) Nimodipine prevents postischemic brain damage in the early phase of focal cerebral ischemia. Stroke 21 (Suppl IV):IV-102–IV-105

Hardebo JE, Kahrstrom J, Owman C, Salford LG (1989) Endothelin is a potent constrictor of human intracranial arteries and veins. Blood Vessels 26:249–255

Harder S, Thurmann P, Siewert M, Blume H, Huber TH, Reitbrock N (1991) Pharmacodynamic profile of verapamil in relation to absolute bioavailability: investigations with a conventional and a controlled-release formulation. J Cardiovasc Pharmacol 17:207–212

Hartshorne RP, Catterall WA (1981) Purification of the saxitoxin receptor of the sodium channel from rat brain. Proc Natl Acad Sci USA 78:4620–4624

Hathaway DR, March KL, Lash JA, Adam LP, Wilensky RL (1991) Vascular smooth muscle. A review of the molecular basis of contractility. Circulation 83:382390

Hathaway DR, Watanabe AM (1989) Biochemical basis for cardiac and vascular smooth muscle contraction. In: Kelly WN (ed) Textbook of Internal Medicine, Philadelphia, Harper and Row

Hatjis, CG, McLaughlin MK (1982) Identification and ontogenesis of beta-adrenergic receptors in fetal and neonatal rabbit myocardium. J Dev Physiol 4:327–338

Hawthorn M, Gengo P, Wei XY, Rutledge A, Moran JF, Gallant S, Triggle D (1988) Effect of thyroid status on beta-adrenoceptor and calcium channels in rat cardiac and vascular tissue. Naunyn-Schmiedebergs Arch Pharmacol 337:539–544

Headrick JP, Armiger LC, Willis RJ (1990) Behaviour of energy metabolites and effects of allopurinol in the 'stunned' isovolumic rat heart. J Mol Cell Cardiol 22:1107–1116

Heffez DS, Passonneau JV (1985) Effect of nimodipine on cerebral metabolism during ischemia and recirculation in the mongolian gerbil. J Cereb Blood Flow Metab 5:523–528

Heinecke JW, Baker L, Rosen H, Chart A (1986) Superoxide-mediated modification of low density lipoprotein by arterial smooth muscle cells. J Clin Invest 77:757–761

Heistad DD, Breese K, Armstrong ML (1987) Cerebral vasoconstrictor responses to serotonin after dietary treatment of atherosclerosis: implications for transient ischemic attacks. Stroke 18:1068–1073

Helfant RH, Pine R, Meister SG, Feldman MS, Trout RG, Banka VS (1974) Nitroglycerin to unmask reversible asynergy. Correlation with post-coronary bypass ventriculography. Circulation 50:108–113

Henry PD (1990a) Calcium antagonists as antiatherosclerotic agents. Atherosclerosis 10:963–965

Henry PD (1990b) Atherogenesis, calcium and calcium antagonists. Am J Cardiol 66:3I–7I

Henry TD, Archer SL, Nelson D, Weir EK, From AHL (1990) Enhanced chemiluminescence as a measure of oxygen-derived free radical generation during ischemia and reperfusion. Circ Res 67:1453–1461

Henry PD, Bentley KI (1981) Suppression of atherogenesis in cholesterol-fed rabbits treated with nifedipine. J Clin Invest 68:1366–1369

Hess ML, Okabe E, Kontos HA (1981) Proton and free oxygen radical interaction with the calcium transport system of cardiac sarcoplasmic reticulum. J Mol Cell Cardiol 13:767–772

Hess P (1990) Calcium channels in vertebrate cells. Ann Rev Neurosci 13:337–356

Heusch G, Guth BD, Seitelberger R, Ross J Jr (1987) Attenuation of exercise-induced myocardial ischemia in dogs with recruitment of coronary vasodilator reserve by nifedipine. Circulation 75:482–490

Heyndrickx GR, Millard RW, McRitchie RJ, Maroko PR, Vatner SF (1975) Regional myocardial function and electrophysiological alterations after brief coronary artery occlusion in conscious dogs. J Clin Invest 56:978–985

Hiki K, Yui Y, Hattori R, Eizawa H, Kosuga K, Kawai C (1991) Three regulation mechanisms of nitric oxide synthase. Eur J Pharmacol 206:163–164

Himmel HM, Glossmann H, Ravens U (1991) Naftopidil, a new α adrenoceptor blocking agent with calcium antagonistic properties: characterization of Ca^{2+} antagonistic effects. J Cardiovasc Pharmacol 17:213–221

Hinshaw DB, Burger JM, Armstrong BC, Hyslop PA (1989) Mechanism of endothelial cell shape change in oxidant injury. J Surg Res 46:339–349

Hirata Y, Takagi Y, Fukuda Y, Marumo F (1989) Endothelin is a potent mitogen for rat vascular smooth muscle cells. Atherosclerosis 78:225–228

Hirst GDS, Edwards FR (1989) Sympathetic neuroeffector transmission in arteries and arterioles. Physiol Rev 69:546–604

Hittinger L, Shannon RP, Kohin S, Manders WT, Kelly P, Vatner SF (1990) Exercise-induced subendocardial dysfunction in dogs with left ventricular hypertrophy. Circ Res 66:329–343

Hoberg E, Kubler W (1991) Prevention of restenosis after PTCA: the role of calcium antagonists. 2nd International Symposium on Calcium Antagonists in Cardiovascular Care, Basel, Switzerland, 1991 (abstract 21)

Hof RP (1987) Comparison of cardiodepressant and vasodilator effects of PN200-110 (isradipine), nifedipine and diltiazem in anesthetized rabbits. Am J Cardiol 59:37B–42B

Hof RP, Hof A, Scholtysik G, Menninger K (1984) Effects of the new calcium antagonist PN200-110 on the myocardium and the regional peripheral circulation in anesthetized cats and dogs. J Cardiovasc Pharmacol 6:407–416

Hof RP (1987) Comparison of cardiodepressant and vasodilator effects of PN200-110 (isradipine), nifedipine and diltiazem in anesthetized rabbits. Am J Cardiol 59:37B–42B

Hoffmeister HM, Mauser M, Schaper W (1985) Effect of adenosine and AICaribinose on ATP content and regional contractile function in reperfused canine myocardium. Basic Res Cardiol 80:445–458

Holmberg SRM, Williams AJ (1989) Single channel recordings from human cardiac sarcoplasmic reticulum. Circ Res 65:1445–1449

Horn HR, Teichholz LE, Cohn PF, Herman MU, Gorlin R (1974) Augmentation of left ventricular contraction pattern in coronary artery disease by inotropic catecholamines. The epinephrine ventriculogram. Circulation 49:1063–1071

Howlett SE, Gordon T (1987) Calcium channels in normal and dystrophic hamster cardiac muscle: [^{3}H]nitrendipine binding studies. Biochem Pharmacol 36:2653–2659

Huxley H (1990) Sliding filaments and molecular motile systems. J Biol Chem 265:8347–8350

Hymel L, Inui M, Fleischer S, Schmaler H (1988a) Purified ryanodine receptor of skeletal muscle sarcoplasmic reticulum forms Ca^{2+}-activated oligomeric channels in planar bilayers. Proc Natl Acad Sci USA 85:441–445

Hymel L, Striessnig J, Glossmann H, Schindler H (1988b) Purified skeletal muscle 1,4-dihydropyridine receptor forms phosphorylation-dependent oligomeric calcium channels in planar lipids. Proc Nat Acad Sci USA 85:4290–4294

Iaizzo PA, Klein W, Lehmann-Horn F (1988) Fura-2 detected myoplasmic calcium and its correlation with contracture force in skeletal muscle from normal and malignant hyperthermia-susceptible pigs. Pflugers Arch 411:648–653

Imagawa T, Smith JS, Coronado R, Campbell KP (1987) Purified ryanodine receptor from skeletal muscle sarcoplasmic reticulum is the Ca^{2+}-permeable pore of the calcium release channel. J Biol Chem 262:16636–16643

Insel PA (1989) Structure and function of the alpha-adrenergic receptors. Am J Med 87 (Suppl 2A):12S–18S

Inui M, Saito A, Fleischer S (1987) Purification of the ryanodine receptor and identity with feet structures of junctional terminal cisternae of sarcoplasmic reticulum from fast skeletal muscle. J Biol Chem 262:1740–1747

Inui M, Wang S, Saito A, Fleischer S (1988) Characterization of junctional and longitudinal sarcoplasmic reticulum from heart muscle. J Biol Chem 263:10843–10850

Ishi K, Kano T, Ando J, Yoshida H (1986) Binding of [^{3}H]nitrendipine to cardiac and cerebral membranes from normotensive and renal deoxycorticosterone/NaCl and spontaneously hypertensive rats. Eur J Pharmacol 123:271–278

Ito BR, Tate H, Kobayashi M, Schaper W (1987) Reversibly injured, post ischaemic canine myocardium retains normal contractile reserve. Circ Res 61:834–846

Izumo S, Nadal-Ginard B, Mahdavi V (1988) Prooncogene induction and reprogramming of cardiac gene expression produced by pressure overload. Proc Natl Acad Sci USA 85:339–343

Jackson CV, Mickelson JK, Pope TK, Rao PS, Lucchesi BR (1986) O_2 free radical-mediated myocardial and vascular dysfunction. Am J Physiol 251:H1225–H1231

Janero DR, Burghardt B (1989) Antiperoxidant effects of dihydropyridine calcium antagonists. Biochem Pharmacol 38:4344–4348

Jay M, Kojima S, Gillespie MN (1986) Nicotine potentiates superoxide anion generation by human neutrophils. Toxicol Appl Pharmacol 86:484–487

Jay SD, Ellis SB, McCue AF, Williams ME, Vedvick T, Harpold MM, Campbell KP (1989) Primary structure of the subunit of the DHP-sensitive calcium channels from skeletal muscle. Science 248:490–492

Jayakody RF, Senaratne MPJ, Thomson ABR, Kappagoda CT (1985) Cholesterol feeding impairs endothelium-dependent relaxation of rabbit aorta. Can J Physiol Pharmacol 63:1206–1209

Jennings RB, Reimer KA (1981) Lethal myocardial ischemic injury. Am J Pathol 102:241–255

Jennings RB, Schaper J, Hill ML, Steenbergen C Jr, Reimer KA (1985) Effect of reperfusion late in the phase of reversible ischemic injury. Circ Res 56:262–278

Jennings RB, Murry CE, Steenbergen C Jr, Reimer KA (1990) Development of cell injury in sustained acute ischaemia. Circulation 82 (Suppl II):II-2–II-12

Jeremy RW, Stahl L, Gillinov M, Litt M, Aversano TR, Becker LC (1989) Preservation of coronary flow reserve in stunned myocardium. Am J Physiol 256:H1303–H1310

Jeroudi MO, Triana FJ, Patel BS, Bolli R (1990) Effect of superoxide dismutase and catalase, given separately, on myocardial 'stunning'. Am J Physiol 259:H889–H901

Jones E, Joy M (1988) Acute myocardial infarction after a wasp sting. Br Heart J 59:506–508

Kageyama M, Nishimura K, Takada T, Miyawaki N, Yamauchi H (1991) SD-3211, a novel benzothiazine calcium antagonist alone and in combination with a beta-adrenoceptor antagonist, produces antihypertensive effects without affecting heart rate and atrioventricular conduction in conscious renal hypertensive dogs. J Cardiovasc Pharmacol 17:102–107

Kanazawa T, Morita T, Harada K, Iwamoto T, Ohtaka H, Sukamoto T, Ito K, Nurimoto S (1990) Selective effect of KB 2796, a new calcium entry blocker, on cerebral circulation: a comparative study of the effects of calcium entry blockers on cerebral and peripheral arterial blood flows. J Cardiovasc Pharmacol 16:430–437

Kaneko M, Beamish RE, Dhalla NS (1989) Depression of heart sarcolemmal Ca^{2+} pump activity by oxygen free radicals. Am J Physiol 256:H368–H374

Kannel WB (1989) Detection and management of patients with silent myocardial ischemia. Am Heart J 117:221–226

Kanno K, Hirata Y, Numano F, Emori T, Ohta K, Shichiri M, Murumo F (1990) Endothelin and vasculitis. J Am Med Ass 264:2868

Kantelip JP, Talmant JM, Marullaz PD (1988) Effects of diproteverine, a new calcium antagonist on sinoatrial node and atrioventricular conductions in conscious unsedated dogs. J Cardiovasc Pharmacol 12:432–437

Kassis E, Amtorp O (1987) Cardiovascular and neurohumoral postural responses and baroreceptor abnormalities during a course of adjunctive vasodilator therapy with felodipine for congestive heart failure. Circulation 75:1204–1213

Kassis E, Amtorp O (1990a) Short and long-term controlled studies of felodipine in patients with congestive heart failure. J Cardiovasc Pharmacol 15 (Suppl 4):S26

Kassis E, Amtorp O (1990b) Long term clinical, hemodynamic angiographic and neurohumoral responses to vasodilation with felodipine in patients with chronic congestive heart failure. J Cardiovasc Pharmacol 15:347–352

Katz AM (1990a) Cardiomyopathy of overload. A major determinant of prognosis in congestive heart failure. New Eng J Med 322:100–110

Katz AM (1990b) Future perspectives in basic science understanding of congestive heart failure. Am J Cardiol 65:468–471

Kawachi Y, Tomoike H, Kikuchi Y, Araki H, Ishii Y, Tanaka Y, Nakamaura M (1984) Selective hypercontraction caused by ergonovine in the canine coronary artery under conditions of induced atherosclerosis. Circulation 69:441–450

Kawamoto RM, Brunschwig JP, Kim KC, Caswell AH (1986) Isolation, characterization, and localization of the spanning protein from skeletal muscle triads. J Cell Biol 103:1405–1414

Kazazoglou T, Schmid A, Renaud JF, Lazdunski M (1983) Ontogenic appearance of Ca^{2+} channels characterized as binding sites for nitrendipine during development of nervous, skeletal and cardiac muscle systems in the rat. FEBS Lett 164:75–79

Kazda S, Garthoff B, Knorr A (1985) Interference of the calcium antagonist nisoldipine with the abnormal response of vessels from hypertensive rats to α–adrenergic stimulation. J Cardiovasc Pharmacol 7:S61–S65

Kazda S, Garthoff B, Meyer H, Schlossmann K, Stoepel K, Towart R, Vater W, Wehinger E (1980) Pharmacology of a new calcium antagonistic compound, isobutyl methyl 1, 4 – dihydro – 2, 6 – dimethyl – 4 – (2 – nitrophenyl) – 3, 5 – pyridinedicarboxylate (Nisoldipine, BayK5552). Arzneimittel-Forschung Drug Res 30:2144–2162

Kazda S, Towart R (1982) Nimodipine, a new calcium antagonist drug with a preferential cerebrovascular action. Acta Neurochir 63:259–265

Kenny BA, Kilpatrick AT, Spedding M (1986) Changes in [^{3}H]nitrendipine binding in gerbil cortex following ischaemia. Br J Pharmacol 89:858P

Kentish JC (1986) The effects of inorganic phosphate and creatine phosphate in skinned muscles from rat ventricle. J Physiol 370:585–604

Kentish JC, Barsotti RJ, Lea TJ, Mulligan IP, Patel JR, Ferenczi MA (1990) Calcium release from cardiac sarcoplasmic reticulum induced by photorelease of calcium or Ins(1,4,5)P$_3$. Am J Physiol 258:H610–H615

Keung EC (1989) Calcium current is increased in isolated adult myocytes from hypertrophied rat myocardium. Circ Res 64:753–763

Kinnard DR, Harris M, Hossack KF (1988) Endurance testing for evaluation of antianginal therapy with amlodipine, a calcium channel blocking agent. J Am Coll Cardiol 12:791–796

Kinnard DR, Harris M, Hossack KF (1989) Amlodipine in angina pectoris: Effect on maximal and submaximal exercise performance. Am Heart J 118 (Suppl 5):1136

Kiowski W, Luscher TF, Linder L, Buhler FR (1991) Endothelin-1-induced vasoconstriction in humans. Reversal by calcium channel blockade but not by nitrovasodilators or endothelium-derived relaxing factor. Circulation 83:469–475

Kita T, Nagano Y, Yokode M, Ishii K, Kume N, Ooshima A, Yoshida H, Kawai C (1987) Probucol prevents the progression of atherosclerosis in Watanabe heritable hyperlipidemic rabbit, an animal model for familial hypocholesterolemia. Proc Natl Acad Sci USA 84:5928–5931

Kitakaze M, Marban E (1989) Cellular mechanism of the modulation of contractile function by coronary perfusion pressure in ferret hearts. J Physiol (Lond) 414:455–472

Kitakaze M, Weisman HF, Marban E (1987) Contractile dysfunction and ATP depletion after transient calcium overload in perfused ferret hearts. Circulation 77:685–695

Klausner SC, Ratshin RA, Tybert JV, Lappin HA, Chatterjee K, Parmley WW (1976) The similarity of changes in segmental contraction patterns induced by post-extrasystolic potentiation and nitroglycerin. Circulation 54:615–623

Klein W, Brandt D, Fluch N, Sterz F (1987) Nisoldipine versus mononitrate in stable angina. In: Hugenholtz PG, Meyer J (eds) Nisoldipine. Springer-Verlag, Berlin, pp228–232

Kloner RA, Ellis SG, Lange R, Braunwald E (1983) Studies of experimental coronary artery reperfusion: effects on infarct size, myocardial function, biochemistry, ultrastructure and microvascular damage. Circulation 68 (Suppl):I-8-I-15

Kloner RA, Przyklenk K (1990) Progress in cardioprotection: The role of calcium antagonists. Am J Cardiol 66:2H–9H

Kloner RA, Pryzklenk K, Patel B (1989) Altered myocardial states: the stunned and hibernating myocardium. Am J Med 86 (Suppl A):A14–A22

Knudson CM, Chaudhari N, Sharp AH, Powell JA, Beam KG, Campbell KP (1989) Specific absence of the α_1 subunit of the dihydropyridine receptor in mice with muscular dysgenesis. J Biol Chem 264:1345–1348

Knudson CM, Imagawa T, Kahl SD, Gauer MG, Leung AT, Sharp AH, Jay SD, Campbell KP (1988) Evidence for physical association between junctional sarcoplasmic reticulum ryanodine receptor and junctional transverse tubular dihydropyridine receptor. Biophys J 53:605a (abstract)

Kober G, Schneider W, Kaltenbach M (1989) Can the progression of coronary sclerosis be influenced by calcium antagonists? J Cardiovasc Pharmacol 13 (Suppl 4):S2–6

Koch WJ, Ellinor PT, Schwartz A (1990) cDNA cloning of a dihydropyridine-sensitive calcium channel from rat aorta. J Biol Chem 265:17786–17791

Koch WJ, Hui A, Shull G, Ellinor P, Schwartz A (1989) Characterization of cDNA clones encoding two putative isoforms of the α_1 subunit of the dihydropyridine-sensitive calcium channel isolated from rat brain and rat aorta. FEBS Lett 250:386–388

Koener JE, Anderson BA, Dage RC (1991) Protection against postischemic myocardial dysfunction in anesthetized rabbits with scavengers of oxygen-derived free radicals: superoxide dismutase plus catalase, N-2-mercaptopropionyl glycine and captopril. J Cardiovasc Pharmacol 17:185–191

Kojima M, Ishima T, Taniguchi N, Kimura K, Sada H, Sperelakis N (1990) Developmental changes in β-adrenoceptors, muscarinic cholinoceptors and Ca^{2+} channels in rat ventricular muscles. Br J Pharmacol 99:334–339

Koller PT, Bergmann SR (1989) Reduction of lipid peroxidation in reperfused isolated rabbit hearts by diltiazem. Circ Res 65:838–846

Koolen JJ, Visser CA, David GK, Hoedemaker G, Van Wezel H, Dunning AJ (1990) Effects of nisoldipine and nifedipine on ischemic tolerance during coronary angioplasty. In: Lichtlen PR, Krayenbuhl HP (eds) New Aspects of Nisoldipine Therapy, Schattauer Press, Stuttgart, pp139–148

Koretsune Y, Marban E (1990a) Relative roles of Ca^{2+}-dependent and Ca^{2+}-independent mechanisms in hypoxic contractile dysfunction. Circulation 82:528–535

Koretsune Y, Marban E (1990b) Mechanisms of ischemic contracture in ferret hearts: relative roles of $[Ca^{2+}]_i$ elevation and ATP depletion. Am J Physiol 258:H9–H16

Korthuis RJ, Granger DN, Townsley MI, Taylor AE (1985) The role of oxygen-derived free radicals in ischemia-induced increases in canine skeletal muscle vascular permeability. Circ Res 57:599–609

Kramer JH, Mak IT, Weglicki WB (1984) Differential sensitivity of canine cardiac sarcolemmal and microsomal enzymes to inhibition by free radical-induced lipid peroxidation. Circ Res 55:120–124

Kramer K, Rademaker B, Rozendal WHM, Timmerman H, Bast A (1986) Influence of lipid peroxidation on β-adrenoceptors. FEBS Lett 198:80–84

Krause SM (1990) Effect of global myocardial stunning on Ca^{2+}-sensitive myofibrillar ATPase activity and creatine kinase kinetics. Am J Physiol 259:H813–H819

Krause SM, Hess ML (1985) Characterization of cardiac sarcoplasmic reticulum dysfunction during short-term normothermic global ischaemia. Circ Res 55:176–184

Krause SM, Jacobus WE, Becker LC (1986) Alterations in sarcoplasmic reticulum Ca^{2+} transport in the post-ischemic 'stunned' myocardium. Circulation 74 (Suppl II):II-67 (abstract)

Krause SM, Jacobus WE, Becker LC (1989) Alterations in sarcoplasmic reticulum calcium transport in the postischemic 'stunned' myocardium. Circ Res 65:526–530

Kravtsov GM, Dulin NO, Postnov IUV (1988) Activity of protein kinase C in erythrocytes in primary hypertension. Hypertension 11:853–857

Krukenkamp IB, Silverman NA, Sorlie D, Pridjian A, Feinberg H, Levitsky S (1986) Characterization of post-ischemic myocardial oxygen utilization. Circulation 74 (Suppl III):III-125–III-129

Ku DD, Caulfield JB, Kirklin JK (1991) Endothelium-dependent responses in long-term human coronary artery bypass grafts. Circulation 83:402–411

Kubo SH (1990) Neurohormonal activation and the response to converting enzyme inhibitors in congestive heart failure. Circulation 81 (Suppl III):III-107–III-114

Kusuoka H, Koretsune Y, Chacko VP, Weisfeldt ML, Marban E (1990) Excitation-contraction coupling in postischemic myocardium. Circ Res 66:1268–1276

Kusuoka H, Porterfield JK, Weisman HF, Weisfeldt ML, Marban E (1987) Pathophysiology and pathogenesis of stunned myocardium. J Clin Invest 79:950–961

Kusuoka H, Weisfeldt ML, Zweier JL, Jacobus WE, Marban E (1986) Mechanism of early contractile failure during hypoxia in intact ferret heart: evidence for modulation of maximal Ca^{2+}-activated force by inorganic phosphate. Circ Res 59:270–282

Kutryk MJB, Maddaford TG, Ramijiawan B, Pierce GN (1991) Oxidation and membrane cholesterol alters active and passive transsarcolemmal calcium movement. Circ Res 68:18–26

Lablanche J-M, Fourrier J-L, Gommeaux A, Griener L, Bertrand ME (1990) Prevention of coronary artery spasm by nisoldipine. In: Lichtlen PR, Krazenbuhl HP (eds) New Aspects on Nisoldipine. Schattauer Press, Stuttgart, Germany, pp61–68

Lahiri A, Rodriques EA, Carboni GP, Raftery EB (1990) Effects of long-term treatment with calcium antagonists on left ventricular diastolic function in stable angina and heart failure. Circulation 81 (Suppl III):III-130–III-138

Lai FA, Erikson HP, Rousseau E, Meissner G (1988) Purification and reconstruction of the calcium release channel from skeletal muscle. Nature 331:315–319

Lai FA, Meissner G (1989) The muscle ryanodine receptor and its intrinsic Ca^{2+} channel activity. J Bioenerg Biomembr 21:227–245

Lam J, Chaitman BR, Crean P, Blum R, Waters DD (1985) A dose-ranging placebo-controlled, double-blind trial of nisoldipine in effort angina: duration and extent of antianginal effects. J Am Coll Cardiol 6:447–452

Lamping KA, Gross GJ (1985) Improved recovery of myocardial segment function following a short coronary occlusion in dogs by nicorandil, a potential new antianginal agent, and nifedipine. J Cardiovasc Pharmacol 7:158–166

Lamping KG, Dole WP (1987) Acute hypertension selectively potentiates constrictor responses of large coronary arteries to serotonin by altering endothelin function in vivo. Circ Res 61:904–913

Lange R, Ingwall J, Halle SL, Alker KJ, Kloner RA (1984) Preservation of high energy phosphates by verapamil in reperfused myocardium. Circulation 70:734–741

Langer GA, Nudd LM (1983) Effects of cations, phospholipases, and neuraminidase on calcium binding to 'gas-dissected' membranes from cultured cardiac cells. Circ Res 53:482–490

Laster SB, Becker LC, Ambrosio G, Jacobus WE (1989) Reduced aerobic metabolic efficiency in globally 'stunned' myocardium. J Mol Cell Cardiol 21:419–426

Lazarewicz JW, Pluta R, Puka M, Salinska E (1990) Diverse mechanisms of neuronal protection by nimodipine in experimental rabbit brain ischemia. Stroke 21 (Suppl IV):IV-108–IV-110

Lee HC, Mohabir R, Smith N, Franz MR, Clusin WT (1988) Effect of ischemia on calcium-dependent fluorescence transients in rabbit hearts containing indo I. Circulation 78:1047–1059

Lette J, Gagnon A, Water D (1989) Acute pulmonary edema caused by prolonged myocardial stunning after dipyridamole-thallium imaging. Am J Med 87:461–463

Leung AT, Imagawa T, Campbell KP (1987) Structural characterization of the 1,4-dihydropyridine receptor of the voltage-dependent Ca^{2+} channel from rabbit skeletal muscle. J Biol Chem 262:7943–7946

Levine JH, Moore EN, Weisman HF, Kadish AH, Becker LC, Spear JF (1987) Depression of action potential characteristics and a decreased space constant are present in postischaemic, reperfused myocardium. J Clin Invest 79:107–116

Lewis MS, Whatley RE, Cain P, McIntyre TM, Prescott SM, Zimmerman GH (1988) Hydrogen peroxide stimulates the synthesis of platelet-activating factor by endothelium and induces endothelial-cell dependent neutrophil adhesion. J Clin Invest 82:2045–2055

Lichtlen PR, Hugenholtz PG, Rafflenbeul W, Hecker H, Jost S, Deckers JW (1990) Retardation of angiographic progression of coronary artery disease by nifedipine. The Lancet 335:1109–1113

Liedholm H, Melander A (1989) A placebo-controlled dose-response study of felodipine extended release in hypertensive patients. J Cardiovasc Pharmacol 14:109–113

Liedtke AJ, De Maison L, Eggleston AM, Cohen LM, Nellis SH (1988) Changes in substrate metabolism and effects of excess fatty acids in reperfused myocardium. Circ Res 62:535–542

Limas CJ, Olivari MT, Goldenberg IF, Levine TB, Benditt DG, Simon A (1987) Calcium uptake by cardiac sarcoplasmic reticulum in human dilated cardiomyopathy. Cardiovasc Res 21:601–605

Limbruno U, Zucchi R, Ronca-Teston S, Galbani P, Ronca G, Mariani M (1989) Sarcoplasmic reticulum function in the 'stunned' myocardium. J Mol Cell Cardiol 21:1063–1072

Litvack F, Grundfest WS, Papaioannoo T, Mohr FW, Jakubowski AT, Forrester JS (1988) Role of laser and thermal ablation devices in the treatment of vascular diseases. Am J Cardiol 61:81G–86G

Liu J, Chen J, Casley DJ, Nayler WG (1990) Ischemia and reperfusion increase ^{125}I-labelled endothelin-1 binding in rat cardiac membranes. Am J Physiol 258:H829–H835

Ljung B, Nordlander M (1987) Pharmacological properties of felodipine. Drugs 34 (Suppl 3):7–15

Ljunggren B, Saveland H, Brandt L, Uski T (1984) Aneurysmal subarachnoid haemorrhage. Surg Neurol 22:435–438

Loaldi A, Polese A, Montorsi P, De Cesare N, Fabbiocchi F, Ravagnani P, Guazzi M (1989) Comparison of nifedipine, propranolol and isosorbide dinitrate on angiographic progression and regression of coronary arterial narrowing in angina pectoris. Am J Cardiol 64:433–439

Lombet A, Lazdunski M (1984) Characterization, solubilization, affinity labelling and purification of the cardiac Na^+ channel using Tityus toxin gamma. Eur J Biochem 141:651–660

Lompré A-M, Levitsky D, De La Bastie D, Mercadier J-J, Rappaport L, Schwartz K (1988) Function of the sarcoplasmic reticulum and expression of its Ca^{2+} ATPase gene in pressure overloaded rat myocardium. Circulation 78 (Suppl II):II-535 (abstract)

Lopez JAG, Armstrong ML, Piegors DJ, Heistad DD (1990) Vascular responses to endothelin-1 in atherosclerotic primates. Arteriosclerosis 10:1113–1118

Lorell BH, Grossman W (1987) Cardiac hypertrophy; consequences of diastole. J Am Coll Cardiol 9:1189–1193

Lucchesi BR (1990) Myocardial ischaemia, reperfusion and free radical injury. Am J Cardiol 65:14I–23I

Lucchi L, Govoni S, Battaini F, Pasinetti G, Trabucchi M (1985) Ethanol administration in vivo alters calcium ion control in rat striatum. Brain Res 332:376–379

Lullmann H, Mohr K (1987) High and concentration proportional accumulation of ^{3}H-nitrendipine by intact cardiac tissue. Br J Pharmacol 90:567–573

Lund-Johansen P (1983) Decrease in cardiac output vs reduction in vascular resistance. Hypertens 5 (Suppl III):III-49–III-57

Luria MH, Erel J, Sapoznikov D, Gotsman MS (1991) Cardiovascular risk factor clustering and ratio of total cholesterol to high-density lipoprotein cholesterol in angiographically documented coronary artery disease. Am J Cardiol 67:31–36

Luscher TF (1991) Endothelin: key to coronary vasospasm. Circulation 83:701–703

Luscher TF, Yang Z, Tschudi M, Von Segesser L, Stulz P, Boulanger C, Siebenmann R, Turina M, Bühler FR (1990) Interaction between endothelin-1 and endothelium-derived relaxing factor in human arteries and veins. Circ Res 66:1088–1094

Lytton J, Zarain-Herzberg A, Periasamy M, MacLennan DH (1989) Molecular cloning of the mammalian smooth muscle sarco (endo) plasmic reticulum Ca^{2+}-ATPase. J Biol Chem 264:7059–7065

MacGregor GA, Rotellar C, Markandu ND, Smith SJ, Saguella GA (1982) Contrasting effects of nifedipine, captopril and propranolol in normotensive and hypertensive subjects. J Cardiovasc Pharmacol 4 (Suppl 3):S358–S362

MacLennan DH, Brandl CJ, Korczak B, Green NM (1985) Amino acid sequence of a Ca^{2+}- and Mg^{2+}-dependent ATPase from rabbit muscle sarcoplasmic reticulum, deduced from its complementary DNA sequence. Nature 316:696–700

MacLennan DH, Holland PC (1975) Calcium transport in sarcoplasmic reticulum. Annu Rev Biophys Bioengin 4:377–403

Magnoni MS, Govoni S, Battaini F, Trabucchi M (1988) L-Type calcium channels are modified in rat hippocampus by short-term experimental ischemia. J Cereb Blood Flow Metab 8:96–99

Maisel AS, Motulsky HJ, Insel PA (1986) Propranolol treatment externalizes β-adrenergic receptors in guinea pig myocardium and prevents further externalization by ischemia. Circ Res 60:108–112

Mak IT, Weglicki WB (1990) Comparative antioxidant activities of propranolol, nifedipine, verapamil, and diltiazem against sarcolemmal membrane lipid peroxidation. Circ Res 66:1449–1452

Malis CD, Bonventre JV (1986) Mechanism of calcium potentiation of oxygen free radical injury to renal mitochondria. J Biol Chem 261:14201–14208

Marangos PJ, Sperelakis N, Patel J (1984) Ontogeny of calcium antagonist binding sites in chick brain and heart. J Neurochem 42:1338–1342

Marban E (1991) Myocardial stunning and hibernation. The physiology behind the colloquialisms. Circulation 83:681–688

Marban E, Kitakaze M, Koretsune Y, Yue OT, Chacko VP, Pike MM (1990) Quantification of $[Ca^{2+}]_i$ in perfused hearts: Critical evaluation of the 5F-BAPTA and nuclear magnetic resonance method as applied to the study of ischaemia and reperfusion Circ Res 66:1255–1267

Marban E, Kitakaze M, Kusuoka H, Porterfield JK, Yue DT, Chacko VP (1987) Intracellular free calcium concentration measured with ^{19}FNMR spectroscopy in intact ferret hearts. Proc Natl Acad Sci USA 84:6005–6009

Margulies KB, Hildebrand FL, Lerman A, Perrella MA, Burnett JC (1990) Increased endothelin in experimental heart failure. Circulation 82:2226–2230

Marin-Neto JA, Pintya AO, Gallo L, Maciel BC (1991) Abnormal baroreflex control of heart rate in decompensated congestive heart failure and reversal after compensation. Am J Cardiol 67:604–610

Marra S, Picciotto G, Varetto T, Blengino S, Montagna L, Alberti A, Defilippi PG, Casaccia M (1990) Radionuclide left ventricular ejection fraction and antianginal effects of oral nisoldipine in patients with stable effort angina. In: Lichtlen PR, Krayenbuhl HP (eds) New Aspects on Nisoldipine, Schattauer, Stuttgart, pp119–130

Marsden PA, Danthuluri NR, Brenner BM, Ballermann BJ, Brock TA (1989) Endothelin action on vascular smooth muscle involves inositol triphosphate and calcium metabolism. Biochem Biophys Res Commun 158:86–92

Marshall JC, Waxman HL, Sauerwein A, Gilchrist I, Kurnik PB (1990) Frequency of low-grade residual coronary stenosis after thrombolysis during acute myocardial infarction. Am J Cardiol 66:773–778

Masaki T, Yanagisawa M, Goto K, Kimura S (1990) Role of endothelin in mechanisms of local blood pressure control. J Hypertens 8 (Suppl 7):S107–S112

Masaoka H, Suzuki R, Hirata Y, Emori T, Marumo F, Hirakawa K (1989) Raised plasma endothelin in subarachnoid haemorrhage. Lancet ii:1402

Maseri A, Newman C, Davies G (1989) Coronary vasomotor tone: a heterogeneous entity. Eur Heart J 10 (Suppl F):2–5

Massie B, Botvinick EH, Brundage BH, Greenberg B, Shames D, Gelberg H (1978) Relationship of regional myocardial perfusion to segmental wall motion. Physiological basis for understanding the presence and the reversibility of asynergy. Circulation 58:1154–1163

Mathias P, Kerin NZ, Blevins RD, Cascade P, Rubenfire M (1987) Coronary vasospasm as a cause of stunned myocardium. Am Heart J 113:383–385

Matucci R, Bennardini F, Sciammarella ML, Baccaro C, Stendardi I, Franconi F, Giotti A (1987) [^{3}H]Nitrendipine binding in membranes obtained from hypoxic and reoxygenated heart. Biochem Pharmacol 36:1059–1062

Mayoux E, Callens F, Swynghedauw B, Charlemagne D (1988) Adaptational process of the cardiac Ca^{2+} channels to pressure overload: biochemical and physiological properties of the dihydropyridine receptors in normal and hypertrophied rat hearts. J Cardiol Pharmacol 12:390–396

McAnulty JH, Hattenhauer MT, Rosch J, Kloster FE, Rahimtoola SH (1975) Improvement in left ventricular wall motion following nitroglycerin. Circulation 51:140–145

McCord JM (1983) The biochemistry and pathophysiology of superoxide. Physiologist 26:165–169

McCord JM (1985) Oxygen-derived free radicals in postischemic tissue injury. N Eng J Med 312:159–163

McKay RG, Pfeffer MA, Pasternak RC, Markis JE, Come PC, Nakao S, Alderman JD, Ferguson JJ, Safian RD, Grossman W (1986) Left venticular remodelling after myocardial infarction; a corollary to infarct expansion. Circulation 74:693–702

McKenna E, Koch WJ, Slish DF, Schwartz A (1990) Toward an understanding of the dihydropyridine-sensitive calcium channel. Biochem Pharmacol 39:1145–1150

McPherson PS, Campbell KP (1990) Solubilization and biochemical characterization of the high affinity [^{3}H]ryanodine receptor from rabbit brain membranes. J Biol Chem 265:18454–18460

Meerson FZ, Kagan VE, Kozlov YP, Belkina LM, Arkhipenko YV (1982) The role of lipid peroxidation in the pathogenesis of ischaemic damage and the antioxidant protection of the heart. Basic Res Cardiol 77:465–485

Meissner G (1975) Isolation and characterization of two types of sarcoplasmic reticulum vesicles. Biochem Biophys Acta 389:51–68

Meissner G (1986) Ryanodine activation and inhibition of the Ca^{2+} release channel of sarcoplasmic reticulum. J Biol Chem 261:6300–6306

Mentzer RM, Van Wylen DGV, Sodhi J, Weiss RJ, Lasley RD, Willis J, Bunger R, Habil DR, Fnint LM (1989) Effect of pyruvate on regional ventricular function and stunned myocardium. Ann Surg 209:629–634

Mercadier JJ, De La Bastie D, Menasche P, Cao A, Bouvert P, Lorente P, Pinnica A, Slama R, Schwartz K (1987) Alpha myosin heavy chain isoform and atrial size in patients with various types of mitral valve dysfunction: a quantitative study. J Am Coll Cardiol 9:1024–1030

Merkel LA, Rivera LM, Bilder GE, Perrone MH (1990) Differential alteration of vascular reactivity in rabbit aorta with modest elevation of serum cholesterol. Circ Res 67:550–555

Meyer FB (1990) Intracellular brain pH and ischemic vasoconstriction in the White New Zealand rabbit. Stroke 21 (Suppl IV):IV-117–IV-119

Meyer FB, Anderson RE, Yaksh TL, Sundt TM Jr (1986) Effect of nimodipine on intracellular brain pH, cortical blood flow, and EEG in experimental focal cerebral ischemia. J Neurosurg 64:617–626

Midtbø KA (1990) Effects of long-term verapamil therapy on serum lipids and other metabolic parameters. Am J Cardiol 66:13I–15I

Mikami A, Imoto K, Tanabe T, Niidome T, Mori Y, Takeshima H, Narumiya S, Numa S (1989) Primary structure and functional expression of the cardiac dihydropyridine-sensitive calcium channel. Nature 340:230–233

Milei J, Boveris A, Llesuy S, Molina HA, Storino R, Ortega D, Milei SE (1986) Amelioration of adriamycin-induced cardiotoxicity in rabbits by prenylamine and vitamins A and E. Am Heart J 111:95–102

Miller R (1987) Multiple calcium channels and neuronal function. Science 235:46–52

Miyauchi T, Yanagisawa M, Tomizawa T, Sugishita Y, Suzuki N, Fujino M, Ajisaka R, Goto K, Masaki T (1989) Increased plasma concentrations of endothelin-1 and big endothelin-1 in acute myocardial infarction. Lancet i:53

Moe GW, Karlinsky SJ, Frankel D, Armstrong PW (1990) Intravenous nisoldipine in severe congestive failure. In: Lichtlen PR, Krayenbuhl HP (eds) New Aspects on Nisoldipine, Schattauer Press, Stuttgart, Germany, pp95–106

Morgan HE, Baker KM (1991) Cardiac hypertrophy. Mechanical, neural and endocrine dependence. Circulation 83:12–25

Morgan KG, Suematsu E (1990) Effects of calcium on vascular smooth muscle tone. Am Heart J 3:291S–298S

Morikawa E, Ginsberg MD, Dietrich D, Duncan RC, Busto R (1991) Postischemic (S)-emopamil therapy ameliorates focal ischemic brain injury in rats. Stroke 22:355–360

Morton M, McAnulty J, Rahimtoola SH (1978) Ventricular function curve from a single diagnostic left ventriculogram: technique, results and value. Am J Cardiol 41:710–717

Mossakowski MJ, Gadamski R (1990) Nimodipine prevents delayed neuronal death of sector CA, pyramidal cells in short-term forebrain ischemia in mongolian gerbils. Stroke 21 (Suppl IV):IV-120–IV-122

Muiesan ML, Agabiti-Rosei E, Romanelli G, Castellano M, Beschi M, Muiesan G (1988) One year treatment with captopril has beneficial effects on left ventricular anatomy and function in hypertensive patients with left ventricular hypertrophy. Am J Med 84 (Suppl 3A):129–132

Muller FB, Bolli P, Erne P, Kiowski W, Buhler FR (1984) Use of calcium channel blockers as monotherapy of hypertension. Am J Med 77 (Suppl IIB):1–5

Murakawa K, Kohno M, Yasunari K, Yokokawa K, Horio T, Takeda T (1988) Possible involvement of protein kinase C in the maintenance of hypertension in spontaneously hypertensive rats. J Hypertens 6 (Suppl): S157–S159

Murata S, Kikkawa K, Yabana H, Nagao T (1988) Cardiovascular effects of a new 1,5-benzothiazepine calcium antagonist in anesthetized dogs. Arzneim Forsch/Drug Res 38:521–527

Myers ML, Bolli R, Lekich RF, Hartley CJ, Roberts R (1985) Enhancement of recovery of myocardial function by oxygen free radical scavengers after reversible regional ischemia. Circulation 77:915–921

Myers ML, Bolli R, Lekich RF, Hartley CJ, Roberts R (1986) N–2-mercaptopropionyl glycine improves recovery of myocardial function following reversible regional ischemia. J Am Coll Cardiol 8:1161–1168

Nabauer M, Callewaert G, Cleemann L, Morad M (1989) Regulation of calcium release is gated by calcium current, not gating charge, in cardiac myocytes. Science 244:800–803

Nabauer M, Morad M (1990) Ca^{2+}-induced Ca^{2+} release as examined by photolysis of caged Ca^{2+} in single ventricular myocytes. Am J Physiol 258:C189–C193

Nabel EG, Selwyn AP, Ganz P (1990) Large coronary arteries in humans are responsive to changing blood flows: an endothelium-dependent mechanism that fails in patients with atherosclerosis. J Am Coll Cardiol 16:349–356

Nagao T, Matlib, MA, Franklin D, Millard RW, Schwartz A (1980) Effects of diltiazem, a calcium antagonist, on regional myocardial function and mitochondria after brief coronary occlusion. J Mol Cell Cardiol 12:29–43

Nagasaki K, Fleischer S (1988) Ryanodine sensitivity of the calcium release channel of sarcoplasmic reticulum. Cell Calcium 9:1–7

Nakao I, Ito H, Ooyama T, Chang WC, Murota S (1983) Calcium dependency of aortic smooth muscle cell migration induced by 12-L-hydroxy-5,8,10,14-eicosatetraenoic acid. Atherosclerosis 46:309–319

Nakayama N, Kirley TL, Vaghy PL, McKenna E, Schwartz A (1987) Purification of a putative Ca^{2+} channel protein from rabbit skeletal muscle. J Biol Chem 262:6572-6576

Nathan CV (1987) Secretory products of macrophages. J Clin Invest 79:319-326

Naudascher M, Jaillon P, Lecocq B, Lecocq V, Ferry A, Hilaire J, Maria JF (1989) Effects of falipamil (AQ-A39) on heart rate and blood pressure in resting and exercising healthy volunteers. J Cardiovasc Pharmacol 14:1-5

Nayler WG (1988) Calcium Antagonists. Academic Press, London, United Kingdom, pp1-298

Nayler WG (1990) The Endothelins. Springer-Verlag, Berlin Heidelberg, Germany, pp1-183

Nayler WG (1991) The antiatherogenic effects of amlodipine: promise of preclinical data. Postgrad Med J. In Press

Nayler WG, Dillon JS, Elz J, McKelvie M (1985) An effect of ischemia on myocardial dihydropyridine binding sites. Eur J Pharmacol 115:81-89

Nayler WG, Elz JS, Buckley DJ (1988) The stunned myocardium: effect of electrical and mechanical arrest and osmolarity. Am J Physiol 255:H60-H69

Nayler WG, Gu XH (1991) (-)[^{3}H]Amlodipine binding to rat cardiac membranes. J Cardiovasc Pharmacol 17:587-592

Nayler WG, Buckley DJ, Leong J (1990a) Calcium antagonists and the 'stunned' myocardium. Cardioscience 1:61-64

Nayler WG, Liu J, Panagiotopoulos S (1990b) Nifedipine and experimental cardioprotection. Cardiovasc Drugs Ther 4 (Suppl 5):879-886

Nayler WG, Panagiotopoulos S (1986) Calcium antagonism. In: Kelly DT (ed) Proceedings of II Asian Pacific Adalat Symposium, Adis Press, New Zealand, pp3-11

Neil-Dwyer G, Mee E, Dorrance D, Lowe D (1987) Early intervention with nimodipine in subarachnoid haemorrhage. Eur Heart J 8:41-47

Nesto RW (1990) Rationale for treatment of silent myocardial ischaemia. Focus on nifedipine. Cardiovasc Drugs and Therapy 4 (Suppl5):929-934

Nesto RW, Cohn LH, Collins JJ Jr, Wynne J, Holman L, Cohn PF (1982) Inotropic contractile reserve: a useful predictor of increased 5-year survival and improved postoperative left ventricular function in patients with coronary artery disease and reduced ejection fraction. Am J Cardiol 50:39-44

Neuser D, Rosen B (1990) Calcium antagonist and the proliferation of vascular smooth muscle cells. Satellite Symposium "Antiatherosclerotic Potentials of Calcium Antagonists" at 13th ISH meeting. Montreal, 1990, pp9-10

Nicoll DA, Logoni S, Philipson KD (1990) Molecular cloning and functional expression of the cardiac sarcolemmal Na^+-Ca^+ exchanger. Science 250:562-565

Nilsson I, Sjolund M, Palmberg L, Von Euler AM, Jonzon B, Thyborg I (1985) The calcium antagonist nifedipine inhibits arterial smooth muscle cell proliferation. Atherosclerosis 58:109-112

Nixon JV, Brown CN, Smitherman TC (1982) Identification of transient and persistent segmental wall motion abnormalities in patients with unstable angina by two-dimensional echocardiography. Circulation 65:1497-1503

Noda M, Ikeda T, Kayano T, Suzuki H, Takeshima H, Kurasaki M, Takahashi H, Numa S (1986) Existence of distinct sodium channel messenger RNA's in rat brain. Nature 320:118-192

Noda M, Shimizu S, Tanabe T, Takai T, Kayano T, Ikeda T, Takahashi H, Nakayama H, Kanaoka Y, Minamino N (1984) Primary structure of Electrophorus Electricus sodium channel deduced from cDNA sequence. Nature 312:121-127

Nohl H (1987) A novel superoxide radical generator in heart mitochondria. FEBS Lett 214:269-273

Nomoto A, Hirosumi J, Sekiguchi C, Mutoh S, Yamaguchi I, Aoki H (1987) Antiatherogenic activity of FR34235 (Nilvadipine), a new potent calcium antagonist. Atherosclerosis 64:255-261

O'Dowd BF, Lefkowitz RJ, Caron MG (1989) Structure of the adrenergic and related receptors. Annu Rev Neurosci 12:67-83

Ohnishi A, Yamaguchi K, Kusuhara M, Abe K, Kimura S (1989) Mobilization of intracellular calcium by endothelin in Swiss 3T3 cells. Biochem Biophys Res Commun 161:489-495

Olivari MT, Bartorelli C, Polese A, Fiorentini C, Moruzzi P, Guazzi M (1979) Treatment of hypertension with nifedipine, a calcium antagonist agent. Circulation 59:1056-1062

Ondrias K, Misik V, Gergel D, Stasko A (1989) Lipid peroxidation of phosphatidylcholine liposomes depressed by the calcium channel blockers nifedipine and verapamil and by the antiarrhythmic-antihypoxic drug stobadine. Biochem Biophys Acta 1003:238–245

Ondrias K, Borgatta L, Kim DH, Ehrlich BE (1990) Biphasic effects of doxorubicin on the calcium release channel from sarcoplasmic reticulum of cardiac muscle. Circ Res 67:1167–1174

Opie LH (1990) Clinical Use of Calcium Channel Antagonist Drugs, 2nd edn. Kluwer Academic Press, Boston, USA, pp1–286

Orekhov AN (1990) In vitro models of antiatherosclerotic effects of cardiovascular drugs. Am J Cardiol 66:23I–28I

Orekhov AN, Tertov VU, Khashimov KA, Kudryashou SA, Smirnov VN (1986) Antiatherosclerotic effects of verapamil in primary culture of human aortic intimal cells. J Hypertens 4 (Suppl 6):S153–S155

Osterrieder W, Holck M (1989) In vitro pharmacologic profile of RO40-5967, a novel Ca^{2+} channel blocker with potent vasodilator but weak inotropic action. J Cardiovasc Pharmacol 13:754–759

Packer M (1988) Neurohormonal interactions and adaptations in congestive heart failure. Circulation 77:721–730

Packer M (1990) Calcium channel blockers in chronic heart failure. The risks of physiologically rational therapy. Circulation 82:2255–2257

Packer M, Kessler PD, Lee WH (1987) Calcium-channel blockade in the management of severe chronic congestive heart failure: a bridge too far. Circulation 75 (Suppl V):V-56–V-64

Packer M, Lee WH, Medina N, Yushak M (1985) Comparative negative inotropic effects of nifedipine and diltiazem in patients with severe left ventricular dysfunction. Circulation 72 (Suppl III):III-275 (abstract)

Packer M, Leon M, Bonow RO, Kieval J, Rosing DR, Subramanian VB (1982) Hemodynamic and clinical effects of combined verapamil and propranolol therapy in angina pectoris. Am J Cardiol 50:903–912

Packer M, Medina N, Medina M (1984) Adverse hemodynamic and clinical effects of calcium channel blockade in pulmonary hypertension secondary to obliterative pulmonary vascular disease. J Am Coll Cardiol 4:890–901

Page IH (1987) Hypertensive Mechanisms. Orlando, Grune Stratton

Page E, McCallister LP (1973) Quantitative electron microscopic description of heart muscle cells. Application to normal, hypertrophied and thyroxin-stimulated hearts. Am J Cardiol 31:172–181

Pang DC, Johns A, Patterson K, Parker-Bothelho LH, Rubanyi GM (1989) Endothelin-1 stimulates phosphatylinositol hydrolysis and calcium uptake in isolated canine coronary arteries. J Cardiovasc Pharmacol 13 (Suppl 5):S75–S79

Panza G, Grebb JA, Sanna E, Wright AG Jr, Hanbauer I (1985) Evidence for down-regulation of ^{3}H-nitrendipine recognition sites in mouse brain after long-term treatment with nifedipine or verapamil. Neuropharmacology 34:1113–1117

Panza JA, Quyyumi AA, Brush JE, Epstein SE (1990) Abnormal endothelium-dependent vascular relaxation in patients with essential hypertension. N Eng J Med 323:22–27

Papageorgiou P, Morgan KG (1990) Changes in $[Ca^{2}]_i$ following receptor-mediated activation of hypertrophic vascular smooth muscle. Biophys J 57 (2):158a (abstract)

Papageorgiou P, Morgan KG (1991) Increased Ca^{2+} signalling after α adrenoceptor activation in vascular hypertrophy. Circ Res 68:1080–1084

Parker JO, Enjalbert M, Bernstein V (1988) Efficacy of the calcium antagonist isradipine in angina pectoris. Cardiovasc Drug Ther 1:661–664

Parmley WW (1990) Vascular protection from atherosclerosis: potential of calcium antagonists. Am J Cardiol 66:16I–22I

Pasternac A (1989) Myocardial stunning in hypertrophic cardiomyopathy? J Am Coll Cardiol 13:1419–1421

Patel B, Kloner RA (1987) Analysis of reported randomized trials of streptokinase therapy for acute myocardial infarction in the 1980's. Am J Cardiol 59:501–504

Patel B, Kloner RA, Przyklenk K, Braunwald E (1988) Postischemic myocardial 'stunning': a clinically relevant phenomenon. Ann Int med 108:626–628

Pedersen OL (1981) Calcium blockade as a therapeutic principle in arterial hypertension. Acta Pharmacol Toxicol 49 (Suppl II):1–31

Pepine C (1989) Nicardipine, a new calcium channel blocker: role for vascular selectivity. Clin Cardiol 12:240–246

Perez-Reyes E, Kim HS, Lacerda AE, Horne W, Wei X, Rampe D, Campbell KP, Brown AM, Birnbaumer L (1989) Induction of calcium currents by the expression of the α_1-subunit of the dihydropyridine receptor from skeletal muscle. Nature 340:233–236

Persson B, Wysocki M, Andersson OK (1989) Long-term renal effects of isradipine, a calcium entry blocker, in essential hypertension. J Cardiovasc Pharmacol 14:22–24

Petruk KC, West M, Mohr G, Weir BKA, Benoit BG, Gentili F, Disney GS, Tucker WS, Purves GB, Miller JOR, Hunter KM, Richard MT, Durity FA, Chan R, Clein LJ, Maroun FB, Godon A (1988) Nimodipine treatment in poor-grade aneurysm patients. J Neurosurg 69:505–517

Philippon J, Grob R, Pagreon F, Gugiari M, Rivierez M, Viars P (1986) Prevention of vasospasm in subarachnoid haemorrhage: a controlled study with nimodipine. Acta Neurochir 82:110–114

Pickard JD, Murray GD, Illingworth R, Shaw MDM, Teasdale GM, Foy PM, Humphrey PRD, Lang DA, Nelson R, Richards P, Sinar J, Bailey S, Skene A (1989) Effect of oral nimodipine on cerebral infarction and outcome after subarachnoid haemorrhage. British Aneurysm Nimodipine Trial. Br Med J 298:633–642

Pillai NP, Ross DH (1987) Proceedings of International Symposium on Calcium Antagonists. New York City , Feb 10–13

Pincon-Raymond M, Rieger F, Fosset M, Lazdunski M (1985) Abnormal transverse tubule system and abnormal amount of receptors for Ca channel inhibitors of the dihydropyridine family in skeletal muscle from mice with embryonic muscular dysgenesis. Dev Biol 112:458–466

Pool PE, Spann JB, Buccino RA, Sonnenblick EH, Braunwald E (1967) Myocardial high energy phosphate stores in cardiac hypertrophy and heart failure. Circ Res 21:365–373

Przyklenk K, Ghafari GB, Eitzman DT, Kloner RA (1989) Nifedipine administered after reperfusion ablates systolic contractile dysfunction of postischemic 'stunned' myocardium. J Am Coll Cardiol 13:1176–1183

Przyklenk K, Kloner RA (1987a) Acute effects of hydralozine and enalapril on contractile function of postischemic 'stunned' myocardium. Am J Cardiol 60:934–936

Przyklenk K, Kloner RA (1987b) Nifedipine administered postreperfusion ablates the phenomenon of the stunned myocardium. Circulation 76 (Suppl IV):IV198 (abstract)

Przyklenk K, Kloner RA (1988) Effect of verapamil on postischemic 'stunned' myocardium: importance of timing of treatment. J Am Coll Cardiol 11:614–623

Przyklenk K, Whittaker P, Kloner RA (1990) In vivo infusion of oxygen free radical substrates caused myocardial systolic, but not diastolic dysfunction. Am Heart J 119:807–815

Puett DW, Forman MB, Cates CV, Wilson BH, Hande KR, Friesinger GC, Virmani R (1987) Oxypurinol limits myocardial stunning but does not reduce infarct size after reperfusion. Circulation 76:678–686

Quaife RA, Kohmoto O, Barry WH (1991) Mechanism of reoxygenation injury in cultured ventricular myocytes. Circulation 83:566–577

Quinn MT, Parthasarathy S, Fong LG, Steinberg D (1987) Oxidatively modified low density lipoproteins – a potential role in recruitment and retention of monocyte/macrophages during atherosclerosis. Proc Natl Acad Sci USA 84:2995–2998

Rahimtoola SH (1985) A perspective on the three large multicenter randomized clinical trials of coronary bypass surgery for chronic stable angina. Circulation 72 (Suppl 5):V125–V135

Rahimtoola SH (1989) The hibernating myocardium. Am Heart J 117:211–221

Ramkumar V, El-Fakahany EE (1984) Increase in [^{3}H]nitrendipine binding sites in the brain in morphine-tolerant mice. Eur J Pharmacol 102:371–372

Ramkumar V, El-Fakahany EE (1986) Selective reduction in the density of [^{3}H]nimodipine binding sites in rat ventricular tissue following reserpine treatment. Pharmacologist 28:113a

Ramkumar V, El-Fakahany EE (1988) Prolonged morphine treatment increases rat brain dihydropyridine binding sites: possible involvement in development of morphine dependence. Eur J Pharmacol 146:73–83

Rankin JS, Newman GE, Muhlbaier LN, Behar VS, Fedor JM, Sabiston DC Jr (1985) The effects of coronary revascularization on left ventricular function in ischemic heart disease. J Thorac Cardiovasc Surg 90:818–832

Rao PS, Cohen MV, Mueller HS (1983) Production of free radicals and lipid peroxides in early experimental myocardial ischaemia. J Mol Cell Cardiol 15:713–716

Rardon DP, Cefali DC, Mitchell RD, Seiler SM, Hathaway DR, Jones LR (1990) Digestion of cardiac and skeletal muscle junctional sarcoplasmic reticulum vesicles with Calpain II. Effects on Ca^{2+} release channel. Circ Res 67:84–96

Rardon DP, Cefali DC, Mitchell RD, Seiler SM, Jones LR (1989) High molecular weight proteins purified from cardiac junctional sarcoplasmic reticulum vesicles are ryanodine-sensitive calcium channels. Circ Res 64:779–789

Raschack M (1984) Prolonged cardioprotective effects of anipamil, a new calcium antagonist. Eur Heart J 5:10 (abstract)

Reduto LA, Freund GC, Gaeta JM, Smalling RW, Lewis B, Gould KL (1981) Coronary artery reperfusion in acute myocardial infarction: beneficial effects of intracoronary streptokinase on left ventricular salvage and performance. Am Heart J 102:1168–1177

Reeves JP, Bailey CA, Hale CC (1986) Redox modification of sodium-calcium exchange activity in cardiac sarcolemmal vesicles. J Biol Chem 261-4948–4955

Reicher-Reiss H, Vered Z, Goldbourt U, Neufeld HN (1987) Efficacy of nisoldipine compared with nifedipine in chronic stable angina pectoris. In: Hugenholtz PG, Meyer J (eds) Nisoldipine. Springer-Verlag, Berlin, pp233–237

Reimer KA, Murry CE, Yamasawa I, Hill ML, Jennings RB (1986) Four brief periods of myocardial ischemia cause no cumulative ATP loss or necrosis. Am J Physiol 251:H1306–H1315

Renaud JF, Kazazoglou T, Schmid A, Romey G, Lazdunski M (1984) Differentiation of receptor sites of [^{3}H]nitrendipine in chick hearts and physiological relation to the slow Ca^{2+} channel and to excitation-contraction coupling. Eur J Biochem 139:673–681

Ress D, Palmer RMJ, Hodson HF, Moncada S (1989) L-arginine is the physiological precursor for the formation of nitric oxide in endothelium-dependent relaxation. Br J Pharmacol 96:418–424

Reynolds EE, Mok LLS (1990) Role of thromboxane A_2/prostaglandin H_2 receptor in the vasoconstrictor response of rat aorta to endothelin. J Pharmacol Exp Ther 252:915–921

Rios E, Brum G (1987) Involvement of dihydropyridine receptors in excitation-contraction coupling in skeletal muscle. Nature 325:717–720

Rius RA, Govoni S, Trabucchi M (1986) Regional modification of brain calcium antagonist binding after in vivo chronic lead exposure. Toxicology 40:191–197

Rius RA, Lucchi L, Govoni S, Trabucchi M (1987a) In vivo chronic lead exposure alters [^{3}H]nitrendipine binding in rat striatium. Brain Res 322:180–183

Rius RA, Bergamaschi S, DiFonso F, Govoni S, Trabucchi M, Rossi F (1987b) Acute ethanol effect on calcium antagonist binding in rat brain. Brain Res 402:359–361

Robinson MJ, Teasdale GM (1990) Calcium antagonists in the management of subarachnoid haemorrhage. Cerebrovasc Brain Metabolism Rev 2:205–226

Rosemblat M, Hidalgo L, Vergaro C, Ikemoto N (1981) Immunological and biochemical properties of transverse tubular membranes isolated from rabbit skeletal muscle. J Biol Chem 256:8140–8148

Ross RN (1986) The pathogenesis of atherosclerosis. New Eng J Med 314:488–490

Rossouw JE, Lewis B, Rifkind BM (1990) The value of lowering cholesterol after myocardial infarction. New Eng J Med 323:1112–1119

Rouleau JL, Parmley WW, Stevens J, Wikman-Coffelt J, Sievers R, Mahley RW, Havel RJ, Brecht W (1983) Verapamil suppresses atherosclerosis in cholesterol-fed rabbits. J Am Coll Cardiol 1:1453–1460

Rousseau E, Smith JS, Henderson JS, Meissner G (1986) Single channel and $^{45}Ca^{2+}$ flux measurements of the cardiac sarcoplasmic reticulum calcium channel. Biophys J 50:1009–1014

Rousseau M, Hanet C, Desager J-P, Pouleur H (1987) Effects of long-term therapy with the association of nisoldipine and a beta-blocker on exercise tolerance and coronary hemodynamics in patients with stable angina: a comparison with monotherapy. In: Hugenholtz PG, Meyer J (eds) Nisoldipine. Springer-Verlag, Berlin, pp213–222

Rousseau MF, Gurné O, Benedict CR, Van Eyll C, Pouleur H (1990) Effects of nisoldipine on the time-dependent changes in left ventricular function and neurohumoral status in patients with ischemic heart disease. In: Litchlen PR, Krayenbuhl HP (eds) New Aspects on Nisoldipine. Schattauer, Stuttgart, pp69–83

Rowe GT, Manson NH, Caplan M, Hess ML (1983) Hydrogen peroxide and hydroxyl radical mediation of activated leucocyte depression of cardiac sarcoplasmic reticulum. Participation of the cyclooxygenase pathway. Circ Res 53:584–591

Ruegg UT, Hof RP (1990) Pharmacology of the calcium antagonist isradipine. Drugs 40 (Suppl 2):3–9

Ruilope LM, Alcazar JM (1990) Renal effects of calcium entry blockers. Cardiovasc Drugs and Therapy 4:979–982

Rusch NJ, Hermsmeyer K (1988) Calcium currents are altered in the vascular muscle cell membranes of spontaneously hypertensive rats. Circ Res 63:997–1002

Ruth P, Rohrkasten A, Biel M, Bosse E, Regulla S, Meyer HE, Flockerzi V, Hofmann F (1989) Primary structure of the β subunit of the DHP-sensitive calcium channel from skeletal muscle. Science 245:1115–1118

Ryle PR (1984) Free radicals, lipid peroxidation and ethanol hepatotoxicity. Lancet ii:461

Sagie A, Sclarovsky S, Strasberg B, Agmon J (1988) Acute myocardial ischemia with prolonged left ventricular dyskinesia and mural thrombus formation in asymmetric septal hypertrophy. Chest 93:888–890

Saito T, Nakao K, Mukoyama M, Imura H (1990) Increased plasma endothelin level in patients with essential hypertension. N Eng J Med 322:205

Saito T, Yanagisawa M, Miyauchi T, Suzuki N, Matsumoto H, Fujino M, Masaki T (1989) Endothelin in human circulating blood: effects of major surgical stress. Jap J Pharmacol 49: (abstract 215P)

Sakurai T, Yanagisawa M, Takuwa Y, Miyazaki H, Kimura S, Goto K, Masaki T (1990) Cloning of a cDNA encoding a non-isopeptide-selective subtype of the endothelin receptor. Nature 348:732–735

Salmasi, A-M (1990) Nisoldipine in occult ischaemic heart disease. In: Lichtlen PR, Krayenbuhl HP (eds) New Aspects on Nisoldipine. Schattauer, Stuttgart, pp29–38

Sanchez JA, Stefani E (1978) Inward calcium current in twitch muscle fibres of the frog. J Physiol 283:197–209

Sanna E, Head GA, Hanbauer I (1986) Evidence for a selective localization of voltage-sensitive Ca^{2+} channels in nerve cell bodies of corpus striatum. J Neurochem 47:1552–1557

Sauter A, Rudin M (1990a) Calcium antagonists for reduction of brain damage in stroke. J Cardiovasc Pharmacol 15 (Suppl 1): S43–S47

Sauter A, Rudin M (1990b) Experimental studies with isradipine in stroke. Drugs 40 (Suppl 2):44–51

Sauter A, Rudin M, Wiederhold KH (1989) Cytoprotective characteristics of dihydropyridine calcium antagonists in a rat model of stroke: implications for clinical trials. In: Hartmann A, Kuschinsky W (eds) Cerebral Ischemia and Calcium. Springer Verlag, Berlin-Heidelberg, pp282–291

Schaper J, Froede R, St Hein TA, Buck A, Hashizume H, Speiser B, Friedl A, Bleese N (1991) Impairment of the myocardial ultrastructure and changes of the cytoskeleton in dilated cardiomyopathy. Circulation 83:504–514

Scheidt S, LeWinter MM, Hermanovich J, Venkataraman K, Freedman D (1986) Efficacy and safety of nicardipine for chronic, stable angina pectoris: a multicentre randomized trial. Am J Cardiol 58:715–721

Schmid A, Kazazoglou T, Renaud JF, Lazdunski M (1984) Comparative changes of levels of nitrendipine Ca^{2+} channels, of tetrodotoxin-sensitive Na^{2+} channels and of oubain-sensitive voltage-dependent $(Na^{+}+K^{+})$-ATPase following denervation of rat and chick skeletal muscle. FEBS Lett 172:113–118

Schneider MF, Chandler WK (1973) Voltage dependent charge movement in skeletal muscle: a possible step in excitation-contraction coupling. Nature 242:244–246

Schofer J, Hobuss M, Aschenberg W, Tews A (1990) Acute and long-term haemodynamic and neurohumoral response to nisoldipine vs captopril in patients with heart failure: a randomized double-blind study. Eur Heart J 11:712–721

Schomig A (1990) Catecholamines in myocardial ischemia. Systemic and cardiac release. Circulation 82 (Suppl II):II-13–II-22

Schuster EH, Bulkley BH (1981) Early post infarction angina. Ischemia at a distance and ischemia in the infarct zone. N Eng J Med 305:1101–1105

Schwartz A (1971) Calcium and the sarcoplasmic reticulum. In: Harris P, Opie L (eds) Calcium and the Heart. Academic Press, London, pp66–92

Schwartz A, McKenna E, Vaghy PL (1988) Receptors for calcium antagonists. Am J Cardiol 62:36–66

Schwartz JS, Bache RJ (1988) Combined effects of calcium antagonists and nitroglycerin on large arterial diameter. Am Heart J 115:964–969

Schwartz LM, McCleskey EW, Almers W (1985) Dihydropyridine receptors in muscle are voltage-dependent but most are not functional calcium channels. Nature 314:747–751

Schwenke DC, Carew TE (1989a) Initiation of atherosclerotic lesions in cholesterol-fed rabbits. I. Focal increases in arterial LDL concentration precede development of fatty streak lesion. Arteriosclerosis 9:895–907

Schwenke DC, Carew TE (1989b) Initiation of atherosclerotic lesions in cholesterol-fed rabbits. II. Selective retention of LDL vs. selective increases in LDL permeability in susceptible sites of arteries. Arteriosclerosis 9:908–918

Scriabine A, Schuurman T, Traber J (1989) Pharmacological basis for the use of nimodipine in central nervous system disorders. FASEB J 3:1799–1806

Seitelberger R, Zwolfer W, Huber S, Schwarzacher S, Binder TM, Peschl F, Spatt J, Holzinger C, Podesser B, Buxbaum P, Weber H, Wolner E (1991) Nifedipine reduces the incidence of myocardial infarction and transient ischemia in patients undergoing coronary bypass grafting. Circulation 83:460–468

Serruys PW, Suryapranata H, Planellas J, Wijns W, Vanhaleweyk CLJ, Soward AL, Jaski BE, Hugenholtz PG (1985) Acute effects of intravenous nisoldipine on left ventricular function and coronary hemodynamics. Am J Cardiol 56:140–146

Sharma RV, Butters CA, Bhalla RC (1986) Alterations in the plasma membrane properties of the myocardium of spontaneously hypertensive rats. Hypertension 8:583–591

Shattock MJ, Manning AS, Hearse DJ (1982) Effects of hydrogen peroxide on cardiac function and postischaemic functional recovery in the isolated 'working' rat heart. Pharmacology 24:118–122

Shaw S, Jayatilleke E, Ross WA, Gordon EF, Lieber CS (1981) Ethanol-induced lipid peroxidation by long-term alcohol feeding and attenuation by methionine. J Lab Clin Med 98:417–428

Shepherd JT (1990) Increased systemic vascular resistance and primary hypertension: the expanding complexity. J Hypertens 8 (Suppl 7):S15–S27

Shichiri M, Hirata Y, Ando K, Emori T, Ohta K, Kimoto S, Ogura M, Inoue A, Marumo F (1990) Plasma endothelin levels in hypertension and chronic renal failure. Hypertension 15 (Suppl 5):493–496

Shimokawa H, Tomoike H, Nabeyama S, Yamamoto H, Araki H, Nakamura M, Ishii Y, Tanaka K (1983) Coronary artery spasm induced in atherosclerotic miniature swine. Science 221:560–562

Shull GE, Schwartz A, Lingrei JB (1985) Amino acid sequence of the catalytic subunit of the (Na^+ and K^+) ATPase deduced from a complimentary DNA. Nature 316:691–695

Siesjo BK, Agardh CD, Bengtsson F (1989) Free radicals and brain damage. Cerebrovasc Brain Metabolism Rev 1:165–211

Siesjo BK, Bengtsson F (1989) Calcium fluxes, calcium antagonists, and calcium-related pathology in brain ischemia, hypoglycaemia, and spreading depression: a unifying hypothesis. J Cereb Blood Flow Metab 9:127–140

Sievers RE, Rashid T, Garrett J, Blumein S, Parmely WW (1987) Verapamil and diet holt progression of atherosclerosis in cholesterol-fed rabbits. Cardiovasc Drugs Ther 1:65–69

Simonson MS, Dunn MJ (1990) Endothelin: Pathways in transmembrane signalling. Hypertension 15 (Suppl I):I-5–I-12

Simpson PJ, Lucchesi BR (1987) Free radicals and myocardial ischemia and reperfusion injury. J Lab Clin Med 110:13–30

Singh S, Doherty J, Udhoji V, Smith K, Gorwit J, Bekheit S, Mather S, Stein W, Fellippo JS, Hearan P, Chen Y, Taylor C (1989) Amlodipine versus nadolol in patients with stable angina pectoris. Am Heart J 118 (Suppl 5):1137–1138

Sitsapesan R, Williams AJ (1990) Mechanisms of caffeine activation of single calcium-release channels of sheep cardiac sarcoplasmic reticulum. J Physiol 423:425–439

Skattebol A, Triggle DJ (1986) 6-Hydroxydopamine treatment increases β-adrenoceptors and Ca^{2+} channels in rat heart. Eur J Pharmacol 127:287–289

Slish DF, Engle DB, Varadi G, Lotan I, Singer D, Dascal N, Schwartz A (1989) Evidence for the existence of a cardiac specific isoform of the α_1 subunit of the voltage-dependent calcium channel. FEBS Lett 250:509–514

Smith, JS, Coronado R, Meissner G (1986) Single-channel measurements of the calcium release channel from skeletal muscle sarcoplasmic reticulum. Activation by calcium, ATP and modulation by Mg. J Gen Physiol 88:573–588

Smith JS, Rousseau E, Meissner G (1989) Calmodulin modulation of single sarcoplasmic reticulum Ca^{2+}-release channels from cardiac and skeletal muscle. Circ Res 64:352–359

Solomon RA, Correll JW (1988) Rupture of a previously documented asymptomatic aneurysm enhances the argument for prophylactic surgical intervention. Surg Neurol 30:321–331

Somlyo AV (1979) Bridging structures spanning the junctioning gap at the triad of skeletal muscle. J Cell Biol 80:743–750

Somlyo AV (1985) Excitation-contraction coupling and the ultrastructure of smooth muscle. Circulation 57:497–507

Southorn PA, Powis G (1988) Free radicals in medicine. II. Involvement in human disease. Mayo Clin Proc 63:390–408

Spetzler RF, Hadley MN (1989) Protection against cerebral ischemia: the role of barbiturates. Cerebrovasc Brain Metabolism Rev 1:212–229

Stack RS, Phillips HR , Grierson DS, Behar VS, Kong Y, Peter RH, Swain JL, Greenfield JC Jr (1983) Functional improvement of jeopardized myocardium following intracoronary streptokinase infusion in acute myocardial infarction. J Clin Invest 72:84–95

Stahl LD, Aversano TR, Becker LC (1986) Selective enhancement of function of stunned myocardium by increased flow. Circulation 74:843–851

Stahl LD, Weiss HR, Becker LC (1988) Myocardial oxygen consumption, oxygen supply/demand heterogeneity and microvascular patency in regionally stunned myocardium. Circulation 77:865–872

Stary HC (1987) Macrophages, macrophage foam cells, and eccentric intimal thickening in the coronary arteries of young children. Atherosclerosis 64:91–108

Stary HC (1989) Evolution and progression of atherosclerotic lesions in coronary arteries in children and young adults. Arteriosclerosis 9:119–132

Steen PA, Newberg LA, Milde JH, Michenfelder JD (1983) Nimodipine improves cerebral blood flow and neurological recovery after complete cerebral ischemia in the dog. J Cereb Blood Flow Metab 3:38–48

Steenbergen C, Murphy E, Levy L, London RE (1987) Elevation in cytosolic free calcium concentration early in myocardial ischaemia in perfused rat heart. Circ Res 60:700–707

Steinberg D, Parthasarathy S, Carew TE, Khoo JC, Witztum JL (1989) Beyond cholesterol: modification of low density lipoprotein that increase its atherogenicity. New Eng J Med 320:915–924

Strasser RH, Marquetant R, Kubler W (1990) Adrenergic receptors and sensitization of adenyl cyclase in acute myocardial ischemia. Circulation 82 (Suppl II):II23–II29

Strickberger SA, Russek LN, Phair RD (1988) Evidence for increased aortic plasma membrane calcium transport caused by experimental atherosclerosis in rabbits. Circ Res 62:75–80

Striessnig J, Knaus H-G, Glossmann H (1988) Photoaffinity-labelling of the calcium-channel-associated 1,4-dihydropyridine and phenylalkylamine receptor in guinea-pig hippocampus. Biochem J 253:39–47

Striessnig J, Scheffauer F, Mitterdorfer J, Schirmer M, Glossmann H (1990) Identification of the benzothiazepine-binding polypeptide of skeletal muscle calcium channels with (+)-cis azidodiltiazem and anti ligand antibodies. J Biol Chem 265:363–370

Struyker-Boudier HAJ, Smits JFM, De Mey JGR (1990) The pharmacology of calcium antagonists: a review. J Cardiovasc Pharmacol 15 (Suppl 4):S1–S10

Sugiyama T, Yoshisumi M, Takaku F, Urabe H, Tsukakoshi M, Kasuya T, Yazaki Y (1986) The elevation of the cytoplasmic calcium ions in vascular smooth muscle cells in SHR-measurement of the free calcium ions in single living cells by laser microfluorospectrometry. Biochem Biophys Res Comm 141:340–345

Sunkel CE, Fau de Casa-Juana M, Cillero FJ, Priego JG, Ortego MP (1988) Synthesis, platelet aggregation inhibitory activity, and in vivo antithrombotic activity of new 1,4-dihydropyridines. J Med Chem 31:1886–1890

Suzuki T, Kurosawa H, Naito K, Otsuka M, Ohashi M, Takaita O (1991) Binding characteristics of a new 1,5-benzothiazepine, clentiazem, to rat cerebral cortex and skeletal muscle membranes. Eur J Pharmacol 194:195–200

Swain JL, Sabina RL, Hines JJ, Greenfield JC, Holmes EW (1984) Repetitive episodes of brief ischaemia (12 min) do not produce a cumulative depletion of high energy phosphate compounds. Cardiovasc Res 18:264–269

Szabo L (1989) (S)-Emopamil, a novel calcium and serotonin antagonist for the treatment of cerebrovascular disorders. 2nd communication: Brain penetration, cerebral vascular and metabolic effects. Arzneimittelforschung 39:309–314

Tagawa H, Tomoike H, Nakamura M (1991) Putative mechanisms of the impairment of endothelium-dependent relaxation of the aorta with atheromatous plaque in heritable hyperlipidemic rabbits. Circ Res 68:330–337

Takahashi M, Catterall WA (1987) Identification of an α subunit of dihydropyridine-sensitive brain calcium channels. Science 236:88–92

Takahashi M, Seagar M, Jones J, Reber B, Catterall WA (1987) Subunit structure of dihydropyridine-sensitive calcium channels from skeletal muscle. Proc Natl Acad Sci USA 84:5478–5482

Takenaka T, Handa J (1979) Cerebrovascular effects of YC-93, a new vasodilator, in dogs, monkeys, and human patients. Int J Clin Pharmacol Biopharmacol 17:1–11

Takeshima H, Nishimura S, Matsumoto T, Ishida H, Kangawa K, Minamino N, Matsuo H, Ueda M, Hanaoka M, Hirose T, Numa S (1989) Primary structure and expression from complementary DNA of skeletal muscle ryanodine receptor. Nature 339:439–445

Talajic M, Nayebpour M, Jing W, Nattel S (1989) Frequency-dependent effects of diltiazem on the atrioventricular node during experimental atrial fibrillation. Circulation 80:380–389

Tanabe T, Beam KG, Adams BA, Niidome T, Numa S, (1990) Regions of the skeletal muscle dihydropyridine receptor critical for excitation-contraction coupling. Nature 346:567–569

Tanabe T, Beam KG, Powell JA, Numa S (1988) Restoration of excitation-contraction coupling and slow calcium current in dysgenic muscle by dihydropyridine receptor cDNA. Nature 336:134–139

Tanabe T, Takeshima H, Mikami A, Flockerzi V, Takahashi H, Kangawa K, Kojima M, Matsuo H, Hirose T, Numa S (1987) Primary structure of the receptor for calcium channel blockers from skeletal muscle. Nature 328:313–318

Taylor AL, Golino P, Buja LM, Eckels RM (1987) Is postischemic systolic dysfunction primarily caused by reperfusion. Circulation 76 (Suppl IV):IV228 (abstract)

Taylor SH (1989) The efficacy of amlodipine in myocardial ischaemia. Am Heart J 118:1123–1128

Taylor SH, Lee P, Jackson N, Cocco G (1989) A four-week double-blind, placebo-controlled, parallel dose-response study of amlodipine in patients with stable exertional angina pectoris. Am Heart J 118 (Suppl 5):1133–1134

Teasdale G, Mendelow AD, Graham DI, Harper AM, McCulloch J (1990) Efficacy of nimodipine in cerebral ischemia or hemorrhage. Stroke 21 (Suppl IV):IV-123–IV-125

Tettenborn D, Dycka J (1990) Prevention and treatment of delayed ischemic dysfunction in patients with aneurysmal subarachnoid hemorrhage. Stroke 21 (Suppl IV):IV-85–IV-89

Thadani U, the Amlodipine Study Group (1989) Amlodipine: A once-daily calcium antagonist in the treatment of angina pectoris – A parallel dose-response, placebo-controlled study. Am Heart J 118 (Suppl 5):1135

Thandroyen FT, Muntz KH, Buja LM, Willerson JT (1990) Alterations in β-adrenergic receptors, adenyl cyclase, and cyclic AMP concentrations during acute myocardial ischemia and reperfusion. Circulation 82 (Suppl II):II30–II37

Thaulow E, Goth BD, Heusch G, Gilpin E, Schulz R, Kroeger K, Ross J (1989) Characteristics of regional myocardial stunning after exercise in dogs with chronic coronary stenosis. Am J Physiol 257:H113–H119

The Danish Study Group on Verapamil in Myocardial Infarction (1990) Effect of verapamil on mortality and major events after acute myocardial infarction (The Danish Verapamil Infarction Trial II). Am J Cardiol 66:779–785

The Israeli SPRINT Study Group (1988) Secondary prevention reinfarction Israeli nifedipine trial (SPRINT). A randomized intervention trial of nifedipine in patients with acute myocardial infarction. Eur Heart J 9:354–364

Thomassen A, Bagger JP, Nielsen TT, Henningsen P (1987) Metabolic and hemodynamic effects of nicardipine during pacing-induced angina pectoris. Am J Cardiol 59:219–224

Thompson GR (1991) What should be done about asymptomatic hypercholesterolaemia? Br Med J 302:605–606

Thompson JA, Hess ML (1986) The oxygen free radical system: a fundamental mechanism in the production of myocardial necrosis. Prog Cardiovasc Dis 28:449–462

Tomita K, Ujiie K, Nakanishi T, Tomura S, Matsuda O, Ando K, Shichiri M, Hirata Y, Marumo F (1989) Plasma endothelin levels in patients with acute renal failure. New Eng J Med 321:1127

Towart R (1981) The selective inhibition of serotonin-induced contractions of rabbit cerebral vascular smooth muscle by calcium antagonist dihydropyridines. Circ Res 48:650–657

Towart R, Kazda S (1979) The cellular mechanism of action of nimodipine (Baye9736) a new calcium antagonist. Br J Pharmacol 67: 409–410

Toyo-Oka T, Aizawa T, Suzuki N, Hirata Y, Miyauchi T, Shin WS, Yanagisawa M, Masaki T, Sugimoto T (1991). Increased plasma level of endothelin-1 and coronary spasm induction in patients with vasospastic angina. Circulation 83:476–483

Triggle DJ (1990a) Calcium antagonist drug development. Curr Cardiovasc Patents 2:365–384

Triggle DJ (1990b) Calcium antagonists: history and perspective. Stroke 21 (Suppl IV):IV-49–IV-56

Triggle DJ, Langs DA, Janis RA (1989) Ca^{2+} channel ligands: structure-function relationships of the 1,4-dihydropyridines. Med Res Rev 9:123–180

Tseng-Crank JCL, Tseng GN, Schwartz A, Tanouye MA (1990) Molecular cloning and functional expression of a potassium channel cDNA isolated from a rat cardiac library. FEBS Lett 268:63–68

Tsuji K, Tsutsumi S, Ogawa K, Miyazaki Y, Satake T (1987) Cardiac alpha$_1$ and beta adrenoceptors in rabbits: effects of dietary sodium and cholesterol. Cardiovasc Res 21:39–44

Tzivoni D, Banai S, Benhorin J, Gavish A, Medina A, Stern S (1990) Effects of nisoldipine on exercise test parameters in patients with stable angina. In: Lichtlen PR, Krayenbuhl HP (eds) New Aspects on Nisoldipine. Schattauer, Stuttgart, pp21–27

Tzivoni D, Banai S, Botvin S, Zilberman A, Weiss TA, Gavish A, Medina A, Benhorin J, Rogel S, Caspi A, Stern S (1991) Effects of nisoldipine on myocardial ischemia during exercise and during daily activity. Am J Cardiol 67:559–564

Uematsu D, Greenberg JH, Hickey WF, Reivich M (1989) Nimodipine attenuates both increases in cytosolic free calcium and histologic damage following focal cerebral ischaemia and reperfusion in cats. Stroke 20:1531–1537

Vaghy PL, Striessnig J, Miwa K, Knaus HG, Itagaki K, McKenna E, Glossmann H, Schwartz A (1987a) Identification of a novel 1,4-dihydropyridine and phenylalkylamine-binding polypeptide in calcium channel preparations. J Biol Chem 262:14337–14342

Vaghy PL, Williams JS, Schwartz A (1987b) Receptor pharmacology of calcium entry blocking agents. Am J Cardiol 59:9A–17A

Valdeolmillos M, O'Neill SC, Smith GL, Eisner DA (1989) Calcium-induced calcium release activates contraction in intact cardiac cells. Pflugers Arch 413:676–678

Verheul HA, Moulizn AC, Hondema S, Schouwink M, Dunning AJ (1991) Late results of 200 repeat coronary artery bypass operations. Am J Cardiol 67:24–30

Von Arnim T, Reuschel-Janetschek E, Erath A (1987) Effects of oral nisoldipine on transient and exercise-induced ischaemia in patients with coronary heart disease. In: Hugenholtz PG, Meyer J (eds) Nisoldipine. Springer-Verlag, Berlin, pp288–295

Wagenknecht T, Grassuci R, Frank J, Saito A, Inui M, Fleischer S (1989) Three dimensional architecture of the calcium channel/foot structure of sarcoplasmic reticulum. Nature 338:167–170

Wagner JA, Reynolds IJ, Weisman HF, Dudeck P, Weisfeld ML, Synder SH (1986) Calcium antagonist receptors in cardiomyopathic hamster: selective increases in heart, muscle, brain. Science 232:515–518

Wagner JA, Sax FL, Weisman HF, Porterfield J, McIntosh C, Weisfeldt ML, Snyder SH, Epstein SE (1989) Calcium-antagonist receptors in the atrial tissue of patients with hypertrophic cardiomyopathy. N Engl J Med 320:755–761

Waller DG, Challenor VF (1990) The combination of slow-release nifedipine and atenolol for stable angina. Cardiovasc Drugs and Therapy 4 (Suppl 5):899–904

Walsh RA (1989) The effects of calcium entry blockade on normal and ischemic ventricular diastolic function. Circulation 80 (Suppl IV): IV-52–IV-58

Ware JA, Johnson PC, Smith M, Salzman EW (1986) Inhibition of human platelet aggregation and cytoplasmic calcium responses by calcium antagonists: studies with aequorin and quin-2. Circ Res 59:39–42

Warner TD, De Nucci G, Vane JR (1989) Rat endothelin is a vasodilator in the isolated perfused mesentary of the rat. Eur J Pharmacol 159:325–326

Wartman A, Lampe TL, McDann DS, Boyle AJ (1967) Plaque reversal with Mg EDTA in experimental atherosclerosis: elastin and collagen metabolism. J Atheroscler Res 7:331–341

Watanabe T, Kusumoto K, Kitayoshi T, Shimamoto N (1989) Positive inotropic and vasoconstrictive effects of endothelin-1 in in vivo and in vitro experiments: Characteristics and role of L-type calcium channels. J Cardiovasc Pharmacol 13 (Suppl 5):108–111

Waters D, Lesperance J, Francetich M, Causey D, Theroux P, Chiang Y-K, Hudon G, Lemarbre L, Reitman M, Joyal M, Grosselin G, Dyrda I, Macer J, Havel RJ (1990) A controlled clinical trial to assess the effect of a calcium channel blocker on the progression of coronary atherosclerosis. Circulation 82:1940–1953

Watts JA, Norris TA, London RE, Steenbergen C, Murphy E (1990) Effects of diltiazem on lactate, ATP, and cytosolic free calcium levels in ischemic hearts. J Cardiovasc Pharmacol 15:44–49

Weber KT, Janicki JS, Shroff SG, Pick R, Chen RM, Bashley RI (1988) Collagen remodelling of the pressure-overloaded, hypertrophied nonhuman primate myocardium. Circ Res 62:757–765

Weinstein DB, Heider JG (1988) Antiatherogenic properties of the calcium antagonists. Am J Med 86 (Suppl A):27–32

Weinstein DB, Heider JG (1989) Antiatherogenic properties of calcium channel blockers. Am J Med 84:102–108

Weisfeldt ML (1987) Reperfusion and reperfusion injury. Clin Res 35:13–20

Welsch M, Nuglisch J, Krieglstein J (1990) Neuroprotective effect of nimodipine is not mediated by increased cerebral blood flow after transient forebrain ischemia in rats. Stroke 21 (Suppl IV):IV-105–IV-107

Whiting RL (1987) Animal pharmacology of nicardipine and its clinical relevance. Am J Cardiol 59:3J–8J

Whorton AR, Montgomery ME, Kent RS (1985) Effect of hydrogen peroxide on prostaglandin production and cellular integrity in cultured porcine aortic endothelial cells. J Clin Invest 76:295–302

Wibo M, Bravo G, Godfraind T (1991) Postnatal maturation of excitation-contraction coupling in rat ventricle in relation to the subcellular localization and surface density of 1,4-dihydropyridine and ryanodine receptors. Circ Res 68:662–673

Wier WG, Yue DT (1985) The effects of 1,4-dihydropyridine type Ca^{2+}-channel antagonists and agonists on intracellular $[Ca^{2+}]_i$-transients accompanying twitch contraction of heart muscle. In: Fleckenstein A, Van Breemen C, Gross R, Hoffmeister F (eds) Cardiovascular Effect of Dihydropyridine-Type Calcium Antagonists and Agonists. Springer, Berlin, pp188–194

Williams AJ, Ashley RH (1989) Reconstitution of cardiac sarcoplasmic reticulum calcium channels. Ann NY Acad Sci 560:163–173

Willis AL, Nagel B, Churchill V, Whyte M, Smith DL, Mahmud I, Pappione DL (1985) Antiatherosclerotic effects of nicardipine and nifedipine in cholesterol-fed rabbits. Atherosclerosis 5:250–255

Wines PA, Schmitz JM, Pfister SL, Clubb FJ, Buja LM, Willerson JT, Campbell WB (1989) Augmented vasoconstrictor responses to serotonin precede development of atherosclerosis in aorta of WHHL rabbit. Arteriosclerosis 9:195–202

Winquist RI, Webb RC, Bohr OF (1982) Reactivity of vascular smooth muscle in hypertension. Fed Proc 41:2387–2393

Witztum JL (1990) The role of monocytes and oxidized LDL in atherosclerosis. Atherosclerosis Rev 21:59–69

Xie Z, Wang Y, Askari A, Huang WG, Klaunig JE, Askari A (1990). Studies on the specificity of the effects of oxygen metabolites on cardiac sodium pump. J Mol Cell Cardiol 22:911–920

Yamada Y, Yokota M, Furumichi T, Furui H, Yamauchi K, Saito H (1990) Protective effects of calcium channel blockers on hydrogen peroxide induced increases in endothelial permeability. Cardiovasc Res 24:993–997

Yamamoto Y, Tomoike H, Egashira K, Nakamura M (1987) Attenuation of endothelium-related relaxation and enhanced responsiveness of vascular smooth muscle to histamine in spastic coronary arterial segments from miniature pigs. Circ Res 61:772–778

Yang Z, Bauer E, Von Segesser L, Stulz P, Turina M, Luscher TF (1990a) Different mobilization of calcium in endothelin-1 induced contractions in human arteries and veins. Effect of calcium antagonists. J Cardiovasc Pharmacol 16:654–660

Yang Z, Richard D, Von Segesser L, Bauer E, Stulz P, Turina M, Luscher TF (1990b) Threshold concentrations of endothelin-1 potentiate contractions to norepinephrine and serotoxin in human arteries: A new mechanism of vasospasm. Circulation 82:188–195

Yanagisawa M, Kurihara H, Kimura S, Tomobe Y, Kobayashi M, Mitsui Y, Yazaki Y, Goto K, Masaki T (1988) A novel potent constrictor peptide produced by vascular endothelial cells. Nature 332:411–415

Yanagisawa M, Masaki T (1989a) Endothelin, a novel endothelium-derived peptide. Biochem Pharmacol 38:1877–1883

Yanagisawa M, Masaki T (1989b) Molecular biology and biochemistry of the endothelins. Trends Pharmacol Sci 10:374–378

Yasue H, Morikami Y (1990) Efficacy of slow-release nifedipine on ischemic attacks in patients with variant angina. Cardiovasc Drugs and Therapy 4:915–918

Yasutomi N, Kogame T, Kawakami K, Komasa N, Iwasaki T (1989) Stunned myocardium in hypertrophic cardiomyopathy with normal coronary arteries. Am Heart J 118:1069–1073

Yool AJ, Schwartz TL (1991) Alteration of ionic selectivity of a K^+ channel by mutation of the H5 region. Nature 349:700–704

Yoshimoto S, Ishizaki Y, Sasaki T, Murota S (1991) Effect of carbon dioxide and oxygen on endothelin production by cultured porcine cerebral endothelial cells. Stroke 22:378–383

Zamora MR, O'Brien RF, Rutherford RB, Weil JV (1990) Serum endothelin-1 concentrations and cold provocation in primary Raynaud's phenomenon. Lancet 336:1144–1147

Zebra E, Komorowski TE, Faulkner JA (1990) Free radical injury to skeletal muscles of young, adult and old mice. Am J Physiol 258:C429–C435

Zeiher AM, Drexler H, Wollschlager H, Just H (1991) Modulation of coronary vasomotor tone in humans. Progressive endothelial dysfunction with different early stages of coronary atherosclerosis. Circulation 83:391–401

Zemel PC, Sowers JR (1990) Relation between lipids and atherosclerosis: epidemiological evidence and clinical implications. Am J Cardiol 66:7I–12I

Zernig G (1990) Widening potential for Ca^{2+} antagonists: non L–type Ca^{2+} channel interaction. Trends in Pharmacol Sci 11:38–44

Zhao M, Zhang H, Robinson TF, Factor SM, Sonnenblick EH, Eng C (1987) Profound structural alterations of the extracellular collagen matrix in postischemic dysfunctional ("stunned") but viable myocardium. J Am Coll Cardiol 10:1322–1334

Zorzato F, Fujii J, Otsu K, Phillips M, Green NM, Lai FA, Meissner G, MacLennan DH (1990) Molecular cloning of cDNA encoding human and rabbit forms of the Ca^{2+} release channel (ryanodine receptor) of skeletal muscle sarcoplasmic reticulum. J Biol Chem 265:2244–2256

Zweier JL, Flaherty JT, Weisfeldt ML (1987a) Direct measurement of free radical generation following reperfusion of ischaemic myocardium. Proc Natl Acad Sci USA 84:1404–1407

Zweier JL, Rayburn BK, Flaherty JT, Weisfeldt ML (1987b) Recombinant superoxide dismutase reduces oxygen free radical concentrations in reperfused myocardium. J Clin Invest 80:1728–1734

Springer-Verlag und Umwelt

Als internationaler wissenschaftlicher Verlag sind wir uns unserer besonderen Verpflichtung der Umwelt gegenüber bewußt und beziehen umweltorientierte Grundsätze in Unternehmensentscheidungen mit ein.

Von unseren Geschäftspartnern (Druckereien, Papierfabriken, Verpackungsherstellern usw.) verlangen wir, daß sie sowohl beim Herstellungsprozeß selbst als auch beim Einsatz der zur Verwendung kommenden Materialien ökologische Gesichtspunkte berücksichtigen.

Das für dieses Buch verwendete Papier ist aus chlorfrei bzw. chlorarm hergestelltem Zellstoff gefertigt und im ph-Wert neutral.